高等教育应用型本科"十三五"规划教材

高等教育融媒体创新教材/省级文化产业项目规划教材

土木工程材料

主审 邢振贤 主编 郭艳芹

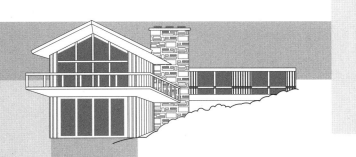

U0351875

郑州大学出版社

图书在版编目(CIP)数据

土木工程材料/郭艳芹主编.—郑州:郑州大学出版社,2017.8(2021.8 重印)
ISBN 978-7-5645-4116-3

Ⅰ.①土… Ⅱ.①郭… Ⅲ.①土木工程-建筑材料-高等
学校-教材 Ⅳ.①TU5

中国版本图书馆 CIP 数据核字(2017)第 151290 号

郑州大学出版社出版发行

郑州市大学路 40 号　　　　　　　　邮政编码:450052
出版人:孙保营　　　　　　　　　　发行电话:0371-66966070
全国新华书店经销
郑州印之星印务有限公司印制
开本:787 mm×1 092 mm　　　1/16
印张:23.25
字数:550 千字
版次:2017 年 8 月第 1 版　　　　　印次:2021 年 8 月第 4 次印刷

书号:ISBN 978-7-5645-4116-3　　　　定价:48.00 元
本书如有印装质量问题,请向本社调换

编写指导委员会

The compilation directive committee

名誉主任　王光远

主　　任　高丹盈

委　　员　（以姓氏笔画为序）

丁永刚	王新武	关罡	刘立新
刘希亮	孙成城	李文霞	李海涛
宋新生	杨国忠	杨建中	杨崇豪
张伟	张玲	张春丽	张新中
陈淮	陈孝珍	陈秀云	赵磊
赵顺波	祝彦知	贾虎	夏锦红
原方	原新生	徐树山	徐媛媛
高均昭	郭院成	姬程飞	阎利
鲍鹏	潘炳玉	薛茹	

秘　　书　崔青峰　祁小冬

本书作者
Authors

主　　审　邢振贤

主　　编　郭艳芹

副 主 编　王建伟　苏丽娜　李　荫

序

Preface

··

近年来,我国高等教育事业快速发展,取得了举世瞩目的成就。随着高等教育改革的不断深入,高等教育工作重心正在由规模发展向提高质量转移,教育部实施了高等学校教学质量与教学改革工程,进一步确立了人才培养是高等学校的根本任务,质量是高等学校的生命线,教学工作是高等学校各项工作的中心的指导思想,把深化教育教学改革,全面提高高等教育教学质量放在了更加突出的位置。

教材是体现教学内容和教学要求的知识载体,是进行教学的基本工具,是提高教学质量的重要保证。教材建设是教学质量与教学改革工程的重要组成部分。为加强教材建设,教育部提倡和鼓励学术水平高、教学经验丰富的教师,根据教学需要编写适应不同层次、不同类型院校,具有不同风格和特点的高质量教材。郑州大学出版社按照这样的要求和精神,组织土建学科专家,在全国范围内,对土木工程、建筑工程技术等专业的培养目标、规格标准、培养模式、课程体系、教学内容、教学大纲等,进行了广泛而深入的调研,在此基础上,分专业召开了教育教学研讨会、教材编写论证会、教学大纲审定会和主编人会议,确定了教材编写的指导思想、原则和要求。按照以培养目标和就业为导向,以素质教育和能力培养为根本的编写指导思想,科学性、先进性、系统性和适用性的编写原则,组织包括郑州大学在内的五十余所学校的学术水平高、教学经验丰富的一线教师,吸收了近年来土建教育教学经验和成果,编写了本、专科系列教材。

教育教学改革是一个不断深化的过程,教材建设是一个不断推陈出新、反复锤炼的过程,希望这些教材的出版对土建教育教学改革和提高教育教学质量起到积极的推动作用,也希望使用教材的师生多提意见和建议,以便及时修订、不断完善。

前 言
Preface

．．．．．．．．．．．．．．．．．．．．．．．．．．．．．．．．．．．．

　　本书为土建类应用型本科"十三五"规划教材——土木工程专业系列教材中的一册,以培养目标和就业为导向,以素质教育和能力培养为根本,参照教育部土建类专业教学指导委员会制订的培养方案和基本要求,结合应用型本科教育教学情况和实际,加强理论与实践的结合,加强实践教学和突出工程训练,注重能力培养,全面反映土木工程材料及其应用技术的发展现状与趋势,以及当前最新标准、规范和规程,充分考虑土木工程材料课程与先修课程和后续课程的衔接,将有关就业岗位要求贯穿于教材内容中,以便适合现代土木工程材料的知识需求和教学要求。本书不但注重土木工程材料的专业知识和基本技能,而且更注重分析、解决问题的能力,紧密结合人才培养模式,培养创新精神,提高综合素质,实现"知识、能力、素质"的有机统一。本书的特点如下:

　　(1)章节前的学习提要提示本章内容的重难点、学习的方法、学习的收获,方便学生学习。

　　(2)每章的章节内容加入了材料的工程实例应用分析,主要体现材料在工程中的应用,根据工程实例设置问题和讨论,在学生学习过程中引起学生的重视与深思,达到培养学生学以致用的目标,重点强调应用性与创新性。

　　(3)每章的章节内容后还增加了相关材料的前沿发展趋势,开阔学生的视野,增加学生的学习兴趣,培养学生的创新意识。

　　本书由黄河科技学院郭艳芹担任主编,河南科技学院王建伟、洛阳理工学院苏丽娜、黄河科技学院李荫担任副主编,华北水利水电大学邢振贤教授主审。本书编写分工如下:郭艳芹负责编写绪论、第1、4、8、9、12章;王建伟负责编写第6、11章;苏丽娜负责编写第2、3、10章;李荫负责编写第5、7章。全书由郭艳芹统稿。

　　本书的编写和出版得到了郑州大学出版社的大力支持与帮助,谨在此致以衷心的感谢。同时,感谢邢振贤教授对本书进行了审阅并提出了很多宝贵的建议。

　　由于编者水平有限,书中难免有不当和错误之处,敬请广大读者批评指正。

编 者

2017 年 2 月

目录 CONTENTS

第 0 章 绪 论

0.1 土市工程材料的定义和分类

0.1.1 土木工程材料的定义

土木工程材料是人类建造活动所用一切材料的总称,土木工程材料包括了迄今已发现和发明的所有材料。广义上,所有物质均可用作土木工程材料,包括三部分:一是构成建筑物、构筑物的材料,如石灰、水泥、混凝土、钢材、防水材料、墙体和屋面材料、装饰材料等;二是施工过程中所需要的辅助材料,如脚手架、模板等;三是各种建筑器材,如消防设备、给排水设备、网络通信设备等。狭义土木工程材料是指直接构成土木工程实体的材料。本书所介绍的土木工程材料是指狭义的土木工程材料。

认识土木
工程材料

0.1.2 土木工程材料分类

土木工程材料种类繁多,性能差别很大,使用量很大,正确选择和使用工程材料不仅与构筑物的坚固、耐久和适用性有密切关系,而且直接影响到工程造价(因为材料费用一般要占工程总造价的一半以上)。为了方便使用和加强对材料的科学管理,常按不同的原则分类。

0.1.2.1 按使用功能分类

建筑材料按使用功能可分为结构材料、墙体材料、屋面材料、地面材料以及其他用途的材料等。

(1)结构材料 结构材料是构成建筑物受力构件和结构所用的材料,如梁、板、柱、基础、框架及其他受力构件和结构等所用的材料。对这类材料的主要技术性质要求是强度和耐久性。常用的主要结构材料有砖、石、水泥、钢材、钢筋混凝土和预应力钢筋混凝土。随着工业的发展,轻钢结构和铝合金结构所占的比例将会逐渐加大。

(2)墙体材料 墙体材料是建筑物内、外及分隔墙体所用的材料。由于墙体在建筑物中占有很大比例,因此正确选择墙体材料,对降低建筑物成本、节能和提高建筑物安全性有着重要的实际意义。目前,我国大量采用的墙体材料有砌墙砖、混凝土砌块、加气混凝土砌块以及品种繁多的各类墙用板材,特别是轻质多功能的复合墙板。复合轻质多功能墙板具有强度高、刚度大、保温隔热性能好、装饰性能好、施工方便、效率高等优点,是墙体材料的发展方向。

(3)屋面材料 屋面材料是用于建筑物屋面的材料的总称,已由过去较单一的烧结

瓦向多种材质的大型水泥类瓦材和高分子复合类瓦材发展,同时屋面承重结构也由过去的预应力钢筋混凝土大型屋面板向承重、保温、防水三合一的轻型钢板结构转变。屋面防水材料由传统的沥青及其制品向高聚物改性沥青防水卷材、合成高分子防水卷材等新型防水卷材发展。

(4)地面材料　地面材料是指用于铺砌地面的各类材料。这类材料品种繁多,不同地面材料铺砌出来的效果相差也很大。

0.1.2.2　按化学成分分类

按土木工程材料的化学成分,可分为非金属材料、金属材料以及复合材料三大类。具体见表0-1。

表0-1　土木工程材料按化学成分分类

分类			实例
非金属材料	无机材料	天然石材	砂、石及石材制品等
		烧土制品	烧结砖瓦、陶瓷制品等
		胶凝材料及制品	石灰、石膏及制品,水泥及混凝土制品,硅酸盐制品等
		玻璃	普通平板玻璃、装饰玻璃、特种玻璃等
		无机纤维材料	玻璃纤维、矿棉纤维、岩棉纤维等
	有机材料	植物材料	木材、竹、植物纤维及制品等
		沥青类材料	石油沥青、煤沥青及制品等
		有机合成高分子材料	塑料、涂料等
金属材料	黑色金属		铁、钢及合金等
	有色金属		铜、铝及合金等
复合材料	有机与无机非金属材料复合		聚合物混凝土、玻璃纤维增强塑料等
	金属与无机非金属材料复合		钢筋混凝土、钢纤维混凝土等
	金属与有机材料复合		PVC钢板、有机涂层铝合金板等

0.2　土市工程材料与工程的关系

0.2.1　土木工程材料是土木工程质量保证的基础

土木工程材料是土木工程的物质基础,直接决定了土木工程的质量基础。工程质量的优劣,通常与采用材料的好坏以及材料使用的合理与否有直接的关系。工程实践表明,要想保证工程质量,就必须从材料的选择、生产、运输、保管,到材料的出库、检测和使用,任何环节的失误,都可能造成工程质量缺陷,甚至引起重大质量事故和安全事故。土木工程材料种类繁多,性能差别很大,使用量很大,正确选择和使用工程材料是保证工程质量的基础,关系到工程的使用功能和耐久年限。

0.2.2　土木工程材料对工程造价的影响

工程造价的控制是建设管理的一个核心部分,自始至终贯穿工程建设的全过程,体现在工程建设的各个阶段可行性研究,方案确定,扩充设计,施工图设计,施工阶段以及竣工交付使用前的全部费用控制与管理,而建筑费用的高低和水平又对工程造价起着决定性的作用,一般工程中材料的费用占工程造价的 70% 左右,如果是装修比较高档次的工程,其材料的费用甚至高达 85% 左右。因此在选材中要认真分析影响造价的各种因素,力求做到最低的成本,完成高质量的建筑工程。

0.2.3　土木工程材料对工程技术的影响

土木工程材料是土木工程的重要组成部分,它和工程设计、工程施工以及工程经济之间有着密切的关系。自古以来,工程材料和工程构筑物之间就存在着相互依赖、相互制约和相互推动的矛盾关系。一种新材料的出现必将推动构筑设计方法、施工程序或形式的变化,而新的结构设计和施工方法必然要求提供新的更优良的材料。例如,没有轻质高强的结构材料,就不可能设计出大跨度的桥梁和工业厂房,也不可能有高层建筑的出现;没有优质的绝热材料、吸声材料、透光材料及绝缘材料,就无法对室内的声、光、电、热等功能做妥善处理;没有各种各样的装饰材料,就不能设计出令人满意的高级建筑;没有各种材料的标准化、大型化和预制化,就不可能减少现场作业次数,实现快速施工;没有大量质优价廉的材料,就不能降低工程的造价,也就不能多快好省地完成各种基本建设任务。因此,可以这样说,没有工程材料的发展,也就没有土木工程的发展。

0.3　土木工程材料的标准化

土木工程中使用的各种材料及其制品应具有满足使用功能和所处环境要求的某些性能,而材料及其制品的性能或质量指标必须用科学方法所测得的确切数据来表示。为使测得的数据能在有关研究、设计、生产、应用等各部门得到承认,有关测试方法和条件、产品质量评价标准等均由专门机构制定并颁发"技术标准",并做出详尽明确的规定作为共同遵循的依据。这也是现代工业生产各个领域的共同需要。技术标准按照其适用范围,可分为国家标准、行业标准、地方标准和企业标准等。

（1）国家标准　国家标准是对全国经济、技术发展有重大意义,必须在全国范围内统一的标准,简称"国标"。国家标准由国务院有关主管部门(或专业标准化技术委员会)提出草案、报国家标准总局审批和发布。

（2）行业标准　行业标准是指专业产品的技术标准,主要是指全国性各专业范围内统一的标准,简称"行标"。这种标准由国务院所属各部和总局组织制定、审批和发布,并报送国家标准总局备案。

（3）地方标准　地方标准又称为区域标准,对没有国家标准和行业标准而又需要在省、自治区、直辖市范围内统一的工业产品的安全、卫生要求,可以制定地方标准。地方标

准由省、自治区、直辖市标准化行政主管部门制定,并报国务院标准化行政主管部门和国务院有关行政主管部门备案,在公布国家标准或者行业标准之后,该地方标准即应废止。

(4)企业标准 凡没有制定国家标准、行业标准的产品或工程,都要制定企业标准。这种标准是指仅限于企业范围内适用的技术标准,简称"企标"。为了不断提高产品或工程质量,企业可以制定比国家标准或行业标准更先进的产品质量标准。

目前我国绝大多数的建筑材料都制定有产品的技术标准,这些标准一般包括产品规格、分类、技术要求、检验方法、验收规则、标志、运输和储存等方面的内容。各级标准代号如表0-2所示。

表0-2　国家及行业标准代号

标准名称	代号		表示方法(例)
国家标准	GB	国家强制性标准	由标准名称、部门代号、标准编号、颁布年份等组成。例如,国家强制性标准《硅酸盐水泥、普通硅酸盐水泥》(GB 175—1999);国家推荐性标准《建筑用卵石、碎石》(GB/T 14685—2011);建设部行业标准《普通混凝土配合比设计规程》(JGJ 55—2000)
	GB/T	国家推荐性标准	
行业标准	JC	建材行业标准	
	JGJ	建设部行业标准	
	YB	冶金行业标准	
	JT	交通标准	
	SD	水电标准	
专业标准	ZB	国家级专业标准	
地方标准	DB	地方强制性标准	
	DB/T	地方推荐性标准	
企业标准	QB	企业标准指导本企业的生产	

随着国家经济技术的迅速发展和对外技术交流的增加,我国还引入了不少国际和外国技术标准,现将常见的标准列入表0-3,以供参考。

表0-3　国际组织及几个主要国家标准

标准名称	代号	标准名称	代号
国际标准	ISO	德国工业标准	DIN
国际材料与结构试验研究协会	RILEM	韩国国家标准	KS
美国材料试验协会标准	ASTM	日本工业标准	JIS
英国标准	BS	加拿大标准协会	CSA
法国标准	NF	瑞典标准	SIS

0.4　土木工程材料的发展及趋势

0.4.1　土木工程材料的发展

土木工程材料是随着社会的进步和科学技术的发展而发展的,根据建筑物所用的结构材料,大致可分为三个阶段。

(1)使用纯天然材料的初级阶段　这一阶段,人类只能依赖大自然的恩赐,"巢处穴居"。人类所能利用的材料都是纯天然的,如天然石材、木材、黏土、茅草等,人们只能利用天然的洞穴,或者"构木为巢"应付风雨雪和野兽的侵袭,只是一种非常简单的利用天然条件借以栖身的办法。

(2)人类单纯利用火制造材料的阶段（烧土制品阶段）　这一阶段主要是人类利用火来对天然材料进行煅烧、冶炼和加工的时代,随着人类文明和技术的进步,开始人工合成和制造各种土木工程材料,以满足土木工程发展的需要,如砖、瓦、石灰。

(3)利用物理与化学原理合成材料的阶段(钢筋混凝土阶段)　混凝土作为现代建筑材料在当代建筑工程中有着非常重要的作用。混凝土是利用黏土、石灰、石膏、火山灰或天然沥青作胶结材料,与砂、煤渣、石子混合形成的一种建筑材料,具有凝结力强、坚固耐久、不透水等优良特性。但混凝土属于脆性材料,虽然抗压强度较高,但抗拉强度极低,很容易开裂。随着水泥和钢材的出现使用,人们在实际使用中发现将它们结合起来具有更好的黏结力,可以相互弥补缺点,发挥各自所长,在混凝土加入钢筋,可以保护钢筋不暴露在大气中,不易生锈,同时增加了构件的抗拉性能,于是出现了钢筋混凝土,使得混凝土材料在建筑上具有更广泛的应用。同砖石结构、木结构和钢材结构相比,混凝土结构发展非常迅速,已成为土木工程结构中最主要的结构材料,而且高性能混凝土和新型混凝土还在不断地向前发展。

0.4.2　土木工程材料的发展趋势

随着科学技术的进步和工程发展的需要,一大批新型土木工程材料应运而生,而社会的进步、环境保护和节能降耗及建筑业的发展,又对土木工程材料提出了更高、更多要求。因而,今后一段时间内,土木工程材料将向以下几个方向发展。

(1)节能化、绿色化　现代人们要求材料不但有良好的使用功能,还要求材料无毒、对人体健康无害、对环境无污染,即绿色土木工程材料。所谓绿色土木工程材料主要是指这些材料资源能源消耗低,大量利用尾矿、废渣、建筑垃圾和废弃资源等;采用低能耗制造工艺和对环境无污染的生产技术,对环境对人体友好,能维持生态环境的平衡;同时,可以生产的材料可以循环利用。

(2)轻质高强化　轻质主要指材料多孔、体积密度小,高强主要指材料强度不小于60 MPa。现今的钢筋混凝土结构材料自重大(每立方重约2 500 kg),限制了建筑物向高层、大跨的进一步发展。通过减轻材料的自重,尽量减轻结构构件的自重,发展轻质高强材料,提高经济效益和建筑业的发展。目前,世界各国都在积极发展高强混凝土、加气混

凝土、轻骨料混凝土、空心砖、石膏板等材料,适应土木工程的发展。

　　(3)复合化　单一的材料往往难以满足要求,复合材料应运而生。所谓复合技术是将有机和有机、有机和无机、无机和无机材料在一定的条件下,按适当的比例复合。然后经过一定的工艺条件有效地将几种材料的优良性结合起来,从而得到性能优良的复合材料。

　　(4)多功能化　随着人们生活水平的提高,对材料的功能的要求越来越高,要求新型材料从单一功能向多功能方向发展。即要求材料不仅要满足一般的使用要求,还要求兼具呼吸、电磁屏蔽、防菌、灭菌、抗静电、防射线、防水、防霉、防火、自洁智能等功能。

　　(5)工业化生产　工业化生产主要是指应用先进施工技术,采用工业化生产方式,产品规范化、系列化。这样材料才能具有巨大市场潜力和良好发展前景。

0.5　土市工程材料的课程要求和学习方法

　　土木工程材料是土建类专业中一门重要的基础课,主要介绍土木工程材料的一些基本性质,讲述土建工程中常用材料的基本组成、性能特点、技术标准及应用,常用材料的试验方法和材料质量的评定方法。土木工程材料是一门理论性和实践性都较强的专业基础课,涉及的知识面较广。学习本课程的目的是为进一步学习专业课提供有关材料的基础知识,并为今后从事设计、施工和管理工作中合理选择和正确使用材料奠定基础。学习中在突出土木工程材料性质与应用这一主线的前提下,特别要注意对材料的标准、选用、检验、验收和储存等施工现场常遇问题的解决。

　　土木工程材料的内容庞杂、品种繁多,涉及许多学科或课程,其名词、概念和专业术语多,各种土木工程材料相对独立,即各章之间的联系较少。此外,公式推导少,而以叙述为主,许多内容为实践规律的总结。因此,其学习方法与力学、数学等完全不同。学习土木工程材料时应从材料科学的观点和方法及实践的观点来进行,否则就会感到枯燥无味,难以掌握材料组成、性质、应用以及它们之间的相互联系。学习土木工程材料时,应从以下三个方面来进行。

0.5.1　掌握知识

　　注重掌握各种土木工程材料的组成、结构与性能的内在联系;注重掌握内外因素对土木工程材料各项性能的影响及其规律,了解或掌握材料的组成、结构和性质间的关系。掌握土木工程材料的性质与应用是学习的目的,但孤立地看待和学习,就免不了要死记硬背。材料的组成和结构决定材料的性质和应用,因此学习时应了解或掌握材料的组成、结构与性质间的关系。应特别注意掌握的是,材料内部的孔隙数量、孔隙大小、孔隙状态及其影响因素,它们对材料的所有性质均有影响,同时还应注意外界因素对材料结构与性质的影响。

0.5.2　加强训练

　　密切联系工程实际,重视试验课并做好试验。土木工程材料是一门实践性很强的课程,学习时应注意理论联系实际,利用一切机会注意观察周围已经建成的或正在施工的工程,提出一些问题,在学习中寻求答案,并在实践中验证和补充书本所学内容。试验课是本课程的重要教学环节,通过试验可验证所学的基本理论,学会检验常用材料的试验方法,掌握一定的试验技能,并能对试验结果进行正确的分析和判断。这对培养学习与工作能力及严谨的科学态度十分有利。

0.5.3　培养能力

运用对比的方法。通过对比各种材料的组成和结构来掌握它们的性质和应用,注重掌握内外因素对土木工程材料各项性能的影响及其规律,特别是通过对比来掌握它们的共性和特性。这在学习水泥、混凝土、沥青混合料等时尤为重要。认真思考问题,对课程内容进行分析、归纳和总结,并注意观察一些建筑物中所用的土木工程材料及其应用情况,培养自学和正确分析与解答问题的能力。

第 1 章　土木工程材料的基本性质

学习提要

　　本章主要内容：土木工程材料基本性质与其组成、结构和构造间关系的基本概念与基本规律。满足土木工程应用要求的工程材料应具有的物理、力学、物理化学、耐久性等基本性质的概念、技术参数、测试方法及其基本原理。通过本章学习，了解建筑材料的组成和结构；熟悉建筑材料与水、热有关的性质及材料的力学性质和耐久性；掌握建筑材料的密度、表观密度、堆积密度、孔隙率和密实度的概念及计算。

　　一切土木工程都是由土木工程材料组成的。不同的土木工程材料在工程结构物中起着不同的作用。例如，用于梁、板、柱的材料主要受到各种外力的作用；结构材料除了承受结构物上部荷载的作用外，还可能受到地下水及冰冻的作用；屋面及道路工程材料经常受到风吹、日晒、雨淋、紫外线照射等大气因素的作用；地面、机场跑道和路面遭受磨损作用；有些工程结构物还受到声、光、电、热的影响；某些工业建筑还可能受到酸、碱、盐等介质的侵蚀作用等。为了保证工程结构物的使用功能、安全性和耐久性，土木工程材料应具有抵御上述各种作用的性质。这些性质是多种多样的，又是互相影响的，归纳起来包括材料的物理性质、力学性质、热工性质、声学性质、光学性质、工艺性质和耐久性质等。

　　土木工程材料的各种性质与其化学组成成分、组织结构和构造等内部因素有密切的关系。为了保证结构物的质量，必须正确选择和使用土木工程材料，为此就要了解和掌握土木工程材料的基本性质及其与材料组成、结构和构造的关系。

土木工程
材料组成、
结构、性能

1.1　材料的组成、结构和构造

　　材料的组成成分、结构和构造是影响材料性质的内因，材料的使用条件及其所处的环境条件则是影响材料性质的外因。为了深入了解材料的各种性质及其变化规律，就必须了解其组成成分、结构和构造对材料性质的影响。

1.1.1　材料的组成

　　材料的组成分为化学组成与矿物组成。前者是通过化学分析获得的，表明组成材料的化学成分及其含量；后者是通过测试手段获得的，表明材料所含矿物的种类和含量。

1.1.1.1　材料的化学组成

材料的化学组成是决定化学性质(耐蚀、燃烧等)、物理性质(耐水、耐热等)和力学性质的重要因素。不同的化学成分构成了不同的材料,因而也表现出不同的性质。例如,木材轻质高强,但易于燃烧和腐朽;钢材密度较大,强度较高,但易于锈蚀;砖、石材料,抗压强度较高,但抗拉和抗弯强度较低,且容易遭受侵蚀等。所有这些特点无不与其化学组成密切相关。

1.1.1.2　材料的矿物组成

化学组成不同,其材料性质不同;化学组成相同的材料,也可以表现出不同的性质,这是由于其矿物组成不同的缘故。这类材料矿物组成是影响性能的主要因素。如天然石料,由于其矿物组成不同,所以构成了不同的岩石品种。各种水泥也因其具有不同的熟料矿物组成而表现出不同的性能。

1.1.2　材料的结构

材料的性能除与其组成成分有关外,还与其组织结构有着密切关系。因此,研究材料的结构和构造以及它们与性能的关系,无疑是材料科学的主要任务之一。

从广义上说,结构与构造是指从原子结构到肉眼能观察到的宏观结构各个层次的构造状态的通称。影响材料性能的结构层次及类别是十分丰富及多样的,大体上可以分为宏观结构、亚微观结构和微观结构三个层次。

1.1.2.1　宏观结构

宏观结构又称粗通结构。材料的宏观结构通常是指用肉眼或低倍放大镜能够分辨的粗大组织,其尺寸在 10^{-3} m 以上,是比毫米级还大的尺寸范围内的结构状况。

土木工程材料的宏观结构按其孔隙尺度可分为以下几种。

(1)致密结构　致密结构是指在外观上和结构上都是致密而无孔隙存在(或孔隙极少)的结构,在使用时均为单一的板材、方料、棒材和其他各种形状的材料,如金属材料、致密岩石和玻璃等。

(2)多孔结构　多孔结构是指在材料中存在均匀分布的孤立或适当连通的粗大孔隙,如加气混凝土、泡沫混凝土及泡沫塑料等。

(3)微孔结构　微孔结构是指在材料中存在均匀分布的微孔隙。某些材料在生产时,由于掺入可燃性物质或增加拌和用水量,在生产过程中水分蒸发或可燃性物质燃烧后都可形成微孔结构,如石膏制品、黏土砖瓦等均为微孔结构。

1.1.2.2　亚微观结构

亚微观结构又称细观结构,一般是指用光学显微镜所能观察到的结构,其尺寸范围为 $10^{-3} \sim 10^{-6}$ m。在此结构范围内可以充分显示出天然岩石的矿物组织、金属材料的晶粒大小与金相组织、木材的纤维、导管、髓线等显微组织,也可显示出水泥混凝土的孔隙与裂缝等。

1.1.2.3　微观结构

微观结构又称显微结构或微细结构,是指材料的原子和分子结构。其尺寸范围为 $10^{-6} \sim 10^{-10}$ m。微观结构是由原子的种类及其排列状态决定的。近年来,由于电子显微镜、扫描电子显微镜以及 X 射线衍射仪的出现和使用,对材料的微观结构已能进行观察与研究。在微观结构中,材料可分为晶体、玻璃体和胶体。

（1）晶体　质点(离子、原子、分子)在空间上按特定的规则呈周期性排列所形成的结构。

（2）玻璃体　玻璃体也称无定形体或非晶体,如无机玻璃。玻璃体的结合键为共价键与离子键,其结构特征为构成玻璃体的质点在空间上呈非周期性排列。

（3）胶体　以结构粒径为 $10^{-7} \sim 10^{-9}$ m 的固体颗粒(胶粒)作为分散相,分散在连续相介质中形成分散体系的物质称为胶体。

与晶体和玻璃体结构相比,胶体结构强度较低,变形较大。

1.1.3　材料的构造

材料的构造是指具有特定性质的材料结构单元间的相互组合搭配情况。构造概念与结构概念相比,更强调了相同材料或不同材料间的搭配组合关系。如木材的宏观构造和微观构造,就是指具有相同材料结构单元——木纤维管状细胞按不同的形态和方式在宏观和微观层次上的组合搭配情况。它决定了木材的各向异性等一系列物理、力学性质。又如具有特定构造的节能墙板,就是具有不同性质的材料经特定组合搭配而成的一种复合材料。这种构造赋予了墙板良好的隔热保温、隔声吸声、防火抗震、坚固耐久等整体功能和综合性质。

随着材料科学理论和技术的日益发展,深入研究探索材料的组成、结构、构造与材料性能之间的关系,不仅有利于为工程正确选用材料,而且会加速人类自由设计和生产工程所需要的特殊性能新型土木工程材料的进程。

1.2　材料的物理性质

材料的基本
物理参数

表征材料的质量与其体积之间相互关系的主要参数——密度、表观密度、堆积密度以及密实度、孔隙率、空隙率及填充率等,是土木工程材料最基本的物理性质。

1.2.1　材料的基本物理参数

密度

1.2.1.1　密度

材料在绝对密实状态下,单位体积的质量称为密度。计算公式为

$$\rho = \frac{m}{V} \tag{1-1}$$

式中:ρ——密度,g/cm³;

　　m——材料在干燥状态下的质量(恒重),g;

　　V——材料在绝对密实状态下的体积,cm³。

绝对密实状态下的体积是指不包括材料内部孔隙在内的体积。除钢材和玻璃等少数材料外,绝大多数土木工程材料都含有一定的孔隙。在密度测定中,应把含有孔隙的材料破碎并磨成细粉,烘干后用李氏比重瓶测定其密实体积。材料粉磨得越细,测得的密度值越精确。对砖、石等材料常采用此种方法测定其密度。

另外,工程上还经常用到相对密度,是指材料的密度与 4 ℃纯水密度之比。

1.2.1.2　表观密度

材料单位表观体积干燥状态下的质量称为表观密度或视密度。表观体积包括两个部分：一部分是绝对密实的固体体积；另一部分则是指封闭孔隙体积。计算公式为

$$\rho' = \frac{m}{V'} \tag{1-2}$$

式中：ρ'——材料的表观密度，g/cm^3 或 kg/m^3；

　　　m——材料的质量，g 或 kg；

　　　V'——材料的不含开口孔隙的体积，cm^3 或 m^3。

通常，对于一些散状材料如砂、石子等材料，可直接采用排液置换法或水中称重法测其体积，该体积含材料实体和内部的闭口孔隙。

1.2.1.3　体积密度

材料在自然状态下，单位体积（包括材料实体及其开口孔隙、闭口孔隙）的质量称为体积密度，俗称容重。计算公式为

$$\rho_0 = \frac{m}{V_0} \tag{1-3}$$

体积密度

式中：ρ_0——材料的体积密度，g/cm^3 或 kg/m^3；

　　　m——材料的质量，按标准规定，该质量是指自然状态下的气干质量，即将试样置于通风良好的室内存放 7 天后测得的质量，g 或 kg；

　　　V_0——材料自然状态下的体积，包括材料实体及内部孔隙（开口孔隙和闭口孔隙），

　　　　　如图 1-1 所示，cm^3 或 m^3。

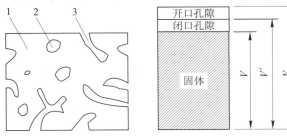

图 1-1　材料体积组成示意图

1-固体；2-闭孔；3-开孔

对于外形规则的材料，其自然体积可直接量取，对于无规则外形的材料，通常采用蜡封法测得表观体积。

毛体积密度是指单位体积（含材料的实体体积及其闭口孔隙、开口孔隙等的体积，即物质材料表面轮廓线所包围部分的毛体积）材料的干质量。因其质量是指试样烘干后的质量，故也称干体积密度。

1.2.1.4　堆积密度

散粒材料（指粉料和粒料）在自然堆积状态下，单位体积（含物质颗粒固体及其闭口、开口孔隙体积及颗粒间空隙体积，如图 1-2 所示）的质量称为堆积密度，有干堆积密度及湿堆积密度之分。计算公式为

$$\rho_0' = \frac{m}{V_0'} \tag{1-4}$$

式中：ρ_0'——散粒材料堆积密度，kg/m^3；

m——散粒材料的质量，kg；

V_0'——散粒材料的堆积体积，m^3。

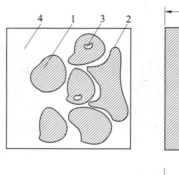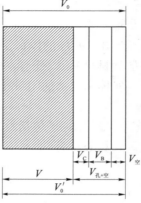

图 1-2　散粒材料松散体积组成示意图

1-颗粒中的固体物质；2-颗粒的开口孔隙；3-颗粒的闭口孔隙；4-颗粒间空隙

　　测定材料的堆积密度时，材料的质量是指填充在一定容器内的材料质量，而堆积体积则是指堆积容器的容积而言。所以，材料的堆积体积既包含颗粒的体积，又包含颗粒之间的空隙体积。在土木工程中，计算材料和构件的自重、材料的用量，以及计算配料、运输台班和堆放场地时，经常要用到材料的密度、表观密度以及堆积密度等数据。现将常用土木工程材料的密度、表观密度以及堆积密度列于表 1-1 中。

表 1-1　常用土木工程材料的密度、表观密度及堆积密度

材料名称	密度/（g/cm³）	表观密度/（kg/m³）	堆积密度/（kg/m³）
石灰岩	2.60	1 800～2 600	—
花岗岩	2.60～2.90	2 500～2 800	—
碎石（石灰岩）	2.60	—	1 400～1 700
砂	2.60	—	1 450～1 650
黏土	2.60	—	1 600～1 800
普通黏土砖	2.50～2.60	1 600～1 800	—
黏土空心砖	2.50～2.60	1 000～1 400	—
水泥	2.90～3.20	—	1 200～1 300
普通混凝土	—	2 100～2 600	—
木材	1.55	400～800	—
钢材	7.85	7 850	—
泡沫塑料	—	20～50	—

1.2.2　材料的基本结构参数

1.2.2.1　密实度

材料体积内被固体物质所充实的程度称为密实度,用符号 D 表示,计算公式为

$$D = \frac{V}{V_0} \times 100\% \qquad 或 \qquad D = \frac{\rho_0}{\rho} \times 100\% \qquad (1-5)$$

材料的基本
结构构参数

密实度反映了材料的致密程度,含有孔隙的固体材料的密实度均小于 1。

1.2.2.2　孔隙率

材料体积内孔隙体积所占材料自然状态下总体积的百分率,用符号 P 表示。计算公式为

$$P = \frac{V_0 - V}{V_0} \times 100\% = \left(1 - \frac{V}{V_0}\right) \times 100\% = \left(1 - \frac{\rho_0}{\rho}\right) \times 100\% \qquad (1-6)$$

$$D + P = 1$$

孔隙率和密实度之和为 100%。孔隙率的大小反映了材料的致密程度。材料的许多性能,如强度、吸水性、耐久性、导热性等均与其孔隙率有关。此外,还与材料内部孔隙的结构有关。孔隙结构包括孔隙的数量、形状、大小、分布以及连通与封闭等情况。

材料内部孔隙有连通与封闭之分,连通孔隙不仅彼此连通且与外界相通,而封闭孔隙则不仅彼此互不连通,且与外界隔绝。孔隙本身有粗细之分,粗大孔隙虽然易吸水,但不易保持。极细微开口孔隙吸入的水分不易流动,而封闭的不连通孔隙,水分及其他介质不易侵入。因此,我们说孔隙结构及孔隙率对材料的表观密度、强度、吸水率、抗渗性、抗冻性及声、热、绝缘等性能都有很大影响。

同一种材料其孔隙率越高,密实度越低,则材料的表观密度、体积密度、堆积密度越小,强度越低。开口孔率越高,其耐水性、渗透性、耐腐蚀性等性能越差。而闭口孔隙率越高,其保温性越好。

1.2.2.3　填充率

填充率是指散粒材料在自然堆积状态下,其颗粒的体积占自然堆积状态下的体积百分率,用符号 D' 表示。计算公式为

$$D' = \frac{V_0}{V_0'} \times 100\% \qquad 或 \quad D' = \frac{\rho_0'}{\rho_0} \times 100\% \qquad (1-7)$$

1.2.2.4　空隙率

空隙率是指散粒材料在堆积状态下颗粒固体物质间的空隙体积所占堆积体积的百分率,用符号 P' 表示。计算公式为

$$P' = \frac{V_0' - V_0}{V_0'} \times 100\% = \left(1 - \frac{V_0}{V_0'}\right) \times 100\% = \left(1 - \frac{\rho_0'}{\rho_0}\right) \times 100\% \qquad (1-8)$$

$$D' + P' = 1$$

空隙率的大小反映了散粒材料的颗粒相互填充的致密程度。空隙率可作为控制混凝土骨料级配与计算含砂率的依据。混凝土施工中采用空隙率较小的沙、石骨料可以节约水泥,提高混凝土的密实度,使混凝土的强度和耐久性得到提高。

1.2.3　材料与水有关的性质

在土木工程中,绝大多数建筑物和构筑物在不同程度上都要与水接触,有的建筑物本身就是用来装水的,如水池、水塔等。一些构筑物是建在水中的,像桥梁的墩台、拦水大坝等。水与土木工程材料接触后,将会出现不同的物理化学变化,所以要研究在水的作用下土木工程材料所表现出的各种特性及其变化。

材料与水
有关的性质-
自然环境中

1.2.3.1　亲水性与憎水性

建筑物和构筑物经常与水或大气中的水汽接触,固体材料与水接触后,出现如图 1-3 所示的两种情况:一是液体在固体表面上扩展,即液体润湿固体;二是液体在固体表面收缩而不扩展,液体不润湿固体。通过用接触角 θ(当液滴与固体在空气中接触且达到平衡时,从固、液、气三相界面的交点处,沿着液滴表面作切线,此切线与材料和水接触面的夹角如图 1-3 所示)。

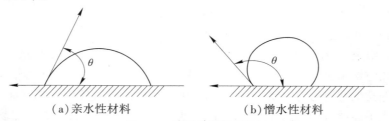

(a)亲水性材料　　　　　(b)憎水性材料

图 1-3　材料的润湿示意图

一般认为,当 $\theta \leqslant 90°$ 时,水分子之间的内聚力小于水分子与材料分子间的相互吸引力,此种材料称为亲水性材料[图 1-3(a)];当 $\theta > 90°$ 时,水分子之间的内聚力大于水分子与材料分子间的吸引力,此种材料称为憎水性材料[图 1-3(b)]。这一概念可以推广到其他液体对固体的润湿情况,并分别称其为亲液性材料或憎液性材料。

亲水性材料能通过毛细管作用,将水分吸入材料内部。憎水性材料一般能阻止水分渗入毛细管中,从而降低材料的吸水作用。所以,憎水性材料不仅可用作防水材料,而且还可以用于亲水性材料的表面处理,以降低其吸水性。

大多数土木工程材料都是亲水性材料,如石料、砖瓦、水泥混凝土和木材等,而沥青、建筑塑料、多数有机涂料等则为憎水性材料。

1.2.3.2　材料的含水状态

亲水性材料的含水状态可分为四种基本状态:①干燥状态,材料的孔隙中不含水或含水极微;②气干状态,材料的孔隙中含水时其相对湿度与大气湿度相平衡;③饱和面干状态,材料表面干燥,而孔隙中充满水达到饱和;④表面湿润状态,材料不仅孔隙中含水饱和,而且表面上被水润湿附有一层水膜。

除上述四种基本含水状态外,材料还可以处于两种基本状态之间的过渡状态中。

1.2.3.3　吸水性与吸湿性

(1)吸水性　材料在水中吸收水分的性质称为吸水性。材料吸水饱和时的含水率称为材料的吸水率。吸水率有质量吸水率和体积吸水率两种表示方法。

1)质量吸水率　是指材料在吸水饱和时,所吸水分的质量占材料干燥质量的百分

率。计算公式为

$$W_m = \frac{m_b - m_g}{m_g} \times 100\%$$ (1-9)

式中：W_m——材料的质量吸水率；

m_b——材料在吸水饱和状态下的质量，g；

m_g——材料在干燥状态下的质量，g。

2) 体积吸水率 是指材料在吸水饱和时，其内部所吸水分的体积占干燥材料自然体积的百分率。计算公式为

$$W_V = \frac{m_b - m_g}{V_0} \cdot \frac{1}{\rho_{水}} \times 100\%$$ (1-10)

式中：W_V——材料的体积吸水率；

V_0——干燥材料在自然状态下的体积，cm^3；

$\rho_{水}$——水的密度，g/cm^3。

材料的吸水性不仅与其亲水性及憎水性有关，也与其孔隙率的大小及孔隙特征有关。一般孔隙率越高，其吸水性越强。封闭孔隙水分不易进入；粗大开口孔隙，不易吸满水分；具有细微开口孔隙的材料，其吸水能力特别强。

各种材料因其化学成分和结构构造不同，其吸水能力差异极大，如致密岩石的吸水率只有 0.50%~0.70%，普通混凝土为 2.00%~3.00%，普通黏土砖为 8.00%~20.00%；木材及其他多孔轻质材料的吸水率则常超过 100%。

材料含水后，自重增加，强度变低，保温性能下降，抗冻性能变差，有时还会发生明显的体积膨胀。

（2）吸湿性 材料在潮湿空气中吸收水分的性质称为吸湿性，用含水率表示。吸湿作用一般是可逆的，也就是潮湿材料在干燥的空气中也会放出水分。

含水率指材料中所含水的质量占材料干燥状态下的质量百分率。计算公式为

$$W_h = \frac{m_s - m_g}{m_g} \times 100\%$$ (1-11)

式中：W_h——材料的含水率；

m_s——材料含水时的质量，g；

m_g—— 材料干燥至恒重时的质量，g。

材料的吸湿性随空气的湿度和环境温度的变化而改变。当材料中的湿度与空气湿度达到平衡时的含水率称为平衡含水率。

材料的吸湿性随空气湿度大小而变化。干燥材料在潮湿环境中能吸收水分，而潮湿材料在干燥的环境中也能放出（又称蒸发）水分，这种性质称为还水性，最终与一定温度下的空气湿度达到平衡。木材具有较大的吸湿性，吸湿后木材制品的尺寸将发生变化，强度也将降低；保温隔热材料吸入水分后，其保温隔热性能将大大降低；承重材料吸湿后，其强度和变形也将发生变化。

材料吸水后会导致其自重增大，导热性增大，强度和耐久性将产生不同程度的下降。材料干湿交替还会引起其形状尺寸的改变而影响使用。因此，在选用材料时，必须考虑吸

湿性对其性能的影响,并采取相应的防护措施。

1.2.3.4　耐水性

材料与水有
关的性质-
在水中

　　材料的耐水性是指材料长期在水的作用下不被破坏,而且强度也不显著降低的性质。水对材料的破坏是多方面的,如材料的力学性质、光学性质、装饰性等都会产生破坏作用。材料的耐水性常用软化系数 K_R 表示。计算公式为

$$K_R = \frac{f_{饱}}{f_{干}} \tag{1-12}$$

式中: K_R——材料的软化系数,量纲和单位均为 1;

　　　$f_{饱}$——材料在吸水饱和状态下的抗压强度,MPa;

　　　$f_{干}$——材料在干燥状态下的抗压强度,MPa。

　　由上式可知, K_R 值的大小表明材料浸水后强度降低的程度。一般材料在水的作用下,其强度均有所下降。如花岗岩长期泡在水中,强度将下降 3% 以上。这是由于水分进入材料内部后,削弱了材料微粒间的结合力所致。如果材料中含有某些易于被软化的物质如黏土砖和木材等,这将更为严重。材料的耐水性主要与其组成成分在水中的溶解度和材料的孔隙率有关。溶解度很小或不溶的材料,则软化系数一般较大。若材料可微溶与水且含有较大的孔隙率,则软化系数较小。

　　材料的软化系数为 0~1。工程中将 $K_R > 0.85$ 的材料通常认为是耐水的材料。因此,在某些工程中,软化系数 K_R 的大小成为选择材料的重要依据。一般次要结构物或受潮较轻的结构所用的材料 K_R 值应不低于 0.75;受水浸泡或处于潮湿环境的重要结构物的材料,其 K_R 值应不低于 0.85;特殊情况下, K_R 值应当更高。

1.2.3.5　抗渗性

　　材料在压力水作用下,抵抗渗透的性质称为抗渗性。材料的抗渗性一般用渗透系数或抗渗等级表示。计算公式为

$$K = \frac{Qd}{AtH} \tag{1-13}$$

式中: K——渗透系数,cm/h;

　　　Q——渗水总量,cm³;

　　　d——试件厚度,cm;

　　　A——渗水面积,cm²;

　　　t——渗水时间,h;

　　　H——静水压力水头,cm。

　　渗透系数 K 的物理意义是一定时间内,在一定的水压作用下,单位厚度的材料,单位截面积上的透水量。渗透系数越小的材料表示其抗渗性越好。

　　抗渗性也可用抗渗等级(记为 P)表示,即以规定的试件在标准试验条件下所能承受的最大水压(MPa)来确定,即

$$P = 10H - 1$$

式中: P——抗渗等级;

　　　H——试件开始渗水时的水压,MPa。

材料抗渗性的高低与材料的孔隙率和孔隙特征有关。绝对密实的材料或具有封闭孔隙的材料,水分难以透过。对于地下建筑及桥涵等结构物,由于经常受到压力水的作用,要求材料应具有一定的抗渗性。对用于防水的材料,其抗渗性的要求更高。

1.2.3.6　抗冻性

材料在吸水后,如果在负温状态下受冻,那么水就会在材料的毛细孔内结冰,水在结冰时体积膨胀约9%,从而对孔隙产生造成材料的内应力,使材料内部的孔壁开裂,造成材料局部破坏。随着冻融循环的次数越多,对材料的破坏作用越严重。

材料的抗冻性是指材料在吸水饱和状态下,抵抗多次冻融循环而不破坏,强度又不显著降低的性质。抗冻等级以符号表示,指试件不被破坏时能经受的冻融循环次数。常用符号"Fn"表示抗冻等级标号,其中"n"即为最大冻融循环次数,如F25、F50等,F50表示所能承受的最大冻融循环次数不少于50次,试件的相对动弹性模量下降不低于60%或质量损失不超过5%。材料的抗冻性取决于其孔隙率、孔隙特征及充水程度。如果孔隙不充满水,即远未达饱和,具有足够的自由空间,则即使受冻也不致产生很大冻胀应力。

极细的孔隙虽可充满水,但因孔壁对水的吸附力极大,吸附在孔壁上的水其冰点很低,它在一般负温下不会结冰;粗大孔隙一般水分不会充满其中,对冰胀破坏可起缓冲作用;闭口孔隙水分不能渗入;而毛细管孔隙既易充满水分,又能结冰,故其对材料的冰冻破坏作用影响最大。

另外,从外界条件来看,材料受冻融破坏的程度与冻融温度、结冰速度、冻融频繁程度等因素有关。环境温度越低,降温越快,冻融越频繁,则材料受冻破坏越严重。在路桥工程中,处于水位变化范围内的材料,在冬季时材料将反复受到冻融循环作用,此时材料的抗冻性将关系到结构物的耐久性。

1.2.4　材料的热工性质

建筑物的功能除了实用、安全、经济外,还要为人们创造舒适的生产、工作、学习和生活环境。因此,在选用材料时,需要考虑材料的热工性质。

1.2.4.1　导热性

当材料两侧存在温度差时,热量将由温度高的一侧通过材料传递到温度低的一侧,材料的这种传导热量的能力称为导热性。导热性能是材料的一个非常重要的热物理指标。材料的导热能力用导热系数 λ 表示,其物理意义是厚度1 m的材料,当温度每改变1 K时,在1 s时间内通过1 m² 面积的热量。计算公式为

$$\lambda = \frac{Qd}{(T_2 - T_1)At} \tag{1-14}$$

式中:λ——导热系数,W·(m·K)$^{-1}$;

　　Q——传导热量,J;

　　d——材料厚度,m;

　　$T_2 - T_1$——材料两侧温度差,K;

　　A——材料传热面积,m²;

　　t——传热时间,s。

λ 值越小,材料的绝热性能越好。各种土木工程材料的导热系数差别很大,金属材料的导热系数大于非金属材料的导热系数;工程中通常把 $\lambda < 0.23$ W·$(m \cdot K)^{-1}$ 的材料称为绝热材料。

影响材料导热系数的主要因素有材料的化学成分及其分子结构、表观密度(包括材料的孔隙率、孔隙的性质及大小等)、材料的湿度和温度状况等。一般材料的孔隙率越大,其导热系数就越小(粗大而贯通孔隙除外)。

材料受潮或冻结后,其导热系数将有所增加。这是因为水的导热系数是空气的 25 倍,而冰的导热系数又是水的 4 倍。因此,在设计和施工中,对于多孔结构的保温隔热材料,应采取有效措施防潮防冻。

1.2.4.2 比热容及热容量

材料的热容量是指材料温度变化时吸收和放出热量的能力。计算公式为

$$Q = C \cdot m(t_2 - t_1) \tag{1-15}$$

式中:Q——材料吸收或放出的热量,kJ;

m——材料的质量,kg;

$t_2 - t_1$——材料受热或冷却前后的温度差,K;

C——材料的比热容,kJ/$(kg \cdot K)$。

材料比热容的物理意义表示质量 1 kg 的材料,温度升高或降低 1 K 时所吸收或放出的热量。计算公式为

$$C = \frac{Q}{m(t_2 - t_1)} \tag{1-16}$$

式中:C、Q、m、$(t_2 - t_1)$ 意义同公式(1-15)。

材料的比热容主要取决于矿物成分和有机质的含量,无机材料的比热容比有机材料的比热容小。湿度对材料的比热容也有影响,随着材料湿度的增加比热容也提高。

材料的导热系数和热容量是设计建筑物围护结构(墙体、屋盖)进行热工计算时的重要参数,设计时用热容量大而导热系数小的材料,对维持建筑物内部温度的相对稳定十分重要。夏季高温时,室内外温差较大,热容量较大的材料温度升高所吸收的热量就多,室内温度上升就较慢;冬季采暖后,热容量大的建筑物吸收的热量较多,短时间停止采暖,室内温度下降缓慢。热容量较大、导热系数较小的材料是良好的绝热材料。同时,导热系数也是工业窑炉热工计算和确定冷藏库绝热层厚度时的重要数据。

1.2.4.3 燃烧性能

材料在空气中遇火不着火不燃烧的性能,称为耐燃性,是影响建筑物防火、建筑结构耐火等级的一项因素。按照国家标准《建筑材料及制品燃烧性能分级》(GB 8624—2012)的规定,明确了建筑材料及制品燃烧性能的基本分级仍为 A、B1、B2 和 B3 四级。A 级为不燃材料(制品);B1 级为难燃材料(制品);B2 级为可燃材料(制品);B3 级为易燃材料(制品)。在燃烧性能等级判据中对建筑材料及建筑用制品进行了分类。建筑材料分为三大类:平板建筑材料;铺地材料;管状绝热材料。建筑用制品分为四大类:窗帘幕布、家具制品装饰用织物;电线电缆套管、电器设备外壳及附件;电器、家具制品用泡沫塑料;软质家具和硬质家具。在使用过程中需注意材料的燃烧性能等级。

1.3　材料的力学性质

材料的力学性质通常是指材料在外力(荷载)作用下的变形性质及抵抗外力破坏的能力,主要包括材料的强度、弹性与塑性、脆性与韧性、硬度与耐磨性。

1.3.1　强度

材料的强度

材料在外力(荷载)作用下抵抗破坏的能力称为强度。材料在外力作用下,内部就产生应力。当外力增加时,应力也随之增大,直到质点间的应力不能再承受时,材料即破坏,此时的极限应力称为材料的强度。

根据外力作用方式的不同,材料强度有抗压强度[图 1-4(a)]、抗拉强度[图 1-4(b)]、抗弯强度[图 1-4(c)]和抗剪强度[图 1-4(d)]等。

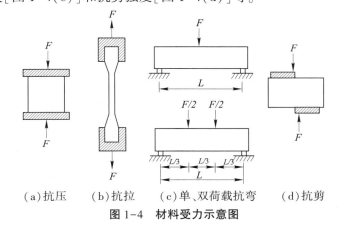

(a)抗压　　(b)抗拉　　(c)单、双荷载抗弯　　(d)抗剪

图 1-4　材料受力示意图

材料的抗压、抗拉、抗剪强度计算公式为

$$f = \frac{F_{\max}}{A} \tag{1-17}$$

式中:f——材料强度,MPa;

　　$F_{\max}$——材料破坏时的最大荷载,N;

　　A——材料受力截面面积,mm^2。

材料受弯时其应力分布比较复杂,强度计算公式也不一致。当外力作用于构件中央一点的集中荷载且构件有两个支点[图 1-3(c)],材料截面为矩形时,其抗弯强度计算公式为

$$f = \frac{3FL}{2bh^2} \tag{1-18}$$

式中:f——材料的抗弯强度,MPa;

　　F——材料受弯破坏时的最大荷载,N;

　　L、b、h——两支点的间距,试件横截面的宽及高,mm。

有时抗弯强度的试验是在跨度的三分点上加两个相等的集中荷载[图 1-3(c)],此

时材料的抗弯强度计算公式为

$$f = \frac{FL}{bh^2} \tag{1-19}$$

材料的强度与其组成和构造有关。各种不同化学组成的材料具有不同的强度值。同一种类的材料,由于其内部构造不同,其强度随其孔隙率及构造特征的变化也有差异。一般孔隙率越大的材料其强度越低。

相同种类的材料抵抗不同类型外力作用的能力也不同,如砖、石材、混凝土和铸铁等材料的抗压强度较高,而其抗拉和抗弯强度很低;钢材的抗拉、抗压强度都很高,材料的强度与其测试所用的试件形状、尺寸有关,也与试验时加荷速度及试件表面形状有关。表1-2是几种常用材料的强度值。

表 1-2　常用材料的强度

(单位:MPa)

材料种类	抗压强度	抗拉强度	抗弯强度
花岗岩	80~150	—	10~16
普通黏土砖	10~30	—	2~5
普通混凝土	15~80	2~10	—
松木(顺纹)	30~50	80~120	—
建筑钢材	240~1 000	240~1 500	—

土木工程材料常按其强度的大小被划分成若干个等级,我们称为强度等级。对脆性材料如砖、石、混凝土等,主要根据其抗压强度划分强度等级,对建筑钢材则按其抗拉强度划分强度等级。将土木工程材料划分为若干强度等级,对掌握材料的性质、合理选用材料、正确进行设计和施工以及控制工程质量都有重要的意义。

承重的结构材料除了承受外力,尚需承受自身重量。因此,不同强度材料的比较,可采用比强度指标。比强度是指单位体积质量的材料强度,它等于材料的强度与其表观密度之比。它是衡量材料是否轻质、高强的指标。优质的结构材料必须具有较高的比强度。

材料的其他
力学性质

1.3.2　弹性与塑性

材料在外力作用下发生变形,当外力取消后,材料能够完全恢复原来形状的性质称为弹性。这种可以完全恢复的变形称为弹性变形。弹性变形的形变量与对应的应力大小成正比,其比例系数用弹性模量 E 来表示。在材料弹性范围内,弹性模量是一个不变的常数,其计算公式为

$$E = \frac{\sigma}{\varepsilon} \tag{1-20}$$

式中:E——弹性模量,MPa。

ε——应变,材料在应力作用下产生的应变,量纲为1的量。

σ——材料所受的应力,MPa。

弹性模量是衡量材料抵抗变形能力的一个指标,弹性模量越大,材料越不易变形,亦即刚度越好,反映了材料抵抗变形的能力,是结构设计中的主要参数之一。

材料在外力作用下产生变形,当外力取消后变形不能完全恢复到原始形状的性质称为塑性。材料的这种不可恢复的变形称为塑性变形。

单纯的弹性材料是没有的,有的材料在荷载不大的情况下,外力与变形成正比,产生弹性变形,荷载超过一定限度后,接着出现塑性变形,钢材就是这样。钢筋混凝土这种材料,受力后弹性变形与塑性变形同时产生,去掉荷载后,弹性变形部分可以恢复,而塑性变形部分则不能恢复,为塑性变形(或永久变形)。

材料的弹性与塑性除与材料本身的成分有关以外,还与外界条件有关。如材料在一定温度和一定外力条件下属于弹性,但当改变其条件时,也可能变成塑性性质。

1.3.3　脆性与韧性

脆性是指材料在外力作用下至破坏前无明显塑性变形而突然破坏的性质。具有这种性质的材料成为脆性材料,一般地说,脆性材料的抗压强度远远高于其抗拉强度,它对承受振动和冲击作用是极为不利的,如砖、混凝土、玻璃、陶瓷、铸铁等都属于脆性材料。

韧性是指材料在振动或冲击荷载作用下,能吸收较多的能量,并产生一定的变形而不破坏的性质。材料的韧性是用冲击试验来检验的,因而又称为冲击韧性,以材料受荷载达到破坏所吸收的能量来表示,如低碳钢、低合金钢、铝合金、塑料、橡胶、木材和玻璃钢等属于韧性材料。在冲击、振动荷载作用下,材料能承受很大变形也不致破坏的性能,如钢材、木材等。用作桥梁、路面、桩、吊车梁、设备基础等有抗震要求的结构,都要考虑材料的冲击韧性。

1.3.4　硬度与耐磨性

硬度是指材料表面抵抗其他硬物压入或刻划的能力。非金属材料的硬度用摩氏硬度表示,它是用系列标准硬度的矿物块对材料表面进行划擦,根据划痕确定硬度等级。金属材料的硬度等级常用压入法测定,主要有布氏硬度法(HB),是以淬火的钢珠压入材料表面产生的球形凹痕单位面积上所受压力来表示;洛氏硬度法(HR),是用金刚石圆锥或淬火的钢球制成的压头压入材料表面,以压痕的深度来表示。一般情况下,硬度大的材料强度高、耐磨性较强,但不易加工。所以,材料的硬度在一定程度上可以表明材料的耐磨性及加工难易程度。工程中有时用硬度来间接推算材料的强度,如回弹法用于测定混凝土表面硬度,间接推算混凝土强度;回弹法也用于测定陶瓷、砖。砂浆、塑料、橡胶、金属等的表面硬度并间接推算其强度。

耐磨性是指材料表面抵抗磨损的能力。材料的耐磨性与材料的组成结构、构造、材料强度和硬度等因素有关。材料的硬度越高越致密,耐磨性越好。工程中,对于用作踏步、台阶、地面、路面等部位的材料,应具有较高的耐磨性。

1.4　材料的耐久性

工程结构物在使用过程中,除受各种力的作用外,还受到各种自然因素长时间的破坏

材料的
耐久性

作用,为了保持结构物的功能,要求用于结构物中的各种材料具有良好的耐久性。材料的耐久性是指材料在各种因素作用下,抵抗破坏、保持原有性质的能力。自然界中各种破坏因素包括物理、化学、电化学、机械以及生物的作用等。

物理作用包括干湿交替、热胀冷缩、机械摩擦、冻融循环等。这些作用会使材料发生形状和尺寸的改变而造成体积的胀缩,或者导致材料内部裂缝的引发和扩展,久而久之终将导致材料和结构物的完全破坏。化学作用包括酸、碱、盐水溶液以及有害气体的侵蚀作用,光、氧、热和水蒸气作用等。这些作用会使材料逐渐变质而失去其原有性质或破坏。电化学作用指不纯的金属跟电解质溶液接触时,会发生原电池反应,比较活泼的金属失去电子而被氧化,产生电化学腐蚀。金属材料常由化学和电化学作用引起腐蚀和破坏。机械作用包括使用荷载的持续作用,交变荷载引起材料疲劳,冲击、磨损、磨耗等。生物作用多指虫、白蚁、菌的蛀蚀作用,如木材在不良使用条件下会受到虫蛀、腐朽变质而破坏。

材料在长期使用过程中破坏是多方面因素共同作用的结果,即耐久性是材料的一种综合性质,包括抗渗性、抗冻性、抗风化性、抗老化性、耐热性、耐磨性、耐化学腐蚀性等。材料的耐久性与破坏因素的关系如表1-3所示。

表1-3　材料的耐久性与破坏因素的关系

破坏原因	破坏作用	破坏因素	评定指标	常用材料
渗透	物理	压力水	渗透系数、抗渗等级	混凝土、砂浆
冻融	物理	水、冻融作用	抗冻等级	混凝土、砖
磨损	物理	机械力、流水、泥砂	磨蚀率	混凝土、石材
热环境	物理、化学	冷热交替、晶型转变	*	耐火砖
燃烧	物理、化学	高温、火焰	*	防火板
碳化	化学	CO_2、H_2O	碳化深度	混凝土
化学侵蚀	化学	酸、碱、盐	*	混凝土
老化	化学	阳光、空气、水、温度	*	塑料、沥青
锈蚀	物理、化学	H_2O、O_2、Cl^-	电位锈蚀率	钢材
腐朽	生物	H_2O、O_2、菌类	*	木材、棉、毛
虫蛀	生物	昆虫	*	木材、棉、毛
碱-骨料反应	物理、化学	R_2O、H_2O、SiO_2	膨胀率	混凝土

注:＊表示可参考强度变化率、开裂情况、变形情况等进行评定

砖、石、混凝土等矿物性材料受物理作用破坏的机会较多,同时也受到化学作用的破坏。金属材料主要受化学和电化学作用引起锈蚀而破坏。木、竹等有机材料常受生物作用而破坏。沥青、树脂、塑料等高分子有机物在阳光、空气和热的作用下,逐渐老化、变脆或开裂而失去其使用价值。

材料的耐久性是一项综合性能。对具体工程材料耐久性的要求是随着该材料实际使用环境和条件的不同而确定的。一般情况下,特别是在气温较低的北方地区,常以材料的

抗冻性代表耐久性。因为材料的抗冻性与在其他多种破坏因素作用下的耐久性具有密切关系。

在实际使用条件下,经过长期的观察和测试做出的耐久性判断是最为理想的,但这需要很长的时间,因而往往根据使用要求,在实验室进行各种模拟快速试验,借以做出判断。例如,干湿循环、冻融循环、湿润与紫外线干燥、炭化、盐溶液浸渍与干燥、化学介质浸渍与快速磨报等试验。

现代工程中,对耐久性的要求越来越高,提出耐久性指标的工程设计也越来越多。对材料的质量评定也应逐渐由强度指标发展为耐久性指标。未来工程设计中将用耐久性设计取代目前按强度进行的设计。

1.5　材料的环境协调性

土木工程材料是使用最广、用量最多的材料,传统的土木工程材料在生产过程中不仅消耗大量的天然资源和能源,还向大气中排放大量的二氧化碳、二氧化硫、氮氧化物等有害气体。某些装饰材料在使用过程中还会释放对人体有害的挥发物。对生态环境的破坏和污染也越来越严重。以巨大的能耗源消耗和环境污染为代价的传统土木工程材料的发展是不可持续的,因此我们要注重建筑材料与环境的协调性。

环境协调性是指对资源和能源消耗尽可能少,对生态环境影响小,循环再生利用率高。它要求从材料制造、使用、废弃直至再生利用的整个寿命周期中都必须具有与环境的协调共存性。材料的环境协调性指材料在生产、使用和废弃全寿命周期中要有较低的环境负荷,包括生产中废物的利用、减少三废的产生,使用中减少对环境的污染,废弃时有较高可回收率。生态环境材料可以指赋予传统结构材料、功能材料以特别优异的环境协调性的材料。它并不仅仅特指新开发的新型材料,生态环境材料还包括那些直接具有净化和修复环境等功能的材料。

环境协调性材料开发是保护环境最为有效的手段之一,它不仅仅是材料生产领域的革新,也是土木工程得以可持续发展的有效保证。

【创新与能力培养】一种新型木质复合材料

木塑复合板

木塑复合板材是一种主要由木材(木纤维素、植物纤维素)为基础材料与热塑性高分子材料(塑料)和加工助剂等,混合均匀后再经模具设备加热挤出成型而制成的高科技绿色环保新型装饰材料,兼有木材和塑料的性能与特征,是能替代木材和塑料的新型复合材料。

上海世博会中国馆周围采用了红木色的木塑复合板,这些木塑板不仅有木材的质感,还有木料的纹理。上海世博会的芬兰馆外墙使用的鳞状材料也属于木塑复合板,它是由废纸和塑料复合制成的。

本章习题

一、选择题

1.某一材料的下列指标中为常数的是( )。

A.密度   B.表观密度(容重)   C.导热系数   D.强度

2.材料孔隙率增大时,以下性质:①密度,②表观密度,③吸水率,④强度,⑤抗冻性,其中哪些一定下降?( )

A.①②   B.①③   C.②④   D.②③

3.评价材料抵抗水的破坏能力的指标是( )。

A.抗渗等级   B.渗透系数   C.软化系数   D.抗冻等级

4.材料在水中吸收水分的性质称为( )。

A.吸水性   B.吸湿性   C.耐水性   D.渗透性

5.材料的耐水性一般可用( )来表示。

A.渗透系数   B.抗冻性   C.软化系数   D.含水率

6.弹性材料具有( )的特点。

A.塑性变形大   B.不变形

C.塑性变形小   D.恒定的弹性模量

7.材料的比强度是( )。

A.两材料的强度比   B.材料强度与其表观密度之比

C.材料强度与其质量之比   D.材料强度与其体积之比

二、填空题

1.材料的质量与其自然状态下的体积比称为材料的_____。

2.材料的吸湿性是指材料在_____的性质。

3.材料的抗冻性以材料在吸水饱和状态下所能抵抗的_____来表示。

4.水可以在材料表面展开,即材料表面可以被水浸润,这种性质称为_____。

5.孔隙率越大,材料的导热系数越_____,其材料的绝热性能越_____。

三、判断题

1.比强度是材料轻质高强的指标。   (   )

2.多孔材料吸水后,其保温隔热效果变差。   (   )

3.软化系数越大,说明材料的抗渗性越好。   (   )

4.材料的抗渗性主要取决于材料的密实度和孔隙特征。   (   )

5.某些材料虽然在受力初期表现为弹性,但达到一定程度后表现出塑性特征,这类材料称为塑性材料。   (   )

6.材料吸水饱和状态时水占的体积可视为开口孔隙体积。   (   )

7.材料的冻融破坏主要是由于材料的水结冰造成的。   (   )

四、综合分析题

1.生产材料时,在组成一定的情况下,可采取什么措施来提高材料的强度和耐久性?

2.质量为 3.4 kg,容积为 10 L 的容量筒装满绝干石子后的总质量为 18.4 kg。若向筒内注入水,待石子吸水饱和后,为注满此筒功注入水 4.27 kg。将上述吸水饱和的石子擦干表面后称得总质量为 18.6 kg(含筒重)。求该石子的吸水率、体积密度、堆积密度、开口孔隙率。

3.某岩石在气干、绝干、水饱和状态下测得的抗压强度分别为 172 MPa、178 MPa、168 MPa。该岩石可否用于水下工程。

4.某岩石的密度为 2.75 g/cm^3,孔隙率为 1.5%;现将该岩石破碎为碎石,测得碎石的堆积密度为 1 560 kg/m^3。试求此岩石的体积密度和碎石的空隙率。

第 2 章　气硬性胶凝材料

学习提要

　　本章主要内容:气硬性胶凝材料的原材料和生产,水化及凝结硬化,各种技术性质及应用。通过本章学习能够在工程建设中合理使用相关气硬性胶凝材料以及在对材料使用中出现的问题进行正确的分析。

　　胶凝材料是指具有一定的机械强度并经过一系列物理作用、化学作用,能将散粒状或块状材料黏结成整体的材料。根据胶凝材料的化学组成,可将其分为无机胶凝材料和有机胶凝材料两大类。

$$胶凝材料\begin{cases}无机胶凝材料\begin{cases}气硬性胶凝材料:石灰、石膏、水玻璃等\\水硬性胶凝材料:各类水泥\end{cases}\\有机胶凝材料:沥青、树脂、橡胶等\end{cases}$$

　　有机胶凝材料是以天然的或合成的有机高分子化合物为基本成分的胶凝材料,常用的有沥青、各种合成树脂等。

　　无机胶凝材料是以无机化合物为基本成分的胶凝材料,根据其凝结硬化条件的不同,又可分为气硬性的和水硬性的两类。气硬性胶凝材料只能在空气中硬化,也只能在空气中保持和发展其强度。

　　常用的气硬性胶凝材料有石膏、石灰和水玻璃等。气硬性胶凝材料一般只适用于干燥环境中,而不宜用于潮湿环境,更不可用于水中。水硬性胶凝材料既能在空气中,还能更好地在水中硬化、保持并继续发展其强度。常用的水硬性胶凝材料包括各种水泥。水硬性胶凝材料既适用于干燥环境,又适用于潮湿环境或水下工程。

2.1　石灰

　　石灰是一种传统的建筑材料。由于生产石灰的原材料广泛,生产工艺简单,成本低,使用方便,故石灰在建筑工程中一直得到广泛应用。

2.1.1　石灰的原料与生产

石灰

　　煅烧生产石灰的原料主要是以碳酸钙为主的天然岩石,如石灰石、白垩等,如图 2-1 所示。将这些原料在高温下煅烧,碳酸钙将按下式分解成为生石灰,生石灰的主要成分为

CaO,另外还有少量 MgO 等杂质。

(a)白云质石灰石　　　　　　　　(b)石灰石

(c)白垩　　　　　　　　　　　(d)贝壳

图 2-1　石灰生产原材料

$$CaCO_3 \xrightarrow{900\ ℃} CaO + CO_2 \uparrow$$

　　石灰石的分解温度约 900 ℃,但为了加速分解过程,煅烧温度常提高至 1 000~1 200 ℃。在正常温度下煅烧良好的块状石灰,质轻色白,呈疏松多孔结构,CaO 含量高,密度为 3.1~3.4 g/cm³,堆积密度为 800~100 kg/m³。在煅烧过程中,若温度过低或煅烧时间不足,使得 CaCO₃ 不能完全分解,将生成"欠火石灰"。"欠火石灰"产浆量较低,有效氧化钙及氧化镁含量低,使用时黏结力不足,质量较差。如果煅烧时间过长或温度过高,将生成颜色较深、块体致密的"过火石灰"。过火石灰与水反应速度十分缓慢,若将过火石灰应用于建筑工程,则其中的细小颗粒可能在石灰浆硬化以后才发生水化作用,产生体积膨胀,使已硬化的砂浆产生崩裂或隆起等现象,严重影响工程质量。因此,在生产中,应控制适宜的煅烧温度和燃烧时间,使用时对过火石灰进行处理,都是十分必要的。

2.1.2　石灰的熟化与硬化

2.1.2.1　石灰的熟化

　　工地上使用生石灰前要进行熟化。熟化是指生石灰(氧化钙)与水作用生成氢氧化钙(熟石灰,又称消石灰)的过程,又称石灰的消解或消化。生石灰的熟化反应如下:

$$CaO + H_2O \longrightarrow Ca(OH)_2 + 64.8\ kJ$$

　　在建筑工程中,生石灰必须经充分熟化后方可使用。这是因为块状生石灰(图 2-2)中常含有过火石灰,过火石灰熟化十分缓慢,如果没有充分熟化而直接使用,过火石灰就会吸收空气中的水分继续熟化,体积膨胀使构件表面凸起、开裂或局部脱落,严重影响施工质量。为了消除过火石灰的危害,石灰膏在使用之前应进行陈伏。陈伏是指石灰乳(或石灰膏)在储灰坑中放置 14 天以上的过程。过火石灰在这一期间将慢慢熟化。陈伏期间,石灰膏表面应保有一层水分,使其与空气隔绝,以免与空气中二氧化碳发生碳化反应。

图 2-2　块状生石灰

2.1.2.2　石灰的硬化

石灰水化后逐渐凝结硬化,主要包括下面两个过程。

(1)干燥结晶硬化过程　石灰浆体在干燥过程中,游离水分蒸发,形成网状孔隙,这些滞留于孔隙中的自由水由于表面张力的作用而产生毛细管压力,使石灰粒子更紧密。且由于水分蒸发,使 $Ca(OH)_2$ 从饱和溶液中逐渐结晶析出。

(2)碳化过程　$Ca(OH)_2$ 与空气中的 CO_2 和水反应,形成不溶于水的碳酸钙晶体,析出的水分则逐渐被蒸发。由于碳化作用主要发生在与空气接触的表层,且生成的 $CaCO_3$ 膜层较致密,阻碍了空气中 CO_2 的渗入,也阻碍了内部水分向外蒸发,因此碳化过程缓慢。

2.1.3　石灰的性质与技术要求

2.1.3.1　石灰的技术性质

(1)可塑性、保水性好　生石灰熟化为石灰浆时,氢氧化钙颗粒极其微小,且颗粒间水膜较厚,颗粒间的滑移较易进行,故可塑性、保水性好。用石灰调成的石灰砂浆具有良好的可塑性,在水泥砂浆中加入石灰膏,可显著提高砂浆的可塑性。

(2)硬化较慢,强度低　从石灰浆体的硬化过程可以看出,由于空气中二氧化碳稀薄,碳化缓慢,而且表面碳化后,形成紧密外壳,不利于碳化作用的深入,也不利于内部水分的蒸发,因此石灰是硬化缓慢的材料。同时,石灰的硬化只能在空气中进行。硬化后的强度也不高,1:3 的石灰砂浆 28 天抗压强度通常只有 0.2~0.5 MPa。

(3)硬化时体积收缩大　石灰在硬化过程中,由于大量的游离水蒸发,从而引起显著的体积收缩,所以除调成石灰乳作薄层涂刷外,不宜单独使用。工程上常在其中掺入砂、各种纤维材料等减少收缩。

(4)耐水性差　硬化后的石灰受潮后,其中的氢氧化钙和氧化钙会溶解,强度更低,在水中还会溃散。所以,石灰不宜在潮湿的环境中使用,也不宜单独用于建筑物基础。

(5)石灰吸湿性强　块状生石灰在放置过程中,会缓慢吸收空气中的水分而自动熟化成消石灰粉,再与空气中的二氧化碳作用生成碳酸钙,失去胶结能力。

储存生石灰不但要防止受潮,而且不宜储存过久。最好运到工地(或熟化工厂)后立即熟化成石灰浆,将储存期变为陈伏期。由于生石灰受潮熟化时放出大量的热,而且体积膨胀,所以储存和运输生石灰时,还要注意安全。

2.1.3.2　石灰的技术要求

(1)生石灰的技术标准　根据建材标准《建筑生石灰》(JC/T 479—2013)中将建筑生石灰按生石灰的加工情况分为建筑生石灰和建筑生石灰粉,按生石灰的化学成分分为钙质生石灰和镁质生石灰两类。根据化学成分的含量每类分成各个等级,见表 2-1;建筑生石灰的化学成分见表 2-2;建筑生石灰的物理性质见表 2-3。

表 2-1　建筑生石灰的分类(JC/T 479—2013)

类别	名称	代号
钙质生石灰	钙质生石灰 90	CL90
	钙质生石灰 85	CL85
	钙质生石灰 75	CL75
镁质生石灰	镁质生石灰 85	ML85
	镁质生石灰 80	ML80

表 2-2　建筑生石灰的化学成分(JC/T 479—2013)

名称	$CaO+MgO$ 含量/%	MgO 含量/%	CO_2 含量/%	SO_3 含量/%
CL90-Q	≥90	≤5	≤4	≤2
CL90-QP				
CL85-Q	≥85	≤5	≤7	≤2
CL85-QP				
CL75-Q	≥75	≤5	≤12	≤2
CL75-QP				
ML85-Q	≥85	>5	≤7	≤2
ML85-QP				
ML80-Q	≥80	>5	≤7	≤2
ML80-QP				

注:"Q"代表生石灰块,"QP"代表生石灰粉

表2-3　建筑生石灰的物理性质（JC/T 479—2013）

名称	产浆量/（dm³/10 kg）	细度	
		0.2 mm 筛余量/%	90 μm 筛余量/%
CL90-Q	≥26	—	—
CL90-QP	—	≤2	≤7
CL85-Q	≥26	—	—
CL85-QP	—	≤2	≤7
CL75-Q	≥26	—	—
CL75-QP	—	≤2	≤7
ML85-Q	—	—	—
ML85-QP	—	≤2	≤7
ML80-Q	—	—	—
ML80-QP	—	≤7	≤2

（2）消石灰的技术标准　《建筑消石灰》（JC/T 481—2013）中将建筑消石灰按照扣除游离水和结合水后的（CaO+MgO）的含量分为钙质消石灰和镁质消石灰。钙质消石灰分为三个等级：钙质消石灰90、钙质消石灰85、钙质消石灰75，代号分别为HCL90、HCL85、HCL75。镁质消石灰分为两个等级：镁质消石灰85、镁质消石灰80，代号分别为HML85、HML80。

建筑消石灰的化学成分和物理性质应符合表2-4、表2-5的要求。

表2-4　建筑消石灰的化学成分（JC/T 481—2013）

名称	CaO+MgO 含量/%	MgO 含量/%	SO₃ 含量/%
HCL90	≥90	≤5	≤2
HCL85	≥85		
HCL75	≥75		
HML85	≥85	>5	≤2
HML80	≥80		

注：表中数值以试样扣除游离水和化学结合水后的干基为基准

表2-5　建筑消石灰的物理性质（JC/T 481—2013）

名称	游离水/%	细度		安定性
		0.2 mm 筛余量/%	90 μm 筛余量/%	
HCL90	≤2	≤2	≤7	合格
HCL85				
HCL75				
HML85				
HML80				

2.1.4　石灰的应用

2.1.4.1　石灰乳

将消石灰粉或熟化好的石灰膏加入大量的水搅拌稀释,成为石灰乳。石灰乳是一种廉价易得的涂料,主要用于内墙和天棚刷白,增加室内美观和亮度,石灰乳中加入各种耐碱颜料,可形成彩色石灰乳;加入少量磨细粒化高炉矿渣或粉煤灰,可提高其耐水性;加入聚乙烯醇、干酪素、氯化钙或明矾,可减少涂层粉化现象。

2.1.4.2　配制砂浆

由于石灰膏和消石灰粉中氢氧化钙颗粒非常小,调水后具有很好的可塑性。因而,常可用石灰膏或消石灰粉配制成石灰砂浆或水泥石灰混合砂浆,用于抹面和砌筑,详见"建筑砂浆"部分。石灰乳和石灰砂浆应用于吸水性较大的基面(如加气混凝土砌块)上时,应事先将基面润湿,以免石灰浆脱水过快而成为干粉,丧失胶结能力。

2.1.4.3　石灰土和三合土

石灰与黏土拌和后称为灰土或石灰土,再加砂或炉渣、石屑等即成为三合土。

石灰可改善黏土的和易性,在强力夯打之下,大大提高了紧密度。而且,黏土颗粒表面的少量活性氧化硅和氧化铝与氢氧化钙起化学反应,生成了不溶性水化硅酸钙和水化铝酸钙,因而提高了黏土的强度和耐水性。灰土和三合土的应用在我国已有数千年的历史,主要用于建筑物的地基基础和道路工程的基层、垫层。

2.1.4.4　制作硅酸盐制品

石灰是制作硅酸盐制品的主要原料之一。硅酸盐制品是以磨细的石灰与硅质材料为胶凝材料,必要时加入少量石膏,经养护(蒸汽养护或蒸压养护),生成以水化硅酸钙为主要产物的人造材料。硅酸盐制品中常用的硅质材料有粉煤灰,磨细的煤矸石、页岩、浮石和砂等。

常用的硅酸盐制品有蒸压灰砂砖、蒸压加气混凝土砌块或板材等。硅酸盐混凝土制品如图 2-3 所示。

(a)压蒸粉煤灰砖

(b)加气混凝土砌块

(c)加气混凝土墙板

(d)加气混凝土墙板的配筋

图 2-3　硅酸盐混凝土制品

2.1.4.5　碳化石灰板

将磨细生石灰、纤维状填料或轻质骨料和水按一定比例搅拌成型,然后通入高浓度二氧化碳经人工碳化(12~24 h)而成的轻质板材称为碳化石灰板。为减轻自重,提高碳化效果,碳化石灰板常做成薄壁空心板,主要用于非承重内墙板、天花板等。

【2-1】工程实例分析

墙面裂纹的产生

现象:某单位宿舍楼的内墙使用石灰砂浆抹面。数月后,墙面上出现了许多不规则的网状裂纹。同时在个别部位还发现了部分凸出的放射状裂纹,如图2-4所示。试分析上述现象产生的原因。

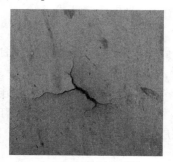

（a）凸出放射状裂纹　　　　　　　　　（b）网状裂纹

图2-4　墙面裂纹

原因分析:引发的原因很多,但最主要的原因在于石灰在硬化过程中,蒸发大量的游离水而引起体积收缩的结果。

墙面上个别部位出现凸出的呈放射状的裂纹是由于配制石灰砂浆时所用的石灰中混入了过火石灰。这部分过火石灰在消解、陈伏阶段中未完全熟化,以至于在砂浆硬化后,过火石灰吸收空气中的水蒸气继续熟化,造成体积膨胀,从而出现上述现象。

2.2　石膏

石膏

石膏胶凝材料是以硫酸钙为主要成分的无机气硬性胶凝材料。由于石膏胶凝材料及其制品具有许多优良的性质,原料来源丰富,生产能耗较低,因而在建筑工程中得到广泛应用。目前常用的石膏胶凝材料有建筑石膏、高强石膏等。

2.2.1　石膏的生产与分类

生产建筑石膏的主要原料是天然二水石膏矿石(又称生石膏)(图2-5)或含有硫酸钙的化工副产品。生产石膏的主要工序是破碎、加热和磨细。由于加热方式和温度的不同,可生产出不同的石膏产品。

2.2.1.1　建筑石膏

将天然二水石膏在常压下加热到 107~170 ℃时,可生产出生成 β 型半水石膏,再经磨细得到的白色粉状物,称为建筑石膏。其反应式为:

$$CaSO_4 \cdot 2H_2O \xrightarrow{107 \sim 170 \text{℃}} (\text{β 型})CaSO_4 \cdot \frac{1}{2}H_2O + 1\frac{1}{2}H_2O$$

建筑石膏晶体较细,调制成一定稠度的浆体时,需水量大,所以硬化后的建筑石膏制品孔隙率大,强度较低。建筑石膏粉如图 2-6 所示。

图 2-5　天然二水石膏

图 2-6　建筑石膏粉

2.2.1.2　高强石膏

将天然二水石膏在 124 ℃、0.13 MPa 压力的条件下蒸炼脱水,可得到 α 型半水石膏,磨细即为高强石膏。其反应式为:

$$CaSO_4 \cdot 2H_2O \xrightarrow{124 \text{℃}、0.13 \text{ MPa}} (\text{α 型})CaSO_4 \cdot \frac{1}{2}H_2O + 1\frac{1}{2}H_2O$$

高强石膏晶体粗大,比表面积较小,调制成塑性浆体时需水量只有建筑石膏的一半左右,因此硬化后具有较高的强度和密实度,3 h 强度可达到 9~24 MPa,7 天强度可达到 15~40 MPa。高强石膏用于强度要求较高的抹灰工程、装饰制品和石膏板。在高强石膏中加入防水剂,可用于湿度较高的环境中。

2.2.1.3　无水石膏和煅烧石膏

当加热温度超过 170 ℃时,可生成无水石膏($CaSO_4$);当温度高于 800 ℃时,部分石膏会分解出 CaO,经磨细后称为煅烧石膏。由于其中 CaO 的激发作用,煅烧石膏经水化后能获得较高的强度、耐磨性和耐水性。

2.2.2　建筑石膏的水化硬化

建筑石膏与适量的水相混合,最初成为可塑的浆体,但很快就失去塑性并产生强度,并发展成为坚硬的固体。这一过程可从水化和硬化两方面分别说明。

2.2.2.1　建筑石膏的水化

建筑石膏加水拌和,与水发生水化反应:

$$CaSO_4 \cdot \frac{1}{2}H_2O + 1\frac{1}{2}H_2O \longrightarrow CaSO_4 \cdot 2H_2O$$

建筑石膏加水后，首先溶解于水，由于二水石膏在水中的溶解度比半水石膏小得多（仅为半水石膏溶解度的1/5），半水石膏的饱和溶液对于二水石膏就成了过饱和溶液。所以，二水石膏以胶体大小微粒自水中析出，直到半水石膏全部耗尽。这一过程进行得很快，需7~12 min。

2.2.2.2　建筑石膏的凝结硬化

石膏浆体中的自由水分因水化和蒸发而逐渐减少，粒子总表面积增加，因而浆体可塑性逐渐减小，浆体渐渐变稠，这一过程称为凝结。其后，浆体继续变稠，逐渐凝聚成为晶体。晶体逐渐长大，共生和相互交错，浆体逐渐产生强度，并不断增长，直到完全干燥。晶体之间的摩擦力和黏结力不再增加，强度停止发展。这一过程称为建筑石膏的硬化，如图2-7所示。

建筑石膏的
凝结硬化

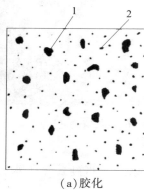
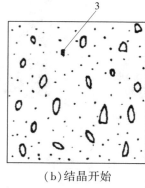
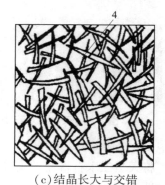

（a）胶化　　　　　　　　（b）结晶开始　　　　　　　（c）结晶长大与交错

图2-7　建筑石膏凝结硬化示意图

1-半水石膏；2-二水石膏胶体微粒；3-二水石膏晶体；4-交错的晶体

石膏浆体的凝结和硬化是一个连续的过程。凝结可以分为初凝和终凝两个阶段：将浆体开始失去可塑性的状态称为浆体初凝，从加水至初凝的这段时间称为初凝时间；浆体完全失去可塑性，并开始产生强度称为浆体终凝，从加水至终凝的时间称为终凝时间。

2.2.3　建筑石膏的性质与技术要求

2.2.3.1　建筑石膏的技术标准

根据国家标准《建筑石膏》（GB/T 9776—2008），建筑石膏按原材料种类分为天然建筑石膏（代号N）、脱硫建筑石膏（代号S）、磷建筑石膏（代号P）三类；按照2 h抗折强度分为3.0、2.0、1.6三个等级；建筑石膏组成中β半水硫酸钙（β-$CaSO_4 \cdot \frac{1}{2}H_2O$）的含量（质量分数）应不小于60.0%；建筑石膏的物理力学性能应符合表2-6的规定。

建筑石膏按产品名称、代号、等级及标准标号的顺序标记，如等级为2.0的天然建筑石膏标记如下：建筑石膏 N2.0GB/T 9776—2008。

建筑石膏在运输与储存时，不得受潮和混入杂质。建筑石膏自生产之日起，在正常运输与储存条件下，储存期为三个月。

表 2-6　建筑石膏物理力学性能(GB/T 9776—2008)

等级	细度(0.2 mm 方孔筛筛余)	凝结时间/min		2 h 强度/MPa	
		初凝	终凝	抗折	抗压
3.0	≤10%	≥3	≤30	≥3.0	≥6.0
2.0				≥2.0	≥4.0
1.6				≥1.6	≥3.0

2.2.3.2　建筑石膏的技术性质

(1)凝结硬化快　建筑石膏加水后 6 min 可达到初凝,30 min 可达到终凝。为了有足够的时间进行搅拌等施工操作,可掺入缓凝剂来延长凝结时间。常用的石膏缓凝剂有硼砂、动物胶、酒精、柠檬酸等。

(2)体积微膨胀,装饰性好　石膏浆体凝结硬化后体积不会出现收缩,反而略有膨胀(0.5%~1.0%),而且不开裂。石膏的这一性质使得石膏制品形体饱满,尺寸精确,加之石膏质地细腻,颜色洁白,特别适合制作建筑装饰品及石膏模型。

(3)孔隙率大,质量轻　在生产石膏制品时,为满足必要的可塑性,通常要加过量的水。凝结硬化后,由于大量多余水分蒸发,使石膏制品的孔隙率达 50%~60%。由于石膏制品的孔隙率较大,所以石膏制品的表观密度小,导热系数小,且吸声性、吸湿性好,可调节室内温度和湿度。

(4)防火性好　石膏制品遇火时,二水石膏中的结晶水蒸发,并能在表面蒸发形成水蒸气带,可有效地阻止火的蔓延,具有良好的防火效果。

(5)可加工性能好　建筑石膏硬化后具有微孔结构,硬度也较低,使得石膏制品可锯、可刨、可钉,易于连接,为安装施工提供了很大的方便,具有良好的可加工性。

(6)强度低,耐水性差　由于石膏制品的孔隙率较大,使得石膏制品强度低,抗渗性、抗冻性差。通常石膏硬化后的抗压强度只有 3~5 MPa。建筑石膏可微溶于水,耐水性差,软化系数只有 0.2~0.3,不宜用于潮湿环境和水中。

2.2.4　建筑石膏的应用

建筑石膏在运输和储存时要注意防潮,不得混入杂物。不同等级应分别储运,不得混杂。储存期一般不宜超过三个月,否则将使石膏制品的品质下降。若储存期超过三个月,应重新进行质量检验,以确定其等级。建筑石膏在土木工程中应用广泛,主要用于以下用途。

2.2.4.1　调制粉刷石膏

将建筑石膏加水和适量外加剂,调制成石膏粉刷涂料,用于涂刷装修内墙面。建筑石膏具有表面光细腻、洁白美观,且透湿透气、凝结硬化快、施工方便、黏结强度高等特点,是一种良好的内墙涂料。

2.2.4.2　配置石膏砂浆

将建筑石膏与水和砂子按一定比例拌和制成石膏砂浆,可用于室内墙面抹灰或油漆打底层。由于建筑石膏的特性,石膏砂浆具有良好的保温隔热性能,能够调节室内温度和湿度,且具有良好的隔声与防火性能。由于不耐水,建筑石膏不宜在外墙使用。

2.2.4.3 制作石膏板

建筑石膏的特性决定了石膏板也具有轻质、防火、保温、吸声、尺寸稳定等特性,在建筑中得到广泛应用。常用的石膏板有以下几种。

(1)纸面石膏板 纸面石膏板以建筑石膏为主要原料,掺入适量的纤维材料、缓凝剂等作为芯材,以纸板作为增强保护材料,经搅拌、成型(辊压)、切割、烘干等工序制得。纸面石膏板的长度为 1 800~3 600 mm,宽度为 900~1 200 mm,厚度为 9 mm、12 mm、15 mm、18 mm;其纵向抗折荷载可达 400~850 N。纸面石膏板主要用于隔墙、内墙等,其自重仅为砖墙的 1/5。可用作室内隔墙和吊顶,使用时需固定在龙骨上。耐水纸面石膏板主要用于厨房、卫生间等潮湿环境;耐火纸面石膏板主要用于耐火要求高的室内隔墙、吊顶等。纸面石膏板如图 2-8(a)所示。

(2)纤维石膏板 纤维石膏板是以纤维材料(多使用玻璃纤维)为增强材料,与建筑石膏、缓凝剂、水等经特殊工艺制成的石膏板。纤维石膏板的强度高于纸面石膏板,规格与纸面石膏板基本相同。纤维石膏板除用于隔墙、内墙外,还可用来代替木材制作家具。纤维石膏板如图 2-8(b)所示。

(3)装饰石膏板 装饰石膏板以建筑石膏为主要原料,掺入适量的纤维增强材料和外加剂,与水搅拌成均匀的料浆,经浇筑成型后制成,主要用作室内吊顶,也可用作内墙饰面板。装饰石膏板造型美观,装饰性强,具有良好的吸声、防火等功能。装饰石膏板如图2-8(c)所示。

(4)空心石膏板 空心石膏板以建筑石膏为主,加入适量的轻质多孔材料、纤维材料和水,经搅拌、浇筑、振捣成型、抽芯、脱模、干燥而成。主要用作隔墙,使用时不需要龙骨。一般规格尺寸为长 2 700~3 300 mm,宽 450~600 mm,厚度 60~100 mm。空心石膏板如图2-8(d)所示。

  (a)纸面石膏板   (b)纤维石膏板   (c)装饰石膏板   (d)空心石膏板

图 2-8 石膏板

2.2.4.4 制作石膏砌块

石膏砌块是以石膏为主要原料制作的实心、空心或夹心的砌块。空心砌块也有单排孔和双排孔之分;夹心砌块主要以聚苯乙烯泡沫塑料为芯材,以减轻其质量,提高绝热性能。石膏砌块具有石膏制品的各种优点,另外还具有砌筑方便、墙面平整、保温性好等优点。石膏砌块如图 2-9 所示。

图2-9 石膏砌块

2.2.4.5 制作石膏装饰制品

石膏装饰制品包括浮雕石膏墙角线、灯盘、罗马柱、梁托和雕塑等。它是以建筑石膏为主要原材料,掺入适量外加剂和增强纤维,并加水拌和成石膏浆体,将浆体注入模具中干燥硬化而成的石膏制品。石膏装饰品形状与花色丰富,仿真效果好,成本低且制作安装方便,可满足建筑物对室内装饰部件的各种外观要求。经过适当的防水处理后,还可制成满足室外装饰要求的各种艺术装饰品。石膏装饰品如图2-10所示。

(a)墙角线　　　　　(b)灯盘　　　　　(c)梁托　　　　　(d)罗马柱

图2-10 石膏装饰制品

【2-2】工程实例分析

现象:石膏粉拌水为一桶石膏浆,用以在光滑的天花板上直接粘贴,石膏饰条前后半小时完工。几天后最后粘贴的两条石膏饰条突然坠落,请分析原因。

原因分析:其原因有两个方面,可有针对性地解决。建筑石膏拌水后一般于数分钟至半小时左右凝结,后来粘贴石膏饰条的石膏浆已初凝,黏结性能差。可掺入缓凝剂,延长凝结时间;或者分多次配制石膏浆,即配即用。

在光滑的天花板上直接贴石膏条,粘贴难以牢固,宜对表面予以打刮,以利粘贴。或者在黏结的石膏浆中掺入部分黏结性强的黏结剂。

2.3　其他气硬性胶凝材料

2.3.1　水玻璃

2.3.1.1　水玻璃的组成

水玻璃俗称泡花碱,是由不同比例的碱金属和二氧化硅化合而成的一种可溶于水的硅酸盐。建筑工程中最常用的水玻璃是硅酸钠水玻璃($Na_2O \cdot nSiO_2$,简称钠水玻璃)和硅酸钾水玻

璃($K_2O \cdot nSiO_2$,简称钾水玻璃)。最常用的钠水玻璃的生产方法有湿法和干法两种。

水玻璃的模数指硅酸钠中氧化硅和氧化钠的分子数之比,一般在 1.5~3.5。固体水玻璃(图 2-11)在水中溶解的难易随模数而定,模数为 1 时能溶解于常温的水中,模数加大,则只能在热水中溶解;当模数大于 3 时,要在 4 个大气压以上的蒸汽中才能溶解于水。低模数水玻璃的晶体组分较多,黏结能力较差。模数越高,胶体组分相对增多,黏结能力、强度、耐酸性和耐热性越高,但难溶于水,不易稀释,不便施工。

液体水玻璃(图 2-12)因所含杂质不同,而呈青灰色、绿色或微黄色,无色透明的液体水玻璃最好。液体水玻璃可以与水按任意比例混合成不同浓度(或比重)的溶液。同一模数的液体水玻璃,其浓度越稠,则密度越大,黏结力越强,常用水玻璃的密度为 1 300~1 500 kg/m³。在液体水玻璃中加入尿素,在不改变其黏度的情况下可提高黏结力 25%左右。

图 2-11　固体水玻璃

图 2-12　液体水玻璃

2.3.1.2　水玻璃的性质

(1)水玻璃有良好的黏结性能,硬化时析出的硅酸凝胶能堵塞毛细孔,起到阻止水分渗透的作用。

(2)水玻璃有良好的耐热性,在高温下不燃烧,不分解,且强度有所提高。

(3)水玻璃有很强的耐酸性能,能抵抗多数有机酸和无机酸的作用。

2.3.1.3　水玻璃的应用

(1)用水玻璃涂刷天然石材、黏土砖、混凝土等建筑材料表面,能提高材料的密实性、抗水性和抗风化能力,增加材料的耐久性。但石膏制品表面不能涂刷水玻璃,因为硅酸钠与硫酸钙反应生成体积膨胀的硫酸钠,会导致制品胀裂破坏。

(2)将液态水玻璃与氯化钙溶液交替注入土壤中,二者反应析出的硅酸胶体起到胶结和填充孔隙的作用,能阻止水分渗透,提高土壤的密实度和强度。

(3)以水玻璃为胶凝材料,加入耐酸的填料和骨料,可配制成耐酸浆体、耐酸砂浆和耐酸混凝土,广泛应用于化学、冶金、金属等防腐蚀工程。

(4)在水玻璃中加入促凝剂和耐热的填料、骨料,可配制成耐热砂浆和耐热混凝土,用于高炉基础、热工设备基础及围护结构等耐热工程。

(5)在水玻璃中加入 2~5 种矾,可配制成各种快凝防水剂,掺入到水泥砂浆或混凝土中,可用于堵塞漏洞、填缝、局部抢修等。

2.3.2　菱苦土

2.3.2.1　菱苦土的生产

菱苦土,又名苟性苦土、苦土粉,它的主要成分是氧化镁。以天然菱镁矿为原料,在 800～850 ℃下煅烧而成,是一种细粉状的气硬性胶结材料。颜色有纯白,或灰白,或近淡黄色,新鲜材料有闪烁玻璃光泽。其煅烧的反应式如下:

$$MgCO_3 \xrightarrow{600～800\ ℃} MgO+CO_2\uparrow$$

煅烧温度对菱苦土的质量有以下重要影响:煅烧温度过低时,$MgCO_3$分解不完全,易产生"生烧"而降低胶凝性;温度过高时,又会因为"过烧"使其颗粒变得坚硬,胶凝性也很差。煅烧适当的菱苦土,密度为 3.1～3.4 g/cm³,堆积密度为 800～900 kg/m³。此外,菱苦土的细度和氧化镁的含量对其质量也有着重要影响,磨得越细,使用时强度越高;细度相同时,氧化镁含量越高,质量越好。

2.3.2.2　菱苦土的水化硬化

菱苦土与水拌和后迅速水化并放出大量的热,但其凝结硬化很慢,硬化后的产物疏松,胶凝性差,强度很低。因此,通常不能直接用水来拌和菱苦土,而是用 $MgCl_2$、$MgSO_4$、$FeCl_3$ 或 $MgSO_4$ 等盐类的水溶液来进行拌和。其中,以用 $MgCl_2$ 溶液为最好,其不仅可大大加快菱苦土的硬化,而且硬化后的强度(可达 40～60 MPa)很高。胶化后的主要产物为氯氧化镁水化物($xMgO \cdot MgCl_2 \cdot zH_2O$)和氢氧化镁等。其反应式为:

$$xMgO+yMgCl_2+zH_2O \longrightarrow xMgO \cdot yMgCl_2 \cdot zH_2O$$
$$MgO+H_2O \longrightarrow Mg(OH)_2$$

菱苦土呈针状结晶,彼此交错搭接,并相互连生、长大,形成致密的结构,使浆质凝结硬化。但其吸湿性大,耐水性差,遇水或吸湿后易产生变形,表面泛霜,强度大大降低。因此,菱苦土制品不适宜用于潮湿环境。

为改善菱苦土制品的耐水性,可采用硫酸镁($MgSO_4 \cdot 7H_2O$)或硫酸亚铁($FeSO_4 \cdot H_2O$)溶液来拌和,但强度有所降低。此外,也可掺入少量的磷酸盐或防水剂,或掺入一些活性混合材料,如粉煤灰等。

2.3.2.3　菱苦土的性质与应用

菱苦土与各种纤维的黏结良好,而且碱性较弱,对各种有机纤维的腐蚀性很小,因此,常以菱苦土为胶凝材料,以木屑、木丝或刨花为原料来生产各种板材,如木屑地板、木丝板和刨花板等。

建筑上常用的菱苦土木屑地面就是将菱苦土与木屑按适当的比例配合,用氯化镁溶液调拌铺设而成。为调节或改善其性能,可从不同途径采取相应措施,如为提高地面强度和耐磨性,可掺加适量滑石粉、石英砂或碎石屑做成硬性地面;为提高耐水性,可掺入外加剂或活性混合材料;为使其具有不同色彩,可掺入一定耐碱性矿物颜料。地面硬化干燥后,常用干性油涂刷,并用地板蜡打光,这种地面保温、防火、防爆(碰撞时不发火星)、有弹性且表面光洁不起尘,宜用于纺织车间、教室、办公室、住宅和影剧院等地面。

菱苦土木屑板、木丝板和刨花板可用作绝热和吸声材料,经饰面处理后,可用作吊顶

板材或隔断板材,还可代替木材用作机械设备的包装材料等。

菱苦土运输和储存时必须防潮、防水,且不可久存,储存期不可超过3个月,以防其吸收空气中的水分成为$Mg(OH)_2$,再碳化为$MgCO_3$而丧失其胶凝能力。

【2-3】工程实例分析

铝合金窗斑迹

现象:在某些建筑物的室内墙面装修过程中可以观察到,使用以水玻璃为成膜物质的腻子作为底层涂料,施工过程中腻子往往散落到铝合金窗上,造成铝合金窗的外表形成有损美观的斑迹。试分析原因。

原因分析:一方面,铝合金制品不耐酸碱;另一方面,水玻璃呈强碱性,当含碱涂料与铝合金接触时,引起铝合金窗表面发生腐蚀反应,从而使铝合金表面锈蚀而形成斑迹。其反应式如下:

$$Al_2O_3+2NaOH \longrightarrow 2NaAlO_2+H_2O$$
$$2Al+2H_2O+2NaOH \longrightarrow 2NaAlO_2+3H_2 \uparrow$$

【创新与能力培养】

石膏复合胶凝材料的应用研究进展

随着石膏复合胶凝材料研究的不断深入,目前已经有很多建筑产品使用了石膏基复合胶凝材料,实际应用过程中取得了很好的成效。叶蓓红等以氟石膏、脱硫石膏、矿渣粉为主要组分开发了一种石膏复合胶凝材料,并以其配制石膏防潮砂浆;经工程应用,该砂浆上墙后无收缩裂缝;具有良好的耐水性,可直接用于潮湿环境下外墙内侧与内隔墙的找平。而且其成本略低于水泥抹灰砂浆,具有经济适用性及较好的市场推广应用前景。孙振平等利用脱硫石膏、矿渣粉、少量水泥和激发剂制备的脱硫石膏基复合胶凝材料,配以玻化微珠为轻质集料开发了一种建筑保温砂浆。结果表明,这种保温砂浆各项性能指标均达到相关标准的要求;同时,因原材料中采用了大量工业废弃物,这种砂浆产品的环境效益和社会效益极佳,市场前景广阔。施惠生等利用化工废石膏-粉煤灰制备了一种新型道路建筑材料,具有较高的力学性能和优异的抗硫酸盐侵蚀性能。

本章习题

一、选择题

1.石灰在消解(熟化)过程中(　　　)。

A.体积明显缩小　　　　　　　　　　B.放出大量热量

C.体积不变　　　　　　　　　　　　D.与$Ca(OH)_2$作用形成$CaCO_3$

2.(　　　)浆体在凝结硬化过程中,其体积发生微小膨胀。

A.石灰　　　　　　B.石膏　　　　　　C.菱苦土　　　　　　D.水玻璃

3.为了保持石灰的质量,应使石灰储存在(　　)。

A.潮湿的空气中　　B.干燥的环境中　　C.水中　　　　　　D.蒸汽的环境中

4.石膏制品具有较好的(　　)。

A.耐水性　　　　　B.抗冻性　　　　　C.加工性　　　　　D.导热性

5.石灰硬化过程实际上是(　　)过程。

A.结晶　　　　　　B.碳化　　　　　　C.结晶与碳化　　　D.蒸发

6.生石灰的分子式是(　　)。

A.$CaCO_3$　　　　　B.$Ca(OH)_2$　　　　C.CaO　　　　　　D.$CaSO_4$

7.石灰在硬化过程中,体积产生(　　)。

A.微小收缩　　　　B.不收缩也不膨胀　C.膨胀　　　　　　D.较大收缩

8.石灰熟化过程中的"陈伏"是为了(　　)。

A.有利于结晶　　　　　　　　　　B.蒸发多余水分

C.消除过火石灰的危害　　　　　　D.降低发热量

9.高强石膏的强度较高,这是因其调制浆体时的需水量(　　)。

A.大　　　　　　　B.小　　　　　　　C.中等　　　　　　D.可大可小

10.建筑石灰分为钙质石灰和镁质石灰,是根据(　　)成分含量划分的。

A.氧化钙　　　　　B.氧化镁　　　　　C.氢氧化钙　　　　D.碳酸钙

二、填空题

1.胶凝材料按照化学成分分为_____和_____两类。无机胶凝材料按照硬化条件不同分为_____和_____两类。

2.生石灰按照煅烧程度不同可分为_____、_____和_____;按照MgO含量不同分为_____和_____。

3.石灰浆体的硬化过程包含了_____、_____和_____三个交错进行的过程。

三、判断题

1.气硬性胶凝材料只能在空气中硬化,而水硬性胶凝材料只能在水中硬化。　(　　)

2.石灰浆体在空气中的碳化反应方程式:$Ca(OH)_2+CO_2=\!=\!=CaCO_3+H_2O$　(　　)

3.建筑石膏最突出的技术性质是凝结硬化慢,并且在硬化时体积略有膨胀。　(　　)

4.建筑石膏板因为其强度高,所以在装修时可用于潮湿环境中。　　　　　(　　)

5.建筑石膏的分子式是$CaSO_4 \cdot 2H_2O$。　　　　　　　　　　　　　　(　　)

6.石膏由于其防火性好,故可用于高温部位。　　　　　　　　　　　　　(　　)

7.石灰陈伏是为了降低石灰熟化时的发热量。　　　　　　　　　　　　　(　　)

8.石灰的干燥收缩值大,这是石灰不宜单独生产石灰制品和构件的主要原因。　(　　)

9.石灰是气硬性胶凝材料,所以由熟石灰配制的灰土和三合土均不能用于受潮的工程中。　　　　　　　　　　　　　　　　　　　　　　　　　　　　　　(　　)

10.石灰可以在水中使用。　　　　　　　　　　　　　　　　　　　　　(　　)

四、综合分析题

建筑的内墙使用石灰砂浆抹面。数月后,墙面上出现了许多不规则的网状裂纹,同时在个别部位还有一部分凸出的呈放射状裂纹。试分析上述现象产生的原因。

第 3 章 水泥

学习提要

本章主要内容:以硅酸盐水泥为主的各种水泥的概念、生产过程、主要技术性质及其在土木工程中的应用。通过本章学习,了解水泥的原材料、生产过程,混合材料的定义、分类和常用品种;领会水泥熟料的矿物组成和水化、凝结硬化过程;掌握水泥的技术性质,通用硅酸盐水泥的特点和应用。

凡细磨成粉末状,加入适量水后,可成为塑性浆体,既能在空气中硬化,又能在水中硬化,并能将砂、石等材料牢固地胶结在一起的水硬性胶凝材料,通称水泥。1796 年,英国人詹姆士·帕克(James.Parker)将黏土质石灰岩,磨细后制成料球,在高于烧石灰的温度下煅烧,然后进行磨细制成水泥。帕克称这种水泥为"罗马水泥"(Roman Cement),并取得了该水泥的专利权。因为它是采用天然泥灰岩做原料,不经配料直接烧制而成的,所以又称为"天然水泥"。

1824 年 10 月 21 日,英国泥水匠阿斯普丁(J.As-pdin)获得英国第 5022 号的"波特兰水泥"专利证书,从而一举成为流芳百世的水泥发明人。该水泥水化硬化后的颜色类似英国波特兰地区建筑用石料的颜色,所以被称之为"波特兰水泥",在我国被称为"硅酸盐水泥"。硅酸盐系水泥自问世以来,一直在土木工程建设中占据主导地位,被广泛且大量地使用。

水泥种类繁多,目前生产和使用的水泥品种已达 200 多种。按组成水泥的矿物成分,可将其分为硅酸盐系水泥、铝酸盐系水泥、硫铝酸盐系水泥、氟铝酸盐水泥、铁铝酸盐水泥、以火山灰或潜在水硬性材料和其他活性材料为主要组分的水泥,共 6 个体系;按水泥的性能和用途,又可分为通用水泥(一般土木建筑工程通常采用的水泥)、特性水泥(某种性能比较突出的水泥,如快硬硅酸盐水泥、膨胀硫铝酸盐水泥等)和专用水泥(专门用途的水泥,如油井水泥、道路硅酸盐水泥等)三大类。

3.1　通用硅酸盐水泥

认识硅酸盐水泥

根据国家标准《通用硅酸盐水泥》(GB 175—2007),通用硅酸盐水泥是以硅酸盐水泥熟料和适量石膏及规定的混合材料制成的水硬性胶凝材料。按混合材料的品种和掺量分为硅酸盐水泥、普通硅酸盐水泥、矿渣硅酸盐水泥、火山灰质硅酸盐水泥、粉煤灰硅酸盐水泥和复合硅酸盐水泥。

3.1.1　硅酸盐水泥的定义、生产

3.1.1.1　硅酸盐水泥的生产

硅酸盐水泥是通用硅酸盐水泥的基本品种。硅酸盐水泥分为两种类型,不掺混合材料的称为Ⅰ型硅酸盐水泥,代号 P·Ⅰ;掺入不超过水泥质量5%的混合材料的称为Ⅱ型硅酸盐水泥,代号 P·Ⅱ。

3.1.1.2　硅酸盐水泥的生产

(1)原料　生产硅酸盐水泥的原料主要有石灰质原料、黏土质原料、校正原料三种。石灰质原料主要提供 CaO,可采用石灰石[图 3-1(a)]、白垩、石灰质凝灰岩等;黏土质[图 3-1(b)]原料主要提供 SiO_2、Al_2O_3 及少量的 Fe_2O_3,可采用黏土、页岩等;校正原料主要提供 Fe_2O_3 和 SiO_2,可采用铁矿粉、砂岩等。

(a)石灰石　　　　　　　　　　　(b)黏土

图 3-1　主要生产原材料

(2)生产工艺流程　生产硅酸盐水泥的过程可简单概括为"两磨一烧",具体步骤如下:先把几种原材料按适当比例配合后磨细成生料,然后将制得的生料入窑煅烧成水泥熟料,再把煅烧好的熟料和适量石膏(也可掺加混合材料)共同磨细,即得 P·Ⅰ型硅酸盐水泥(或 P·Ⅱ型硅酸盐水泥)。硅酸盐水泥的生产工艺流程见图 3-2。

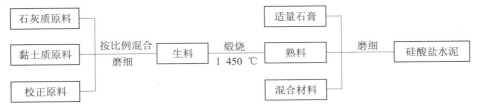

图 3-2　通用硅酸盐水泥生产工艺流程

在硅酸盐水泥生产中加入适量的石膏的目的是延缓水泥的凝结速度,使之便于施工操作。石膏的掺加量一般为水泥质量的3%~5%,实际掺量可通过试验确定。作为缓凝剂的石膏、可采用建筑石膏,天然二水石膏或工业副产品石膏。

3.1.2　硅酸盐水泥熟料的矿物组成

硅酸盐水泥熟料的主要矿物组成：硅酸三钙（$3CaO \cdot SiO_2$），简写为 C_3S；硅酸二钙（$2CaO \cdot SiO_2$），简写为 C_2S；铝酸三钙（$3CaO \cdot Al_2O_3$），简写为 C_3A；铁铝酸四钙（$4CaO \cdot Al_2O_3 \cdot Fe_2O_3$），简写为 C_4AF。硅酸盐水泥各熟料矿物在与水作用时所表现出的特性是不同的，4 种矿物在不同龄期的水化热如图 3-3 所示，4 种矿物在不同龄期的抗压强度如图 3-4 所示，4 种矿物的技术特性见表 3-1。

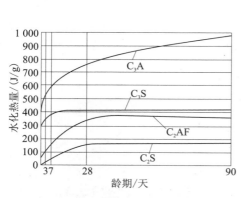

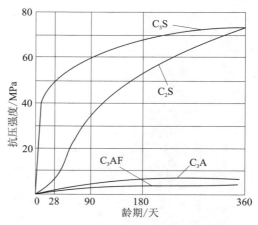

图 3-3　水泥熟料矿物在不同龄期的水化热　　图 3-4　水泥熟料矿物在不同龄期的抗压强度

硅酸盐水泥各熟料矿物特性不同，因此可通过调整原材料的配料比例来改变熟料矿物组成的相对含量，制得不同性能的水泥。如提高硅酸三钙含量，可制成高强水泥；提高硅酸三钙和铝酸三钙含量，可制得快硬水泥；降低硅酸三钙和铝酸三钙含量，提高硅酸二钙含量，可制得中、低热水泥。

表 3-1　硅酸盐水泥熟料的主要矿物特性

矿物成分	含量/%	强度	28 d 水化热	凝结硬化速度
硅酸三钙	37~60	高	大	快
硅酸二钙	15~37	早期低、后期高	小	慢
铝酸三钙	7~15	低	最大	最快
铁铝酸四钙	10~18	低	中	快

硅酸盐水泥熟料除以上四种主要矿物组成外，还有少量的未反应的氧化钙、氧化镁、硫酸盐及硫化物等，其总含量一般不超过水泥质量的 10%。

3.1.3　硅酸盐水泥的技术要求

根据相应的国家标准《通用硅酸盐水泥》（GB 175—2007）规定，对水泥的技术性质要求如下：

硅酸盐水泥
物理指标

硅酸盐水泥
力学指标

3.1.3.1 物理指标

（1）细度（选择性指标）　水泥的细度是指水泥颗粒的粗细程度。水泥细度对水泥的性质影响很大。水泥颗粒粗细应适中，一般水泥颗粒粗细在 7～200 μm（0.007～0.2 mm）内。国家标准规定硅酸盐水泥的细度用比表面积表示，硅酸盐水泥的比表面积应大于 300 m²/kg。

细度

（2）标准稠度及标准稠度用水量　水泥净浆标准稠度是对水泥净浆以标准方法拌制、测试并达到规定的可塑性程度时的稠度。水泥净浆标准稠度用水量是指水泥净浆达到标准稠度时所需的加水量，常以水和水泥质量之比的百分数表示。各种水泥的矿物成分、细度不同，拌和成标准稠度时的用水量也各不相同，水泥的标准稠度用水量一般为 24%～33%。测定硅酸盐水泥凝结时间和体积安定时必须采用标准稠度的水泥浆。

标准用度
用水量

（3）凝结时间　水泥的凝结时间分为初凝时间和终凝时间。初凝时间是指从水泥浆加水拌和起到水泥浆失去可塑性所需的时间；终凝时间是指从水泥浆加水拌和起到水泥浆完全失去可塑性并开始产生强度所需的时间。水泥的凝结时间是以标准稠度的水泥净浆在规定温度和湿度下，用凝结时间测定仪测定的，试验中必须采用标准稠度的水泥净浆。国家标准规定，硅酸盐水泥的初凝时间不得早于 45 min，终凝时间不得迟于 6.5 h。初凝时间不满足要求为废品，终凝时间不满足要求的为不合格品。

凝结时间

（4）体积安定性　水泥体积安定性是指水泥在凝结硬化过程中体积变化的均匀性。当水泥浆体在硬化过程中体积发生不均匀变化时，会导致水泥制品膨胀、翘曲、产生裂缝等，即所谓体积安定性不良。水泥体积安定性不符合要求的为废品。

引起水泥安定性不良的原因有以下几个。

1）熟料中含有过多的游离氧化钙　熟料煅烧时，一部分 CaO 未被吸收成为熟料矿物而形成过烧氧化钙，即游离氧化钙（f-CaO）。它的水化速度很慢，在水泥凝结硬化很长时间后才开始水化，而且水化生成 Ca(OH)₂ 体积增大，会引起已硬化的水泥石体积发生不均匀膨胀而破坏。用沸煮法检验游离氧化钙引起的水泥安定性不良，测试时又分试饼法和雷氏法，当两种方法发生争议时，以雷氏法为准。

水泥安定性
试验

2）熟料中含有过多的游离氧化镁　游离氧化镁（f-MgO）也是熟料煅烧时由于过烧而形成，同样也会造成水泥石体积安定性不良。游离氧化镁引起的安定性不良，不便于快速检验。国家标准规定：硅酸盐水泥中的游离氧化镁的含量不得超过 5.0%，当压蒸试验合格时可放宽到 6.0%。

3）石膏掺量过多　在生产水泥时，如果石膏掺量过多，在水泥已经硬化后，多余的石膏会与水泥石中固态的水化铝酸钙继续反应生成高硫型水化硫铝酸钙晶体，体积膨胀 1.5～2.0 倍，引起水泥石开裂。由于石膏造成的安定性不良，不便于快速检验，因此在水泥生产时必须严格控制。国家标准规定：硅酸盐水泥中的石膏掺量以 SO₃ 计，其含量不得超过 3.5%。

（5）强度及强度等级　水泥的强度是水泥的重要技术指标，是评定水泥强度等级的依据。根据硅酸盐水泥 3 天和 28 天的抗压强度和抗折强度，将硅酸盐水泥分为 42.5、42.5R、52.5、52.5R、62.5、62.5R 六个强度等级，各龄期的强度值不得低于表 3-2 中规定的数值。水泥强度不满足要求的为不合格品。

水泥胶
砂强度

表 3-2　通用硅酸盐水泥各龄期的强度要求（GB 175—2007）

品种	强度等级	抗压强度/MPa		抗折强度/MPa	
		3 d	28 d	3 d	28 d
硅酸盐水泥	42.5	≥17.0	≥42.5	≥3.5	≥6.5
	42.5R	≥22.0		≥4.0	
	52.5	≥23.0	≥52.5	≥4.0	≥7.0
	52.5R	≥27.0		≥5.0	
	62.5	≥28.0	≥62.5	≥5.0	≥8.0
	62.5R	≥32.0		≥5.5	

3.1.3.2　化学指标

化学指标应符合表 3-3 的规定。

表 3-3　通用硅酸盐水泥的化学指标（GB 175—2007）

品种	代号	不溶物/%	烧失量/%	三氧化硫/%	氧化镁/%	氯离子/%
硅酸盐水泥	P·Ⅰ	≤0.75	≤3.0	≤3.5	≤5.0	≤0.06
	P·Ⅱ	≤1.50	≤3.5			

（1）不溶物　不溶物是指经盐酸处理后的残渣，再以氢氧化钠溶液处理，经盐酸中和过滤后所得的残渣经高温灼烧所剩的物质。不溶物含量高对水泥质量有不良影响。

（2）烧失量　烧失量是用来限制石膏和混合材料中的杂质，以保证水泥质量。

（3）三氧化硫　水泥中过量的三氧化硫会与铝酸三钙形成较多的钙矾石，体积膨胀，危害安定性。

（4）氧化镁　因水泥中氧化镁水化生成氢氧化镁，体积膨胀，而其水化速度慢，须以压蒸的方法加快其水化，方可判断其安定性。

（5）氯离子　因一定含量的氯离子会腐蚀钢筋，故须加以限制。

3.1.3.3　碱含量（选择性指标）

水泥中碱含量以 $Na_2O+0.658K_2O$ 计算值表示。若使用活性骨料，用户要求提供低碱水泥时，水泥中的碱含量应不大于 0.60% 或买卖双方协商确定。

3.1.3.4　水化热

水化热是指水泥在水化过程中放出的热量。水泥的水化热大部分在 3~7 d 内放出，7 d 内放出的热量可达总热量的 80% 左右。水化热较大的水泥有利于冬季施工，但对大体积混凝土不利。为了避免由于温度应力引起水泥石的开裂，在大体积混凝土中不宜采用水化热较大的硅酸盐水泥，应采用水化热较小的水泥或采取其他降温措施。

3.1.4　硅酸盐水泥的水化、凝结硬化

3.1.4.1　硅酸盐水泥的水化

水泥熟料矿物成分遇水后，会发生一系列化学反应，生成各种水化物，并放出一定的

硅酸盐水泥
的水化、凝
结硬化

热量。水泥具有许多优良的性能,主要是水泥熟料中几种主要矿物水化作用的结果。

水泥熟料各种矿物水化的反应方程式如下:

$$2(3CaO \cdot SiO_2) + 6H_2O \longrightarrow 3CaO \cdot 2SiO_2 \cdot 3H_2O + 3Ca(OH)_2$$

$$2(2CaO \cdot SiO_2) + 4H_2O \longrightarrow 3CaO \cdot 2SiO_2 \cdot 3H_2O + Ca(OH)_2$$

$$3CaO \cdot Al_2O_3 + 6H_2O \longrightarrow 3CaO \cdot Al_2O_3 \cdot 6H_2O$$

$$4CaO \cdot Al_2O_3 \cdot Fe_2O_3 + 7H_2O \longrightarrow 3CaO \cdot Al_2O_3 \cdot 6H_2O + CaO \cdot Fe_2O_3 \cdot H_2O$$

可见,水泥水化后的主要产物:水化硅酸钙($3CaO \cdot SiO_2 \cdot 3H_2O$)、氢氧化钙 $Ca(OH)_2$、水化铁酸钙 $CaO \cdot Fe_2O_3 \cdot H_2O$ 和水化铝酸钙 $3CaO \cdot Al_2O_3 \cdot 6H_2O$。另外还有水化铝酸钙与石膏反应生成的高硫型水化硫铝酸钙(又称钙矾石),反应式为:

$$3CaO \cdot Al_2O_3 \cdot 6H_2O + 3(CaSO_4 \cdot 2H_2O) + 19H_2O \longrightarrow 3CaO \cdot Al_2O_3 \cdot 3CaSO_4 \cdot 31H_2O$$

钙矾石是一难溶于水的针状晶体,沉淀在水泥颗粒表面,阻止了水分的进入,降低了水泥的水化速度,缓凝了水泥的凝结时间。

以上是水泥水化的主要反应。在水化产物中水化硅酸钙所占比例最大,为70%以上;氢氧化钙次之,占20%左右。其中水化硅酸钙、水化铁酸钙为凝胶体,具有强度贡献;而氢氧化钙、水化铝酸钙、钙矾石皆为晶体,它将使水泥石在外界条件下变得疏松,使水泥石强度下降,是影响硅酸盐水泥耐久性的主要因素。

3.1.4.2　硅酸盐水泥的凝结硬化

水泥加水拌和后形成可塑性的水泥浆,随着水化反应的进行,水泥浆体逐渐变稠失去可塑性,这一过程称为水泥的凝结;随着水化反应的继续进行,失去可塑性的水泥浆逐渐产生强度并发展成为坚硬的水泥石,这一过程称为水泥的硬化。水泥的凝结、硬化是人为划分的,实际上是一个连续的复杂的物理化学变化过程。下面将水泥的凝结硬化做简要介绍。

水泥加水拌和,未水化的水泥颗粒分散在水中成为水泥浆体[图3-5(a)];水泥颗粒与水接触很快发生水化反应,生成的水化物在水泥颗粒表面形成凝胶膜层,水泥浆具有可塑性[图3-5(b)];水泥颗粒不断水化,新生水化物不断增多使水化物膜层增厚,水泥颗粒相互接触形成凝聚结构[图3-5(c)],水泥浆体开始失去可塑性,这就是水泥的初凝;随着以上过程不断进行,固态水化物不断增多,水泥浆体完全失去可塑性,表现为终凝,开始进入硬化阶段[图3-5(d)]。水泥进入硬化期后,水化速度变慢,水化物随时间增长逐渐增多,水泥石强度也相应提高。水泥的硬化可持续很长时间,在环境温度和湿度合适的条件下,甚至几十年后的水泥石强度还会继续增长。

影响水泥凝结硬化的因素主要有熟料矿物成分、水泥的细度、用水量、养护时间、石膏掺量、温度和湿度。

3.1.5　水泥石的腐蚀与防止

硬化后的水泥石在通常使用条件下有较好的耐久性。但当水泥石长时间处于侵蚀性介质中,如流动的淡水、酸性水、强碱等,会使水泥石的结构遭到破坏,强度下降甚至全部溃散,这种现象称为水泥石的腐蚀。

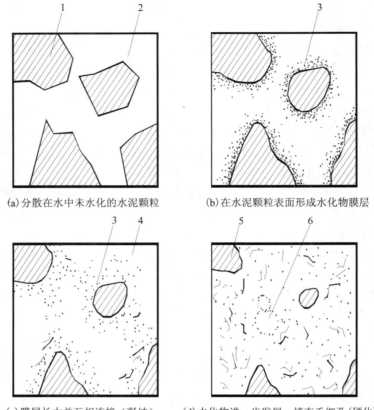

(a)分散在水中未水化的水泥颗粒　　(b)在水泥颗粒表面形成水化物膜层

(c)膜层长大并互相连接（凝结）　　(d)水化物进一步发展，填充毛细孔(硬化)

图3-5　水泥凝结硬化过程示意

1-水泥颗粒;2-水分;3-凝胶;4-晶体;5-水泥颗粒的未水化内核;6-毛细孔

3.1.5.1　软水侵蚀

在静水或无水压的水中,软水的侵蚀仅限于表面,影响不大。但在有流动的软水作用时,水泥石中 $Ca(OH)_2$ 先溶解,并被水带走,$Ca(OH)_2$ 的溶失会引起水化硅酸钙、水化铝酸钙的分解,最后变成无胶结能力的低碱性硅酸凝胶和氢氧化铝。硅酸盐水泥水化形成的水泥石中 $Ca(OH)_2$ 含量高达20%,所以受软水侵蚀较为严重。

3.1.5.2　硫酸盐侵蚀

在海水、地下水和工业污水中常含有钾、钠、氨的硫酸盐,它们与水泥石中的 $Ca(OH)_2$ 反应生成硫酸钙,硫酸钙再与水泥石中固态水化铝酸钙作用生成高硫型水化硫铝酸钙,反应式如下:

$$3CaO \cdot Al_2O_3 \cdot 6H_2O + 3(CaSO_4 \cdot 2H_2O) + 19H_2O \Longrightarrow 3CaO \cdot Al_2O_3 \cdot 3CaSO_4 \cdot 31H_2O$$

生成的高硫型水化硫铝酸钙含大量结晶水,体积膨胀1.5倍以上,在水泥石中造成极大的膨胀性破坏。

3.1.5.3　镁盐侵蚀

在海水和地下水中常含有大量镁盐,主要是硫酸镁和氯化镁。它们与水泥石中的 $Ca(OH)_2$ 反应,反应式如下:

$$Ca(OH)_2 + MgSO_4 + 2H_2O \rightleftharpoons CaSO_4 \cdot 2H_2O + Mg(OH)_2$$
$$Ca(OH)_2 + MgCl_2 \rightleftharpoons CaCl_2 + Mg(OH)_2$$

反应生成的 $Mg(OH)_2$ 松软而无胶凝能力，$CaCl_2$ 易溶于水，而 $CaSO_4 \cdot 2H_2O$ 还会进一步引起硫酸盐膨胀性破坏。故硫酸镁对水泥石起着镁盐和硫酸盐的双重侵蚀作用。

3.1.5.4 一般酸的侵蚀

工业废水、地下水、沼泽水中常含有多种无机酸和有机酸，各种酸类会对水泥石造成不同程度的损害。无机酸中的盐酸、硝酸、硫酸、氢氟酸和有机酸中的醋酸、蚁酸的腐蚀尤为严重。以盐酸、硫酸与水中的 $Ca(OH)_2$ 作用为例，反应式如下：

$$Ca(OH)_2 + 2HCl \rightleftharpoons CaCl_2 + 2H_2O$$
$$Ca(OH)_2 + H_2SO_4 \rightleftharpoons CaSO_4 \cdot 2H_2O$$

反应生成的 $CaCl_2$ 易溶于水，生成二水石膏（$CaSO_4 \cdot 2H_2O$）结晶膨胀导致水泥石破坏，而且还会进一步引起硫酸盐的侵蚀。

3.1.5.5 碳酸的侵蚀

在工业污水、地下水中常溶解有较多的二氧化碳，当含量超过一定值时，将对水泥石造成破坏。这种碳酸水对水泥石的侵蚀作用如下：

$$Ca(OH)_2 + CO_2 + H_2O \rightleftharpoons CaCO_3 + 2H_2O$$
$$CaCO_3 + CO_2 + H_2O \rightleftharpoons Ca(HCO_3)_2$$

生成的碳酸氢钙溶解度大，易溶于水。由于碳酸氢钙的溶失以及水泥石中其他产物的分解，使水泥石结构破坏。

除上述腐蚀类型外，对水泥石有腐蚀作用的还有一些其他物质，如糖、氨盐、动物脂肪、含环烷酸的石油产品等。在实际工程中，水泥石的腐蚀很少为单一的腐蚀作用，往往是几种同时存在，互相影响。

需说明的是，水泥石腐蚀的主要内因有两方面：一是水泥石中存在易被腐蚀的组分，主要是氢氧化钙和水化铝酸钙；二是水泥石本身不够密实。

3.1.5.6 防止水泥石腐蚀的措施

（1）合理选择水泥品种　如在软水侵蚀条件下的工程，可选用水化生成物中 $Ca(OH)_2$ 含量少的水泥；在有硫酸盐侵蚀的工程中，可选用铝酸三钙含量低于 5% 的抗硫酸盐水泥。

（2）提高水泥石的密实度　水泥石中的毛细管、孔隙是引起水泥石腐蚀加剧的内在原因之一。因此采取适当措施，如机械搅拌、振捣，掺外加剂等，或在满足施工操作的前提下尽量减少水灰比，从而提高水泥石密实度，改善水泥石的耐腐蚀性。

（3）表面加做保护层　用耐腐蚀的石料、陶瓷、塑料、沥青等覆盖于水泥石的表面，以防止侵蚀性介质与水泥石直接接触。

3.1.6 硅酸盐水泥的性质与应用

（1）凝结硬化快，强度高　硅酸盐水泥凝结硬化速度快，早期强度和后期强度都较高，尤其适用于早期强度有较高要求的工程，也适用于重要结构的高强度混凝土和预应力混凝土工程等。

（2）水化热大,抗冻性好   硅酸盐水泥中硫酸三钙和铝酸三钙的含量高,水化时放出的热量大,有利于冬季施工,但不宜用于大体积混凝土工程。硅酸盐水泥硬化后的水泥石结构密实,抗冻性好,适用于严寒地区和抗冻性要求高的工程。

（3）干缩小、耐磨性好   硅酸盐水泥硬化时干缩小,不易产生干缩裂缝,可用于干燥环境工程。由于干缩小,表面不易起粉尘,因此耐磨性好,可用于道路与地面工程。

（4）耐腐蚀性差   硅酸盐水泥石中有较多的氢氧化钙,耐软水和耐化学腐蚀性差。故硅酸盐水泥不宜用于经常与流动的淡水接触和压力水作用的工程;也不适用于受海水、矿物水等作用的工程。

（5）耐热性差   硅酸盐水泥石在温度超过 250 ℃时水化产物开始脱水,体积产生收缩,强度开始下降。当受热温度超过 600 ℃,水泥石由于体积膨胀而造成破坏。因此,硅酸盐水泥不宜用于耐热要求高的工程。

（6）抗碳化性好   水泥石中的氢氧化钙与空气中的二氧化碳和水作用生成碳酸钙的过程为碳化。碳化会引起水泥石内部的碱度降低。当水泥石的碱度降低时,钢筋混凝土中的钢筋便失去钝化保护膜而锈蚀。硅酸盐水泥在水化后,水泥石中含有较多的氢氧化钙,碳化时水泥的碱度下降少,对钢筋的保护作用强,可用于重要的钢筋混凝土结构及二氧化碳浓度较高的环境中。

【3-1】工程实例分析

挡墙开裂与水泥的选用

现象:某大体积的混凝土工程,浇注两周后拆模,发现挡墙有多道贯穿型的纵向裂缝。该工程使用某立窑水泥厂生产 42.5 Ⅱ型硅酸盐水泥,其熟料矿物组成如下:

C_3S 61%;C_2S 14%;C_3A 14%;C_4AF 11%。

原因分析:由于该工程所使用的水泥 C_3A 和 C_3S 含量高,导致该水泥的水化热高,且在浇注混凝土中,混凝土的整体温度高,以后混凝土温度随环境温度下降,混凝土产生冷缩,造成混凝土贯穿型的纵向裂缝。

防治措施:首先,对大体积的混凝土工程宜选用低水化热,即 C_3A 和 C_3S 的含量较低的水泥。其次,水泥用量及水灰比也需适当控制。

3.2 掺活性混合材的硅酸盐水泥

3.2.1 混合材料

掺合料水泥

混合材料是为了改善水泥性能、提高水泥的产量,在生产时掺入的天然或人工矿物质材料。混合材料分为活性混合材料和非活性混合材料两种。

3.2.1.1 活性混合材料

具有潜在水硬性或火山灰特性,或者兼具有潜在水硬性和火山灰特性的混合材料。潜在水硬性是指该类矿物质材料,只需在少量外加剂的激发条件下,即可利用自身溶出的化学成分生成具有水硬性的化合物。火山灰特性:是指磨细的矿物质材料和水拌和成浆后,单独不具有水硬性,但在常温下与外加的石灰一起和水后的浆体,能形成具有水硬性化合物的性能。常用的活性混合材料有以下几种。

（1）粒化高炉矿渣和矿渣粉　如图3-6是高炉炼铁所得的以硅酸钙和铝酸钙为主要成分的熔融物，经急速冷却而成的颗粒。由于急速冷却，粒化高炉矿渣呈玻璃体，玻璃体结构中的活性 CaO、SiO$_2$ 和活性 Al$_2$O$_3$，与水化产物 Ca(OH)$_2$、水等作用形成新的水化产物而产生凝胶作用。其中 CaO、Al$_2$O$_3$ 的含量越高，矿渣的活性越强，一般而言，Al$_2$O$_3$>12%、CaO>40% 的矿渣活性较强。

（a）高炉矿渣　　　　　　　　　　　　（b）矿渣粉

图3-6　高炉矿渣及矿渣粉

粒化高炉矿渣的活性不仅取决于化学成分，而且在很大程度上取决于内部结构。如高炉矿渣熔融物由熔融状态缓慢冷却而结晶，形成块状的慢冷矿渣，活性极小。而当进行水淬急冷处理时，由于液相黏度很快加大，阻滞了晶体的形成，最终形成大量的玻璃体结构。这些玻璃体晶格排列不齐，内部由有缺陷的、处于介稳定状态的微晶子组成，粒化高炉矿渣的内部玻璃体结构使得其具有较强的化学活性。

粒化高炉矿渣单独与水拌和时，胶凝能力极弱，但与氢氧化钙共同作用则会激发出活性，发生显著的水化反应，并产生一定的强度。一般把能激发矿渣活性并使矿渣具有凝结硬化作用的物质称为激发剂。常用的激发剂有碱性激发剂和硫酸盐激发剂两种类。

碱性激发剂是指石灰以及在水化时能够生成氢氧化钙的硅酸盐水泥熟料这类物质。碱性激发剂能与矿渣中的活性物质发生反应，生成水化硅酸钙和水化铝酸钙，从而带来一定强度。

硫酸盐激发剂主要是指各类天然石膏和工业副产品石膏。要注意的是，硫酸盐激发剂只有在一定的碱性环境中才能充分发挥作用，与矿渣中的活性氧化铝在碱性条件下生成钙矾石，带来的强度比单独加入碱性激发剂要高得多。

以粒化高炉矿渣为主要原料，可掺加少量石膏磨细制成一定细度的粉体，称作粒化高炉矿渣粉，简称矿渣粉。

粒化高炉矿渣应符合《用于水泥中的粒化高炉矿渣》（GB/T 203—2008）的要求。粒化高炉矿渣粉应符合《用于水泥和混凝土中的粒化高炉矿渣粉》（GB/T 18046—2008）的要求。活性不符合国家标注要求的只能作为非活性材料使用。

（2）火山灰质混合材料　火山灰是火山喷发时，随熔岩一起喷发的大量细粒碎屑沉积在地面或水中的疏松沉积物质。由于火山喷发的高温岩浆到达地球表面时因温度降低而遭遇急冷，使岩浆来不及结晶而形成玻璃体物质，这些玻璃体是火山灰活性的主要来

源,其成分主要是活性氧化硅和活性氧化铝。

火山灰质的混合材料是指火山灰及与火山灰性质相近的一类材料。《用于水泥中的火山灰质混合材料》(GB/T 2847—2005)中对火山灰质的混合材料的定义:具有火山灰性的天然的或人工的矿物质材料。所谓的火山灰性是指以 SiO_2、Al_2O_3 为主要成分,本身磨细与水拌和不能硬化,但在常温下与石灰、水拌和后能生成具有水硬性的产物的性能。火山灰质混合材料的品种很多,天然矿物材料有火山灰、凝灰岩[图3-7(a)]、浮石、硅藻土等;工业废渣和人工制造的有天然煤矸石、煤渣[图3-7(b)]、烧黏土、硅灰等。此类材料的活性成分也是活性 SiO_2 和活性 Al_2O_3,其潜在水硬性原理同粒化高炉矿渣。

(a)凝灰岩　　　　　　　　　　　(b)煤渣

图3-7　火山灰质混合材料

(3)粉煤灰混合材料　粉煤灰(图3-8)是火力发电厂用收尘器从烟道中收集的灰粉。粉煤灰外观类似水泥,颜色在乳白色到灰黑色之间变化。粉煤灰的颜色是一项重要的质量指标,可以反映含碳量的多少和差异。在一定程度上也可以反映粉煤灰的细度,颜色越深粉煤灰粒度越细,含碳量越高。粉煤灰就有低钙粉煤灰和高钙粉煤灰之分。通常高钙粉煤灰的颜色偏黄,低钙粉煤灰的颜色偏灰。粉煤灰颗粒呈多孔型蜂窝状组织,比表面积较大,具有较高的吸附活性,颗粒的粒径范围为 $0.5 \sim 300~\mu m$。并且珠壁具有多孔结构,孔隙率高达 $50\% \sim 80\%$,有很强的吸水性。

图3-8　粉煤灰

由于煤粉各颗粒间的化学成分并不完全一致,因此燃烧过程中形成的粉煤灰在排出的冷却过程中,形成了不同的物相。比如:氧化硅及氧化铝含量较高的玻璃珠,另外,粉煤灰中晶体矿物的含量与粉煤灰冷却速度有关。一般来说,冷却速度较快时,玻璃体含量较多;反之,玻璃体容易析晶。可见,从物相上讲,粉煤灰是晶体矿物和非晶体矿物的混合物。其矿物组成的波动范围较大。一般晶体矿物为石英、莫来石、氧化铁、氧化镁、生石灰及无水石膏等,非晶体矿物为玻璃体、无定形碳和次生褐铁矿,其中玻璃体含量占50%以上。

在显微镜下观察,粉煤灰是晶体、玻璃体及少量未燃炭组成的一个复合结构的混合体。混合体中这三者的比例随着煤燃烧所选用的技术及操作手法不同而不同。其中结晶体包括石英、莫来石、磁铁矿等;玻璃体包括光滑的球体形玻璃体粒子、形状不规则孔隙少的小颗粒、疏松多孔且形状不规则的玻璃体球等;未燃炭多呈疏松多孔形式。

粉煤灰主要成分是活性 SiO_2 和活性 Al_2O_3,其潜在水硬性原理同粒化高炉矿渣。粉煤灰应符合《用于水泥和混凝土中的粉煤灰》(GB/T 1596—2005)的要求。当其强度活性指数小于70%时,可作为非活性材料使用。

3.2.1.2 非活性混合材料

非活性混合材料是指掺入水泥后,主要起填充作用而又不损害水泥性能的矿物材料。常用的品种有磨细石英砂、石灰石、炉灰等。非活性混合材料的主要作用是改善水泥某些性能,如调节水泥强度等级、增加水泥产量、降低水化热等。

3.2.2 掺混合材料的通用水泥

3.2.2.1 普通硅酸盐水泥

普通硅酸盐水泥代号为 P·O,其中加入了大于5%且不超过20%的活性混合材料,并允许不超过水泥质量8%的非活性混合材料或不超过水泥质量5%的窑灰代替部分活性混合材料。

(1)普通硅酸盐水泥的技术指标 普通硅酸盐水泥的细度、体积安定性、氧化镁含量、三氧化硫含量、氯离子含量要求与硅酸盐水泥完全相同,凝结时间和强度等级技术指标要求不同。

1)凝结时间要求初凝时间不小于45 min,终凝时间不大于600 min。

2)强度等级根据3 d和28 d的抗折强度、抗压强度,将普通硅酸盐水泥分为42.5、42.5R、52.5、52.5R四个强度等级。各龄期的强度应满足表3-4的要求。

表3-4 普通硅酸盐水泥各龄期的强度要求

品种	强度等级	抗压强度/MPa		抗折强度/MPa	
		3 d	28 d	3 d	28 d
普通硅酸盐水泥	42.5	≥17.0	≥42.5	≥3.5	≥6.5
	42.5R	≥22.0		≥4.0	
	52.5	≥23.0	≥52.5	≥4.0	≥7.0
	52.5R	≥27.0		≥5.0	

(2)普通硅酸盐水泥的性能及应用 普通硅酸盐水泥由于掺加的混合材料较少,其性能与硅酸盐水泥相同。只是强度等级、水化热、抗冻性、抗碳化性等较硅酸盐水泥略有

降低,耐热性、耐腐蚀性略有提高。其应用范围与硅酸盐水泥大致相同。普通水泥是土木工程中用量最大的水泥品种之一。

3.2.2.2 矿渣硅酸盐水泥

矿渣硅酸盐水泥分为两个类型,加入大于20%且不超过50%的粒化高炉矿渣的为A型,代号P·S·A;加入大于50%且不超过70%的粒化高炉矿渣的为B型,代号P·S·B。其中允许不超过水泥质量8%的活性混合材料、非活性混合材料和窑灰中的任一种材料代替部分矿渣。

(1)矿渣硅酸盐水泥的技术指标　矿渣硅酸盐水泥的凝结时间、体积安定性、氯离子含量要求均与普通硅酸盐水泥相同。其他技术要求如下:

1)细度要求　80 μm方孔筛筛余不大于10%或45 μm方孔筛筛余不大于30%。

2)氧化镁含量　对P·S·A型,要求氧化镁的含量不大于6.0%,如果含量大于6.0%时,需进行压蒸安定性试验并合格。对P·S·B型不作要求。

3)三氧化硫含量　不大于4.0%。

4)强度等级　根据3 d和28 d的抗折强度、抗压强度,将矿渣硅酸盐水泥分为32.5、32.5R、42.5、42.5R、52.5、52.5R六个强度等级。各龄期的强度不能低于表3-5中的规定。

表3-5　矿渣水泥、火山灰水泥、粉煤灰水泥、复合水泥各龄期的强度要求

品种	强度等级	抗压强度/MPa		抗折强度/MPa	
		3 d	28 d	3 d	28 d
矿渣硅酸盐水泥 火山灰质硅酸盐水泥 粉煤灰硅酸盐水泥 复合硅酸盐水泥	32.5	≥10.0	≥32.5	≥2.5	≥5.5
	32.5R	≥15.0		≥3.5	
	42.5	≥15.0	≥42.5	≥3.5	≥6.5
	42.5R	≥19.0		≥4.0	
	52.5	≥21.0	≥52.5	≥4.0	≥7.0
	52.5R	≥23.0		≥4.5	

(2)矿渣硅酸盐水泥的水化特点　矿渣硅酸盐水泥的水化分两步进行,即存在二次水化。首先是水泥熟料的水化,与硅酸盐水泥相同,水化生成水化硅酸钙、氢氧化钙、水化铝酸钙、水化铁酸钙等。然后是活性混合材料开始水化。熟料矿物析出的氢氧化钙作为碱性激发剂,石膏作为硫酸盐激发剂,促使混合材料中的活性氧化硅和活性氧化铝的活性发挥,生成水化硅酸钙、水化铝酸钙和水化硫铝酸钙。二次水化是掺混合材料水泥的共同特点。

(3)矿渣硅酸盐水泥的性能及应用

1)早期强度发展慢,后期强度增长快　该水泥不适用于早期强度要求较高的工程,如现浇混凝土楼板、梁、柱等。

2)耐热性好 因矿渣本身有一定的耐高温性,且硬化后水泥石中的氢氧化钙含量较少,所以矿渣水泥适于高温环境。如轧钢、铸造等高温车间的高温窑炉基础及温度达到300~400 ℃的热气体通道等耐热工程。

3)水化热小 可以用于大体积混凝土工程。

4)耐腐蚀性好 可用于海港、水工等受硫酸盐和软水腐蚀的混凝土工程。

5)硬化时对温度、湿度敏感性强 特别适用于蒸汽养护的混凝土预制构件。

6)抗碳化能力差 一般不用于热处理车间的修建。

7)抗冻性差 不宜用于严寒地区,特别是严寒地区水位经常变动的部位。

3.2.2.3 火山灰质硅酸盐水泥、粉煤灰硅酸盐水泥、复合硅酸盐水泥

火山灰质硅酸盐水泥代号为 P·P,其中加入了大于20%且不超过40%的火山灰质混合材料;粉煤灰硅酸盐水泥代号 P·F,其中加入了大于20%且不超过40%的粉煤灰;复合硅酸盐水泥代号为 P·C。其中加入了两种(含)以上大于20%且不超过50%的混合材料,并允许用不超过水泥质量8%的窑灰代替部分混合材料,所用混合材料为矿渣时,其掺加量不得与矿渣硅酸盐水泥重复。

(1)三种水泥的技术指标 这三种水泥的细度、凝结时间、体积安定性、强度等级、氯离子含量要求与矿渣硅酸盐水泥相同。三氧化硫含量要求不大于4.0%。氧化镁的含量要求不大于6.0%,如果含量大于6.0%时,需进行压蒸安定性试验并合格。

(2)三种水泥的性能及应用 这三种水泥与矿渣硅酸盐水泥的性质和应用有以上很多共同点,如早期强度发展慢,后期强度增长快;水化热小;耐腐蚀性好;温湿度敏感性强;抗碳化能力差;抗冻性差等。但由于每种水泥所加入混合材料的种类和掺加量不同,因此也各有其特点。

1)火山灰质硅酸盐水泥抗渗性好 因为火山灰颗粒较细,比表面积大,可使水泥石结构密实,又因在潮湿环境下使用时,水化中产生较多的水化硅酸钙可增加结构致密程度,因此火山灰质硅酸盐水泥适用于有抗渗要求的混凝土工程。但在干燥、高温的环境中,与空气中的二氧化碳反应使水泥硅酸钙分解成碳酸钙和氧化硅,易产生"起粉"现象,不宜用于干燥环境的工程,也不宜用于有抗冻和耐磨要求的混凝土工程。

2)粉煤灰硅酸盐水泥干缩较小,抗裂性高 粉煤灰颗粒多呈球形玻璃体结构,比较稳定,表面又相当致密,吸水性小,不易水化,因而粉煤灰硅酸盐水泥干缩较小,抗裂性高,用其配制的混凝土和易性好,但其早期强度较其他掺混合材料的水泥低。所以,粉煤灰硅酸盐水泥适用于承受荷载较迟的工程,尤其适用于大体积水利工程。

3)复合硅酸盐水泥综合性质较好 复合硅酸盐水泥由于使用了复合混合材料,改变了水泥石的微观结构,促进水泥熟料的水化,其早期强度大于同强度等级的矿渣硅酸盐水泥、粉煤灰硅酸盐水泥、火山灰质硅酸盐水泥。因而复合硅酸盐水泥的用途较硅酸盐水泥、矿渣硅酸盐水泥等更为广泛,是一种大力发展的新型水泥。

水泥的选用

3.2.3　通用水泥的选用、储运

3.2.3.1　通用水泥的选用

目前,硅酸盐水泥、普通硅酸盐水泥、矿渣硅酸盐水泥、火山灰质硅酸盐水泥、粉煤灰硅酸盐水泥和复合硅酸盐水泥是我国广泛使用的 6 种水泥(通用水泥)。在混凝土结构工程中,这些水泥的使用可参照表 3-6 选择。

表 3-6　常用水泥的选用

混凝土工程特点或所处的环境条件		优先选用	可以使用	不宜使用
普通混凝土	①在普通气候环境中的混凝土	普通硅酸盐水泥	矿渣硅酸盐水泥 火山灰硅酸盐水泥 粉煤灰硅酸盐水泥	—
	②在干燥环境中的混凝土	普通硅酸盐水泥	矿渣硅酸盐水泥	粉煤灰硅酸盐水泥 火山灰硅酸盐水泥
	③在高湿环境中或长期处于水中的混凝土	矿渣硅酸盐水泥	普通硅酸盐水泥 火山灰硅酸盐水泥 粉煤灰硅酸盐水泥	—
	④厚大体积的混凝土	粉煤灰硅酸盐水泥 矿渣硅酸盐水泥 火山灰质硅酸盐水泥	普通硅酸盐水泥	硅酸盐水泥 快硬硅酸盐水泥
有特殊要求的混凝土	①要求快硬的混凝土	快硬硅酸盐水泥 硅酸盐水泥	普通硅酸盐水泥	矿渣硅酸盐水泥 火山灰硅酸盐水泥 粉煤灰硅酸盐水泥 复合硅酸盐水泥
	②高强(大于 C40 级)的混凝土	硅酸盐水泥	普通硅酸盐水泥 矿渣硅酸盐水泥	火山灰硅酸盐水泥 粉煤灰硅酸盐水泥
	③严寒地区的露天混凝土和处在水位升降范围内的混凝土	普通硅酸盐水泥	矿渣硅酸盐水泥	火山灰硅酸盐水泥 粉煤灰硅酸盐水泥
	④严寒地区处在水位升降范围内的混凝土	普通硅酸盐水泥	—	火山灰硅酸盐水泥 矿渣硅酸盐水泥 粉煤灰硅酸盐水泥 复合硅酸盐水泥
	⑤有抗渗性要求的混凝土	普通硅酸盐水泥 火山灰硅酸盐水泥	—	矿渣硅酸盐水泥
	⑥有耐磨性要求的混凝土	硅酸盐水泥 普通硅酸盐水泥	矿渣硅酸盐水泥	火山灰硅酸盐水泥 粉煤灰硅酸盐水泥

3.2.3.2 水泥的储存和运输

水泥在储存和运输时不得受潮和混入杂质,储存时间不宜过长,一般不超过三个月。即使储存条件良好的水泥存放三个月后强度也会明显降低,储存期超过三个月的水泥为过期水泥,过期水泥和受潮结块的水泥,均应重新检测其强度后才能决定如何使用。

不同品种、强度等级、出厂日期的水泥分开存放,并标志清楚;袋装水泥堆放高度一般不超过 10 袋,应注意先到先用,避免积压过期。不同品种、标号、批次的水泥由于矿物组成不同,凝结时间不同,严禁混杂使用。

【3-2】工程实例分析

水泥凝结时间前后的变化

现象:某立窑水泥厂生产的普通水泥游离氧化钙含量较高,加水拌和后初凝时间仅40 min,本属于不合格品。但放置 1 个月后,凝结时间又恢复正常,而强度下降。

原因分析:该立窑水泥厂生产的普通硅酸盐水泥游离氧化钙含量较高,该氧化钙相当部分的煅烧温度较低。加水拌和后,水与氧化钙迅速反应生成氢氧化钙,并放出水化热,使浆体的温度升高,加速了其他熟料矿物的水化速度。从而产生了较多的水化产物,形成了凝聚-结晶网结构,所以短时间凝结。

水泥放置一段时间后,吸收了空气中的水汽,大部分氧化钙生成氢氧化钙,或进一步与空气中的二氧化碳反应,生成碳酸钙。故此时加入拌和水后,不会再出现原来的水泥浆体温度升高、水化速度过快、凝结时间过短的现象。但其他水泥熟料矿物也会和空气中的水汽反应,部分产生结块、结团,使强度下降。

3.3 专用和特性水泥

在土木工程中,除了前面介绍的通用水泥外,还需使用一些特性水泥和专用水泥来满足工程要求。

3.3.1 道路硅酸盐水泥

随着我国高等级道路的发展,水泥混凝土路面已成为主要的路面类型之一。对专供公路、城市、道路和机场道面用的道路水泥,我国已制定了国家标准。

3.3.1.1 定义

由道路硅酸盐水泥熟料、0~10%活性混合材料和适量石膏共同磨细制成的水硬性胶凝材料,称为道路硅酸盐水泥,简称道路水泥。

3.3.1.2 技术要求

《道路硅酸盐水泥》(GB 13693—2005)规定的技术要求如下。

(1)化学组成 在道路水泥或熟料中含有下列有害成分必须加以限制。

1)氧化镁 水泥中氧化镁含量不得超过 5.0%。

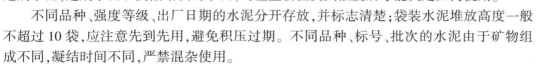
水泥的腐蚀与防止

2）三氧化硫 水泥中三氧化硫含量不得超过3.5%。

3）烧失量 水泥的烧失量不得大于3.0%。

4）游离氧化钙 熟料中游离氧化钙,旋窑生产者不得大于1.0%;立窑生产者不得大于1.8%。

5）碱含量 当用户提出要求时,由供需双方商定。

（2）矿物组成

1）铝酸三钙（C_3A） 熟料中铝酸三钙的含量不得大于5.0%。

2）铁铝酸四钙（C_4AF） 熟料中铁铝酸四钙的含量不得低于16.0%。

铝酸三钙和铁铝酸四钙含量按下式求得

$C_3A = 2.65(Al_2O_3 - 0.64Fe_2O_3)$,%;

$C_4AF = 3.04Fe_2O_3$,%。

（3）物理力学性质

1）比表面积 $300 \sim 450 \ m^2/kg$。

2）凝结时间 初凝时间不得早于1.5 h;终凝时间不得迟于10 h。

3）安定性 沸煮法必须合格。

4）耐磨性 水泥胶砂磨损率不得大于3.00 kg/m^2。

5）强度 根据国家标准《道路硅酸盐水泥》（GB 13693—2005）,道路水泥分为32.5、42.5、52.5三个强度等级,各龄期的强度值不得低于表3-7中规定的数值。

表3-7 道路硅酸盐水泥各龄期的强度要求（GB 13693—2005）

强度等级	抗压强度/MPa		抗折强度/MPa	
	3 d	28 d	3 d	28 d
32.5	16.0	32.5	3.5	6.5
42.5	21.0	42.5	4.0	7.0
52.5	26.0	52.5	5.0	7.5

3.3.1.3 特性与应用

道路水泥抗折强度高、耐磨性好、干缩小,抗冻性、抗冲击性好,可减少混凝土路面的断板、温度裂缝和磨耗,减少路面维修费用,延长道路使用年限。道路水泥适用于公路路面、机场跑道、人流量较多的广场等工程的面层混凝土。

3.3.2 快硬硫铝酸盐水泥

快硬硫铝酸盐水泥是硫铝酸盐水泥的一个品种,《硫铝酸盐水泥》（GB 20472—2006）中规定,以适当成分的生料,经煅烧所得以无水硫铝酸钙和硅酸二钙为主要成分的水泥熟料,掺加不同量的石灰石、适量石膏共同磨细制成的水硬性胶凝材料,称为硫铝酸盐水泥。

3.3.2.1 定义

凡是由适当成分的硫铝酸盐水泥熟料和少量的石灰石、适量石膏共同磨细制成的,早期强度高的水硬性胶凝材料,称为快硬硫铝酸盐水泥,代号为R·SAC。其中,石灰石掺加量应不大于水泥质量的 15%。

3.3.2.2　水化和硬化

水泥加水后,熟料中的无水硫铝酸钙会与石膏发生反应,生成高硫型水化硫铝酸钙(AFt)晶体和铝胶,AFt 在较短时间里形成坚实骨架,而铝胶不断填补孔隙,使水泥石结构很快致密,从而使早期强度发展很快。熟料中的 C_2S 水化生成水化硅酸钙凝胶,则可使后期强度进一步增长。

3.3.2.3　技术标准

快硬硫铝酸盐水泥的技术性能应符合《硫铝酸盐水泥》(GB 20472—2006)的规定。

(1)细度　比表面积不小于 350 m^2。

(2)凝结时间　初凝时间不早于 25 min,终凝时间不迟于 180 min。

(3)强度等级　根据 3 d 抗压强度分为 42.5、52.5、62.5、72.5 共四个等级。各龄期强度不得低于表 3-8 的规定。

表 3-8　快硬硫铝酸盐水泥各龄期的强度要求(GB 20472—2006)

强度等级	抗压强度/MPa			抗折强度/MPa		
	1 d	3 d	28 d	1 d	3 d	28 d
42.5	30.0	42.5	45.0	6.0	6.5	7.0
52.5	40.0	52.5	55.0	6.5	7.0	7.5
62.5	50.0	62.5	65.0	7.0	7.5	8.0
72.5	55.0	72.5	75.0	7.5	8.0	8.5

3.3.2.4　应用

快硬硫铝酸盐水泥具有早期强度高、抗硫酸盐腐蚀能力强、抗渗性好、水化热大、耐热性差的特点,适用于冬季施工、抢修、修补及有硫酸盐腐蚀的工程。

3.3.3　白色与彩色硅酸盐水泥

3.3.3.1　白色硅酸盐水泥

(1)定义　白色硅酸盐水泥是以铁含量少的硅酸盐水泥熟料、适量石膏及 0~10%符合标准的混合材料磨细所得的水硬性胶凝材料,称为白色硅酸盐水泥,简称白水泥,代号 P·W。

(2)生产特点　硅酸盐水泥的颜色主要是由氧化铁引起的,生产白水泥应严格控制水泥原料中的铁含量,一般采取如下措施:

1)选用纯净的原料　白色硅酸盐水泥的原料应选用较纯的石灰石、白垩或方解石,黏土可选用高岭土或含铁量低的砂质黏土等,以避免氧化铁等着色氧化物带入。

2)尽量采用无灰分的燃料　生产白色硅酸盐水泥最好采用天然气或重油作为燃料。当用烟煤为燃料时,要求灰分小于 7%,灰分中的 Fe_2O_3 的含量小于 7%。

3)采用不含着色氧化物的衬板及研磨体　在普通磨机中,常采用铸钢衬板和钢球,而生产白色硅酸盐水泥时应采用硅质石材或坚硬的白色陶瓷作为衬板及研磨体。

4)加入氯化物或石膏　在生料中加入适量的氯化钠、氯化钾、氯化钙或氯化铵等氯化物,可使其在煅烧过程中与 Fe_2O_3 发生作用生成具有挥发性的 $FeCl_3$,从而减少 Fe_2O_3 含量,保证白度。另外,所加石膏白度应高于熟料的白度。

5)对熟料采用漂白工艺 漂白是白色硅酸盐水泥特有的生产工艺环节,可将高温出炉的熟料通过淋水急冷、烘干的方式进行漂白处理,也可以将白水泥熟料在还原性气体介质(天然气、丙烷等)中进行漂白处理,使含 Fe_2O_3 的矿物在还原气体下转变为含 FeO 的矿物。水中急冷工艺简单,增白效果稳定,但会带来一定的强度损失。

(3)技术标准 国家标准《白色硅酸盐水泥》(GB/T 2015—2005)规定,白色硅酸盐水泥细度要求 80 μm 方孔筛筛余应不超过 10%;初凝时间不得早于 45 min,终凝时间不得迟于 10 h;安定性用沸煮检验必须合格;水泥中的 SO_3 含量不超过 3.5%;根据 3 d、28 d 的抗压和抗折强度将白水泥划分为 32.5、42.5、52.5 三个强度等级。各龄期的强度值不得低于表 3-9 的要求。白水泥的白度是指水泥色白的程度,将水泥样品放入白度仪中测定其白度,白度值不能低于 87。

表 3-9　白水泥各龄期的强度要求(GB/T 2015—2005)

强度等级	抗压强度/MPa		抗折强度/MPa	
	3 d	28 d	3 d	28 d
32.5	12.0	32.5	3.0	6.0
42.5	17.0	42.5	3.5	6.5
52.5	22.0	52.5	4.0	7.0

(4)应用 白水泥主要用于建筑装饰工程,如地面、楼梯、外墙饰面,大理石及瓷砖镶贴,也可用于制造水刷石、水磨石制品,以及混凝土雕塑工艺制品等。

3.3.3.2　彩色硅酸盐水泥

由白色硅酸盐水泥熟料、适量石膏和耐碱矿物颜料共同磨细,可制成彩色硅酸盐水泥。主要有两种生产方法:一种是直接烧制法,即在白水泥的生料中加入少量金属氧化物作为着色剂,直接煅烧成彩色熟料,然后加入适量石膏混合磨细制成彩色水泥,彩色水泥熟料颜色随着色剂掺量的增减而变化;另一种是间接法或染色法,即用白色硅酸盐水泥熟料、适量石膏和碱性颜料共同磨细而成。所用碱性颜料要求不溶于水且分散性好,耐碱性强,抗大气稳定性好,掺入水泥中不显著影响水泥的强度和其他性质,且不含可溶盐类。常用的碱性颜料有氧化铁(红、黄、褐、黑色)、氧化锰(褐、黑色)、氧化铬(绿色)、群青(蓝色)等。

彩色硅酸盐水泥主要用于各种装饰混凝土和装饰砂浆,如水磨石、水刷石、人造大理石等,也配制彩色水泥浆用于建筑物的墙面、柱面、天棚等处的粉刷。

3.3.4　其他水泥

3.3.4.1　铝酸盐水泥

铝酸盐水泥是以铝矾土和石灰石为原料,经高温煅烧所得以铝酸钙为主的铝酸盐水泥熟料,经磨细制成的水硬性胶凝材料,代号为 CA。铝酸盐水泥又称为高铝水泥。

（1）铝酸盐水泥的类型　按国家标准 GB 201—2000，铝酸盐水泥根据 Al_2O_3 含量分为 CA-50、CA-60、CA-70、CA-80 四类，各类铝酸盐水泥 Al_2O_3 的含量见表 3-10。

表 3-10　铝酸盐水泥的 Al_2O_3 含量和各龄期强度要求（GB 201—2000）

水泥类型	Al_2O_3 含量/%	抗压强度/MPa				抗折强度/MPa			
		6 h	1 d	3 d	28 d	6 h	1 d	3 d	28 d
CA-50	≥50,<60	20	40	50	—	3.0	5.5	6.5	—
CA-60	≥60,<68	—	20	45	80	—	2.5	5.0	10.0
CA-70	≥68,<77		30	40			5.0	6.0	
CA-80	≥77		25	30			4.0	5.0	

（2）铝酸盐水泥的矿物组成及其特性　铝酸盐水泥的主要矿物成分是二铝酸一钙（$CaO \cdot 2Al_2O_3$ 简写 CA_2）和铝酸一钙（$CaO \cdot Al_2O_3$ 简写 CA），此外还有少量水化极快、凝结迅速而强度不高的七铝酸十二钙（$C_{12}A_7$）以及胶凝性极差的铝方柱石（C_2AS）、六铝酸一钙（CA_6）等矿物。

铝酸一钙是铝酸盐水泥的主要矿物成分，具有很高的水硬活性，凝结时间正常、硬化速度快，为铝酸盐水泥强度的主要来源。但 CA 含量过高的水泥，强度发展主要集中在早期，后期强度增加不显著。

二铝酸一钙凝结硬化慢，早期强度较低，后期强度高。如果 CA_2 含量过高，将影响铝酸盐水泥的快硬性能，但能提高水泥的强度和耐热性能。

七铝酸十二钙水化、凝结极快，但强度不高。当水泥中 $C_{12}A_7$ 较多时，水泥出现快凝，导致强度下降，耐热性变差。

铝方柱石（C_2AS）水化活性很低，含量高时会严重影响水泥的早期强度。

（3）水化反应及其产物　铝酸一钙的水化产物随着温度的不同而不同。

当温度小于 20 ℃时，生成水化铝酸一钙（CAH_{10}），反应式为：
$$CaO \cdot Al_2O_3 + 10H_2O \longrightarrow CaO \cdot Al_2O_3 \cdot 10H_2O$$

当温度在 20~30 ℃时，生成水化铝酸二钙（C_2AH_8）和铝胶（AH_3），反应式为：
$$2(CaO \cdot Al_2O_3) + 11H_2O \longrightarrow 2CaO \cdot Al_2O_3 \cdot 10H_2O + Al_2O_3 \cdot 3H_2O$$

当温度大于 30 ℃时，生成水化铝酸三钙（C_3AH_6）和铝胶（AH_3），反应式为：
$$3(CaO \cdot Al_2O_3) + 12H_2O \longrightarrow 3CaO \cdot Al_2O_3 \cdot 10H_2O + 2(Al_2O_3 \cdot 3H_2O)$$

二铝酸一钙的水化产物与铝酸一钙基本相同，七铝酸十二钙的水化产物为水化铝酸二钙。可见在常温下（低于 30 ℃），铝酸盐水泥的水化产物主要有 CAH_{10}、C_2AH_8、AH_3；而在 30 ℃以上时，水化产物主要是 C_3AH_6 和 AH_3。

水化生成的 CAH_{10} 和 C_2AH_8 能迅速形成片状或针状晶体，相互交错搭接、结晶共生，形成较坚固的架状结构。生成的 AH_3 凝胶填充在晶体骨架的空隙中，可使水泥形成致密结构，并迅速产生很高的强度。

CAH_{10} 和 C_2AH_8 都是亚稳相，随时间的推移转变为稳定的 C_3AH_6，温度越高，转变越快，在晶型转变时，会放出大量游离水，使孔隙率增加，固相体积缩小，强度大为降低。

（4）铝酸盐水泥的技术标准

1）化学成分　铝酸盐水泥的化学成分按水泥质量的百分比计应符合表 3-11 要求。

表 3-11　铝酸盐水泥的化学成分

水泥类型	Al_2O_3/%	SiO_2/%	Fe_2O_3/%	$R_2O(Na_2O+0.658K_2O)$/%	S（全硫）/%	Cl/%
CA-50	≥50,<60	≤8.0	≤2.5			
CA-60	≥60,<68	≤5.0	≤2.0	≤0.4	≤0.1	≤0.1
CA-70	≥68,<77	≤1.0	≤0.7			
CA-80	≥77	≤0.5	≤0.5			

2）细度　比表面积不小于 300 m^2/kg，或通过 0.045 mm 的筛，筛余量不大于 20%。

3）凝结时间　CA-50、CA-70、CA-80 的初凝时间不得早于 30 min，终凝时间不得迟于 6 h；CA-60 的初凝时间不得早于 60 min，终凝时间不得迟于 18 h。

4）强度　各类型铝酸盐水泥各龄期的强度值不得低于表 3-11 中规定的数值。

（5）铝酸盐水泥的特性与应用

1）凝结硬化快，早期强度高，长期强度下降。铝酸盐水泥 1 d 强度一般能达到最高强度的 60%~80%。因此，适用于紧急抢修工程和对早期强度要求较高的工程。但由于水泥石中的水化产物在长期使用中会发生转变，引起强度下降，在湿热条件下更为显著，因此铝酸盐水泥不宜用于长期承载的结构工程和处于湿热环境中的工程，需要使用时应按最低稳定强度值进行设计。铝酸盐水泥也不适合采用蒸汽养护。

2）水化热大，放热速度快。铝酸盐水泥的水化热量大且主要集中在早期，因而不宜用于大体积混凝土工程，而适用于冬季施工。

3）耐高温性好。铝酸盐水泥硬化后，在高温（高于 900 ℃）环境下，可产生固相反应，由烧结结合代替水化结合，在高温下仍能保持一定的强度，因此适用于配制在 1 200~1 400 ℃环境中使用的耐热砂浆和耐热混凝土，如窑炉内衬。

4）抗硫酸盐腐蚀能力强。铝酸盐水泥在水化后不析出强氧化钙，且硬化后结构比较致密，有较强的抗渗性和抗硫酸盐腐蚀的性能，同时对碳酸、稀盐酸等侵蚀性溶液也有较好的稳定性，因此铝酸盐水泥可用于经常与硫酸盐等腐蚀性介质接触的工程。

5）耐碱性很差。水化铝酸钙遇碱即发生化学反应，使水泥石结构疏松，强度大幅度降低。因此，铝酸盐水泥不宜用于与碱接触的混凝土工程。

除特殊情况外，铝酸盐水泥不得与硅酸盐水泥或石灰等能析出氢氧化钙的材料混合使用，否则会出现"瞬凝"现象，强度也会明显降低。同时，也不得与未硬化的硅酸盐类水泥混凝土拌和物相接触，两类水泥配制的混凝土的接触面也不能长期处在潮湿状态下。此外，铝酸盐水泥的碱度较低，当用于钢筋混凝土时，钢筋保护层的厚度不得小于 60 mm。

3.3.4.2　膨胀水泥

膨胀水泥和自应力水泥在凝结硬化时产生适量的膨胀，能消除收缩产生的不利影响。在钢筋混凝土中应用膨胀水泥，由于混凝土的膨胀使钢筋产生一定的拉应力，混凝土受到相应的压应力，这种压应力能使混凝土的微裂缝减少，同时还能抵消一部分由于外界因素产生的拉应力，提高混凝土的抗拉强度。因这种预先具有的压应力来自水泥的水化，所以称为自应力,并以"自应力值"表示混凝土中的压应力大小。根据水泥的自应力值大小,可以将水泥分为两类:一类自应力值不小于 2.0 MPa 时,为自应力水泥;另一类自应力值小于 2.0 MPa 时,为膨胀水泥。

膨胀水泥比一般水泥多了一种膨胀组分,在凝结硬化过程中,膨胀组分使水泥产生一定量的膨胀值。常用的膨胀组分一般为在水化后能形成水化硫铝酸钙的材料。

膨胀水泥和自应力水泥按其主要成分可分为硅酸盐型(以硅酸盐水泥熟料为主,外加铝酸盐水泥和天然二水石膏配制而成)、铝酸盐型(以铝酸盐水泥为主,外加石膏配制而成)、硫铝酸盐型(以无水硫铝酸盐和硅酸二钙为主要成分,加石膏配制而成)和铁铝酸盐型(以铁相、无水硫铝酸钙和硅酸二钙为主要成分,加石膏配制而成)。这些水泥的膨胀作用机制是水泥在水化过程中,形成大量的钙矾石而产生体积膨胀。

(1)明矾石膨胀水泥

1)定义　以硅酸盐水泥熟料为主要成分,加入铝质熟料、石膏或粒化高炉矿渣(或粉煤灰),按适当比例共同磨细制成的,具有膨胀性能的水硬性胶凝材料,称为明矾石膨胀水泥,代号为 A·EC。其中,铝质熟料是指经一定温度煅烧后具有活性、Al_2O_3 质量分数在25%以上的材料。

2)技术标准　明矾石膨胀水泥的技术性能应符合《明矾石膨胀水泥》(JC/T 311—2004)的规定,如表 3-12 所示。

表 3-12　明矾石膨胀水泥的技术标准

项目		技术标准
铝质熟料中 Al_2O_3 的含量/%		≥25
SO_3 含量/%		≤8
细度(比表面积)/(m²/kg)		≥400
凝结时间	初凝时间/min	≥45
	终凝时间/min	≤360
膨胀率/%	3 d	≥0.015
	28 d	≤0.10
3 d 不透水性		合格

强度等级:明矾石膨胀水泥分为 32.5、42.5、52.5 三个强度等级,各龄期的强度均不得低于表 3-13 所列数值。

表 3-13　明矾石膨胀水泥各龄期的强度要求

强度等级	抗压强度/MPa			抗折强度/MPa		
	3 d	7 d	28 d	3 d	7 d	28 d
32.5	13.0	21.0	32.5	3.0	4.0	6.0
42.5	17.0	27.0	42.5	3.5	5.0	7.5
52.5	23.0	33.0	52.5	4.0	5.5	8.5

3)应用　明矾石膨胀水泥主要适用于补偿收缩混凝土结构工程,防渗抗裂混凝土工程,补强和防渗抹面工程,大口径混凝土排水管以及接缝、梁柱和管道接头、设备底座和地脚螺栓的固结等。

（2）低热微膨胀水泥

1)定义　以粒化高炉矿渣为主要成分,加入适量的硅酸盐水泥熟料和石膏,经共同磨细制成的具有低水化热和微膨胀性能的水硬性胶凝材料,称为低热微膨胀水泥,代号LHEC。

2)技术标准　低热微膨胀水泥的技术性能应符合《低热微膨胀水泥》(GB 2938—2008)的规定,如表3-14所示。

表 3-14　低热微膨胀水泥的技术标准

项目		技术标准
MgO 含量		6%
游离 CaO 含量		≤1.5%
SO$_3$ 含量		4%～7%
细度(比表面积)/(m²/kg)		≥300
凝结时间	初凝时间/min	≥45
	终凝时间/h	≤12
膨胀率	1 d	≥0.05%
	3 d	≥0.1%
	28 d	≤0.60%
安定性		沸煮法检验合格
氯离子含量		≤0.06%

强度等级:低热微膨胀水泥的强度等级为32.5,各龄期的强度值不得低于表3-15所列数值。

表 3-15　低热微膨胀水泥各龄期的强度要求

强度等级	抗压强度/MPa		抗折强度/MPa	
	7 d	28 d	7 d	28 d
32.5	18.0	32.5	5.0	7.0

水化热:各龄期的水化热不大于表3-16所列数值。

表 3-16　低热微膨胀水泥各龄期的水化热要求

强度等级	水化热/(kJ/kg)	
	3 d	7 d
32.5	185	≤220

3）应用　低热微膨胀水泥主要用于要求补偿收缩的混凝土、大体积混凝土工程,也适用于要求抗渗和抗硫酸盐侵蚀的工程。

（3）自应力硫铝酸盐水泥

1）定义　由适当成分的硫铝酸盐水泥熟料,加入适量石膏共同磨细制成的具有膨胀性的水硬性胶凝材料,称为自应力硫铝酸盐水泥,代号 S·SAC。

2）技术标准　自应力硫铝酸盐水泥的技术性质应符合《硫铝酸盐》（GB 20472—2006）的规定,如表 3-17 所示。

表 3-17　硫铝酸盐的技术标准

项目		技术标准
抗压强度	7 d/MPa	≥32.5
	28 d/MPa	≥42.5
细度（比表面积）/（m²/kg）		≥370
凝结时间	初凝时间/min	≥40
	终凝时间/min	≤240
膨胀率	7 d	≤1.3%
	28 d	≤1.75%
水泥中的碱含量		按 $Na_2O+0.658K_2O$ 计小于 0.5%
28 d 自应力增进率/（MPa/d）		≤0.01

自应力硫铝酸盐水泥按自应力值分为 3.0、3.5、4.0、4.5 共四个级别。各级别在各龄期的自应力值应符合表 3-18 的要求。

表 3-18　硫铝酸盐水泥自应力值要求

级别	7 d 自应力值/MPa	28 d 自应力值/MPa	
3.0	≥2.0	≥3.0	≥4.0
3.5	≥2.5	≥3.5	≥4.5
4.0	≥3.0	≥4.0	≥5.0
4.5	≥3.5	≥4.5	≥5.5

3）应用　自应力硫铝酸盐水泥可用于制造大口径或较高压力的水管或输气管,也可现场浇制储罐,或作为接缝材料使用。

3.3.4.3　快硬硅酸盐水泥

凡是由硅酸盐水泥熟料和适量石膏共同磨细制成的,以 3 d 抗压强度表示标号的水硬性胶凝材料称为快硬硅酸盐水泥（简称快硬水泥）。

快硬硅酸盐水泥的制造方法与硅酸盐水泥基本相同,不同之处是水泥熟料中铝酸三钙和硅酸三钙的含量高,二者的总量不少于 65%。因此快硬水泥的早期强度增长快且强度高,水化热也大。为加快硬化速度,可适当增加石膏的掺量（可达 8%）和提高水泥的细度。

快硬硅酸盐水泥的性质按国家标准《快硬硅酸盐水泥》(GB 199—1990)的规定:细度为 0.08 mm 方孔筛,筛余量不得超过 10%;初凝不得早于 45 min,终凝不得迟于 10 h。

按 1 d 和 3 d 的抗压强度、抗折强度划分为 325、375、425 三个强度等级,各龄期强度值不得低于表 3-19 中规定的数值。

表 3-19　快硬硅酸盐水泥各龄期强度要求(GB 199—1990)

标号	抗压强度/MPa			抗折强度/MPa		
	1 d	2 d	28 d	1 d	2 d	28 d
325	15.0	32.5	52.5	3.5	5.0	7.2
375	17.0	37.5	57.5	4.0	6.0	7.6
425	19.0	42.5	62.5	4.5	6.4	8.0

快硬硅酸盐水泥的早期强度增长快,水化热高且集中。快硬硅酸盐水泥适用于早期强度要求高的工程、紧急抢修的工程和冬季施工工程,但不宜用于大体积混凝土工程。

快硬水泥易受潮变质,故储存和运输时应特别注意防潮,且储存时间不宜超过一个月。

3.3.4.4　抗硫酸盐硅酸盐水泥

抗硫酸盐硅酸盐水泥按其抗硫酸盐侵蚀程度,分为中抗硫酸盐硅酸盐水泥(代号 P·MSR)和高抗硫酸盐硅酸盐水泥(代号 P·MSR)两类。根据国家标准《抗硫酸盐硅酸盐水泥》(GB 748—2005)的规定,抗硫酸盐水泥分 32.5、42.5 两个强度等级,各龄期的强度值不得低于表 3-20 的规定。

表 3-20　抗硫酸盐硅酸盐水泥各龄期的强度要求(GB 748—2005)

强度等级	抗压强度/MPa		抗折强度/MPa	
	3 d	28 d	3 d	28 d
32.5	10.0	32.5	2.5	6.0
42.5	15.0	42.5	3.0	6.5

在抗硫酸盐水泥中,由于限制了水泥熟料中 C_3A、C_4AF 和 C_3S 的含量,使水泥的水化热较低,水化铝酸钙的含量较少,抗硫酸盐侵蚀的能力较强,适用于一般受硫酸盐侵蚀的海港、水利、地下、引水、隧道、道路和桥梁基础等大体积混凝土工程。

3.3.4.5　砌筑水泥

根据国家标准《砌筑水泥》(GB/T 3183—2003)规定,凡由一种或一种以上的水泥混合材料,加入适量硅酸盐水泥熟料和石膏,经磨细制成的工作性较好的水硬性胶凝材料,称为砌筑水泥,代号 M。砌筑水泥中混合材料掺加量按质量百分比计应大于 50%,允许掺入适量的石灰石或窑灰。其技术要求:水泥中三氧化硫含量应不大于 4.0%;0.08 mm 方孔筛筛余量不大于 10.0%;初凝不早于 60 min,终凝不迟于 12 h;安定性用沸煮法检验,

应合格;保水率应不低于80%;砌筑水泥分12.5和22.5两个强度等级。砌筑水泥主要用于砌筑和抹面砂浆、垫层混凝土等,不应用于结构混凝土。

3.3.4.6 中热、低热硅酸盐水泥

国家标准《中热硅酸盐水泥、低热硅酸盐水泥、低热矿渣硅酸盐水泥》(GB 200—2003)对中热水泥和低热水泥的定义如下:

以适当成分的硅酸盐水泥熟料加入适量的石膏,磨细制成的具有中等水化热的水硬性胶凝材料,称为中热硅酸盐水泥,简称中热水泥,代号 P·MH。

以适当成分的硅酸盐水泥熟料加入适量的石膏,磨细制成的具有低水化热的水硬性胶凝材料,称为低热硅酸盐水泥,简称低热水泥,代号 P·LH。

以适当成分的硅酸盐水泥熟料加入粒化高炉矿渣、适量的石膏,磨细制成的具有低水化热的水硬性胶凝材料,称为低热矿渣硅酸盐水泥,简称低热矿渣水泥,代号 P·SLH。其中入粒化高炉矿渣掺加量按质量百分比计为20%~60%,允许用不超过混合材料总量50%的粒化炉磷渣或粉煤灰代替部分入粒化高炉矿渣。

国家标准《中热硅酸盐水泥、低热硅酸盐水泥、低热矿渣硅酸盐水泥》(GB 200—2003)规定其技术性质应符合表3-21要求。

表 3-21 中热硅酸盐水泥、低热硅酸盐水泥、低热矿渣硅酸盐水泥的技术标准

项目		技术标准
安定性		沸煮法检验合格
细度(比表面积)/(m²/kg)		≥250
凝结时间	初凝时间/min	≥60
	终凝时间/h	≤12
SO₃含量/%		≤3.5
MgO 含量/%		≤5.0

中热硅酸盐水泥、低热硅酸盐水泥、低热矿渣硅酸盐水泥各龄期强度等级应符合表3-22要求,各龄期水化热应符合表3-23要求。低热水泥检验28 d水化热应不大于310 kJ/kg。

这类水泥水化热低,性能稳定,主要适用于要求水化热较低的大坝和大体积混凝土工程,可以克服因水化热引起的温度应力而导致的混凝土的破坏。

表 3-22 低水化热水泥各龄期的强度要求

品种	强度等级	抗压强度/MPa			抗折强度/MPa		
		3 d	7 d	28 d	3 d	7 d	2 8
中热水泥	42.5	17.0	22.0	42.5	3.0	4.5	6.5
低热水泥	42.5	—	13.0	42.5	—	3.5	6.5
低热矿渣水泥	32.5	—	12.0	32.5	—	3.0	5.5

表 3-23　低水化热水泥各龄期的水化热要求

品种	强度等级	水化热/（kJ/kg）	
		3 d	7 d
中热水泥	42.5	≤251	≤293
低热水泥	42.5	≤230	≤260
低热矿渣水泥	32.5	≤197	≤230

【3-3】工程实例分析

膨胀水泥与膨胀剂的应用

硅酸盐水泥水化收缩，会产生裂缝。因此，引入膨胀组分如明矾石、石灰以补偿收缩或产生自应力。因大批量生产的膨胀水泥调节不同需求的膨胀量较困难。为适应不同工程的需求，又发展为膨胀剂，如我国较著名的 U 形膨胀剂（UEA）。

我国驻孟加拉国大使馆 1991 年 2 月正式开工，1992 年 6 月竣工，被评为使馆建设"优质样板工程"。孟加拉国是世界暴风雨灾害中心区，年降雨量 2 000～3 000 mm，雨期长达 6 个月，使馆区地势低洼，暴雨后地面积水深达 500 mm。在该使馆工程，楼板、公寓、地下室、室外游泳池、观赏池的混凝土中采用 UEA 膨胀剂防水混凝土，抗渗标号 S8。用内掺法，UEA 的用量为水泥用量的 12%，经长时间使用未发现混凝土收缩裂缝，使用效果好。膨胀剂的应用除需正确选用品种、配比外，还需合理养护等一系列技术措施。

【创新与能力培养】

新一代"绿色水泥"

水泥无处不在，我们被水泥所包围。由于如火如荼的房地产建设，作为建筑基础用料的水泥的需求以每年超过 6% 的速度增长，据报道，2010 年世界各国共生产了 36 亿吨的水泥，若将其全部倾注于美国纽约州曼哈顿岛上，将堆积成一个高达 14 米的巨型石柱；并且在 2050 年这个数据将会再提高 10 亿吨，那时全球水泥产量所堆积的巨石柱将会更高。可以说，水泥是世界上人类使用的仅次于水的物质。水泥，在行业内有个代名词叫"高能耗行业"。英国《卫报》2010 年公布的数据显示，每生产 1 吨普通水泥，就释放出近 1 吨二氧化碳。水泥的生产占据了世界二氧化碳排放量的 5%，全球航空业二氧化碳排放量的 3～4 倍。面对水泥引发的环保问题一筹莫展的时候，科学家们另辟蹊径，研发出不同的材料，以替代传统的普通水泥的原料。于是，"绿色水泥"诞生了！

那么，什么是绿色水泥？所谓绿色水泥，应是比传统水泥能更多地利用废弃材料，而降低熟料在水泥中的比重，从而大幅度降低二氧化碳排放和利用一切能减少水泥单位能耗的技术来降低水泥生产的能耗的水泥。因此，要打造绿色水泥，实现减排目标，就需要设法减少水泥生产过程中的两个主要排放源：一是要选择煅烧过程中二氧化碳排放量少的替代性配料，甚至是无须煅烧的材料直接作为熟料；二是要选择煅烧温度较低的配料，以减少燃料消耗量。目前比较有代表性的有英国、巴西、美国和澳大利亚的三家公司分别发明的三种不同的"绿色水泥"。

英国科学家发明出一种新型环保水泥，它的特长是可有效吸收二氧化碳。英国诺瓦西姆公司的科学家发明的新型水泥以镁硅酸盐为基础原料，生产过程在大约 650 ℃的低温运行。这样不仅在制造过程中比标准水泥需要的热量少，使每吨水泥生产过程中只排放 0.5 吨的二氧化碳，而且水泥在硬化的时候还能够有效吸收空气中大量的二氧化碳，每吨水泥能吸收 0.6 吨的二氧化碳，这样这种新型水泥就不会产生碳足迹。英国科学家还指出，全球有丰富的镁硅酸盐资源，储量高达 10 万亿吨，而新水泥的生产工艺是属于化学性质的，这意味着它也可以利用各种含镁成分的工业副产品作为原料，生产这种绿色水泥有着丰厚的原料基础。

巴西卡莱拉公司则是从水泥的生产技术着手，以二氧化碳作为水泥生产的能源消耗来源，采用催化技术而不是加热处理。具体来说，采用甘蔗渣和稻壳等农业废料作为原料生产环保且价廉的"绿色水泥"。这是巴西科研机构近来成功研发一项新技术。利用甘蔗渣和稻壳等农业废弃物生产"绿色水泥"不仅有利于减少传统原材料生产水泥时造成的环境污染，还能实现废物循环利用，增加农业产品附加值，节省水泥生产成本。由于加工甘蔗渣的过程相对简易、快捷，耗能量低，这种"绿色"水泥的生产成本只有传统水泥的十分之一，其使用寿命比传统水泥长，质地也更细密。这样就不仅可以大大减少能量消耗，而且还可以缓解温室气体排放问题。因此每生产 1 吨卡莱拉绿色水泥能吸收半吨二氧化碳，从而可以大幅减少温室气体排放量。巴西盛产甘蔗，其年产量和出口量均居世界首位。巴西现有甘蔗耕地约 650 万公顷，2007 年其甘蔗产量达 5.5 亿余吨。巴西目前水泥年均产量为 4 500 万吨。如果按甘蔗渣残留物在水泥混合物中的比例为 15%计算，巴西每年可减少排放约 300 万吨二氧化碳。

美国弗吉尼亚州亚历山大市的一家水泥公司 Ceratech 则另辟蹊径——致力于寻求替代传统水泥熟料的解决方案。该公司从古罗马工程师们 2000 年前使用的水泥中获得灵感——采用火山灰作为天然水泥熟料，在火山灰中掺水使其发生反应生产水泥。Ceratech公司正在利用粉煤灰(从煤电厂排放的燃烧气体中滤出的微粒)作为水泥熟料。全美的煤电厂每年大约产生 7 000 万吨粉煤灰，其中绝大部分被存储或由废弃物填埋场处理。Ceratech 公司在粉煤灰掺入若干种添加剂，然后将其用作水泥粉。这种工艺不需要加热过程，因此公司认为粉煤灰水泥没有碳污染。虽然某些水泥生产商数年前就已采用含有粉煤灰的混合物生产水泥，但其粉煤灰的比例只有 15%。Ceratech 公司行政副总裁马克·瓦西库指出，按照公司开发的新配方，粉煤灰比例高达 95%，其余 5%为液态添加剂。此外，由粉煤灰水泥制成的混凝土其强度高于各类传统水泥，因而可以减少建筑物的水泥使用量。以一座面积为 4 600 平方米、典型的三层建筑物为例，使用该公司生产的粉煤灰水泥可以大大减少混凝土和加强型钢筋的使用量——能分别减少 183 立方米和 34 吨。同时也能使废弃物填埋场减少粉煤灰处理量 374 吨，二氧化碳减排效益可达 320 吨。

澳大利亚生态技术公司所开发的新生态水泥以废料、粉煤灰、普通水泥和氧化镁为主要原料，充分利用氧化镁具有可回收、低能耗、释放二氧化碳少的特点。该公司经实验证明，新开发出的水泥更耐硫酸盐、氯化物和其他腐蚀性化学元素的侵蚀，在强度上完全可以与传统水泥媲美。

垃圾变绿色水泥

　　石化厂的脱硫石膏、电厂的粉煤渣、造船厂的除锈铜渣、电镀厂含重金属的污泥锰这些难以处理、对环境有害的工业垃圾，如今可以被吃进水泥窑里，吐出高品质的绿色水泥。这是我国科技人员创造的奇迹。还在 2000 年 1 月，中国混凝土学科的一代宗师、著名无机非金属材料科学家吴中伟院士病危时，把中国水泥技术研究领域的领头人徐德龙叫到病榻前，听完徐德龙如何完善工艺系统，利用高新技术，使高炉矿渣、钢渣、粉煤灰和城市垃圾变废为宝的研究状况后，消瘦的脸庞上绽开了久违的微笑。"这我就放心了，有你牵头搞，一定能成功，拜托了!"2011 年年底，这位中国工程院院士、西安建筑科技大学校长领衔完成的"高固气比悬浮预热分解理论与技术（XDL 水泥熟料煅烧新工艺）"被评上2011 年度"中国高等学校十大科技进展"项目。同时，该项成果获准列入科技部支撑计划以及国家发改委重点节能减排技术推广项目。

　　如今，在宁波科环新型建材有限公司的水泥窑里，"镇海炼化"每年产生 10 万吨脱硫石膏，都能"变废为宝"；北仑电厂和镇海电厂的粗粒煤渣也被作为替代原料每年能消化5 万吨。还有，宁波地区 200 多家电镀和不锈钢生产企业，在生产过程中每年产生约 5 万吨含铬、镍、铜、锌等重金属的污泥，而通常的处置方法是以填埋为主，既消耗大量的土地资源，又存在对周边环境特别是水源和土壤产生二次污染的风险。

　　"科环"新型建材有限公司在环保主管部门的支持下，与清华大学合作，对"无害化处理含重金属污泥"项目进行研究，在研究可行的前提下，进行了为期一年的试验，已达到了每天消化97 吨含重金属污泥的试验目标。在台州海螺水泥有限公司，2008 年开始消化粉煤灰、湿粉煤灰、脱硫石膏分别达到 243 556.75 吨、11 220.18 吨、5 784.28 吨，年消化"三废"量达到 26 万多吨，由传统的"资源—产品—废弃物"的单向式直线过程转变为"资源—产品—废弃物—再生资源"的循环过程，变废为宝，积极打造"绿色水泥"。

　　徐德龙和他的同事们经过多年研究，他和他的团队掌握了高炉矿渣超细粉大比例替代水泥熟料制备高性能混凝土的配比和方法，成功开发出了高炉矿渣水泥的加工工艺，将那些昔日一文不值、祸害不小的废弃物变成了发展循环经济、促进节能减排的新资源，其研究水平跃居国际领先地位。徐德龙和他领导的粉体工程研究所先后为全国数十家钢铁企业建成了各项技术指标居世界领先水平的矿渣水泥生产线，年处理矿渣 1 200 万吨，为企业年新增经济效益 12 亿元。与此同时还创造了年减排二氧化碳 1 200 万吨、节煤1 100 万吨等喜人的环保效益和社会效益。目前，我国水泥单位产品能耗比国际先进水平仍高43%，水泥生产能耗占全国能源消耗量的7%左右。以 2012 年 22 亿吨的产量为例来计算，水泥单耗每下降1%，每年就可以节约标准煤220 万吨。由此可见，水泥节能具有巨大的潜力。

本章习题

一、选择题

1.( )浆体在凝结硬化过程中,其体积发生微小膨胀。

A.石灰 B.石膏 C.水玻璃

2.石膏制品防火性能好的原因是( )。

A.空隙率大 B.含有大量结晶水 C.吸水性强 D.硬化快

3.石灰的"陈伏"是为了( )。

A.消除过火石灰的危害 B.沉淀成石灰膏

C 消除欠火石灰的危害 D.有利于结晶

4.将石灰膏掺入水泥砂浆中制成的混合砂浆比纯水泥砂浆具有更好的( )。

A.装饰性 B.耐水性 C.可塑性 D.抗压强度

5.为了保持石灰膏的质量,应将石灰贮存在( )。

A 潮湿空气中 B.干燥环境中 C.水中

6.用于拌制石灰土的消石灰粉,其主要成分是( )。

A.碳酸钙 B.氧化钙 C.碳化钙 D.氢氧化钙

7.石灰在建筑工程中的应用,以下用途错误的是( )。

A 硅酸盐建筑制品 B.灰土和三合土 C.烧土制品 D.砂浆和石灰乳

8.为了调节水泥的凝结时间,常掺入适量的( )。

A.石灰 B.石膏 C.粉煤灰 D.MgO

9.硅酸盐水泥熟料中对强度贡献最大的是( )。

A.C_3S B.C_2S C.C_3A D.C_4AF

10.水泥是由几种矿物组成的混合物,改变熟料中矿物组成的相对含量,水泥的技术性能会随之改变,主要提高( )含量可以制备快硬高强水泥。

A.C_3S B.C_2S C.C_3A D.C_4AF

11.硅酸盐水泥水化时,放热量最大且放热速度最快的是( )。

A.C_3S B.C_2S C.C_3A D.C_4AF

12.经沸煮法测定,水泥体积安定性不良,其产生的原因是由于( )引起的。

A.$f\text{-}CaO$ 过多 B.MgO 过多 C.$CaSO_4$ 过多

13.硅酸盐水泥的下列性质和应用中不正确的是( )。

A.强度等级高,常用于重要结构

B.含有较多的氢氧化钙,不易用于有水压作用的工程

C.凝结硬化快,抗冻性好,适用于冬季施工

D 水化时放热大,宜用于大体积混凝土工程

14.紧急抢修工程宜选用( )。

A.硅酸盐水泥 B.普通硅酸盐水泥

C.硅酸盐膨胀水泥 D.快硬硅酸盐水泥

15.建造高温车间和耐热要求的混凝土构件,宜选用(　　)。

A.硅酸盐水泥　　　　B.普通水泥　　　　C.矿渣水泥　　　　D.火山灰水泥

16.一般气候环境中的混凝土,应优先选用(　　)。

A.粉煤灰水泥　　　　B.普通水泥　　　　C.矿渣水泥　　　　D.火山灰水泥

17.火山灰水泥(　　)用于受硫酸盐介质侵蚀的工程。

A.可以　　　　　　　B.不可以　　　　　C.适宜

18.采用蒸汽养护加速混凝土硬化,宜选用(　　)水泥。

A.硅酸盐　　　　　　B.高铝　　　　　　C.矿渣　　　　　　D.粉煤灰

二、填空题

1._____称为胶凝材料。

2.气硬性胶凝材料只能在_____硬化,也只能在_____保持并发展强度,只适用于_____工程;水硬性胶凝材料不仅能在_____硬化,而且能更好地在_____凝结硬化,保持并发展强度,适用于_____工程。

3.半水石膏的晶体有_____型和_____型两种。

4.建筑石膏一般用作内墙板,这是因为其制品绝热保温、防火吸声好。但由于其_____性能差,不宜用作外墙板。

5.按消防要求我们尽可能用石膏板代替木质板,这是由于石膏板的_____性能好。

6.生石灰在建筑工程中一般加工成为_____、_____、_____三种产品。

7.石灰的熟化是将_____加水消解成_____,熟化过程中放出大量_____,体积产生明显_____。

8.石灰浆体的硬化包括_____和_____两个交叉进行过程。

9.石灰不能单独应用是因为其硬化后_____大。

10.硅酸盐系列水泥的主要品种有_____、_____、_____、_____、_____。

11.硅酸盐水泥熟料主要由_____、_____、_____、_____四种矿物组成,分别简写成_____、_____、_____、_____。

12.硅酸盐水泥熟料矿物组成中,_____是决定水泥早期强度的组分,_____是保证水泥后期强度的组分,_____矿物凝结硬化速度最快。

13.国家标准规定:硅酸盐水泥的初凝时间不得早于_____,终凝时间不得迟于_____。

14._____称为水泥的体积安定性。

15.水泥胶砂强度试件的灰砂比为_____,水灰比为_____,试件尺寸为_____×_____×_____。

16.硅酸盐水泥分为_____个强度等级,其中有代号 R 表示_____型水泥。

17.防止水泥石腐蚀的措施主要有_____、_____、_____。

18.掺混合材硅酸盐水泥的水化首先是_____的水化,然后水化生成的_____和_____发生二次水化反应。

19.掺混合材的硅酸盐水泥与硅酸盐水泥相比,早期强度_____,后期强度_____,水化热_____,耐蚀性_____,蒸汽养护效果_____,抗冻性_____,抗碳化能力_____。

三、判断题

1.气硬性胶凝材料只能在空气中硬化,而水硬性胶凝材料只能在水中硬化。（　　）

2.石膏浆体的凝结硬化实际上是碳化作用。（　　）

3.建筑石膏最突出的技术性质是凝结硬化慢,并且硬化时体积略有膨胀。（　　）

4.建筑石膏板因为其强度高,所以在装修时可以用在潮湿环境中。（　　）

5.生石灰熟化时,石灰浆流入储灰池中需要"陈伏"两周以上,其主要目的是为了制得和易性很好的石灰膏,以保证施工质量。（　　）

6.在空气中贮存过久的生石灰,可以照常使用。（　　）

7.欠火石灰用于建筑结构物中,使用时缺乏黏结力,但危害不大。（　　）

8.因为水泥是水硬性胶凝材料,故在运输和储存时不怕受潮和淋雨。（　　）

9.硅酸盐水泥的细度越细越好。（　　）

10.活性混合材料掺入石灰和石膏即成水泥。（　　）

11.水泥的凝结时间不合格,可以降级使用。（　　）

12.水泥水化放热,使混凝土内部温度升高,这样更有利于水泥水化,所以工程中不必考虑水化热造成的影响。（　　）

13.水泥中的 $Ca(OH)_2$ 与含碱高的骨料反应,形成碱-骨料反应。（　　）

14.凡溶有二氧化碳的水均对硅酸盐水泥有腐蚀作用。（　　）

15.水泥是碱性物质,因此其可以应用于碱性环境中而不受侵蚀。（　　）

16.有抗渗要求的混凝土不宜选用矿渣硅酸盐水泥。（　　）

17.粉煤灰水泥由于掺入了大量的混合材,故其强度比硅酸盐水泥低。（　　）

18.因为火山灰水泥的耐热性差,故不适宜采用蒸汽养护。（　　）

四、简答题

1.简述建筑石膏的特性及其应用。

2.简述石灰的特性和应用。

3.某建筑物室内墙面抹灰采用石灰砂浆,交付使用后墙面出现鼓包开裂和网状裂纹,试分析产生的原因及其防止办法。

4.解释石灰、建筑石膏不耐水的原因。

5.在没有检验仪器的条件下,如何采用简易方法鉴别生石灰的质量?

6.试述硅酸盐水泥的主要特性。

7.试述影响水泥性能的主要因素。

8.工地仓库中存有一种白色胶凝材料,可能是生石灰粉、白水泥、石膏粉,请用简便方法区别。

9.为什么矿渣水泥的早期强度低,而后期强度却超过同强度等级的普通水泥?

10.简述软水对水泥石的腐蚀作用。

五、计算题

进场 42.5 号普通硅酸盐水泥,检验 28 d 强度结果如下:抗压破坏荷载,62.0 kN,63.5 kN,61.0 kN,65.0 kN,61.0 kN,64.0 kN。抗折破坏荷载,3.38 kN,3.81 kN,3.82 kN。问该水泥 28 d 试验结果是否达到原强度等级? 若该水泥存放期已超过三个月可否凭以上试验结果判定该水泥仍按原强度等级使用?

第 4 章　混凝土

学习提要

　　本章为全书的重点章节。本章主要内容:混凝土的组成材料、新拌混凝土的和易性、混凝土的强度和耐久性、普通混凝土的质量控制和普通混凝土的配合比设计。通过本章学习,熟练掌握混凝土各组成材料的性质要求、测定方法及对混凝土性能的影响;掌握混凝土拌和物的性质及其测定和调整方法;硬化混凝土的力学性质、变形性质和耐久性质及其影响因素;掌握普通混凝土的配合比设计方法;熟悉混凝土的质量控制;了解其他混凝土。

4.1　混凝土概述

4.1.1　混凝土的概念

　　混凝土源于拉丁文"concretes",原意是共同生长的意思,从广义上讲,混凝土是指由胶凝材料、骨料和水按适当的比例配合、拌制成的混合物,经一定时间后硬化而成的人造石材。目前使用最多的是以水泥为胶凝材料的混凝土,称为普通(水泥)混凝土,它是当前土木工程最常用的材料,广泛用于各种工业与民用建筑、桥梁、公路、铁路、水利、海洋、地下、矿山等工程中。

4.1.2　混凝土分类

4.1.2.1　按其表观密度的大小分类

　　按其表观密度的大小可分为普通混凝土、轻混凝土和重混凝土。

　　普通混凝土:表观密度为 $2\,100 \sim 2\,500 \ \text{kg/m}^3$,一般多在 $2\,400 \ \text{kg/m}^3$ 左右。

　　轻混凝土:表观密度小于 $1\,950 \ \text{kg/m}^3$,可用作结构混凝土、保温用混凝土以及结构兼保温混凝土。

　　重混凝土:表观密度 $2\,600 \ \text{kg/m}^3$ 以上,主要用作核能工程的屏蔽结构材料。

4.1.2.2　按胶凝材料种类分类

　　按胶凝材料种类分类,可分为水泥混凝土、沥青混凝土、聚合物水泥混凝土、树脂混凝土、石膏混凝土、水玻璃混凝土、硅酸盐混凝土等。

4.1.2.3　按生产和施工方法分类

按生产和施工方法分类,可分为商品混凝土(又称预拌混凝生)、泵送混凝土、喷射混凝土、压力灌浆混凝土(又称预填骨料混凝土)、挤压混凝土、离心混凝土、真空吸水混凝土、碾压混凝土、热拌混凝土等。

4.1.2.4　按混凝土强度的大小分类

一般抗压强度低于 30 MPa 的混凝土称为低强混凝土;抗压强度高于 60 MPa(包括 60 MPa)的混凝土称为高强混凝土;抗压强度大于或等于 100 MPa,则称为超高强混凝土。

4.1.2.5　按配筋材料分类

按配筋材料分类,可分为素混凝土(又称无筋混凝土)、钢筋混凝土、钢丝网混凝土、纤维混凝土、预应力混凝土等。

4.1.2.6　按用途分类

按用途分类,可分为结构混凝土、水工混凝土、海洋混凝土、道路混凝土、防水混凝土、装饰混凝土、耐酸混凝土、耐碱混凝土、防辐射混凝土等。

此外混凝土还可以按照流动性、水泥的用量等分类方式。

4.1.3　普通混凝土的特点

混凝土在土建工程中能够得到广泛的应用,是由于它具有优越的技术性能及良好的经济效益。它具有以下优点:原材料来源丰富,可就地取材,造价低廉;性能可调,可以根据混凝土的用途来配制不同用途的混凝土;可塑性好,可以浇筑成各种形状的构件或整体结构;与钢筋的握裹力强,混凝土能与钢筋牢固地结合成坚固、耐久、抗震且经济的钢筋混凝土结构;耐久性好,维修费用低。

混凝土也存在一定的缺点:抗拉强度低、易产生裂缝,受拉时易产生脆性破坏;自重大,比强度只有钢材的一半,不利于建筑物向高层、大跨方向发展。此外混凝土配制生产的周期较长,易受自然环境的影响,需要严格质量控制。

4.2　普通混凝土的组成材料

普通混凝土(简称为混凝土)是由水泥、砂、石和水所组成的。为改善混凝土的某些性能还常加入适量的外加剂和掺合料。

在混凝土中,砂、石起骨架作用,称为骨料;水泥与水形成水泥浆,水泥浆包裹在骨料表面并填充其空隙。在硬化前,水泥浆起润滑作用,赋予拌和物一定和易性,便于施工。水泥浆硬化后,则将骨料胶结成一个坚实的整体。混凝土的结构如图 4-1 所示。

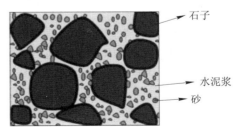

图 4-1　混凝土结构示意图

混凝土的组成材料

4.2.1　水泥

4.2.1.1　品种选择

配制混凝土一般可采用硅酸盐水泥、普通硅酸盐水泥、矿渣硅酸盐水泥、火山灰质硅酸盐水泥和粉煤灰硅酸盐水泥。必要时也可采用快硬硅酸盐水泥或其他水泥。水泥的性能指标必须符合现行国家有关标准的规定。

采用何种水泥应根据混凝土工程特点、使用部位、施工条件和所处的环境条件,按各种通用水泥的特性做出合理的选择。

4.2.1.2　标号选择

水泥标号的选择应与混凝土的设计强度等级相适应。原则上是配制高强度等级的混凝土,选用高标号水泥;配制低强度等级的混凝土,选用低标号水泥。因此,根据经验,一般以选择的水泥强度等级值为混凝土强度等级标准值的 1.5～2.0 倍为宜。

如用低标号水泥配制高强度等级混凝土时,会使水泥用量过多,不经济,而且要影响混凝土其他技术性质。如必须用高标号水泥配制低强度等级混凝土时,会使水泥用量偏少,影响和易性及密实度,所以应掺入一定数量的混合材料。

4.2.2　骨料

骨料又称集料,总体积一般占混凝土体积的 65%～80%,在混凝土中起骨架作用,由于骨料具有一定的强度,而且分布范围广,取材容易,加工方便,价格低廉,所以在混凝土中得以广泛应用。按照粒径的大小分为粗骨料和细骨料,粒径大于 4.75 mm 的骨料称为粗骨料,粒径小于 4.75 mm 的骨料称为细骨料。

4.2.2.1　细骨料

混凝土的
细骨料

（1）细骨料的分类　粒径 4.75 mm 以下的骨料为细骨料,即建设用砂。《建设用砂》（GB/T 14684—2011）规定了其相应的分类。

建设用砂按产源分为天然砂和机制砂两类。天然砂,它是岩石风化后所形成的大小不等、由不同矿物散粒组成的混合物,一般有河砂、湖砂、山砂、海砂。河砂、湖砂颗粒比较圆滑、质地坚硬,也比较洁净;山砂颗粒多棱角,表面粗糙,容易含较多黏土和有机质,质地较差;海砂内含有贝壳碎片及可溶性氯盐、硫酸盐等有害成分,一般情况下不直接使用。

机制砂是经除土处理,由机械破碎、筛分制成粒径小于 4.75 mm 的岩石颗粒、矿山尾矿或某些工业灰渣,但不包括软质、风化的颗粒,俗称人工砂。人工砂棱角多,片状颗粒多,且石粉多,成本也高。

建设用砂按技术要求分为Ⅰ类、Ⅱ类、Ⅲ类。Ⅰ类宜用于强度等级大于 C60 的混凝土;Ⅱ类宜用于强度等级 C30～C60 及抗冻、抗渗或其他要求的混凝土;Ⅲ类宜用于强度等级小于 C30 的混凝土和建筑砂浆。

（2）细骨料的技术要求

1）砂的表观密度、堆积密度　《建设用砂》（GB/T 14684—2011）规定了砂的表观密度、堆积密度,表观密度不小于 2 500 kg/m³;松散堆积密度不小于 1 400 kg/m³;孔隙率不大于 44%。

2）含水率　砂的含水不同使砂具有干燥状态、气干状态、饱和面干状态和湿润状态四种，如图 4-2 所示。干燥状态：含水率等于或接近于零；气干状态：含水率与大气湿气相平衡；饱和面干状态：骨料表面干燥而内部孔隙含水饱和；湿润状态：骨料不仅内部孔隙充满水，而且表面还附有一层表面水。

砂的含水润湿状况与砂的堆积体积有关，砂具有湿胀特性。这是因为砂被水润湿后，在表面会形成一层水膜，引起松散砂子体积膨胀。一般砂含水达 5%~9% 时，砂堆积体积可增加 20%~30% 或者更大。当含水量再增加时，吸附的水分发生迁移，砂子体积又逐渐缩小。当砂完全被水浸泡时，其体积又与干燥时的体积相同。

（a）干燥状态　　（b）气干状态　　（c）饱和面干状态　　（d）湿润状态

图 4-2　砂的含水状态

在拌制混凝土时，由于砂子的含水状态不同，将影响混凝土的用水量和砂子的用量。在施工过程中要经常测定其实际含水率，并及时调整混凝土组成材料的实际用量，从而保证混凝土的质量。

3）颗粒级配、粗细程度　砂的颗粒级配，即表示砂大小颗粒的搭配情况。在混凝土中砂粒之间的空隙由水泥浆所填充，为达到节约水泥和提高强度的目的，就应尽量减小砂粒之间的空隙。从图 4-3（a）可以看到，如果是同样粗细的砂，空隙最大；两种粒径的砂搭配起来，空隙就减小了，如图 4-3（b）所示；三种粒径的砂搭配，空隙就更小了，如图 4-3（c）。由此可见，要想减小砂粒间的空隙，就必须有大小不同的颗粒搭配。砂的粗细程度是指不同粒径的砂粒混合在一起后的总体的粗细程度，通常有粗砂、中砂与细砂之分。在相同质量条件下，细砂的总表面积较大，而粗砂的总表面积较小。在混凝土中，砂子的表面需要由水泥浆包裹，砂子的总表面积越大，则需要包裹砂粒表面的水泥浆就越多。因此，一般说用粗砂拌制混凝土比用细砂所需的水泥浆为省。

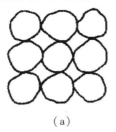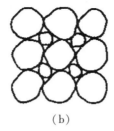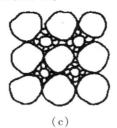

（a）　　　　　　　　（b）　　　　　　　　（c）

图 4-3　骨料的颗粒级配

因此，在拌制混凝土时，应同时考虑砂的颗粒级配和粗细程度这两个因素。当砂中含有较多的粗粒径砂，并以适当的中粒径砂及少量细粒径砂填充其空隙，则可达到空隙率及总表面积均较小，这样的砂比较理想，不仅水泥浆用量较少，而且还可提高混凝土的密实性与强度。可见控制砂的颗粒级配和粗细程度有很大的技术经济意义，因而它们是评定砂质量的重要指标。仅用粗细程度这一指标是不能作为判据的。

砂的颗粒级配和粗细程度,常用筛分析的方法进行测定。用级配区表示砂的颗粒级配,用细度模数表示砂的粗细。砂的筛分析的方法是用一套孔径为 4.75 mm、2.36 mm、1.18 mm、0.6 mm、0.3 mm、0.15 mm 的标准方孔筛,将 500 g 的干砂试样由粗到细依次过筛,然后称得余留在各个筛上的砂的质量,并计算出各筛上的分计筛余百分率 α_1、α_2、α_3、α_4、α_5 和 α_6(各筛上的筛余量占砂样总量的百分率)及累计筛余百分率 A_1、A_2、A_3、A_4、A_5 和 A_6(各个筛和比该筛粗的所有分计筛余百分率相加在一起)。累计筛余与分计筛余的关系见表 4-1。

混凝土砂
筛分析试验

表 4-1　分计筛余和累计筛余的关系

方孔筛的孔径	分计筛余百分率/%	累计筛余百分率/%
4.75 mm	α_1	$A_1 = \alpha_1$
2.36 mm	α_2	$A_2 = \alpha_1 + \alpha_2$
1.18 mm	α_3	$A_3 = \alpha_1 + \alpha_2 + \alpha_3$
600 μm	α_4	$A_4 = \alpha_1 + \alpha_2 + \alpha_3 + \alpha_4$
300 μm	α_5	$A_5 = \alpha_1 + \alpha_2 + \alpha_3 + \alpha_4 + \alpha_5$
150 μm	α_6	$A_6 = \alpha_1 + \alpha_2 + \alpha_3 + \alpha_4 + \alpha_5 + \alpha_6$

《建设用砂》(GB/T 14684—2011)规定,砂的颗粒级配应符合表 4-2 的规定,砂的级配类别:Ⅰ类为 2 区,Ⅱ类和Ⅲ类为 1、2、3 区。对于砂浆用砂,4.75 mm 筛孔的累计筛余应为 0。砂的实际颗粒级配除 4.75 mm 和 600 μm 筛档外,可以略有超出,但各级累计筛余超出值总和应不大于 5%。

表 4-2　颗粒级配

砂的分类	天然砂			机制砂		
级配区	1 区	2 区	3 区	1 区	2 区	3 区
方孔筛	累计筛余百分率/%					
4.75 mm	10～0	10～0	10～0	10～0	10～0	10～0
2.36 mm	35～5	25～0	15～0	35～5	25～0	15～0
1.18 mm	65～35	50～10	25～0	65～35	50～10	25～0
600 μm	85～71	70～41	40～16	85～71	70～41	40～16
300 μm	95～80	92～70	85～55	95～80	92～70	85～55
150 μm	100～90	100～90	100～90	97～85	94～80	94～75

混凝土用砂的颗粒级配,应处于表 4-2 中的任何一个级配区以内。以累计筛余百分率为纵坐标,以筛孔尺寸为横坐标,根据表 4-2 天然砂规定画出砂 1、2、3 级配区上下限的筛分曲线,如图 4-4 所示。砂过粗配成的混凝土,其拌和物的和易性不易控制,且内摩擦大,不易振捣成型;砂过细配成的混凝土,既要增加较多的水泥用量,而且强度显著降低。

所以这两种砂未包括在级配区内。从筛分曲线也可看出砂的粗细,筛分曲线超过第 1 区往右下偏时,表示砂过粗。筛分曲线超过第 3 区往左上偏时则表示砂过细。

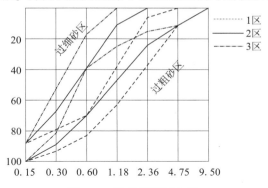

图 4-4　砂的级配区曲线

如果砂的自然级配不合适,不符合级配区的要求,这时就要采用人工级配的方法来改善。最简单的措施是将粗、细砂按适当比例进行试配,掺拌使用。

为调整级配,在不得已时,也可将砂加以过筛,筛除过粗或过细的颗粒。配制混凝土时宜优先选用 2 区砂;当采用 1 区砂时,应提高砂率,并保持足够的水泥用量,以满足混凝土的和易性要求;当采用 3 区砂时,宜适当降低砂率,以保证混凝土的强度。对于泵送混凝土,宜选用中砂。

砂的粗细程度用细度模数表示,细度模数 M_x 按下式计算。

$$M_x = \frac{(A_2+A_3+A_4+A_5+A_6)-5A_1}{100-A_1} \qquad (4-1)$$

细度模数越大,表示砂越粗,普通混凝土用砂的细度模数范围一般是 0.7~3.7,其中 M_x 为 3.7~3.0,粗砂;M_x 为 3.0~2.3,中砂;M_x 为 2.2~1.6,细砂;M_x 为 1.5~0.7,特细砂。砂的细度模数只反应砂子总体上的粗细程度,并不能反应级配的优劣。细度模数相同的砂子其级配可能有很大差别。砂子的颗粒级配好坏直接影响堆积密度,各种粒径的砂子在量上合理搭配,可使堆积起来的砂子空隙达到最小,因此,级配是否合格是砂子的一个重要技术指标。

4) 对砂中有害杂质的限量　配制混凝土的细骨料要求清洁不含杂质,以保证混凝土的质量。而砂中常含有一些有害杂质,如云母、黏土、淤泥、粉砂等,黏附在砂的表面,妨碍水泥与砂的黏结,降低混凝土强度;同时还增加混凝土的用水量,从而加大混凝土的收缩,降低抗冻性和抗渗性。一些有机杂质、硫化物及硫酸盐,它们都对水泥有腐蚀作用。砂中杂质的含量一般应符合表 4-3 中规定。

5) 含泥量、石粉含量和泥块含量

①天然砂的含泥量和泥块含量　含泥量是指天然砂中粒径小于 75 μm 的颗粒含量;石粉含量是指人工砂中粒径小于 75 μm 的颗粒含量;泥块含量是指砂中原粒径大于 1.18 mm,经水浸洗、手捏后小于 600 μm 的颗粒含量。

表4-3 有害物质的含量

项目	指标		
	Ⅰ类	Ⅱ类	Ⅲ类
云母（按质量计）/%	≤1.0	≤2.0	
轻物质（按质量计质量）/%	≤1.0		
有机物（比色法）	合格		
硫化物及硫酸盐（按SO₃质量计）/%	≤0.5		
氯化物（以氯离子质量计）/%	≤0.01	≤0.02	≤0.06
贝壳（按质量计）/%	≤3.0	≤5.0	≤8.0

注：贝壳仅适用于海砂，其他砂种不作要求

泥黏附在骨料表面，妨碍水泥石与骨料的黏结，降低混凝土的强度，还会增加拌和水量，加大混凝土的干缩，降低抗渗性和抗冻性。泥块对混凝土性质的影响更为严重，因为它在搅拌时不易散开。

天然砂的含泥量和泥块含量应符合表4-4的规定。

表4-4 天然砂的含泥量和泥块含量

项目	指标		
	Ⅰ类	Ⅱ类	Ⅲ类
含泥量（按质量计）/%	≤1.0	≤3.0	≤5.0
泥块含量（按质量计）/%	0	≤1.0	≤2.0

②机制砂的石粉含量和泥块含量 机制砂亚甲蓝MB值≤1.4或快速试验合格时，石粉含量和泥块含量应符合表4-5的规定；MB值>1.4或快速试验不合格时，石粉含量和泥块含量应符合表4-6的规定。MB值是用于判定机制砂中粒径小于75 μm颗粒的吸附性能的指标，表示每千克0~2.36 mm粒级试样所消耗的亚甲蓝质量。

表4-5 机制砂的石粉含量和泥块含量（MB值≤1.4或快速试验合格）

类别	Ⅰ类	Ⅱ类	Ⅲ类
MB值	≤0.5	≤1.0	≤1.4或合格
含泥量（按质量计）/%	≤10.0		
泥块含量（按质量计）/%	0	≤1.0	≤2.0

注：石粉含量根据使用地区和用途，经试验验证，可由供需双方协商确定

表4-6 机制砂的石粉含量和泥块含量（MB值>1.4或快速试验不合格）

类别	Ⅰ类	Ⅱ类	Ⅲ类
含泥量（按质量计）/%	≤1.0	≤3.0	≤5.0
泥块含量（按质量计）/%	0	≤1.0	≤2.0

6）坚固性 砂的坚固性是指砂在气候、环境变化或其他物理因素作用下抵抗破裂的

能力。按标准规定,砂的坚固性用硫酸钠溶液检验,试样经 5 次循环后其质量损失应符合表 4-7 规定。有抗疲劳、耐磨、抗冲击要求的混凝土用砂或有腐蚀介质作用或经常处于水位变化区的地下结构混凝土用砂,其坚固性质量损失率应小于 8%。

表 4-7 坚固性指标

类别	Ⅰ类	Ⅱ类	Ⅲ类
质量损失/%		≤8	≤10

7) 碱–骨料反应 碱活性反应是骨料中的反应活性二氧化硅(如蛋白石、玉髓等)或碳酸盐类成分(如白云质石灰岩、方解石质石灰岩中的白云石等),可在一定条件下与水泥中的碱产生膨胀性反应,破坏已硬化的混凝土。将这种可和强碱起破坏性反应的骨料称为碱活性骨料。

对于混凝土用砂经碱–骨料反应试验后,试件应无裂缝、酥裂、胶体外溢等现象,在规定的试验龄期膨胀率应小于 0.10%。

4.2.2.2 粗骨料

混凝土的
粗骨料

普通混凝土常用的粗骨料有碎石和卵石。由天然岩石或卵石经破碎、筛分而得的、粒径大于 5 mm 的岩石颗粒,称为碎石或碎卵石。岩石由于自然条件作用而形成的、粒径大于 5 mm 的颗粒,称为卵石。《建设用卵石、碎石》对建筑用卵石、碎石按技术要求将其分为Ⅰ类、Ⅱ类、Ⅲ类。Ⅰ类宜用于强度等级大于 C60 的混凝土;Ⅱ类宜用于强度等级 C30~C60 及抗冻、抗渗或其他要求的混凝土;Ⅲ类宜用于强度等级小于 C30 的混凝土。

(1) 最大粒径及颗粒级配

1) 最大粒径 粗骨料中公称粒级的上限称为该粒级的最大粒径。当骨料粒径增大时,其比表面积随之减小。因此,保证一定厚度润滑层所需的水泥浆或砂浆的数量也相应减少,所以粗骨料的最大粒径应在条件许可下,尽量选用得大些。由试验研究证明,最佳的最大粒径取决于混凝土的水泥用量。在水泥用量少的混凝土中(1 m³ 混凝土的水泥用量≤170 kg),采用大骨料是有利的。在普通配合比的结构混凝土中,骨料粒径大于 40 mm 并没有好处。骨料最大粒径还受结构型式和配筋疏密限制。混凝土粗骨料的最大粒径不得超过结构截面最小尺寸的 1/4,同时不得大于钢筋间最小净距的 3/4。对于混凝土实心板,可允许采用最大粒径达 1/2 板厚的骨料,但最大粒径不得超过 50 mm。石子粒径过大,对运输和搅拌都不方便。

2) 颗粒级配 石子级配好坏对节约水泥和保证混凝土具有良好的和易性有很大关系。特别是拌制高强度混凝土,石子级配更为重要。

石子的级配也通过筛分试验来确定,石子的标准筛有孔径为 2.36 mm、4.75 mm、9.50 mm、16.0 mm、19.5 mm、26.5 mm、31.5 mm、37.5 mm、53.0 mm、63.0 mm、75.0 mm 及 90 mm 等 12 个方孔筛筛子。普通混凝土用碎石或卵石的颗粒级配应符合表 4-8 的规定。试样筛分所需筛号,应按表 4-8 中规定的级配要求选用,分计筛余百分率和累计筛余百分率计算均与砂的相同。

混凝土石筛
分析试验

表 4-8　颗粒级配要求

公称粒径 /mm		累计筛余百分率/%											
		方孔筛											
		2.36 mm	4.75 mm	9.50 mm	16.0 mm	19.0 mm	26.5 mm	31.5 mm	37.5 mm	53.0 mm	63.0 mm	75.0 mm	90 mm
连续粒级	5~16	95~100	85~100	30~60	0~10	0							
	5~20	95~100	90~100	40~80	—	0~10	0						
	5~25	95~100	90~100	—	30~70	—	0~5	0					
	5~31.5	95~100	90~100	70~90	—	15~45	—	0~5	0				
	5~40	—	95~100	70~90	—	30~65	—	—	0~5	0			
单粒级	5~10	95~100	80~100	0~15	0								
	10~16	—	95~100	80~100	0~15	0							
	10~20	—	95~100	85~100	0~15	0							
	16~25	—	—	95~100	55~70	25~40	0~10	0					
	16~31.5	—	95~100	—	85~100	—	—	0~10	0				
	20~40	—	—	95~100	—	80~100	—	—	0~10	0			
	40~80	—	—	—	—	95~100	—	—	70~100	—	30~60	0~10	0

（2）含泥量和泥块含量　控制粗骨料的含泥量和泥块含量道路同砂子,卵石、碎石的含泥量应符合表 4-9 的规定。

表 4-9　含泥量和泥块含量

类别	Ⅰ类	Ⅱ类	Ⅲ类
含泥量（按质量计）/%	≤0.5	≤1.0	≤1.5
泥块含量（按质量计）/%	0	≤0.2	≤0.5

（3）颗粒形状及表面特征　粗骨料的颗粒形状及表面特征同样会影响其与水泥的黏结及混凝土拌和物的流动性。碎石具有棱角,表面粗糙,与水泥黏结较好,而卵石多为圆形,表面光滑,与水泥的黏结较差,在水泥用量和水用量相同的情况下,碎石拌制的混凝土流动性较差,但强度较高,而卵石拌制的混凝土则流动性较好,但强度较低。如要求流动性相同,用卵石时用水量可少些,结果强度不一定低。

粗骨料的颗粒形状还有属于针状的（颗粒长度大于该颗粒所属粒级的平均粒径指一个粒级下限和上限粒径的平均值的 2.4 倍）和片状的（厚度小于平均粒径的 0.4 倍）,这种针、片状颗粒过多,会使混凝土强度降低。针、片状颗粒含量一般应符合表 4-10 的规定。

表 4-10　针片状颗粒含量

类别	Ⅰ类	Ⅱ类	Ⅲ类
针片状颗粒含量（按质量计）/%	≤5	≤10	≤15

（4）有害杂质　粗骨料中常含有一些有害杂质,如黏土、淤泥、细屑、硫酸盐、硫化物

和有机杂质。它们的危害作用与在细骨料中的相同。它们的含量一般应符合表 4-11 中规定。

表 4-11 有害物质含量

类别	Ⅰ类	Ⅱ类	Ⅲ类
有机物	合格	合格	合格
硫化物及硫酸盐含量(按 SO_3 质量计)/%	≤0.5	≤1.0	≤1.0

(5)坚固性 采用硫酸钠溶液法进行试验,卵石和碎石经 5 次循环后,其质量损失应符合国家标准规定。Ⅰ类石质量损失≤5%,Ⅱ类石质量损失≤8%,Ⅲ类石质量损失≤12%。

(6)强度 为保证混凝土的强度要求,粗骨料都必须是质地致密、具有足够的强度。碎石或卵石的强度可用岩石立方体强度和压碎指标两种方法表示。当混凝土强度等级为 C60 及以上时,应进行岩石抗压强度检验。在选择采石场或对粗骨料强度有严格要求或对质量有争议时,也宜用岩石立方体强度做检验。对经常性的生产质量控制则可用压碎指标值检验。

用岩石立方体强度表示粗骨料强度,是将岩石制成 5 cm×5 cm×5 cm 的立方体(或直径与高均为 5 cm 的圆柱体)试件,在水饱和状态下,其抗压强度(MPa)与设计要求的混凝土强度等级之比,作为碎石或碎卵石的强度指标,且不应小于 1.5。但在一般情况下,火成岩试件的强度不宜低于 80 MPa,变质岩不宜低于 60 MPa,水成岩不宜低于 30 MPa。

压碎指标表示石子抵抗压碎的能力,以间接地推测其相应的强度。压碎指标小于表 4-12 的规定。

表 4-12 压碎指标

类别	Ⅰ类	Ⅱ类	Ⅲ类
碎石压碎指标/%	≤10	≤20	≤30
卵石压碎值标/%	≤12	≤14	≤16

粗骨料的压碎指标是一定粒径的骨料,在规定的条件下加荷施压后,用孔径 2.36 mm 的筛筛除被压碎的细粒,称出留在筛上的试样质量,精确至 1 g。按式(4-2)计算。

$$Q_e = \frac{G_1 - G_2}{G_1} \times 100 \qquad (4-2)$$

式中:Q_e——压碎值指标,%;

G_1——试样的质量,g;

G_2——压碎试验后筛余的试样质量,g。

(7)表观密度、连续级配松散堆积空隙率 表观密度不小于 2 600 kg/m³;连续级配松散堆积密度空隙率:Ⅰ类石≤43%,Ⅱ类石≤45%,Ⅲ类石≤47%。

(8)吸水率 Ⅰ类石吸水率≤1.0%,Ⅱ类石和Ⅲ类石吸水率≤2.0%。

(9)碱-骨料反应 对于混凝土用石经碱-骨料反应试验后,由卵石、碎石制备的试件应无裂缝、酥裂、胶体外溢等现象,在规定的试验龄期膨胀率应小于 0.10%。重要工程的

混凝土所使用的碎石或卵石应进行碱活性检验。经检验判定骨料有潜在危害时,则应遵守以下规定使用:①使用含碱量小于0.6%的水泥或采用能抑制碱-骨料反应的掺合料;②当使用含钾、钠离子的混凝土外加剂时,必须进行专门试验。

4.2.3 混凝土用水

混凝土用水包括混凝土拌和用水和混凝土养护用水,包括饮用水、地表水、地下水、混凝土企业设备洗刷水、海水以及经适当处理或处置后的工业废水(再生水)。对混凝土拌和及养护用水的质量要求:不得影响混凝土的和易性及凝结;不得有损于混凝土强度发展;不得降低混凝土的耐久性、加快钢筋腐蚀及导致预应力钢筋脆断;不得污染混凝土表面。混凝土用水应符合《混凝土用水标准》(JGJ 63—2006)的规定。

4.2.3.1 混凝土拌和用水

混凝土拌和水不应有漂浮的油脂和泡沫,不应有明显的颜色和异味。混凝土拌和用水水质应符合表4-13的要求。

表4-13 混凝土拌和用水水质要求

项目	预应力混凝土	钢筋混凝土	素混凝土
pH值	≥5.0	≥4.5	≥4.5
不溶物/$(mg \cdot L^{-1})$	≤2 000	≤2 000	≤5 000
可溶物/$(mg \cdot L^{-1})$	≤2 000	≤5 000	≤10 000
氯离子/$(mg \cdot L^{-1})$	≤500	≤1 000	≤3 500
硫酸根离子/$(mg \cdot L^{-1})$	≤600	≤2 000	≤2 700
碱含量/$(mg \cdot L^{-1})$	≤1 500	≤1 500	≤1 500

注:碱含量按$Na_2O+0.658K_2O$计算值来表示。采用非活性碱骨料时,可不检验碱含量

(1)符合国家标准的生活饮用水,可拌制各种混凝土。

(2)地表水和地下水首次使用前,应按本标准规定进行检验。

(3)海水可用于拌制素混凝土,但不得用于拌制钢筋混凝土和预应力混凝土。有饰面要求的混凝土不应用海水拌制。

(4)混凝土生产厂及商品混凝土厂设备的洗刷水,可用作拌和混凝土的部分用水。但要注意洗刷水所含水泥和外加剂品种对所拌和混凝土的影响,且最终拌和水中氯化物、硫酸盐及硫化物的含量应满足标准的要求。

(5)工业废水经检验合格后可用于拌制混凝土,否则必须予以处理,合格后方能使用。

(6)用待检验水和蒸馏水(或符合国家标准的生活饮用水)试验所得的水泥初凝时间差及终凝时间差均不得大于30 min,其初凝和终凝时间尚应符合水泥国家标准的规定。

(7)用待检验水配制的水泥砂浆或混凝土的28 d抗压强度(若有早期抗压强度要求时需增加7 d抗压强度)不得低于用蒸馏水(或符合国家标准的生活饮用水)拌制的对应砂浆或混凝土抗压强度的90%。

4.2.3.2　混凝土养护用水

（1）混凝土养护用水可不检验可溶物和不可溶物，其他检验项目应符合混凝土拌和用水的水质技术要求。

（2）混凝土养护用水可不检验水泥凝胶时间和水泥胶砂强度。

4.2.4　混凝土外加剂

4.2.4.1　混凝土外加剂的类别

混凝土外加剂在拌和混凝土过程中掺入（可与水同时掺入，也可比水滞后掺入），用以改善混凝土性能的物质，掺量一般不大于水泥质量的 5%（膨胀剂除外）。主要目的是改善拌和物或硬化混凝土的某些方面的性能，不包括生产水泥过程中为提高水泥产量或调节水泥某些性能而加入的助磨剂、调凝剂（如石膏）、体积安定剂等，也不同于混合材料。外加剂的掺量虽小，但其技术经济效果显著，目前混凝土外加剂已逐渐成为混凝土中除砂、石、水泥和水之外必不可少的第五组分材料。

（1）按主要功能分类　改善混凝土拌和物流变性能外加剂，包括各种减水剂、引气剂、泵送剂等。调节混凝土凝结时间、硬化性能的外加剂，包括缓凝剂、速凝剂、早强剂。改善混凝土耐久性的外加剂，包括引气剂、防冻剂、防水剂、阻锈剂。改善混凝土其他性能的外加剂，包括加气剂、膨胀剂、着色剂等。

（2）按化学成分分类　无机物外加剂，如早强剂中的氯化钙、硫酸钠等。有机物外加剂，如各种减水剂、早强剂中的三乙醇胺。复合外加剂，可以使杂交优势得到展现。

4.2.4.2　常用外加剂的组成及作用

（1）减水剂　在混凝土拌和物坍落度基本相同的条件下，能减少拌和用水量的外加剂称为减水剂。减水剂是目前应用最广的一种混凝土外加剂。

减水剂均的作用机制与表面活性剂作用机制相似。表面活性剂有着特殊的分子结构，它是亲水基团和憎水基团两个部分组成。表面活性剂加入水中，其亲水基团会电离离子，使表面活性剂带着电荷。电离出的离子的亲水基团指向溶剂，憎水基团指向固体（如水泥颗粒）、空气（或气泡）或非极性液体（如油滴）并作定向排列，形成定向吸附膜而降低水的张力。这种表面活性作用是减水剂起减水增强作用的主要原因。当水泥加水拌和后，由于水泥颗粒间分子凝聚力的作用，使水泥浆形成絮凝结构，如图 4-5 所示。

在这种凝结构中，包裹了一定的拌和水（游离水），从而降低了混凝土拌和物的和易性。如在水泥中加入适量的减水剂，由于减水剂的表面活性作用，致使憎水基团定向吸附于水泥颗粒表面，亲水基团指向水溶液，使水泥颗粒表面带有相同的电荷，在电斥力作用下，水泥颗粒互相分开，如图 4-6 所示，絮凝结构解体，包裹的游离水被释放出来，从而有效地增加了混凝土拌和物的流动性。

当水泥颗粒表面吸附足够的减水剂后，在水泥颗粒表面形成一层稳定的溶剂化水膜层，它阻止了水泥颗粒间的直接接触，并在颗粒间起润滑作用，也改善了混凝土拌和物的和

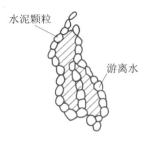

水泥颗粒

游离水

图 4-5　水泥浆絮凝结构

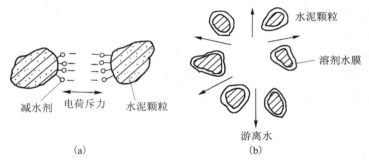

图 4-6 减水剂的作用机制示意图

易性。此外,由于水泥颗粒被有效分散,颗粒表面被水分充分润湿,增大了水泥颗粒的水化面积,使水化比较充分,从而提高了混凝土的强度。

可见,减水剂作用原理可由吸附-分散作用、润滑作用、湿润作用三部分组成。只要掺入少量的减水剂,就可使硬化前混凝土和易性改善,硬化后混凝土性能改善,减水剂已成为高性能混凝土主要成分。

减水剂按作用效果分为普通减水剂(减水率≥5%)和高效减水剂(减水率≥10%,20%、30%、40%,为高性能混凝土的发展奠定基础);按照对凝结时间和强度的影响有标准型减水剂、缓凝型减水剂、早强型减水剂;按照对混凝土内部含气量有引气减水剂、非引气型等。按化学成分常用减水剂有木质素磺酸盐减水剂、萘磺酸盐减水剂、树脂减水剂、聚羧酸减水剂等。

(2)引气剂 引气剂是指在混凝土搅拌过程中,能引入大量分布均匀的微小气泡,以减少混凝土拌和物的泌水、离析,改善和易性,并能显著提高硬化混凝土抗冻性、耐久性的外加剂。引气剂属憎水性表面活性剂,表面活性作用类似减水剂,区别在于减水剂的界面活性作用主要发生在液-固界面,而引气剂的界面活性作用主要在气-液界面上。由于引合剂能显著降低水的表面张力和界面能,使水溶液在搅拌过程中极易产生许多微小的封闭气泡,气泡直径多在 50~250 μm。同时,因引气剂定向吸附在气泡表面,形成较为牢固的液膜,使气泡稳定而不破裂。按混凝土含气量 3%~5% 计(不加引气剂的混凝土含气量为 1%),1 m³ 混凝土拌和物中含数百亿个气泡。由于大量微小、封闭并均匀分布的气泡的存在,使混凝土的某些性能得到明显改善或改变。

目前,应用较多的引气剂为松香热聚物、松香皂、烷基苯磺酸盐等。松香热聚物是松香与苯酚、硫酸、氢氧化钠以一定配比经加热缩聚而成的。松香皂是由松香经氢氧化钠皂化而成的。松香热聚物的适宜掺量为水泥质量的 0.005%~0.02%,混凝土的含气量为 3%~5%,减水率为 8% 左右。

引气剂在混凝土中具有以下特征:

1)改善混凝土拌和物的和易性。由于大量微小封闭球状气泡在混凝土拌和物内形成,如同滚珠一样,减少了颗粒间的摩擦阻力,使混凝土拌和物流动性增加。同时,由于水分均匀分布在大量气泡的表面,使能自由移动的水量减少,混凝土拌和物的保水性、黏聚性也随之提高。

2)显著提高混凝土的抗渗性、抗冻性。大量均匀分布的封闭气泡有较大的弹性变形能力,对由水结冰所产生的膨胀应力有一定的缓冲作用,因而混凝土的抗冻性得到提高。大量微小气泡占据于混凝土的孔隙,切断毛细管通道,使抗渗性得到改善。

3)降低混凝土强度。由于大量气泡的存在,减少了混凝土的有效受力面积,使混凝土强度有所降低。

4)一般混凝土的含气量每增加1%时,其抗压强度将降低4%~6%,抗折强度降低2%~3%。

引气剂可用于抗渗混凝土、抗冻混凝土、抗硫酸盐侵蚀混凝土、泌水严重的混凝土、贫混凝土、轻混凝土,以及对饰面有要求的混凝土等,但引气剂不宜用于蒸养混凝土及预应力混凝土。

(3)早强剂 早强剂是加速混凝土早期强度发展,并对后期强度无显著影响的外加剂。早强剂能加速水泥的水化和硬化,缩短养护期,从而达到尽早拆模、提高模板周转率、加快施工速度的目的。早强剂可以在常温、低温和负温(不低于−5 ℃)条件下加速混凝土的硬化过程,多用于冬季施工和抢修工程。

早强剂主要有无机盐类(氯盐类、硫酸盐类)和有机胺及有机−无机的复合物三大类。

1)氯盐类早强剂主要有氯化钙、氯化钠、氯化钾、氯化铝及三氯化铁等,其中以氯化钙应用最广。氯化钙为白色粉状物,其适宜掺量为水泥质量的0.5%~2.0%,能使混凝土3 d强度提高50%~100%,7 d强度提高20%~40%,同时能降低混凝土中水的冰点,防止混凝土早期受冻,掺量不宜过多,否则会引起水泥速凝,不利于施工。还会加大混凝土的收缩。采用氯化钙作早强剂,最大的缺点是含有氯离子,会使钢筋锈蚀,并导致混凝土开裂。为了抑制氯化钙对钢筋的锈蚀作用,常将氯化钙与阻锈剂亚硝酸钠($NaNO_2$)复合使用。

2)硫酸盐类早强剂主要有硫酸钠、硫代硫酸钠、硫酸钙、硫酸铝、硫酸铝钾等,其中硫酸钠应用较多。硫酸钠分无水硫酸钠(白色粉末)和有水硫酸钠(白色晶粒)。硫酸钠的适宜掺量为0.5%~2%。当掺量为1%~1.5%时,达到混凝土设计强度70%的时间可缩短一半左右。硫酸钠对钢筋无锈蚀作用,适用于不允许掺用氯盐的混凝土。但由于它与$Ca(OH)_2$作用生成强碱$NaOH$,为防止碱−骨料反应,硫酸钠严禁用于含有活性骨料的混凝土。同时,不得用于与镀锌钢材或铝铁相接触部位的结构,外露钢筋预埋件而无防护措施的结构;使用直流电源的工厂及使用电气化运输设施的钢筋混凝土结构。硫酸钠早强剂应注意不能超量掺加,以免导致混凝土产生后期膨胀开裂破坏,并防止混凝土表面产生"白霜"。

3)有机胺类早强剂主要有三乙醇胺、三异丙醇胺等,其中早强效果以三乙醇胺为佳。三乙醇胺不改变水泥水化生成物,但能加速水化速度,在水泥水化过程中起催化作用。三乙醇胺为无色或淡黄色油状液体,呈碱性,能溶于水,无毒,不燃,三乙醇胺掺量极少,掺量为水泥质量的0.02%~0.05%,能使混凝土早期强度提高。三乙醇胺对混凝土稍有缓凝作用,掺量过多会造成混凝土严重缓凝和混凝土后期强度下降,掺量越大,强度下降越多,故应严格控制掺量。三乙醇胺单独使用时,早强效果不明显,与其他外加剂(如氯化钠、氯化钙、硫酸钠等)复合使用,效果更加显著。故一般复合使用。

(4)缓凝剂 缓凝剂是指能延缓混凝土凝结时间,并对混凝土后期强度发展无不利影响的外加剂。缓凝剂主要有四类:糖类,如糖蜜;木质素磺酸盐类,如木钙、木钠;羟基羧酸及其盐类,如柠檬酸、酒石酸;无机盐类,如锌盐、硼酸盐等。常用的缓凝剂是木钙和糖蜜,基中糖蜜的缓凝效果最好,糖蜜的适宜掺量为水泥质量的 0.1%~0.3%,混凝土凝结时间可延长 2~4 h,掺量每增加 0.1%,可延长 1 h。掺量如大于 1%,会使混凝土长期酥松不硬,强度严重下降。

缓凝剂具有缓凝、减水、降低水化热和增强作用,对钢筋也无锈蚀作用。主要适用于大体积混凝土和炎热气候下施工的混凝土,泵送混凝土及滑模施工的混凝土,以及需长时间停放或长距离运输的混凝土。缓凝剂不宜用于日最低气温 5 ℃ 以下施工的混凝土,也不宜单独用于有早强要求的混凝土及蒸养混凝土。

(5)防冻剂 防冻剂是能使混凝土在负温下硬化,并在规定养护条件下达到预期足够防冻强度的外加剂。常用的防冻剂为复合型,由防冻、早强、减小、引气等多组分组成,各尽其能,完成预定抗冻性能。不同类别的防冻剂其性能具有差异的,合理的选用十分重要。氯盐类防冻剂适用于无筋混凝土;氯盐阻锈类防冻剂可用于钢筋混凝土;无氯盐类防冻剂可用于钢筋混凝土工程和预应力钢筋混凝土工程。

硝酸盐、亚硝酸盐、碳酸盐易引起钢筋的应力腐蚀,故此类防冻剂不适用于预应力混凝土以及与镀锌钢材相接触部位的钢筋混凝土结构。另外,含有六价铬盐、亚硝酸盐等有毒成分的防冻剂,严禁用于饮水工程及与仪器接触的部位。目前,国产防冻剂品种适用于 −20 ℃~0 的气温,当在更低气温下施工时,应增加其他混凝土冬季施工措施,如暖棚法、原料(砂、石、水)预热法等。

(6)速凝剂 速凝剂是指能使混凝土迅速凝结硬化的外加剂。速凝剂主要有无机盐类和有机物类两类。我国常用的速凝剂是无机盐类,主要有红星 Ⅰ 型、711 型、728 型、8604 型等。在满足施工要求的前提下,以最小掺量为宜。速凝剂掺入混凝土后,能使混凝土在 5 min 内初凝,10 min 内终凝,1 h 就可产生强度,1 天强度提高 2~3 倍,但后期强度会下降,28 d 强度为不掺时的 80%~90%。速凝剂主要用于矿山井巷、铁路隧道、引水涵洞、地下工程以及喷锚支护时的喷射混凝土或喷射砂浆工程。

(7)减缩剂 混凝土很大的一个缺点是在干燥条件下产生收缩,这种收缩导致了硬化混凝土的开裂和其他缺陷的形成和发展,使混凝土的使用寿命大大下降。在混凝土中加入减缩剂能大大降低混凝土的干燥收缩,典型性能使混凝土的 28 天收缩值减少50%~80%,最终收缩值减少 25%~50%。

混凝土减缩剂减少混凝土收缩的机制主要是能降低混凝土中的毛细管张力,从本质上讲,减缩剂是表面活性物质,有些种类的减缩剂还是表面活性剂。当混凝土由于干燥而在毛细孔中形成毛细管张力使混凝土收缩时,减缩剂的存在使毛细管张力下降,从而使得混凝土的宏观收缩值降低,所以混凝土减缩剂对减少混凝土的干缩和自缩有较大作用。

混凝土减缩剂已经发展成为一个新系列的混凝土外加剂。随着对混凝土减缩剂研究的深入以及其性能的提高,在日益关注混凝土耐久性的情况下,混凝土减缩剂作为一种能提高混凝土耐久性的外加剂即将会有大的发展。

(8)膨胀剂 混凝土膨胀剂指能使混凝土产生一定体积膨胀的外加剂。常用的有三类,即硫铝酸盐系、石灰系、铁粉系膨胀剂。

硫铝酸盐系膨胀剂,是由于自身组成中的无水硫铝酸钙或参与水泥矿物水化或与水泥水化产物反应,生成钙矾石,造成固相体积增加而引起表观体积膨胀。石灰系膨胀剂,主要有 CaO 晶体水化生成 Ca(OH)$_2$ 晶体,体积增加所致。铁粉系膨胀剂,是由于铁粉中的 Fe 和氧化剂作用生成 Fe$_2$O$_3$,并在碱性环境中生成胶状的 Fe(OH)$_3$ 而产生膨胀效应。

(9)防冻剂　能使混凝土在负温下不受冰胀压力破坏,且能硬化,并在规定时间内达到足够防冻强度的外加剂称为防冻剂。常用的防冻剂有无机盐类、有机类、复合防冻剂。

无机盐早强剂由于可降低水的冰点,往往在气温不太低时(日最低气温为-5 ℃),在加盖保温层(塑料薄膜、草袋等)的条件下,可以用早强剂或早强碱水剂代替防冻剂。不同防冻剂的适用范围不同:氯盐类防冻剂的适用范围同氯化钙早强剂;氯盐阻锈剂类防冻剂可应用于钢筋混凝土工程,但不得用于禁用含有强电解质外加剂的混凝土工程;无氯盐类防冻剂中的硝酸盐、亚硝酸钠、碳酸盐易引起钢筋应力腐蚀,故不适用于预应力混凝土以及镀锌钢材、与铝、铁相接触的混凝土工程。其他无氯盐防冻剂则可以应用。含有亚硝酸盐、六价铬盐等有毒成分的防冻剂不得用于引水工程及与食品接触的部位。

使用防冻剂的混凝土宜选用硅酸盐水泥和普通硅酸盐水泥,并要加强保温养护;不同的防冻剂使用温度不同;气温降低,掺量适当增大;防冻剂与泵送剂复合使用时,一定要试验检验,以防引气量超标、混凝土强度不够;当防冻剂中含有较多 K$^+$、Na$^+$ 时,不得使用碱活性骨料。

4.2.4.3　外加剂的选择和使用

在混凝土中掺用外加剂,若选择和使用不当,会造成质量事故。因此,应注意以下几点。

(1)外加剂品种的选择　外加剂品种、品牌很多,效果各异,特别是对不同品种水泥效果不同。在选择外加剂时,应根据工程需要和现场的材料条件,参考有关资料,通过试验确定。

(2)外加剂掺量的确定　混凝土外加剂均有适宜掺量。掺量过小,往往达不到预期效果;掺量过大,则会影响混凝土质量,甚至造成质量事故。因此,应通过试验试配,确定最佳掺量。

(3)外加剂的掺加方法　外加剂的掺量很少,必须保证其均匀分散,一般不能直接加入混凝土搅拌机内。掺入方法会因外加剂不同而异,其效果也会因掺入方法不同而存在差异。故应严格按产品技术说明操作。如减水剂有同掺法、后掺法、分掺法等三种方法。同掺法,为减水剂在混凝土搅拌时一起掺入。后掺法,是搅拌好混凝土后间隔一定时间,然后再掺入。分掺法,是一部分减水剂在混凝土搅拌时掺入,另一部分在间隔一段时间后再掺入。而实践证明,后掺法最好,能充分发挥减水剂的功能。

(4)外加剂的储运保管　混凝土外加剂大多为表面活性物质或电解质盐类,具有较强的反应能力,敏感性较高,对混凝土性能影响很大,所以在储存和运输中应加强管理。失效的、不合格的、长期存放、质量未经明确的禁止使用;不同品种类别的外加剂应分别储存运输;应注意防潮,防水,避免受潮后影响功效;有毒的外加剂必须单独存放,专人管理;有强氧化性外加剂必须进行密封储存;同时还必须注意储存期不得超过外加剂的有效期。

(5)外加剂的禁忌及不宜使用的环境条件　禁止使用失效及不合格的外加剂;禁止

使用长期存放、未进行质量再检验的外加剂。

在下列情况下不得应用氯盐的早强剂、早强碱水剂和防冻剂,在高湿度的空气环境中使用的结构(如排出大量蒸汽的车间、浴室,或经常处于空气相对湿度大于80%的房间,或钢筋混凝土结构);处于水位升降部位的结构;露天结构或经常受水淋的结构;与金属相接触部位的结构、有外露钢筋预埋件而无防护措施的结构;与酸、碱或硫酸盐等侵蚀性介质相接触的结构;使用过程中经常处于环境温度为60 ℃以上的结构;使用冷拉钢筋或冷拔低碳钢丝的结构;直接靠近高压电源的结构;预应力混凝土结构;含有碱活性骨料的混凝土结构。

硫酸盐及其复合剂不得用于有活性骨料的混凝土;电气化运输设施和使用直流电源的工厂、企业的钢筋混凝土结构;与金属相接触部位的结构,以及有外露钢筋预埋件而无防护措施的结构。

引气剂及引气减水剂不宜用于蒸汽养护混凝土、预应力混凝土及高强混凝土;普通减水剂不宜单独用于蒸汽养护混凝土;缓凝剂及缓凝减水剂不宜用于日最低气温+5 ℃以下施工的混凝土,也不宜单独用于有早强要求的混凝土和蒸汽养护混凝土;掺硫铝酸钙类膨胀组分的膨胀混凝土,不得用于长期处于80 ℃以上的工程中。

4.2.5 混凝土掺合料

4.2.5.1 概述

在混凝土搅拌前或搅拌过程中,与混凝土其他组分一起,直接加入的人造或天然的矿物掺合料以及工业废料,掺量一般大于水泥重量的5%,又称为矿物粉或矿物外加剂,是调配混凝土性能,配制大体积混凝土、高强混凝土、高性能混凝土等不可缺少的组成部分。

用于混凝土中的掺合料可分为活性矿物掺合料和非活性矿物掺合料两大类。非活性矿物掺合料一般与水泥组分不起化学作用,或化学作用很小,如磨细石英砂、石灰石、硬矿渣之类材料。活性矿物掺合料虽然本身不硬化或硬化速度很慢,但能与水泥水化生成的$Ca(OH)_2$生成具有水硬性的胶凝材料。如粒化高炉矿渣、火山灰质材料、粉煤灰、硅灰等。

4.2.5.2 常用掺合料的组成及作用

(1)粉煤灰 粉煤灰是由燃烧煤粉的锅炉烟气中收集到的细粉末,其颗粒多呈球形,表面光滑。粉煤灰有高钙粉煤灰和低钙粉煤灰之分,由褐煤燃烧形成的粉煤灰,其氧化钙含量较高(一般 $CaO>10\%$),呈褐黄色,称为高钙粉煤灰,它具有一定的水硬性;由烟煤和无烟煤燃烧形成的粉煤灰,其氧化钙含量很低(一般 $CaO<10\%$),呈灰色或深灰色,称为低钙粉煤灰,一般具有火山灰活性。低钙粉煤灰来源比较广泛,是当前国内外用量最大、使用范围最广的混凝土掺合料。

粉煤灰用作掺合料有两方面的效果。

1)节约水泥,一般可节约水泥 10%~15%,有显著的经济效益。

2)改善和提高混凝土的下述技术性能:改善混凝土拌和物的和易性、可泵性和抹面性;降低了混凝土水化热,是大体积混凝土的主要掺合料;提高混凝土抗硫酸盐性能;提高混凝土抗渗性;抑制碱骨料反应。

配制泵送混凝土、大体积混凝土、抗渗结构混凝土、抗硫酸盐和抗软水侵蚀混凝土、蒸养混

凝土、轻骨料混凝土、地下工程和水下工程混凝土、压浆和碾压混凝土等,均可掺用粉煤灰。

国家标准《用于水泥和混凝土中的粉煤灰》(GB 1596—2005)将粉煤灰分为三个等级,其技术应符合表 4-14 规定。

表 4-14　拌制混凝土和砂浆用粉煤灰技术要求

质量指标	等级		
	Ⅰ类	Ⅱ类	Ⅲ类
细度(0.045 mm)方孔筛的筛余量/%	≤12.0	≤25.0	≤45.0
需水量比/%	≤95	≤105	≤115
烧失量/%	≤5.0	≤8.0	≤15.0
含水量/%	≤1.0		
三氧化硫含量/%	≤3.0		
游离氧化钙含量/%	F 类粉煤灰≤1.0;C 类粉煤灰≤4.0		
安定性 雷氏夹沸煮后增加距离/mm	C 类粉煤灰≤5.0		

粉煤灰用于混凝土工程,常根据等级:Ⅰ级粉煤灰适用于钢筋混凝土和跨度小于 6 m 的预应力钢筋混凝土;Ⅱ级粉煤灰适用于钢筋混凝土和无钢筋混凝土;Ⅲ级粉煤灰主要用于无筋混凝土。对强度等级要求等于或大于 C30 的无筋粉煤灰混凝土,宜采用Ⅰ、Ⅱ级粉煤灰;用于预应力钢筋混凝土、钢筋混凝土及强度等级要求等于或大于 C30 的无筋混凝土的粉煤灰等级,经试验论证,可采用比上述规定低一级的粉煤灰。

(2)硅灰　硅灰又称硅粉或硅烟灰,是从生产硅铁合金或硅钢等所排放的烟气中收集到的颗粒极细的烟尘,色呈浅灰到深灰。硅灰的颗粒是微细的玻璃球体,其粒径为 0.1~1.0 μm,是水泥颗粒粒径的 1/50~1/100,比表面积为 18.5~20 m²/g。硅灰有很高的火山灰活性,可配制高强、超高强混凝土,其掺量一般为水泥用量的 5%~10%,在配制超强混凝土时,掺量可达 20%~30%。

由于硅灰具有高比表面积,因而其需水量很大,将其作为混凝土掺合料须配以减水剂方可保证混凝土的和易性。硅灰用作混凝土掺合料有以下几方面效果。

1)提高混凝土强度,配制高强超高强混凝土。普通硅酸盐水泥水化后生成的 $Ca(OH)_2$ 约占体积的 29%,硅灰能与该部分 $Ca(OH)_2$ 反应生成水化硅酸钙,均匀分布于水泥颗粒之间,形成密实的结构。掺入水泥质量 5%~10% 的硅灰就可配制出抗压强度达 100 MPa 以上的超高强混凝土。

2)改善混凝土的孔结构,提高混凝土抗渗性、抗冻性及抗腐蚀性。掺入硅灰的混凝土,其总孔隙率虽变化不大,但其毛细孔会相应变小,大于 0.1 μm 的大孔几乎不存在。因而掺入硅灰的混凝土抗渗性明显提高,抗冻标号及抗硫酸盐腐蚀性也相应提高。

3)抑制碱骨料反应。

(3)沸石粉　沸石粉是天然的沸石岩磨细而成的。沸石岩是一种经天然煅烧后的火山灰质铝硅酸盐矿物。会有一定量活性二氧化硅和三氧化铝,能与水泥水化析出的氢氧化钙作用,生成胶凝物质。沸石粉具有很大的内表面积和开放性结构,其细度为 0.08 mm

筛筛余<5%,平均粒径为 5.0~6.5 μm。颜色为白色。沸石岩系有 30 多个品种,用作混凝土掺合料的主要为斜发灰沸石和丝光沸石。

沸石粉的适宜掺量依所需达到的目的而定,配制高强混凝土时的掺量为 10%~15%,以高标号水泥配制低强度等级混凝土时掺量可达 40%~50%,置换水泥 30%~40%;配制普通混凝土时掺量为 10%~27%,可置换水泥 10%~20%。

沸石粉用作混凝土掺合料主要有以下几方面效果。

1)提高混凝土强度,配制高强混凝土。用 52.5 普通硅酸盐水泥,以等量取代法掺入 10%~15%的沸石粉,再加入适量的高效减水剂,可以配制出抗压强度为 70 MPa 的高强混凝土,即使用 42.5 号矿渣硅酸盐水泥,掺入 10%~15%的沸石粉也能配制出抗压强度超过 50 MPa 的高强混凝土。

2)改善混凝土和易性,配制流态混凝土及泵送混凝土。沸石粉与其他矿物掺合料一样,也具有改善混凝土和易性及可泵性的功能。例如,以 90 kg 沸石粉取代等量水泥配制坍落度 16~20 cm 的泵送混凝土,未发现离析现象及管路堵塞现象,同时还节约了 20%的水泥。

(4)火山灰质掺合料

1)煅烧煤矸石　煤矸石是煤矿开采或洗煤过程中所排除的夹杂物。我国煤矿排出的煤矸石占原煤产量的 10%~20%,数量较大。所谓煤矸石实际上并非单一的岩石,而是含碳物和岩石(砾岩、砂岩、页岩和黏土)的混合物,是一种碳质岩,其灰分超过 40%,发热量在 4.19×8.37×10³ J/kg 左右。煤矸石的成分,随着煤层地质年代的不同而波动,其主要成分为 SiO_2 和 Al_2O_3,其次是 Fe_2O_3 及少量 CaO、MgO 等。

将煤矸石经过高温煅烧,使所含黏土矿物脱水分解,并除去炭分,烧掉有害杂质,就可使其具有较好的活性,是一种可以很好利用的火山灰质掺合料。

2)浮石、火山渣　浮石、火山渣都是火山喷出的轻质多孔岩石,具有发达的气孔结构。两者以表观密度大小区分,密度小于 1 g/cm³ 者为浮石,大于 1 g/cm³ 的为火山渣。从外观颜色区分,白色至灰白色者为浮石;灰褐色至红褐色者为火山灰。

浮石、火山渣的主要化学成分为 Fe_2O_3 和 Al_2O_3,并且多呈玻璃体结构状态。在碱性激发条件下可获得水硬性,是理想的混凝土掺合料。

(5)超细微粒矿物质掺合料　硅灰是理想的超细微粒矿质混合材,但其资源有限,因此多采用超细粉磨的高炉矿渣、粉煤灰或沸石粉等作为超细微粒混合材,配制高强、超高强混凝土。在国外不少水泥厂在生产水泥的同时,还配套生产系列的特殊混合材,以满足配制不同性能要求的高性能混凝土的需求。超细微粒混合材的比表面积一般大于 5 000 m²/kg,可等量替代水泥 15%~50%。

超细微粒混合材的材料组成不同,其作用效果有所不同,一般具有以下几方面效果:①显著改善混凝土的力学性能,可配制出 C100 以上的超高强混凝土;②显著改善混凝土的耐久性,所配制的混凝土收缩大大减小,抗冻、抗渗性能提高;③改善混凝土的流变性,可配制出大流动性且不离析的泵送混凝土。

一般超细微粒混合材的生产成本低于水泥,使用这种混合材有显著的经济效益。根据日本、美国等国家的经验,使用超细微粒混合材配制高强、超高强混凝土是行之有效的、比较经济实用的技术途径,是当今国际混凝土技术发展的趋势之一。随着建筑技术的发展,超细微粒混合材将成为高性能混凝土不可缺少的第六组分。

【4-1】工程实例分析

现象:某工程采用 30 cm×30 cm 断面,9 m 长的方桩,当桩打入土内 2.5 m 时,在桩顶下 2 m 处,桩身出现裂缝,随着锤击次数的增加,混凝土逐渐破碎,直至最后破坏。在桩内混凝土破碎处,发现一块 5 cm×8 cm×4 cm 椭圆形的黏土块。

试进行原因分析。

【4-2】工程实例分析

现象:某中学五层教学楼,建筑面积 2 244 m²,砖混结构,使用半年后,发现砖砌体裂缝,墙面抹灰起壳。一年后,建筑物裂缝严重,墙面渗水,屋面漏雨,许多门窗不能开关,并且还在继续,成为危房不能使用。

调查原因:所用的砂浆中的砂采用硫铁矿渣代替,其中含硫量较高,有的高达 4.6%。试分析裂缝是如何产生的?

4.3　普通混凝土的技术性质

混凝土的技术性质主要指混凝土拌和物的和易性和硬化混凝土的强度、变形性能和耐久性。

4.3.1　混凝土拌和物的和易性

4.3.1.1　概述

混凝土在凝结硬化以前称为混凝土拌和物。硬化后混凝土是否能够均匀密实,与混凝土拌和物是否具有便于进行施工操作而不产生分层离析的性质有很大关系。如混凝土拌和物是否易于拌制均匀;是否易于从搅拌机中卸出;运输过程是否离析泌水;浇注时是否易于填满模板等。这些性质用和易性(也称工作性)来表示。和易性是一项综合技术性质,它包括流动性、保水性、黏聚性三方面含义。

混凝土的
和易性

(1)流动性　是指混凝土拌和物在自重或外力作用下(施工机械振捣),能产生流动,并均匀密实地填满模板的性能。流动性大小取决于拌和物中用水量和水泥浆含量的多少,在外观上表现为新拌混凝土的稀稠,直接影响施工难易和成型质量。过稠:难以成型捣实,容易造成内部或表面孔洞等缺陷;过稀:砂石下沉,水泥浆上浮,影响混凝土质量均匀性。

(2)黏聚性　是指混凝土拌和物在施工过程中其组成材料之间有一定的黏聚力,不至于产生分层和离析的性能。主要取决于细骨料的用量以及水泥浆的稠度。黏聚性好:浆不离石,使混凝土能保持整体均匀稳定;黏聚性差:分层,离析,硬化后容易出现蜂窝、空洞等现象。

(3)保水性　是指混凝土拌和物在施工过程中,具有一定的保水能力,不至于产生严重泌水的性能。保水性差的混凝土拌和物,其泌水倾向大,混凝土硬化后易形成透水通道,从而降低混凝土的密实性,并显著降低混凝土的强度及耐久性。

黏聚性、保水性不良,在浇筑振捣时混凝土的稳定性不良,易出现三种现象:①泌水通道;②混凝土沉降,开裂;③表面浮浆,在其上层施工时,影响混凝土的黏结性。

和易性的三个方面各有其内容,它们的关系既有联系,又是相互矛盾的。在施工过程中这三方面性质要协调统一。

4.3.1.2　和易性测定及评价指标

通常是测试混凝土拌和物的流动性作为和易性的一个评价指标,辅以直观经验观察黏聚性和保水性,据此来综合判断混凝土拌和物和易性优劣。

(1)坍落度法　将拌好的混凝土分层装入标准坍落度筒(图4-7),每层插捣一定次数,最后刮平。垂直提起坍落度筒,待变形稳定后,测定拌和物的高度,其筒高与拌和物高度之差为坍落度值。用捣棒轻敲拌和物,若拌和物缓缓坍落,则黏聚性好;一边沿斜面下滑,黏聚性不好;若崩坍,则不好。观察拌和物周边是否有大量的清水流出,若有,则保水性不好;若没有,则保水性好。

混凝土坍落度试验

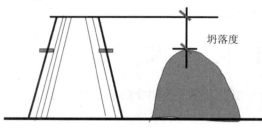

坍落度

图4-7　坍落度示意图

混凝土坍落度试验动画

坍落度法适用于骨料最大粒径不大于40 mm,坍落度不小于10 mm的拌和物。

当坍落度的值大于220 mm时,以坍落度扩展度检测,坍落度不能准确反映混凝土的流动性,用混凝土扩展后的平均直径即坍落度扩展度,作为流动性指标。

《普通混凝土配合比设计规程》(JGJ 55—2011)中将塑性混凝土或流动性混凝土拌和物的坍落度等级予以划分,如表4-15所示。

表4-15　混凝土按坍落度的分级

坍落度等级	S1	S2	S3	S4	S5
坍落度/mm	10~40	50~90	100~150	160~210	≥220

注:在分级判定时,坍落度检验结果值,取舍到邻近的10 mm

坍落度的选择,如果施工时能够满足,尽可能采用较小的坍落度。从经济性上考虑,坍落度小,更节约水泥。同时还要考虑截面尺寸、配筋疏密、施工方法。

(2)维勃稠度法　将混凝土拌和物按规定装入维勃稠度测定圆筒内的坍落度筒内,将坍落度筒提起,之后将规定的透明圆盘放在拌和物锥体的顶面上,同时开启振动台和秒表,测试浆体完全布满圆盘瞬间的时间。该测试值越小,说明流动性越好。

《普通混凝土配合比设计规程》(JGJ 55—2011)根据维勃稠度的大小分为五级,如表4-16所示。

表 4-16 混凝土按维勃稠度值分级

等级	V0	V1	V2	V3	V4
时间/s	≥31	30~21	20~11	10~6	5~3

适用范围:坍落度值<10 mm 的干硬性新拌混凝土;骨料最大粒径小于 40 mm 的混凝土拌和物;维勃稠度 5~30 s。

4.3.1.3 影响混凝土拌和物的主要因素

拌和物在自重或外力作用下产生流动的大小,除与骨料颗粒间的内摩擦力(取决于水泥浆厚度,即水泥浆的数量)有关外,还与水泥浆的黏聚力(水胶比)有关。

(1)水泥浆数量 在水胶比不变的情况下,能够赋予混凝土拌和物一定流动性的水泥浆数量就成为影响和易性的重要因素。单位体积混凝土拌和物内水泥浆越多,拌和物流动性越好。但若水泥浆过多,超过了填充骨料颗粒间空隙及包裹骨料颗粒表面所需的浆量时,就会出现流浆现象,反而增大了骨料间内摩擦力,使拌和物黏聚性变差。同时水泥用量的增多还会对硬化后混凝土变形、耐久性产生一些不利影响。若水泥浆过少,不能完全填充空隙或包裹骨料表面时,会使混凝土拌和物产生崩坍,黏聚性变差。因此,水泥浆要适量,以满足流动性要求为度。

(2)水泥浆稠度 水泥浆稠度是由水胶比决定的。在水泥用量不变时,水胶比越小,水泥浆越稠,拌和物流动性越小。当水胶比过小时,水泥浆过稠,拌和物无法浇注,同时不能保证硬化后混凝土的密实性;水胶比过大,会使混凝土强度受到很大影响,还会使拌和物黏聚性和保水性不良,也应该合适为好。

当使用确定的材料拌制混凝土时,当所用粗细骨料的种类及比例一定时,如果单位用水量一定,即使水泥用量增减,但不超过 50~100 kg/m³,混凝土拌和物流动性保持不变。混凝土的配合比设计就是通过固定单位用水量,变化水胶比,得到既满足拌和物和易性要求,又满足混凝土强度要求的混凝土。水泥一定用量的情况下,用水量增加,则浆量(体积)增大,且稠度降低,则流动性变大。

(3)砂率 砂率是指混凝土砂的重量占砂、石重量的百分率。水泥砂浆在混凝土拌和物中起润滑作用,可以减少粗骨料颗粒之间的摩擦阻力,所以在一定砂率范围内,随着砂率的增加,水泥砂浆润滑作用也明显增加,混凝土拌和物的流动性增大。

但砂率过大,砂子的用量增大,使骨料的表面积过大,在水泥浆一定的条件下,水泥浆相对显得过少,减弱了水泥浆的润滑作用,导致拌和物流动性降低。

砂率过小,石子的用量过大,水泥砂浆的数量不足以包裹石子表面和填充石子空隙,流动性降低,黏聚性、保水性变差。因此,要使砂率保证在一个合理的范围内。

采用合理砂率时,当水泥与用水量一定下,坍落度值最大,能使混凝土拌和物获得最大的流动性且能保持良好的黏聚性和保水性;采用合理砂率能使混凝土拌和物获得所要求的流动性及良好的黏聚性和保水性的情况下,水泥用量最少,如图 4-8 所示。

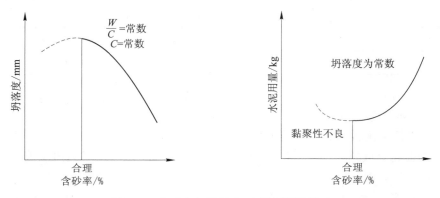

图 4-8　含砂率与坍落度、水泥用量的关系

（4）组成材料的影响

1）水泥品种　主要表现在需水性方面。水泥品种不同,达到标准稠度的需水量也不同,需水量大的水泥拌制的混凝土,达到同样坍落度时,就需要较多的用水量。如矿渣、火山灰硅酸盐水泥比硅酸盐、普通硅酸盐水泥需水多。

水泥中混合材粉末颗粒表面特征与水泥颗粒不同,影响颗粒表面吸附特性,即影响水泥浆黏度。水泥颗粒的细度越大,则同样质量的水泥的总表面积越大。当水灰比相同时,水泥颗粒的总表面积越大,则水泥浆的稠度越大,塑性越差。从而影响混凝土拌和物的和易性。

2）骨料　骨料颗粒形状圆整、表面光滑,混凝土拌和物的流动性较大;颗粒棱角多,表面粗糙,会增加混凝土拌和物的内摩擦力,从而降低混凝土流动性。因此,卵石混凝土比碎石混凝土在用水量等相同条件下,流动性要好。

骨料级配好,其空隙率小,填充骨料空隙所需水泥浆少,当水泥浆数量一定时,包裹于骨料表面的水泥浆层较厚,故可改善混凝土拌和物的和易性。在其他条件相同的情况下,粒径越大,混凝土拌和物流动性越好。

3）时间和温度　拌和物随时间的延长而逐渐变得干稠,和易性变差。这是因为水泥水化,骨料吸水,水分蒸发。温度升高,水分蒸发及水化速度快,拌和物流动性降低,拌和物坍落度损失也变快。因此施工中为保证一定的和易性,必须注意环境的变化,采取相应的措施。

4）外加剂　为改善混凝土拌和物流动性,在不增加水泥用量的情况下,可掺入少量外加剂(减水剂、引气剂等),可使混凝土获得良好的和易性,增大流动性和改善黏聚性,降低泌水性。并且由于改善了混凝土的结构,还能提高混凝土的耐久性。

（5）调整混凝土和易性的措施　必须兼顾流动性、黏聚性、保水性的统一,并考虑对混凝土强度、耐久性的影响。主要措施有以下几个。

1）通过试验,采用合理砂率,以利于提高混凝土质量和节约水泥。

2）改善骨料的级配,既可以增加混凝土的流动性,也能改善黏聚性和保水性。

3）当所测拌和物坍落度小于设计值时,保持水灰比不变,适当增加水泥浆量;坍落度小于设计值时,增加砂石用量。

4）掺加适量的粉煤灰、减水剂、引气剂。

【4-3】工程实例分析

现象:四川某工程采用木质素磺酸钙粉作减水剂,规定掺量为水泥用量的 0.25%,施工时木钙粉减水剂配成溶液,加入混凝土中进行搅拌,按照配合比要求每罐混凝土中加一桶减水剂液,实际加了两桶,当时施工气温又较低,混凝土浇捣两天后还未硬化,不得不把混凝土全部挖掉,重新浇筑。

试分析原因。

4.3.2　硬化混凝土的强度

4.3.2.1　概述

混凝土单位面积所能承受的最大外应力,称之为混凝土强度,其表示混凝土单位面积所能低抗外力的一种自身能力。强度是混凝土最重要的力学性质,混凝土强度包括抗压、抗拉、抗弯、抗剪以及握裹钢筋强度等,其中抗压强度最大,故工程中混凝土主要承受压力。混凝土强度与混凝土的其他性能关系密切,一般来说,混凝土的强度越高,其刚性、抗渗性、抵抗风化和某些侵蚀介质的能力也越高,通常用混凝土强度来评定和控制混凝土的质量,特别是混凝土的抗压强度是结构设计的主要参数,也是混凝土质量评定的指标。

混凝土
的强度

4.3.2.2　混凝土抗压强度与强度等级

(1)混凝土抗压强度　《普通混凝土力学性能试验方法标准》(GB/T 50081—2002)规定:将边长为 150 mm 的立方体混凝土试块用标准方法作为标准试样,在标准条件下(温度 20 ℃±3 ℃,相对湿度大于 90%),养护至 28 天龄期,测得的单位面积所能承受的最大应力称为混凝土立方体抗压强度,以 f_{cu} 表示。

混凝土
抗压强度

非标准试件的换算(边长为 100 mm 或 200 mm)的立方体试件,可采用折算系数折算成标准试件的强度,即边长 100 mm 立方体的强度折算系数为 0.95;边长 200 mm 立方体的强度折算系数为 1.05。这是因为试件尺寸越小,测定的抗压强度值越大。用承压钢板来做抗压,钢板的刚度远大于混凝土,就是说混凝土受压破坏时,钢板与混凝土之间有摩擦力阻碍其破坏,混凝土尺寸较大时,单位面积的这个摩擦力小,环箍效应的作用相对较小,测得的抗压强度相对于标准试件的偏小,反之,测得抗压强度偏大这就是尺寸效应(环箍效应)。由于混凝土试件内部不可避免地存在着一些微裂缝和孔隙等缺陷,这些缺陷处易产生应力集中。大尺寸试件存在缺陷的概率较大,使得测定的强度值也偏低。当试件受压面上有油脂类润滑剂时,试件受压时的环箍效应大大减小,试件受压将出现直裂破坏,测得强度值也较低。

(2)混凝土强度等级　是按照《混凝土结构设计规范》(GB 50010—2010),混凝土强度等级按立方体抗压强度标准值来划分,立方体抗压强度标准值系指在 28 天龄期用标准试验方法测得的具有 95% 保证率的抗压强度,以 $f_{cu,k}$ 表示。普通混凝土划分为以下强度等级:C10、C15、C20、C25、C30、C35、C40、C45、C50、C55、C60、C65、C70、C75 和 C80。混凝土强度等级是混凝土结构设计、施工质量控制和工程验收的重要依据。

C10～C15 混凝土主要用于垫层、基础、地坪及受力不大的结构;C15～C30 混凝土主要用于普通混凝土结构的梁、板、柱、承台、屋架、楼梯等;C25～C30 混凝土主要用于预应力混凝土结构、耐久性要求高的结构、吊车梁及特种结构;C30～C50 混凝土主要用于大跨

度结构、耐久性要求高的结构及预制构件;C60~C80 混凝土主要用于高层建筑的梁、柱等结构。

4.3.2.3 轴心抗压强度

混凝土的立方体抗压强度只是评定强度等级的一个标志,不能直接用来作为结构设计的依据,为了使测得的混凝土强度接近于混凝土结构的实际情况,在钢筋混凝土结构计算中,计算轴心受压构件(例如柱子、桁架的腹杆等)时,都是采用混凝土的轴心抗压强度(f_c)作为依据。

我国现行标准规定,测定轴心抗压强度采用 150 mm×150 mm×300 mm 棱柱体作为标准试件;100 mm×100 mm×300 mm 棱柱体和 200 mm×200 mm×400 mm 作为非标准试件;涉外工程采用 ϕ150 mm×300 mm 作为标准试件;ϕ100 mm×200 mm 和 ϕ200 mm×400 mm 作为非标准试件。

试验证明,轴心抗压强度 f_c 比同截面的立方体强度值 f_{cu} 小,当标准立方体抗压强度为 10~50 MPa 时,轴心抗压强度与立方体抗压强度的近似比值为 0.7~0.8。

4.3.2.4 抗拉强度

我国现行标准规定,采用标准试件 150 mm 立方体,按规定的劈裂抗拉试验装置测得的强度为劈裂抗拉强度,简称劈拉强度 f_{ts}。原理,在试件的两个相对的表面素线上作用着均匀分布的压应力,这样就能够在外力作用的竖向平面内产生均布拉伸应力。该力可据弹性理论计算得出

$$f_{ts} = \frac{2F}{\pi A} = 0.637 \frac{F}{A} \tag{4-3}$$

式中:f_{ts}——混凝土劈裂抗拉强度,MPa;

F——破坏荷载,N;

A——试件劈裂面面积,mm²。

抗拉强度很低,只有抗压强度的 1/10~1/20(通常取 1/15),在钢筋混凝土结构设计中,不考虑混凝土的承拉能力,而依靠其中的钢筋来承担。其是结构设计中确定混凝土抗裂度的主要依据(又称劈裂抗拉强度),也是间接衡量混凝土抗冲击强度、与钢筋黏结强度、抵抗干湿变化或温度变化能力的参考指标。

4.3.2.5 混凝土抗折强度

道路路面或机场跑道用混凝土是以抗弯强度(或称抗折强度)为主要设计指标。水泥混凝土的抗弯强度试验是以标准方法制备成 150 mm×150 mm×550 mm 的梁形试件,在标准条件下养护 28 天后,按三分点加荷,测定其抗弯强度(f_{cf}),按下式计算。

$$f_{cf} = \frac{FL}{bh^2} \tag{4-4}$$

式中:f_{cf}——混凝土抗弯强度,MPa;

F——破坏荷载,N;

L——支座间距,mm;

b——试件截面宽度,mm;

h——试件截面高度,mm。

如为跨中单点加荷得到的抗折强度,按断裂力学推导应乘以折算系数 0.85。在进行抗折强度配合比设计时,其配置抗折强度应取要求抗折强度标准值的 1.15 倍。通常水泥混凝土的抗压强度较高的混凝土,其抗折强度也较高。

4.3.2.6　影响混凝土强度的因素

（1）水泥强度和水胶比　水泥强度等级和水胶比是影响混凝土抗压强度的最主要因素,也是决定性的因素。因为混凝土的强度主要取决于水泥石的强度及其与骨料的黏结力,而水泥石的强度及其与骨料间的黏结力又取决于水泥的强度等级和水胶比的大小。由于拌制混凝土拌和物时,为了获得必要的流动性,常需加入较多的水,多余的水所占空间在混凝土硬化后成为毛细孔,使得混凝土密实度下降,强度降低,如图 4-9 所示。

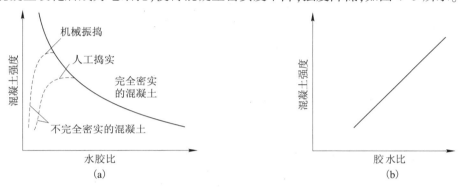

图 4-9　混凝土强度与水胶比和胶水比的关系

试验证明,在水泥强度等级相同的条件下,水胶比越小,水泥石的强度越高,黏结力越强,因此混凝土的强度越高。

大量试验表明,在原材料一定的情况下,混凝土 28 天龄期抗压强度（f_{cu}）与水泥实际强度（f_{ce}）及水胶比（W/B）之间的关系符合下列经验公式（鲍罗米公式）。

$$f_{cu} = a_a f_{ce} \left(\frac{B}{W} - a_b \right) \tag{4-5}$$

式中：$\dfrac{B}{W}$——灰水比（水泥与水的质量比）；

　　　f_{cu}——混凝土 28 d 抗压强度,MPa；

　　　a_a、a_b——回归系数,与骨料的品种等因素有关；

　　　f_{ce}——水泥 28 d 实测抗压强度。

一般水泥厂为了保证水泥的出厂强度,其实际抗压强度往往比其强度等级高。当无水泥 28 d 的强度实测值时,用水泥强度等级（$f_{ce,g}$）代入式中并乘以水泥强度等级富余系数（γ_c）,即 $f_{ce} = \gamma_c f_{ce,g}$。

γ_c 水泥强度等级标准值的富裕系数（1.06～1.25,一般取 1.13）或按统计资料确定。

回归系数 a_a、a_b 应根据工程所使用的水泥、骨料,通过试验由建立的水胶比与混凝土强度关系式确定；当不具备试验统计资料时,其回归系数可按《普通混凝土配合比设计规

程》（JGJ 55—2011）选用,见表 4-17。

表 4-17　回归系数 a_a、a_b 选用表

石子品种		碎石	卵石
回归系数	a_a	0.53	0.49
	a_b	0.20	0.13

上面的经验公式一般只适用于流动性混凝土和低流动性混凝土,对于干硬性混凝土则不适用。利用混凝土强度经验公式,可进行下面两个问题的估算:①根据所用水泥强度和水灰比来估算所配制的混凝土强度;②根据水泥强度和要求的混凝土等级来计算应采用的水灰比。

正常水泥水化仅需水泥用量 23% 的水量（$W/B = 0.23$）。为了使混凝土拌和物有较好的流动性,加入的拌和水量一般为水泥量的 40%~70%。（$W/B = 0.4~0.7$）多余的水分在混凝土中留下了许多孔隙,使混凝土的实际受力面积下降,形成应力集中,混凝土强度降低。水灰比过小,会使施工显得困难,造成混凝土不密实,也会造成混凝土强度降低。目前合理的方法是,减少拌和用水并同时彻底排气,使混凝土密实度提高,提高混凝土的强度。

【例 4-1】　已知某混凝土所用水泥强度等级为 28.6 MPa,水胶比为 0.52,碎石。试估算该混凝土 28 d 强度值。

解　已知 $W/B = 0.52$,所以 $B/W = 1/0.52 = 1.92$

碎石: $a_a = 0.53$, $a_b = 0.20$

代入公式(4-4): $f_{cu} = 0.53 \times 28.6(1.92 - 0.20)\ \text{MPa} = 26.07\ \text{MPa}$

答:该混凝土 28 d 的强度估算值为 26.07。

（2）骨料的品种、质量及数量

1）骨料的品种　碎石表面粗糙,有利于骨料与水泥砂浆之间的机械啮合力和黏结力的形成,因此,用碎石配制的混凝土比卵石混凝土强度高,这是从界面强度的提高得到的。根据试验经验,水灰比小于 0.4 时,骨料的品种对混凝土强度影响明显;水灰比大于 0.65 时,这种差别不显著了。

2）骨料的质量　骨料的质量包括有害杂质、针片状颗粒、坚固性、强度等。骨料强度不同,混凝土的破坏机制不同,如骨料强度大于水泥石强度,则混凝土强度由界面强度及水泥石强度所支配,在此情况下,骨料强度对混凝土基本没有什么影响;如骨料强度低于水泥石强度,则骨料强度与混凝土强度相关,会使混凝土强度下降;但过强过硬的骨料可能在混凝土因温湿度变化发生体积变化时,使水泥石受到较大的应力而开裂,反而混凝土强度受到影响。

骨料粒形以接近球形或立方形者好。针片状颗粒,使施工性能不好,而且增加了混凝土的孔隙率,增大了薄弱环节,导致混凝土强度的降低。

采用粒径较大的骨料对混凝土强度是有利的,但过大的骨料会降低混凝土的强度。对贫混凝土,粒径越大,强度越高;<C40 的混凝土,粒径越大,强度越高;>C40 的混凝土,

粒径越大,强度反而降低;高强混凝土,粒径小于 20 mm(减少界面形成;减少水囊的形成)。

3)骨料的数量　一般认为此因素是次要的,但对于强度等级高于 C35 的混凝土,该比例影响较为明显。骨料数量增多,吸水量增大,有效地降低了水灰比,使混凝土强度提高。另外,水泥浆量相对减少,混凝土内部孔隙也随之减少,骨料对混凝土强度所起作用得以更好发挥。

(3)养护温度、湿度

1)温度　周围环境或养护温度高,水泥水化速度快,早期强度高,但后期强度增进率低,主要原因可能是水化产物不能分散均匀,导致局部薄弱环节存在,且在受荷载时先破坏。负温下,水泥水化停止,混凝土强度停止发展且由于孔隙里的水分结冰而产生膨胀,产生较大的压力,该压力作用在孔隙、毛细管时使混凝土内部结构遭受破坏,使已获得的强度受到损失。反复冻融循环,混凝土内部的微裂纹,还会逐渐增加扩大,导致混凝土表面开始剥落,甚至完全崩溃,混凝土强度进一步降低,所以要防止混凝土早期受冻。

2)湿度　水是水泥水化反应的条件,因此,周围环境的湿度对混凝土强度能否正常发展有显著影响。湿度不够,会因失水干燥而影响水泥水化作用的正常进行,甚至停止水化,因此要注意养护。

试验表明,保持足够湿度时,温度升高,水泥水化速度加快,强度增长也快。《混凝土结构工程施工质量验收规范》(GB 50204—2002)规定,在混凝土浇筑完毕后,应在 12 h 内加以覆盖并保湿养护。

(4)龄期　龄期指混凝土在正常养护条件下所经历的时间,最初的 7~14 d 发展较快,28 d 以后增长缓慢。随龄期延长,混凝土强度增大。早期增长速度快,后期增长慢。

普通强度等级混凝土,在标准条件养护下,龄期不小于 3 d 的混凝土强度发展大致与其龄期的对数呈正比关系,因此在一定条件下养护的混凝土,可用下式根据某一龄期的强度推算另一龄期的强度。

$$\frac{f_n}{\lg n} = \frac{f_a}{\lg a} \tag{4-6}$$

式中:f_n、f_a——龄期分别为 n 天和 a 天的混凝土抗压强度;

　　a、n——养护龄期(d),$a>3$,$n>3$。

(5)试验条件对混凝土强度的影响

1)试件尺寸　相同的混凝土,试件尺寸越小测得的强度越高。

2)试件的形状　当试件受压面积($a×a$)相同,而高度(h)不同时,高宽比(h/a)越大,抗压强度越小。

3)表面状态　试件表面有无润滑剂,其对应的破坏形式不一,所测强度值大小不同。

4)加荷速度　加荷速度较快时,材料变形的增长落后于荷载的增加,所测强度值偏高。

5)其他因素的影响　施工条件,配料准确,搅拌均匀,振捣密实,养护适宜(洒水养护),外加剂和掺合料的掺入。

4.3.2.7　提高混凝土强度的措施

综上所述,通过对影响混凝土强度的因素分析,提高混凝土强度的措施:采用高强度等级的水泥;采用较小的水灰比(掺入减水剂等);采用有害杂质少、级配良好、颗粒适当的骨料和合理的砂率;采用机械搅拌和机械振动成型(均匀、可降低用水量、密实)工艺;保持合理的养护温度和一定的湿度,条件许可时采用湿热养护提高早期强度;掺入合适的混凝土外加剂,掺合料。

4.3.3　混凝土的变形性能

4.3.3.1　概述

混凝土在硬化和使用过程中,由于受到物理、化学、力学等因素的影响,通常会发生各种变形,这些变形会导致混凝土产生开裂等缺陷,从而影响混凝土的耐久性及强度。

混凝土的变形包括非荷载作用下的变形和荷载作用下的变形。非荷载作用下变形又包括化学收缩、塑性收缩、干湿变形、温度变形;荷载作用下变形包括短期变形和长期变形。

4.3.3.2　混凝土在非荷载作用下的变形

(1)化学收缩　在硬化过程中,由于水泥水化产物的体积小于反应物(水和水泥)的体积,会引起混凝土产生收缩,称为化学收缩。其收缩量随混凝土龄期的延长而增加,大致与时间的对数成正比。一般在混凝土成型后 40 d 内收缩量增加较快,以后逐渐趋向稳定。这种收缩不可恢复,可使混凝土内部产生微细裂缝。

(2)塑性收缩　混凝土成型后尚未凝结硬化时属于塑性阶段,在此阶段往往由于表面失水而产生收缩,称塑性收缩。新拌混凝土若表面失水速率超过内部水分向表面迁移的速率时,会造成毛细管内部产生负压,因而使浆体中固体粒子间产生一定的引力,便产生了收缩。如果引力不均匀作用于混凝土表面,则表面将产生裂纹。

预防塑性收缩的方法是降低混凝土表面失水速率,采取防风、降温等措施。最有效的方法是凝结硬化前保持表面的润湿,如在表面覆盖塑料膜、喷洒养护剂等。

(3)干湿变形　主要取决于周围环境湿度的变形,表现为干湿缩胀。干缩对混凝土影响很大,应予以特别注意。

混凝土处于干燥环境时,首先发生毛细管的游离水蒸发,使毛细管内形成负压,随着空气湿度的降低,负压随之增加,产生收缩力,导致混凝土整体收缩。当毛细管内水蒸发完后,若继续干燥,还会使吸附在胶体颗粒上的水蒸发。由于分子引力的作用,粒子间距离小,引起胶体收缩,称这种收缩为干燥收缩。

混凝土干缩变形是由表及里逐渐进行的,因而会产生表面收缩大,内部收缩小,导致混凝土表面受到拉力作用。当拉应力超过混凝土的抗拉强度时,混凝土表面就会产生裂缝。此外,混凝土在干缩过程中,骨料并不产生收缩,因而在骨料与水泥石界面上也会产生微裂纹,裂纹的存在会对混凝土强度、耐久性产生有害作用。

影响因素有以下几个:水泥用量、品种、细度;水灰比;骨料的质量;养护条件。

(4)温度变形　热胀冷缩的性质称为温度变形。混凝土随着温度的变化产生热胀冷缩的变形。常用 α 表示混凝土温度变形系数,一般为 $1.0 \times 10^{-5}/℃$。

温度变形对大体积混凝土工程极为不利,这是因为在混凝土硬化初期,由于水泥水化放出较多的热量,混凝土又是热的不良导体,散热速度慢,聚集在混凝土内部的热量使温度升高,有时可达到 50~70 ℃。造成内部膨胀和外部收缩互相制约,混凝土表面将产生很大的拉应力,严重时使混凝土产生开裂,所以大体积混凝土施工时,必须尽量设法减少内外温度差。一方面,可采用低热水泥减少水泥用量,降低内部发热量;另一方面,加强外部混凝土保温措施,使降温不至于过快,当内部温度开始下降时,又要注意及时调整外部降温速度,可洒水散热。

在纵长的钢筋混凝土结构物中,每隔一段长度,应设置温度伸缩缝及温度钢筋,以减少温度变形造成的危害。

4.3.3.3　混凝土在荷载作用下的变形

(1)在短期荷载作用下的变形　混凝土结构中含有砂、石、水泥石(水泥石中又存在着凝胶、晶体和未水化的水泥颗粒)、游离水分和气泡,这导致混凝土本身的不均匀性。混凝土不是一种完全的弹性体,而是一种弹塑性体。混凝土在受力时,既产生可以恢复的弹性形变,又产生不可恢复的塑性变形,其应力与应变之间的关系不是直线,而是曲线,如图 4-10 所示。

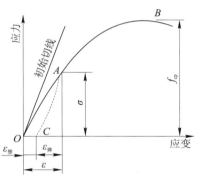

图 4-10　混凝土在短期压力作用下的应力-应变曲线

在应力-应变曲线上任意一点的应力与其应变的比值,叫作混凝土在该应力下的变形模量,由图 4-10 可看出,混凝土的变形模量随应力的增加而减少。在混凝土结构或钢筋混凝土结构刚度设计中,常采用按标准方法测得的静力受压弹性模量。在计算钢筋混凝土结构的变形,裂缝出现及受力分析时,都须用此指标。但在整个受力过程中,混凝土并非完全弹性变形,因此计算混凝土弹性模量对应的应力 σ 与应变 ε 比值成为一个变量,不能简单加以确定。

试验证明,当静压应力取 0.3~0.5 轴心抗压强度时,随重复施力的进行,每次卸荷都残留一部分塑性变形,但随着重复次数增加,塑性变形残留逐渐减少,而此时应力应变的比值趋向于恒定,即得到混凝土静弹性模量,也称割线模量。

当混凝土强度等级从 C10 升至 C60,其弹性模量由 1.75×10^4 MPa 增至 3.60×10^4 MPa。初始切线模量,混凝土应力-应变曲线的原点对曲线所作切线的斜率,适用于小应力应变,工程结构计算中无实际意义。切线模量,应力-应变曲线上任一一点对曲线作切线的斜率,仅适用于考察某特定荷载处,较小的附加应力所引起的应变反应。

影响混凝土弹性模量的因素:水泥用量少,水灰比小,粗细骨料用量较多,弹性模量大;骨料弹性模量大,混凝土弹性模量大;骨料质量好,级配良好,弹性模量大;在相同强度情况下,早期养护温度较低的混凝土具有较大的弹性模量,蒸汽养护混凝土弹性模量较具有相同强度的在标准养护下混凝土的小;引气混凝土弹性模量较非引气的低20%~30%。

(2)在长期荷载作用下的变形　混凝土在长期荷载作用下,沿着作用力方向的变形会随时间不断增长,即荷载不变,而变形随时间延长不断增长,一般可持续2~3年才趋于稳定。这种现象称为徐变。

在加荷早期增长较快,然后逐渐减慢,当混凝土卸载后,一部分变形瞬时恢复,还有一部分要过一段时间才恢复,称为徐变恢复,剩余不可恢复部分称残余变形。

混凝土徐变原因主要是水泥石的徐变引起的,是由于水泥石中的凝胶体在长期荷载作用下的黏性流动,并向毛细孔中流动,同时吸附在凝胶粒子上的吸附水因荷载应力而向毛细孔渗透的结果。早期变化大,后期变化小。

徐变有利于削弱由温度、干缩等引起的约束变形,从而防止裂缝的产生;但在预应力结构中,徐变将产生应力松弛,引起预应力损失,造成不利影响。

影响因素:混凝土的水灰比较小或在水中养护时,徐变较小;水灰比相同的混凝土,其水泥用量越多,徐变越大;混凝土所用骨料的弹性模量较大时,徐变较小;所受应力越大,徐变越大。

4.3.4　混凝土的耐久性

4.3.4.1　概述

混凝土抵抗环境介质作用并长期保持其良好的使用性能和外观完整性,从而维持混凝土结构的安全、正常使用的能力称为混凝土的耐久性。简单地说,耐久性指混凝土在长期使用中能保持质量稳定的性质。混凝土耐久性是一项综合性能,主要包括抗渗性、抗冻性、抗侵蚀性、抗碳化性及碱骨料抑制性。

4.3.4.2　抗渗性

抗渗性是指混凝土抵抗水、油等液体在压力作用下渗透的性能。例如地下结构物、挡水结构、水塔、油罐、压力水管及水坝等都承受一定压力作用,必须保证抗渗能力。

抗渗等级划分为 P4、P6、P8、P10、P12 五个等级,其意义见绪论中材料的抗渗性。混凝土被渗透的原因:混凝土内部存在连通的渗水孔道;混凝土是多孔材料;施工造成不密实;气孔;粗骨料下部聚集的水膜。

影响混凝土抗渗性的因素:水灰比;骨料最大粒径;水泥品种;养护条件;外加剂;掺合料。

4.3.4.3　抗冻性

混凝土抗冻性指混凝土在水饱和状态下,能经受多次冻融循环而不破坏,同时也不严重降低强度的性能。在寒冷地区,特别是在接触水又受冻的环境下的混凝土,应具有较高抗冻性。抗冻性以抗冻等级来评价,F10、F15、F25、F50、F100、F150、F200、F250、F300 等九个等级。

影响材料抗冻性的因素:密实度越高,抗冻性越好;含气量越大,闭孔越多,抗冻性越好;在密实的情况下,水灰比小,抗冻性好;饱水程度越高,抗冻越差;保湿养护时间越长,抗冻性越好;掺入适当掺合料,可提高抗冻性;掺入防水剂、引气剂及减水剂,均能提高抗冻性。

4.3.4.4　抗侵蚀性

混凝土的抗侵蚀性主要指水泥石的抗侵蚀性,详见水泥抗侵蚀性章节。

4.3.4.5　抗碳化性

混凝土抵抗空气中二氧化碳与水泥石中氢氧化钙作用,生成碳酸钙和水的能力,又称中性化。主要表现在对混凝土的碱度、收缩方面会产生不利影响。水泥的碱性可使混凝土中的钢筋表面生成一层钝化膜,从而保护钢筋免于锈蚀。碳化使混凝土的碱度降低,钢筋表面钝化膜破坏,导致钢筋锈蚀。钢筋锈蚀还会导致膨胀,使混凝土保护层开裂或剥落。碳化由表及里进行,二氧化碳气体在混凝土中扩散的规律决定了碳化速度。表面混凝土碳化时生成 $CaCO_3$,可填充水泥石孔隙,提高密实度,可防止有害介质的侵入。

影响混凝土抗碳化的因素:环境条件,主要是二氧化碳浓度和相对湿度;水泥品种,氢氧化钙的量;水灰比;密实情况;外加剂,掺减水剂或引气剂;其他,施工质量、养护、骨料质量、表面涂层。提高抗碳化能力,降低水灰比,采用减水剂以提高密实度。

4.3.4.6　碱-骨料反应

混凝土中的碱与具有碱活性的骨料之间发生反应,反应产物吸水膨胀或反应导致骨料膨胀,造成混凝土开裂破坏的现象。发生类型有碱-硅酸反应、碱-硅酸盐反应、碱-碳酸盐反应。发生的必要条件:混凝土中含有碱活性物质,并具有一定含量(>1%);混凝土中含有足量的碱(>0.6%);要有水分的存在,三者缺一不可。

在配制混凝土时尽量采用非活性骨料;当确认为碱活性骨料又非用不可时,则严格控制混凝土中碱含量小于 0.6% 的水泥,降低水泥用量,选用含碱量低的外加剂等;在水泥中掺入火山灰质混合料,吸收溶液中的钠和钾离子,使其在混凝土中均匀分布,减轻或消除膨胀破坏;在混凝土中掺入引气剂或引气减水剂,利用气泡降低膨胀破坏应力。

4.3.4.7　提高混凝土耐久性的措施

混凝土耐久性内容是综合性的,使得混凝土耐久性的改善和提高必须根据混凝土所处环境、条件及对耐久性的要求有所侧重,有的放矢。但提高混凝土密实度是一个重要环节,其次是原材料的性质和施工质量,因此可采取下列措施:合理选择水泥品种;选用质量良好,技术条件合格的砂石骨料;控制水灰比及保证足够的水泥用量是保证混凝土密实度的重要措施,是提高混凝土耐久性的关键;掺入减水剂或引气剂,改善混凝土的孔结构,对提高混凝土的抗渗性和抗冻性有良好作用;改善施工操作,保证施工质量。

【4-4】工程实例分析

现象:某小学建砖混结构校舍,11月中旬气温已达零下十几度,因人工搅拌振捣,故把混凝土拌得很稀,木模板缝隙又较大,漏浆严重,至 12 月 9 日,施工者准备内粉刷,拆去支柱,在屋面上铺设保温层,大梁突然断裂,屋面塌落。

原因分析:由于混凝土水灰比太大,混凝土离析现象严重,上部为水泥砂浆,下部卵石,造成强度严重降低。事后调查,强度仅为设计强度的一半。

4.4 普通混凝土的质量控制与强度评定

4.4.1 混凝土质量控制

4.4.1.1 混凝土的质量波动

混凝土在生产过程中由于受到许多因素的影响,其质量不可避免地存在波动,造成混凝土质量波动主要有以下几方面的因素:①混凝土生产前,原材料(水泥强度波动、砂石含泥量、含水率波动等),配合比和设备等情况;②混凝土生产过程中,称量、搅拌时间、振捣、养护温湿度变化,试件的制作与养护等;③混凝土生产后的因素,试验条件(取样方法、试件成型、加荷速度等),批量划分,验收界限,检测方法和检测条件等。

4.4.1.2 混凝土的质量控制

混凝土的质量控制的目的是及时发现和排除异常波动,使混凝土的质量处于正常波动状态,以保证结构的安全。混凝土的质量通常是指能用数量指标表示出来的性能,如混凝土的强度、坍落度、含气量等。这些性能指标在正常稳定连续生产的情况下,可用随机变量描述。因此,可用数理统计方法来控制、检验和评定其质量。混凝土的质量控制包括:生产前的控制(主要包括人员配备、设备调试、组成材料的质量检验与控制和混凝土配合比的合理确定);生产控制(混凝土组成材料的计量、混凝土拌和物的搅拌、运输、浇筑和养护等工序的控制);合格控制(混凝土质量的指标按有关规范、规程进行验收评定)。

根据实测的混凝土质量特征,将其与质量标准相比较,并对它们之间存在的差异采取相应措施,从而保证混凝土质量的稳定性,使混凝土的质量波动在容许的范围内,确保建筑构件的安全。

4.4.2 混凝土的强度评定

混凝土
的强度

4.4.2.1 混凝土强度波动规律

在正常生产条件下,影响混凝土强度的因素是随机变化的,对同一种混凝土进行系统的随机抽样,测试结果表明其强度的波动规律符合正态分布规律,如图4-11所示。混凝土的正态分布曲线有以下特点。

(1)曲线呈钟形,两边对称。对称轴为平均强度,最高峰出现在该处,说明混凝土的强度接近平均强度的次数多,远离对称轴,强度测定值出现的概率小,最后趋近为零。

(2)曲线和横坐标之间所包围的面积概率总和为100%;对称轴两侧出现的概率相等,各为50%。

(3)在对称轴两边的曲线上各有一个拐点,两拐点间的曲线向上凸弯,拐点以外的曲线向下凹弯,并以横坐标为渐近线。

4.4.2.2 衡量混凝土质量水平的指标

混凝土强度波动规律可用特征统计量-混凝土的强度平均值和强度标准来进行描述,同时混凝土的变异系数、强度保证率等也是含量混凝土施工质量水平的指标。

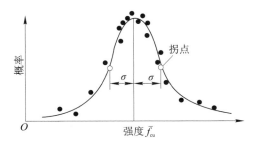

图 4-11　混凝土强度的正态分布曲线

（1）混凝土平均强度值　反应混凝土强度总体的平均水平,但不能反映混凝土的波动情况。

$$\bar{f}_{cu} = \frac{1}{n} \sum_{i=1}^{n} f_{cu,i} \tag{4-7}$$

式中:$\bar{f}_{cu}$——n 组抗压强度算术平均值;

　　　$f_{cu,i}$——第 i 组试件的抗压强度,MPa;

　　　n——试件的组数。

（2）混凝土的强度标准差 σ　正态分布曲线上拐点至对称轴的垂直距离,即

$$\sigma = \sqrt{\frac{\sum_{i=1}^{n} (f_{cu,i} - \bar{f}_{cu})^2}{n-1}} = \sqrt{\frac{\sum_{i=1}^{n} (f_{cu,i}^2 - n\bar{f}_{cu}^2)}{n-1}} \tag{4-8}$$

式中:σ——n 组抗压强度的标准差,MPa。

标准差的几何意义是正态分布曲线上拐点至对称轴的垂直距离,如图 4-12 所示。图 4-12 是强度平均值相同而标准差不同的两条正态分布曲线,由图可以看出,σ 越小,曲线高而窄,混凝土质量控制较稳定,生产管理水平较高;过小,不经济。σ 越大,曲线低而宽,表明强度值离散性大,混凝土质量控制较差。因此 σ 值是评定混凝土质量均匀性的一种制指标。

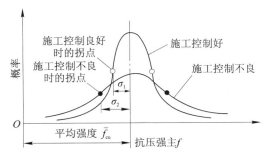

图 4-12　混凝土强度离散性不同的正态分布曲线

（3）变异系数（离散系数）　由于在相同生产管理水平下,混凝土的强度标准差会随平均强度的提高而增大,故平均强度水平不同的混凝土之间质量稳定性的比较,可用变异系数 C_v 表示,计算公式为

$$C_v = \frac{\sigma}{\bar{f}} \qquad (4-9)$$

由于 σ 随强度等级的提高而增大,当混凝土强度不同时,可采用 C_v 作为评定混凝土质量均匀性的指标。C_v 值越小,混凝土质量越稳定;C_v 值越大,混凝土质量稳定性越差。

(4)强度保证率　是指混凝土强度总体中,大于等于设计强度等级的概率。在混凝土质量控制中,除了须考虑到所生产的混凝土强度质量的稳定性外,还必须考虑符合设计要求的强度等级的合格率,此即强度保证率。它是指在混凝土强度总体中,不小于设计要求的强度等级标准值($f_{cu,k}$)的概率 P。如图 4-13 所示,强度正态分布曲线下的面积为概率的总和,等于 100%。所以,强度保证率可按如下方法计算:首先计算出概率度 t,即

$$t = \frac{\bar{f}_{cu} - f_{cu,k}}{\sigma} \qquad (4-10)$$

或

$$t = \frac{\bar{f}_{cu} - f_{cu,k}}{C_v \cdot \bar{f}_{cu}} \qquad (4-11)$$

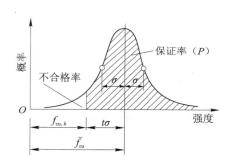

图 4-13　混凝土强度保证率

根据 t 值,查表 4-18 得强度保证率 P。

表 4-18　不同 t 值的强度保证率

t	0.00	0.05	0.84	1.00	1.20	1.28	1.40	1.60
$P/\%$	50.0	69.2	80.0	84.1	88.5	90.0	91.9	94.5
t	1.645	1.70	1.81	1.88	2.00	2.33	2.50	3.00
$P/\%$	95.0	95.5	96.5	97.0	97.7	99.0	99.4	99.87

工程中 $P(\%)$ 根据统计周期内,混凝土试件强度不低于要求强度等级标准值的组数 N_0 与试件总组数 $N(N \geqslant 25)$ 之比求得,即

$$P = \frac{N_0}{N} \times 100\% \tag{4-12}$$

根据统计周期内混凝土强度的 σ 值和强度保证率 $P(\%)$，可将混凝土生产单位的生产管理水平，划分为优良、一般、差三个级别，见表 4-19。

表 4-19　混凝土生产管理水平

生产质量水平			优良		一般		差	
混凝土强度等级			<C20	≥C20	<C20	≥C20	<C20	≥C20
评定指标	混凝土强度标准差 σ/MPa	预拌混凝土厂和预制混凝土构件厂	≤3.0	≤3.5	≤4.0	≤5.0	>4.0	>5.0
		集中搅拌混凝土的施工现场	≤3.5	≤4.0	≤4.5	≤5.5	>4.5	>5.5
	强度不低于要求强度等级的百分率 P/%	预拌混凝土厂和预制混凝土构件厂及集中搅拌混凝土的施工现场	≥95		>85		≤85	

4.4.3　混凝土的配制强度

根据混凝土正态分布曲线的特点，如果按设计强度来配制混凝土（即混凝土的平均值为设计强度），那么混凝土的保证率为 50%，显然这会给建筑造成极大的隐患。

为了提高混凝土强度的保证率 P，在混凝土配合比设计时，必须使混凝土的配制强度 $f_{cu,0}$ 大于设计强度等级 $f_{cu,k}$，超出值为 $t\sigma$。

$$f_{cu,0} = f_{cu,k} + t\sigma \tag{4-13}$$

此时，混凝土强度保证率将大于 50%。如果所配制混凝土的强度按混凝土设计强度，保证率 95%。因此，在进行混凝土配合比设计时，必须使混凝土的配制强度大于设计强度（$f_{cu,k}$）。

$$f_{cu,0} \geq f_{cu,k} + 1.645\sigma \tag{4-14}$$

式中：σ 值是由混凝土施工水平所决定的，可根据混凝土配制强度的历史统计资料得到。若无历史资料时，可参考表 4-20 选取。

表 4-20　σ 参考值（无历史资料时）

混凝土强度等级	≤C20	C25～C45	C50～C55
σ/MPa	4.0	5.0	6.0

根据《普通混凝土配合比设计规程》(JGJ 55—2011)的规定,当混凝土的设计强度等级小于 C60 时,配制强度按式(4-13)计算;当混凝土设计强度不小于 C60 时,配制强度 $f_{cu,0}$ 计算式为

$$f_{cu,0} \geqslant 1.15 f_{cu,k} \qquad (4-15)$$

另外,混凝土配制强度 $f_{cu,0}$ 还可根据强度离散系数 C_v 来确定。

一名工程技术人员应懂得影响混凝土质量的主要因素,掌握混凝土质量控制的基本内容和基本方法,及时发现和处理混凝土施工过程中的质量隐患和质量问题。

混凝土的
质量控制

4.4.4 混凝土质量控制的内容

4.4.4.1 原材料质量控制

审查原材料生产许可证或使用证、产品合格证、质量证明书或质量试验报告单是否满足设计要求。在规定的时间内对进场原材料按规定的取样方法和检验方法进行复检,审查混凝土配合比通知单,实地查看原材料质量,试拌几盘混凝土(开盘鉴定)等。

4.4.4.2 施工过程质量控制

审查计量工具和计量的准确性,确定合适的进料容量和投料顺序,选用合理的搅拌时间,采用正确的方法运输,浇筑和捣实混凝土,充分养护混凝土,控制混凝土模板拆除,检查混凝土外观等。

混凝土拌制前,应测定砂、石、含水率,并依次确定施工配合比,每工作班检查一次。在搅拌和浇筑过程中,应检查组成材料的称量偏差,每工作班抽查不应少于一次。混凝土拌和物坍落度检查(和易性,配合比)在浇筑地点进行,每一工作班至少检查两次。每一工作班内,如混凝土配合比由于外界影响而有变动时,应及时检查。对混凝土搅拌时间应随时检查,并按要求抽检混凝土强度及其他性能。水胶比决定强度,所以也要用混凝土水-水泥含量测量仪测定。

4.4.4.3 混凝土质量控制图

为了便于及时掌握并分析混凝土质量的波动情况,常将质量检验得到的各项指标,如坍落度、水胶比和强度等,绘成质量控制图。通过质量控制图可以及时发现问题,采取措施,以保证质量稳定。

如混凝土强度质量控制图,把每次试验结果逐日填画在图上,点同时满足条件:①连续 25 点中没有一个在限外或连续 35 点中,最多一点在限外或连续 100 点中最多 2 点在限外;②控制界限内的点无异常现象。

4.4.4.4 混凝土强度的合格评定

《混凝土强度检验评定标准》(GB 50107—2010)规定分为两种。

(1)统计方法 预拌混凝土厂、预拌混凝土构件厂和采用现场集中预拌混凝土的施工单位。

当混凝土的生产条件在较长时间内能保持一致,且同一品种混凝土的强度变异性能保持稳定时,应由连续的三次试件组成一个验收批,其强度应同时满足下列要求:当混凝

土强度等级不高于 C20 时,其强度的最小值还应满足 $f_{cu,min} \geqslant 0.85 f_{cu,k}$;当混凝土强度等级高于 C20 时,其强度的最小值还应满足 $f_{cu,min} \geqslant 0.90 f_{cu,k}$;当混凝土生产条件在较大时间内不能保持一致,且混凝土强度变异性不能保持稳定时,检验评定只能直接根据每一验收批抽样的强度数据确定。

（2）非统计方法　零星生产的预制构件厂或现场搅拌批量不大的混凝土。

当用于评定的样本少于 10 组时,应采用非统计方法评定混凝土强度。其强度应满足 $f_{cu,min} \geqslant 0.95 \cdot f_{cu,k}$。

（3）混凝土强度的合格性判定

1）当检验结果能满足以上评定公式的规定时,则为合格。当检验结果不能满足以上评定公式的规定时,则为不合格。

2）由不合格混凝土制成的结构或构件,应进行鉴定。对不合格的结构或构件必须及时处理。

3）当对混凝土试件强度的代表性有怀疑时,可采用从结构或构件中钻取试件的方法或采用非破损检验方法,按有关标准的规定对结构或构件中混凝土的强度进行推定。

4）结构或构件拆模、出池、出厂、吊装、预应力筋张拉或放张,以及施工期间需短暂负荷时的混凝土强度,应满足设计要求或现行国家标准的有关规定。

4.4.4.5　混凝土的强度和内部缺陷的检测

（1）在下列情况下应对结构实体混凝土的强度进行检测（立方体试件不能完全反应混凝土在结构中的性能时）。

（2）结构实体混凝土强度无损检测方法（回弹仪）。

（3）结构实体混凝土的缺陷检测内容及方法（蜂窝、麻面、裂缝等:超声波法）。

【4-5】工程实例分析

现象: 某工程使用等量的 42.5 普通硅酸盐水泥粉煤灰配制强度 C25 混凝土,工地现场搅拌,为赶进度搅拌时间较短。拆模后检测,发觉所浇的混凝土强度波动大,部分低于所要求的混凝土强度指标,请分析原因。

原因分析: 该混凝土强度等级较低,而选用的水泥强度等级较高,故使用了较多的粉煤灰作掺合剂。由于搅拌时间较短,粉煤灰与水泥搅拌不够均匀,导致混凝土强度波动大,以致部分混凝土强度未达要求。

4.5　普通水泥混凝土配合比设计

混凝土配合比是指单位体积的混凝土中各组成材料的质量比例。确定这种数量比例关系的工作,称为混凝土配合比设计。配合比设计的优劣与混凝土性能有着直接密切的关系。

混凝土的
配合比设计

4.5.1　普通混凝土配合比表示方法

混凝土配合比设计的任务是根据原材料的技术性质及施工条件合理选择原材料,并

确定出能满足工程所要求的技术经济指标的各项组成材料的用量。配合比的表示方法有两种。

（1）以 1 m³ 混凝土中各材料的质量比（单位体积混凝土内各项材料的用量），如水泥 270.0 kg、砂子 706.1 kg、石子 1 255.3 kg、水 180 kg。

（2）以各种材料相互间的质量比来表示，以水泥质量为 1，按水泥、矿物掺合料（粉煤灰）、砂子、石子和水的顺序排列，将上例换算成质量比（单位体积内各项材料用量的比值），如，水泥：掺合料：砂子：石子：水 = 1：0.20：2.20：4.00：0.63，$W/C = 0.63$。

4.5.2　普通混凝土配合比设计的基本要求、基本资料

（1）混凝土配合比设计的基本要求包括四个方面：①满足混凝土结构设计所要求的强度等级；②满足施工所要求的混凝土拌和物和易性要求；③满足环境和使用条件的混凝土耐久性或设计的其他性能要求；④在满足性能要求的前提下，尽可能节约材料，降低成本，符合经济性原则。

（2）混凝土配合比设计的基本资料

1）在混凝土配合比设计之前，需掌握相关的基础资料，主要包括以下几个方面：各原材料性质及技术指标：水泥的品种和实际强度、密度；砂石的种类、表观密度、堆积密度和含水率；砂的颗粒级配和粗细程度；石子的级配和最大粒径；拌和水的水质和水源；掺合料外加剂的品种、性能。

2）混凝土的技术性能要求：强度等级、和易性和耐久性。

3）施工管理水平、施工条件、环境条件：项目的施工管理水平和强度标准差等；混凝土工程特点（大体积、大面积等）；混凝土工程部位（桩基、地下、地上等）；施工条件（振捣方法）、施工环境（温度、湿度）、冬季施工、夏季施工。

4.5.3　普通混凝土配合比设计的三参数

从现象上看，混凝土配合比设计只是通过计算确定 6 种组成材料（水泥、掺合料、水、砂、石、外加剂）的用量，实质上则是根据组成材料的情况，确定满足上述四项基本要求的三大参数：水胶比、单位用水量和砂率。

（1）水胶比　水胶比是水和胶凝材料的组合关系，在组成材料一定的情况下，对混凝土的强度、耐久性起关键性作用。

（2）砂率　砂率是表示细骨料（砂）和粗骨料（石）的组合关系，对混凝土拌和物的和易性特别是其中的黏聚性和保水性有很大影响（合理砂率）。

（3）单位用水量　单位用水量，在水灰比一定的情况下，反映水泥浆与骨料的组成关系（浆骨比），是控制混凝土流动性的主要因素。

水胶比、砂率、单位用水量是混凝土设计的三个重要参数，这三个参数与混凝土各项性能之间有着密切的关系，在配合比设计中正确地确定这三个参数，就能使混凝土满足设计要求。

4.5.4　普通混凝土配合比设计方法和步骤

4.5.4.1　普通混凝土配合比设计方法

（1）绝对体积法（体积法）　绝对体积法，其基本原理是假定刚浇捣完毕的混凝土拌和物的体积，等于其各组成材料的绝对体积及混凝土拌和物中所含少量空气体积之和。在 1 m³ 的混凝土中，以 C_0、F_0、S_0、G_0、W_0 分别表示混凝土的水泥、矿物掺合料、砂子、石子、水的用量，并以 ρ_c、ρ_f、ρ_s、ρ_g、ρ_w 分别表示水泥密度、矿物掺合料密度、砂子表观密度、石子表观密度和水的密度，又假定混凝土拌和物中含空气体积为 10α，则有

$$\frac{C_0}{\rho_c}+\frac{F_0}{\rho_f}+\frac{G_0}{\rho_g}+\frac{S_0}{\rho_s}+\frac{W_0}{\rho_w}+10\alpha=1\,000(\text{L}) \tag{4-16}$$

（2）假定表观密度法（质量法）　假定表观密度法，其基本原理是如果原材料比较稳定，可先假设普通混凝土的表观密度 ρ_{OC} 为一定值，则 1 m³ 混凝土拌和物各组成材料的之和即为其表观密度

$$C_0+F_0+S_0+G_0+W_0=\rho_{OC} \tag{4-17}$$

ρ_{OC} 在 2 350~2 450 kg/m³，可根据混凝土强度等级来确定：C15~C20，$\rho_{OC}=2\,350$ kg/m³；C25~C40，$\rho_{OC}=2\,400$ kg/m³；C45~C80，$\rho_{OC}=2\,450$ kg/m³。

4.5.4.2　普通混凝土配合比设计步骤

混凝土配合比设计按照《普通混凝土配合比设计规程》（JGJ 55—2011）所规定的步骤来进行。主要包括以下步骤：首先，进行初步计算配合比。在进行混凝土配合比设计时，首先掌握原材料的特征、混凝土各项技术要求、施工方法、施工质量管理水平、混凝土结构特征、混凝土所处的环境条件等基本资料，并按原材料性能对混凝土的技术要求进行初步计算，得出初步配合比（理论配合比）。然后，在初步配合比的基础上，经和易性调整获得基准配合比（满足和易性）。随后，在基准配合比的基础上，经强度复核获得的配合比，获得实验室配合比（满足强度）。最后，在实验室配合比的基础上，根据工地砂、石的实际含水情况对实验室配合比进行修正得到的配合比。

（1）初步配合比的计算

1）混凝土配制强度的确定　《混凝土结构设计规范》（GB 50010—2010）对于不同环境等级设计使用年限 50 年混凝土结构的最低强度等级、最大水灰比等做出了规定，混凝土配制强度也必须满足其规定。混凝土强度配制强度应按下列规定确定。

①当混凝土的设计强度等级小于 C60 时，配制强度按式（4-17）计算。

$$f_{cu,0}=f_{cu,k}+1.645\sigma \tag{4-18}$$

式中：σ 值是与混凝土施工水平所决定的，可根据混凝土配制强度的历史统计资料得到。若无历史资料时，可参考表 4-20 选取。

②当混凝土的设计强度不小于 C60 时，配制强度 $f_{cu,0}$ 应按式（4-15）计算。

$$f_{cu,0}\geqslant 1.15f_{cu,k}$$

2）混凝土配合比计算

①水胶比　混凝土的最大水胶比应符合现行国家标准《混凝土结构设计规范》（GB 50010—2010）的规定，按照表 4-21 的规定。

表 4-21　混凝土耐久性要求规定的最大水胶比

环境类别	条件	最大水胶比	最低强度等级
一	室内干燥环境； 无腐蚀性静水浸没环境	0.60	C20
二 a	室内潮湿环境； 非严寒和非寒冷地区的露天环境； 非严寒和非寒冷地区无侵蚀性的水或土壤直接接触的环境； 严寒和寒冷地区的冰冻线以下无侵蚀性的水或土壤直接接触的环境	0.55	C25
二 b	干湿交替环境； 水位频繁变动环境； 严寒和寒冷地区的露天环境； 严寒和寒冷地区的冰冻线以上无侵蚀性的水或土壤直接接触的环境	0.50（0.55）	C30（C25）
三 a	严寒和寒冷地区冬季水位变动区环境； 受除冰盐影响环境； 海风环境	0.45（0.5）	C35（C30）
三 b	盐渍土环境； 受除冰盐作用环境； 海岸环境	0.40	C40

a.混凝土的设计强度等级小于 C60 时,水胶比的计算。

根据已测定的水泥实际强度,粗骨料种类及所要求的混凝土配制强度($f_{cu,0}$),混凝土水胶比按式(4-19)计算。

$$\frac{W}{B} = \frac{a_a f_b}{f_{cu,0} + a_a \cdot a_b \cdot f_b} \tag{4-19}$$

式中：$\dfrac{W}{B}$——水胶比(水与水泥的质量比)；

$\quad f_{cu,0}$——混凝土 28 d 抗压强度,MPa；

$\quad a_a$、a_b——回归系数,与骨料的品种等因素有关；

$\quad f_b$——胶凝材料 28 d 胶砂抗压强度,可实测,也可按无实测值时水胶比计算确定,MPa。

回归系数 a_a、a_b 应根据工程所使用的水泥、骨料,通过试验由建立的水灰比与混凝土强度关系式确定；当不具备试验统计资料时,其回归系数可按《混凝土配合比设计规程》选用,按表 4-17 选用。

b.当胶凝材料抗压无实测值时,水灰比的计算。

当胶凝材料 28 d 抗压强度实测值 f_b 无实测值时,可按式(4-20)计算。

$$f_b = \gamma_f \gamma_s \cdot f_{ce} \tag{4-20}$$

式中：γ_f、γ_s——粉煤灰影响系数和粒化高炉矿渣粉影响系数,应按表 4-22 选用。

采用 Ⅰ 级、Ⅱ 级粉煤灰取上限；采用 S75 级粒化高炉矿渣粉宜取下限值,采用 S95 级

粒化高炉矿渣粉宜取上限值,采用 S105 级粒化高炉矿渣可取上限值加 0.05;当超出表中掺量时,粉煤灰和粒化高炉矿渣粉影响系数应经试验确定。

表 4-22　粉煤灰和矿渣粉影响系数

掺量	粉煤灰影响系数 γ_f	粒化高炉矿渣粉影响系数 γ_s
0	1.00	1.00
10	0.85～0.95	1.00
20	0.75～0.85	0.95～1.00
30	0.65～0.75	0.90～1.00
40	0.55～0.65	0.80～0.90
50	—	0.70～0.85

当水泥 28 d 胶砂强度(f_{ce})无实测值时,可按式 $f_{ce} = \gamma_c f_{ce,g}$ 计算,式中 γ_c 为水泥强度等级富余系数,可按实际统计资料确定,当缺乏统计资料时,也可按表 4-23 选用。

表 4-23　水泥强度等级的富余系数

水泥强度等级值	32.5	42.5	52.5
富余系数	1.12	1.16	1.10

②用水量和外加剂用量。

a.干硬性和塑性混凝土用水量的确定。单位用水量(m_{w0})是指每立方米混凝土的用水量。水胶比范围在 0.04～0.80 的干硬性和塑性混凝土,可根据混凝土所用粗骨料类型、最大粒径和混凝土的坍落度要求,其用水量按表 4-24 和表 4-25 选取。水胶比小于 0.40 的混凝土应通过试验确定。

表 4-24　干硬性混凝土的单位用水量　　　　　　　　　（单位:kg/m³）

拌和物稠度		卵石最大粒径			碎石最大粒径		
项目	指标	10.0 mm	20.0 mm	40.0 mm	16.0 mm	20.0 mm	40.0 mm
维勃稠度	16～20 s	175	160	145	180	170	155
	11～15 s	180	165	150	185	175	160
	5～10 s	185	170	155	190	180	165

表 4-25　塑性混凝土的单位用水量　　　　　　　　　（单位:kg/m³）

拌和物稠度		卵石最大粒径				碎石最大粒径			
项目	指标	10.0 mm	20.0 mm	31.5 mm	40.0 mm	16.0 mm	20.0 mm	31.5 mm	40.0 mm
坍落度	10～30 mm	190	170	160	150	200	185	175	165
	35～50 mm	200	180	170	160	210	195	185	175
	55～70 mm	210	190	180	170	220	205	195	185
	75～90 mm	215	195	185	175	230	215	205	195

注:①本表用水量是采用中砂时的取值,采用细砂时,1 m³ 混凝土的用水量可增加 5～10 kg;采用粗砂时,则可减少 5～10 kg;
　　②采用矿物掺合料和外加剂时,用水量应相应调整

　　b.掺外加剂时,流动性和大流动性混凝土用水量可按式(4-20)计算。

$$m_{w0} = m'_{w0}(1-\beta) \tag{4-21}$$

式中:m_{w0}——计算掺外加剂混凝土每立方米的用水量,kg/m³;

　　　m'_{w0}——未掺外加剂混凝土推定的满足实际坍落度要求的每立方米混凝土的用水量,以表4-25中90 mm坍落度的用水量为基础,按坍落度每增大20 mm用水量增加5 kg来计算,当坍落度增大到180 mm以上时,随坍落度相应增加的用水量可减少,kg/m³;

　　　β——外加剂的减水率应经试验确定,%。

　　c.每立方米混凝土中外加剂用量(m_{a0})应按公式(4-21)计算。

$$m_{a0} = m_{b0}\beta_a \tag{4-22}$$

式中:m_{a0}——计算配合比每立方米中外加剂用量,kg/m³;

　　　m_{b0}——计算配合比每立方米中胶凝材料用量,kg/m³;

　　　β_a——外加剂掺量,应经混凝土试验确定,%。

　　③ 胶凝材料、矿物掺合料和水泥用量。

　　a.胶凝材料用量　每立方米混凝土的胶凝材料用量(m_{b0})按式(4-22)计算,并应进行试拌调整,在拌和物性能满足的情况下,取经济合理的胶凝材料用量,除配制C15及其一些强度等级混凝土外,需满足表4-26混凝土最小胶凝材料用量要求。

$$m_{b0} = \frac{m_{w0}}{\dfrac{W}{B}} \tag{4-23}$$

表4-26　混凝土的最小胶凝材料用量

最大水胶比	最小胶凝材料用量/(kg/m³)		
	素混凝土	钢筋混凝土	预应力混凝土
0.6	250	280	300
0.55	280	300	300
0.50	320		
≤0.45	330		

　　b.矿物掺合料用量　每立方米混凝土的矿物掺合料用量(m_{f0})按式(4-24)计算。

$$m_{f0} = m_{b0}\beta_f \tag{4-24}$$

式中:m_{f0}——计算配合比每立方混凝土中矿物掺合料用量,kg/m³;

　　　β_f——矿物掺合料掺量,可结合表4-27选用,%。

　　④ 水泥用量　每立方米混凝土的水泥用量(m_{c0})按式(4-25)计算。

$$m_{c0} = m_{b0} - m_{f0} \tag{4-25}$$

式中:m_{c0}——计算配合比每立方米混凝土中水泥用量,kg/m³。

表 4-27　混凝土中矿物掺合料最大掺量

矿物掺合料种类	水胶比	钢筋混凝土中矿物掺合料最大掺量/%		预应力混凝土中矿物掺合料最大掺量/%	
		硅酸盐水泥	普通水泥	硅酸盐水泥	普通水泥
粉煤灰	≤0.4	45	35	35	30
	>0.4	40	30	25	20
粒化高炉矿渣粉	≤0.4	65	55	55	45
	>0.4	55	45	45	35
钢渣粉	—	30	20	20	10
磷渣粉	—	30	20	20	10
硅灰	—	10	10	10	10
复合掺合料	≤0.4	65	55	55	45
	>0.4	55	45	45	35

注：①采用其他通用硅酸盐水泥时，宜将水泥混合材料掺量 20% 以上的混合材料计入矿物掺合料；② 复合掺合料各组分的掺量不宜超过单掺时的最大掺量；③ 在混合使用两种或两种以上矿物掺合料时，矿物掺合料总量应符合表中复合掺合料的规定

⑤砂率　砂率（β_s）应根据骨料的技术指标、混凝土拌和物的性能和施工要求，参考既有历史资料确定。当缺乏历史资料时，混凝土砂率的确定应符合下列规定：坍落度小于 10 mm 的混凝土，其砂率应经试验确定；坍落度为 10～60 mm 的混凝土砂率，可根据骨料的品种、最大公称粒径及水胶比按表 4-29 选取；坍落度大于 60 mm 的混凝土砂率，可经试验确定，也可在表 4-28 的基础上，按坍落度每增大 20 mm，砂率增大 1% 的幅度予以调整。

表 4-28 混凝土砂率选用表

水胶比（W/B）	卵石最大粒径			碎石最大粒径		
	10.0 mm	20.0 mm	40.0 mm	16.0 mm	20.0 mm	40.0 mm
0.40	26%～32%	25%～31%	24%～30%	30%～35%	29%～34%	27%～32%
0.50	30%～35%	29%～34%	28%～33%	33%～38%	32%～37%	30%～35%
0.60	33%～38%	32%～37%	31%～36%	36%～41%	35%～40%	33%～38%
0.70	36%～41%	35%～40%	34%～39%	39%～44%	38%～43%	36%～41%

注：①表中数值是中砂的选用砂率，对细砂或粗砂可相应地减少或增加砂率；②采用人工砂配制混凝土时，砂率可适当增大；③只用一个单粒级粗骨料配制混凝土时，砂率值应适当增大

⑥粗、细骨料的用量（m_{g0} 和 m_{s0}）　粗细骨料用量的计算方法有质量法和体积法。

a.质量法

$$\begin{cases} m_{c0}+m_{f0}+m_{s0}+m_{u0}=m_{cp} \\ \beta_s=\dfrac{m_{s0}}{m_{g0}+m_{s0}}\times100\% \end{cases} \tag{4-26}$$

式中：m_{cp}——每立方米混凝土拌和物的假设质量，可取 2 350～2 450 kg/m³。

b.体积法

$$\begin{cases} \dfrac{m_{c0}}{\rho_c}+\dfrac{m_{f0}}{\rho_f}+\dfrac{m_{g0}}{\rho_g}+\dfrac{m_{s0}}{\rho_s}+\dfrac{m_{w0}}{\rho_w}+0.01\,a=1 \\[2mm] \beta_s=\dfrac{m_{s0}}{m_{g0}+m_{s0}}\times100\% \end{cases} \tag{4-27}$$

式中：ρ_c——水泥密度，可取 2 900～3 100 kg/m³；

ρ_f——矿物掺合料密度，kg/m³；

ρ_s——细骨料表观密度，kg/m³；

ρ_g——粗骨料表观密度，kg/m³；

ρ_w——水的密度，可取 1 000 kg/m³；

a——混凝土含气量百分比，在不使用引气型外加剂时，a 可取为 1，%。

通过以上几个步骤可将水、水泥、砂和石子的用量全部求出，得到初步配合比。供试配用。

（2）混凝土基准配合比的确定　初步计算配合比求出的各材料用量，是借助于一些经验公式和数据计算出来的，或是利用经验资料查得的，因而不一定能够完全符合设计要求的混凝土拌和物的和易性。因此，必须通过试拌对初步计算配合比进行调整，直到混凝土拌和物的和易性符合要求为止，然后提出供检验强度用的基准配合比。

混凝土试配应采用强制式搅拌机进行搅拌。每盘混凝土试配的最小量为粗骨料最大公称粒径≤31.5 mm，拌和数量为 20 L；粗骨料最大公称粒径 40 mm，拌和物数量为 25 L；并不应小于搅拌机公称容量的 1/4 且不应大于搅拌机公称容量。在初步计算配合比的基础上，假定水胶比不变，通过试拌、调整，以使拌和物满足设计的和易性要求。

当坍落度或维勃稠度低于设计要求时，保持水胶比不变，适当增加水泥浆量；当坍落度或维勃稠度高于设计要求时，保持砂率不变，适当增大骨料用量；当黏聚性和保水性不良时，应在保持水胶比不变的条件下适当调整砂率，直到符合要求为止。最终确定供检验强度用的基准配合比。

（3）实验室配合比的确定　通过调整的基准配合比，和易性已满足设计要求，但是满足强度要求尚未可知。检验强度至少采用三个不同的配合比，其一为基准配合比，另外两个配合比的胶水比较基准配合比分别增加或减少 0.05；其单位用水量与基准配合比相同，砂率分别增加或减少 1%，得到三个配合比。每种配合比至少制作一组（三块）试件，标准养护到 28 d 时进行强度测试。然后通过所测的三个配合比的 28 d 强度与胶水比作图，由作图法或直线拟合法得到与设计强度相对应的水胶比，求出略大于混凝土配置强度 $f_{cu,0}$ 的对应水胶比，最后按以下法则确定 1 m³ 混凝土拌和物的各组成材料用量：①用水量 m_w，在基准配合比的基础上，根据实验室确定的水胶比进行调整；②胶凝材料用量 m_b，应根据用水量乘以试验确定的水胶比计算得出；③粗骨料和细骨料用量 m_g 和 m_s，应根据用水量和胶凝材料的用量进行调整。

由此得到的配合比还应根据实测的混凝土拌和物的表观密度 $\rho_{c,t}$ 作校正，以确定 1 m³ 混凝土拌和物材料用量。按式（4-27）计算出混凝土拌和物的计算表观密度 $\rho_{c,c}$，即

$$\rho_{c,c}=m_c+m_f+m_g+m_s+m_w \tag{4-28}$$

在由公式（4-28）计算出校正系数 δ，即

$$\delta=\frac{\rho_{c,t}}{\rho_{c,c}} \tag{4-29}$$

当混凝土拌和物的表观密度实测值与计算值之差的绝对值不超过计算的 2% 时，以上调整的配合比即是实验室配合比；当二者之差超过 2% 时，应将配合比中每项材料用量均乘以校正系数 δ，即确定的实验室配合比。

（4）施工配合比　实验设计配合比是以干燥材料为基准的，而工地存放的砂、石的水分随着气候的变化。所以现场材料的实际称量应按工地砂、石的含水情况进行修正，修正后的配合比，叫作施工配合比。假定工地存放砂的含水率为 $a\%$，石子的含水率为 $b\%$，则将实验室配合比换算为施工配合比，其材料用量如下：

水泥　　　　$m_c'=m_c$

矿物掺合料　$m_f'=m_f$

砂　　　　　$m_s'=m_s(1+a\%)$

石　　　　　$m_g'=m_g(1+b\%)$

水　　　　　$m_w'=m_w-m_s\cdot a\%-m_g\cdot b\%$

4.5.4.3　普通混凝土配合比设计实例

工程条件：某工程制作室内用的钢筋混凝土大梁，混凝土设计强度等级为 C20，施工要求坍落度为 35~50 mm，采用机械振捣。该施工单位无历史统计资料。

采用材料：普通水泥，32.5 级，实测强度为 34.8 MPa，密度为 3 100 kg/m^3；中砂，表观密度为 2 650 kg/m^3，堆积密度为 1 450 kg/m^3；卵石，最大粒径 20 mm，表观密度为 2.73 g/cm^3，堆积密度为 1 500 kg/m^3；自来水。

设计要求：

（1）试设计混凝土的配合比（按干燥材料计算）。

（2）若施工现场中砂含水率为 3%，卵石含水率为 1%。求施工配合比。

解：（1）计算初步配合比

1）确定配制强度（$f_{cu,0}$）　由式（4-18）

$$f_{cu,0}=f_{cu,k}+1.645\sigma$$

该施工单位无历史统计资料，查表 4-20 取 $\sigma=4.0$ MPa。

$$f_{cu,0}=20+6.6=26.6\ \text{MPa}$$

2）计算水胶比（W/B）　已知水泥的实际强度 $f_{ce}=34.8$ MPa

所用粗骨料为卵石，查表 4-17，回归系数 $a_a=0.49$，$a_b=0.13$

按式（4-19）

$$\frac{W}{B}=\frac{a_a f_b}{f_{cu,0}+a_a\cdot a_b\cdot f_b}$$

$$\frac{W}{B}=\frac{0.49\times34.8}{26.6+0.49\times0.13\times34.8}=0.59$$

查表 4-21 规定最大水灰比为 0.60，因此 $W/B=0.59$ 满足耐久性要求。

3）确定单位用水量(m_{w0})　此题要求施工坍落度为 35~50 mm,卵石最大粒径为 20 mm,查表 4-25 得每立方米混凝土用水量:$m_{w0} = 180$ kg

4）计算水泥用量(m_{c0})

$$m_{c0} = m_{w0} \times \frac{B}{W} = 180 \times 1.69 \approx 304 \text{ kg}$$

查表 4-26 规定最小水泥用量为 300 kg,故满足耐久性要求。

5）确定砂率　该混凝土所用卵石最大粒径 20 mm,根据计算的水胶比 0.59,查表 4-28,选砂率 $\beta_s = 32\%$。

6）计算粗、细骨料用量(m_{g0}和 m_{s0})　质量法按式(4-25)计算

$$\begin{cases} m_{c0} + m_{f0} + m_{g0} + m_{s0} + m_{w0} = m_{cp} \\ \beta_s = \dfrac{m_{s0}}{m_{g0} + m_{s0}} \times 100\% \end{cases}$$

假定每立方米混凝土质量 $m_{cp} = 2\,400$ kg/m³,则

$$\begin{cases} 304 + m_{g0} + m_{s0} + 180 = 2\,400 \\ 32\% = \dfrac{m_{s0}}{m_{g0} + m_{s0}} \times 100\% \end{cases}$$

解得砂、石用量分别为:$m_{g0} = 1\,303$ kg,$m_{s0} = 613$ kg

按质量法算得该混凝土初步配合比为

$$m_{c0} : m_{s0} : m_{g0} : m_{w0} = 304 : 613 : 1\,303 : 180 = 1 : 2.02 : 4.29 : 0.59$$

体积法按下面方程组计算

$$\begin{cases} \dfrac{m_{c0}}{\rho_c} + \dfrac{m_{g0}}{\rho_g} + \dfrac{m_{s0}}{\rho_s} + \dfrac{m_{w0}}{\rho_w} + 0.01a = 1 \\ \beta_s = \dfrac{m_{s0}}{m_{g0} + m_{s0}} \times 100\% \end{cases}$$

代入砂、石的表观密度,水泥、水的密度数据,取 $a = 1$,则

$$\begin{cases} \dfrac{304}{3\,100} + \dfrac{m_{g0}}{2\,730} + \dfrac{m_{s0}}{2\,650} + \dfrac{180}{1\,000} + 0.01 \times 1 = 1 \\ 32\% = \dfrac{m_{s0}}{m_{g0} + m_{s0}} \times 100\% \end{cases}$$

联立方程求解,得 $m_{g0} = 1\,315$ kg,　$m_{s0} = 619$ kg

按体积法算得该混凝土初步配合比为

$$m_{c0} : m_{s0} : m_{g0} : m_{w0} = 304 : 619 : 1\,315 : 180 = 1 : 2.03 : 4.32 : 0.59$$

计算结果与质量法相近。

(2)配合比是试配、调整与确定　以体积法计算结果进行试配。

1）配合比试配、调整　按初步配合比试拌 15 L 混凝土拌和物,其材料用量如下:

水泥　　　　　$304 \times 15 / 1\,000 = 4.56$ kg

砂　　　　　　$619 \times 15 / 1\,000 = 9.29$ kg

石　　　　　　$1\,315 \times 15 / 1\,000 = 19.73$ kg

水　　　　　　　　180×15/1 000 = 2.70 kg

将称好的材料均匀拌和后,进行坍落度试验。假设测得坍落度为 25 mm,小于施工要求的 35~50 mm,应保持原水灰比不变,增加 5% 水泥浆。再经拌和后,坍落度为 45 mm,黏聚性、保水性均良好,已满足施工要求。

此时各材料实际用量如下:

水泥　　　　　4.56+4.56×5% = 4.79 kg

砂　　　　　　9.29 kg

石　　　　　　19.73 kg

水　　　　　　2.70+2.70×5% = 2.84 kg

并测得每立方米拌和物质量为 m_{cp} = 2 380 kg/m^3

2)设计配合比的确定　采用水胶比为 0.51、0.56、0.60(混凝土耐久性要求的最大水胶比为 0.60)不同的配合比配制三组混凝土试件。水胶比为 0.51 和 0.60 两个配合比也均满足坍落度要求。测定三组混凝土拌和物的表观密度分别为 2 386 kg/m^3、2 380 kg/m^3 和 2 392 kg/m^3,检测其 28 d 强度实测值,结果见表 4-29。

表 4-29　试配混凝土 28 d 强度实测值

水胶比(W/B)	胶水比(B/W)	强度实测值/MPa
0.51	1.96	33.6
0.56	1.79	30.6
0.60	1.67	27.6

根据混凝土试验结果,绘制强度与胶水比的线性关系,如图 4-14 所示。

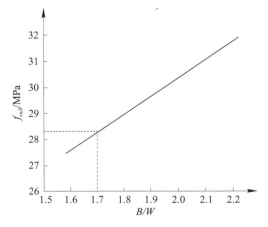

图 4-14　$f_{cu,0}$ 与 B/W 关系

从图 4-14 可判断,配制强度 28.2 MPa 对应的胶水比 B/W = 1.7,即水胶比为 0.59。至此,可初步定出混凝土配合比为

$$m_{w0} = \frac{2.84}{35.99} \times 2\ 380\ kg = 184.4\ kg$$

$$m_{c0} = \frac{184.4}{0.59} \text{ kg} = 312.6 \text{ kg}$$

$$m_{s0} = \frac{9.12}{36.65} \times 2\ 380 \text{ kg} = 592.2 \text{ kg}$$

$$m_{w0} = \frac{19.73}{36.65} \times 2\ 380 \text{ kg} = 1\ 281.2 \text{ kg}$$

计算该混凝土的表观密度为 $\rho_{c,c} = (184.4+312.6+592.2+1\ 281.2)$ kg/m³ = $2\ 370.4$ kg/m³。

重新按确定的配合比测得其表观密度为 $\rho_{c,t} = 2\ 378$ kg/m³。由式(4-29)计算出校正系数 δ 为

$$\delta = \frac{\rho_{c,t}}{\rho_{c,c}} = \frac{2\ 378}{2\ 370.4} = 1.003$$

混凝土表观密度的实测值与计算值之差

$$\xi = \frac{\rho_{c,t} - \rho_{c,c}}{\rho_{c,c}} \times 100\% = \frac{2\ 378 - 2\ 370.4}{2\ 370.4} \times 100\% = 0.32\%$$

由于混凝土表观密度与计算值之差不超过计算值的 2%，所以前面的计算配合比即为确定的设计配合比，即

$$m_{c0} : m_{s0} : m_{g0} : m_{w0} = 312.6 : 592.2 : 1\ 281.2 : 184.4 = 1 : 1.89 : 3.93 : 0.59$$

（3）施工配合比　将设计配合比换算为现场施工配合比，用水量应扣除砂、石所含水水量，而砂、石则应增加砂、石的含水量。施工配合比计算如下：

1 m³ 拌和物的实际材料用量（kg）

$$m_c' = m_c = 312.6 \text{ kg}$$

$$m_s' = m_s(1+a\%) = 592.2 \times (1+3\%) = 610.0 \text{ kg}$$

$$m_g' = m_g(1+b\%) = 1\ 281.2 \times (1+1\%) = 1\ 294.0 \text{ kg}$$

$$m_w' = m_w - m_s \cdot a\% - m_g \cdot b\% = 184.4 - 17.8 - 12.8 = 153.8 \text{ kg}$$

$$m_{c0} : m_{s0} : m_{g0} : m_{w0} = 312.6 : 610.0 : 1\ 294.0 : 153.8 = 1 : 1.95 : 4.14 : 0.49$$

【4-6】工程实例分析

现象：某市自来水公司一号水池建于山上，某年1月交付使用，5年后6月20日池壁突然崩塌，造成39人死亡、6人受伤的特大事故。该水池使用的是冷却水，输入池内的水温达41 ℃。该水池为预应力装配式钢筋混凝土圆形结构，池壁由132块预制钢筋混凝土板拼装，接口处部分有泥土。板块间接缝处用细石混凝土二次浇筑，外绕钢丝，再喷射砂浆保温层，池内壁未设计防渗层，只要求在接缝处向两侧各延伸5 cm的范围内刷两道素水泥浆。

原因分析：

(1)池内水温高，增加了对池壁的腐蚀作用，导致池壁结构过早破损。

(2)预制板接缝面未打毛，清洗不彻底，故部分留有泥土；且接缝混凝土振捣不实，部

分有蜂窝麻面,其抗渗能力大大降低,使水分浸入池壁,并对钢丝产生电化学反应。事实上所有钢丝已严重锈蚀,有效截面减少,抗拉强度下降,以致断裂,使池壁倒塌。

(3)设计方面亦存在考虑不周,且对钢丝严重锈蚀未能及时发现等问题。

4.6　其他混凝土

4.6.1　高性能混凝土

4.6.1.1　概述

高性能混凝土(high performance concrete,简称 HPC)是一种新型高技术混凝土,采用常规材料和工艺生产,具有混凝土结构所要求的各项力学性能,具有高耐久性、高工作性和高体积稳定性的混凝土。它以耐久性作为设计的主要指标,针对不同用途要求,对下列性能重点予以保证:耐久性、工作性、适用性、强度、体积稳定性和经济性。为此,高性能混凝土在配置上的特点是采用低水胶比,选用优质原材料,且必须掺加足够数量的掺合料(矿物细掺料)和高效外加剂。

4.6.1.2　发展

高性能混凝土是由高强混凝土发展而来的,但高性能混凝土对混凝土技术性能的要求比高强混凝土更多、更广乏,高性能混凝土的发展一般可分为三个阶段。

(1)振动加压成型的高强混凝土——工艺创新　在高效减水剂问世以前,为获得高强混凝土,一般采用降低 W/C(水灰比),强力振动加压成型。即将机械压力加到混凝土上,挤出混凝土中的空气和剩余水分,减少孔隙率。但该工艺不适合现场施工,难以推广,只在混凝土预制板、预制桩的生产广泛采用,并与蒸压养护共同使用。

(2)掺高效减水剂配置高效混凝土——第五组分创新　20 世纪 50 年代末期出现高效减水剂使高强混凝土进入一个新的发展阶段。代表性的有萘系、三聚氰胺系和改性木钙系高效减水剂,这三个系类均是普遍使用的高效减水剂。

采用普通工艺,掺加高效减水剂,降低水灰比,可获得高流动性,抗压强度为 60~100 MPa 的高强混凝土,使高强混凝土获得广泛的发展和应用。但是,仅用高效减水剂配制的混凝土具有坍落度损失较大的问题。

(3)采用矿物外加剂配制高性能混凝土——第六组分创新　20 世纪 80 年代矿物外加剂异军突起,发展成为高性能混凝土的第六组分,它与第五组分相得益彰,成为高性能混凝土不可缺少的部分。就现在而言,配制高性能混凝土的技术路线主要是在混凝土中同时掺入高效减水剂和矿物外加剂。

配制高性能混凝土的矿物外加剂是具有高比表面积的微粉辅助胶凝材料。例如,硅灰、细磨矿渣微粉、超细粉煤灰等,它是利用微粉填隙作用形成细观的紧密体系,并且改善界面结构,提高界面黏结强度。

4.6.1.3　原材料要求

(1)水泥　水泥应选用硅酸盐水泥或普硅酸盐水泥。水泥中 C_3A 含量应不大于 8%,细度控制在 10% 以内,碱含量小于 0.8%,氯离子含量小于 0.1%。水泥中的 C_3A 含量高、

细度高,比表面积就会增大,混凝土的用水就会增加,从而造成混凝土坍落度损失过快,有时甚至会出现急凝和假凝现象,这不仅会影响混凝土的外观质量,同时也将直接影响其耐久性,为了更好地达到各项指标,水泥的存放时间以 3 天为宜。

（2）矿物掺合料　矿物掺合料对混凝土具有减水、活化、致密、润滑、免疫、填充的作用,它能延缓水泥水化过程中水化粒子的凝聚,减轻坍落度损失。矿物掺合料选用品质稳定的产品,矿物掺合料的品种宜为粉煤灰、磨细粉煤灰、矿渣粉或硅灰。其各项指标应满足:粉煤灰的细度≤20%,烧矢量≤5%,含水量≤0%,氯离子含量≤0.02%。

（3）外加剂　外加剂与水泥的适应性、减水率、流动性、含气量、掺量都将影响混凝土的工作性,高速铁路外加剂宜采用聚羧酸系列产品,其技术指标主要包括:减水率不应低于 20%,硫酸钠含量小于 10%,碱含量不得超过 10%,硫酸钠含量小于 10%,外加剂中的氯离子含量不得大于 0.2%,含气量不得小于 3%。

（4）细骨料　含泥量、泥块含量也是影响高性能混凝土各项技术指标的重要原因之一,含泥量、泥块含量过高,不仅能降低混凝土强度,同时易造成内部结构的毛细通道不能有效地阻止有害物质的侵蚀。对于高速铁路工程来说,细骨料应选用处于级配区的中粗河砂,砂的细度模数要求为 2.3~3.0。

（5）粗骨料　粗骨料宜选用二级配、三级配碎石,保持良好的级配能增加混凝土强度。在选择粗骨料时,一定要控制大骨科的含量,大骨料的含量超标,将直接影响保护层外侧混凝土的质量,会导致混凝土的表面干裂纹,影响表观质量。碎石粒径宜为 5~20 mm,最大粒径不应超过 25 mm,级配良好,压碎指标不大于 8%,针片状含量不大于 10%,含泥量低于 1.0%,骨料水溶性氯化物折合氯离子含量不超过集料质量的 0.02%。

4.6.1.4　技术要求

高性能混凝土的配合比应根据原材料品质、设计强度等级、耐久性以及施工工艺对工作性能的要求,通过计算、试配、调整等步骤确定。进行配合比设计时应符合下列规定。

（1）对不同强度等级混凝土的胶凝材料总量应进行控制,C40 以下不宜大于 400 kg/m³;C40~C50 不宜大于 450 kg/m³;C60 及以上的非泵送混凝土不宜大于 500 kg/m³,泵送混凝土不宜大于 530 kg/m³;配有钢筋的混凝土结构,在不同环境条件下其最大水胶比和单方混凝土中胶凝材料的最小用量应符合设计要求。

（2）混凝土中宜适量掺加优质的粉煤灰、磨细矿渣粉或磁灰等矿物掺合料,用以提高其耐久性,改善其施工性能和抗裂性能,其掺量宜根据混凝土的性能要求通过试验确定,且不宜超过胶凝材料总量的 20%。当混凝土中粉煤灰掺最大于 30% 时,混凝土的水胶比不得大于 0.45;在预应力混凝土及处于冻融环境的混凝土中,粉煤灰的掺量不宜大于 20%,且粉煤灰的含碳量不宜大于 2%。对暴露于空气中的一般构件混凝土,粉煤灰的掺量不宜大于 20%,且单方混凝土胶凝材料中的硅酸盐水泥用量不宜小于 240 kg。

（3）对耐久性有较高要求的混凝土结构,试配时应进行混凝土和胶凝材料抗裂性能的对比试验,并从中优选抗裂性能良好的混凝土原材料和配合比。

（4）混凝土中宜适量掺加外加剂,但宜选用质量可靠、稳定的多功能复合外加剂。

（5）冻融环境下的混凝土宜采用引气混凝土。冻融环境作用等级 D 级及以上的混凝土必须掺用引气剂,并应满足相应强度等级中最大水胶比和胶凝材料最小用量的要求;对处于其他环境作用等级的混凝土,亦可通过掺加引气剂(含气量不小于 4%)提高其耐久性。

(6)对混凝土中总碱含量的控制应符合规定。混凝土中的氯离子总含量,对钢筋混凝土不应超过胶凝材料总质量的 0.10%;对预应力混凝土不应超过 0.06%。

(7)混凝土的坍落度宜根据施工工艺的要求确定,条件允许时宜选用低坍落度的混凝土施工。

4.6.1.5　特性

(1)自密实性　高性能混凝土的用水量较低,流动性好,抗离析性高,从而具有较优异的填充性。因此,配好恰当的大流动性高性能混凝土有较好的自密实性。

(2)体积稳定性　高性能混凝土的体积稳定性较高,表现为具有高弹性模量、低收缩与徐变、低温度变形。普通混凝土的弹性模量为 20~25 GPa,采用适宜的材料与配合比的高性能混凝土,其弹性模量可达 40~50 GPa。采用高弹性模量、高强度的粗集料并降低混凝土中水泥浆体的含量,选用合理的配合比配制的高性能混凝土,90 d 龄期的干缩值低于 0.04%。

(3)强度　高性能混凝土的抗压强度已超过 200 MPa。28 d 平均强度介于 100~120 MPa 的高性能混凝土,已在工程中应用。高性能混凝土抗拉强度与抗压强度值比较高强混凝土有明显增加,高性能混凝土的早期强度发展加快,而后期强度的增长率却低于普通强度混凝土。

(4)水化热　由于高性能混凝土的水灰比较低,会较早的终止水化反应,因此,水化热相应地降低。

(5)收缩和徐变　高性能混凝土的总收缩量与其强度成反比,强度越高总收缩量越小。但高性能混凝土的早期收缩率随着早期强度的提高而增大。相对湿度和环境温度仍然是影响高性能混凝土收缩性能的两个主要因素。

高性能混凝土的徐变变形显著低于普通混凝土,高性能混凝土与普通强度混凝土相比较,高性能混凝土的徐变总量(基本徐变与干燥徐变之和)有显著减少。在徐变总量中,干燥徐变值的减少更为显著,基本徐变仅略有一些降低。而干燥徐变与基本徐变的比值则随着混凝土强度的增加而降低。

(6)耐久性　高性能混凝土除通常的抗冻性、抗渗性明显高于普通混凝土之外,高性能混凝土的 Cl⁻渗透率明显低于普通混凝土。高性能混凝土由于具有较高的密实性和抗渗性,因此,其抗化学腐蚀性能显著优于普通强度混凝土。

(7)耐火性　高性能混凝土在高温作用下,会产生爆裂、剥落。由于混凝土的高密实度使自由水不易很快地从毛细孔中排出,再受高温时其内部形成的蒸汽压力几乎可达到饱和蒸汽压力。在 300 ℃温度下,蒸汽压力可达 8 MPa,而在 350 ℃温度下,蒸汽压力可达 17 MPa,这样的内部压力可使混凝土中产生 5 MPa 拉伸应力,使混凝土发生爆炸性剥蚀和脱落。因此高性能混凝土的耐高温性能是一个值得重视的问题。为克服这一性能缺陷,可在高性能和高强度混凝土中掺入有机纤维,在高温下混凝土中的纤维能溶解、挥发,形成许多连通的孔隙,使高温作用产生的蒸汽压力得以释放,从而改善高性能混凝土的耐高温性能。

高性能混凝土工作性能好,耐久性好,所以其成本与同级高强混凝土相比,直接节约32~58.8 元/m²。这个概念就是说按 1 000 万 m²/年,高性能混凝土节约材料费40 元/m²,仅节约材料就达 4 亿/年。因此高性能混凝土的优越性与经济,使其用途不断扩大,在不少工程中得以推广应用。概括起来说,高性能混凝土就是能更好地满足结构功能要求和施工工艺要求的混凝土,能最大限度地延长混凝土结构的使用年限,降低工程造价。混凝土高性能化的发展重点应该是混凝土的长期性和耐久性。

4.6.2　轻集料混凝土

4.6.2.1　概述

轻集料混凝土是指用轻粗集料、轻砂(或普通砂)等为集料配制而成的干表面密度不大于 1 900 kg/m³ 的水泥混凝土,也称多孔集料轻混凝土。

轻集料混凝土具有自重轻、保温隔热和耐火性能好等特点。结构轻集料混凝土的抗压强度最高可达 70 MPa,与同标号的普通混凝土相比,可减轻自重 20%~30% 及以上,轻集料混凝土是一种保温性能良好的墙体材料,其热导率为普通混凝土的 12%~33%。轻集料混凝土的变形性能良好,弹性模量较低。在一般情况下,收缩和徐变也较大。轻集料混凝土的弹性模量与其容重和强度成正比。容重越小,强度越低,弹性模量也越低。与同标号的普通混凝土相比,轻集料混凝土的弹性模量低 25%~65%。

4.6.2.2　主要种类

轻集料混凝土按轻集料的种类分为以下几种:天然轻集料混凝土,如浮石混凝土、火山渣混凝土和多孔凝灰岩混凝土等;人造轻集料混凝土,如黏土陶粒混凝土、页岩陶粒混凝土以及膨胀珍珠岩混凝土和用轻集料(聚氨酯颗粒)制成的混凝土等;工业废料轻集料混凝土,如煤渣混凝土、粉煤灰陶粒混凝土和膨胀矿渣珠混凝土等。

按细集料种类分为以下几种:全轻混凝土,采用轻砂做细集料的轻集料混凝土;砂轻混凝土,部分或全部采用普通砂作细集料的轻集料混凝土。

按其用途分为以下几种:保温轻集料混凝土,其表观密度小于 800 kg/m³,抗压强度小于 5.0 MPa,主要用于保温的围护结构和热工构筑物;结构保温轻集料混凝土,其表观密度为 800~1 400 kg/m³,抗压强度为 5.0~20.0 MPa,主要用于配筋和不配筋的围护结构;结构轻集料混凝土,其表观密度为 1 400~1 800 kg/m³,抗压强度为 15.0~50.0 MPa,主要用于承重的构件、预应力构件或构筑物。

4.6.2.3　轻骨料混凝土的技术性质

表观密度,12 个密度等级。强度等级,CL5.0~CL50。强度特点:界面黏结牢固,三向受力,主要依赖于水泥石强度和水泥用量;轴心抗压与立方体抗压强度比值较高。匀质性较差,$f_c = 0.76 f_{cu}$。弹性模量较低;收缩与徐变较大;密度越小,导热系数越低。

4.6.2.4　应用

轻集料混凝土大量应用于工业与民用建筑及其他工程,可收到减轻结构自重;提高结构的抗震性能;节约材料用量;提高构件运输和吊装效率;减少地基荷载及改善建筑功能(保温隔热和耐火等)等效益。因此,在 20 世纪六七十年代,轻集料混凝土的生产和应用技术发展较快,主要向轻质、高强的方向发展,大量应用于高层、大跨度结构和围护结构,特别是大量用于制作墙体用的小型空心砌块。中国从 20 世纪 50 年代开始研制轻集料及轻集料混凝土,主要用于工业与民用建筑的大型外墙板和小型空心砌块,少量用于高层和桥梁建筑的承重结构和热工构筑物。

4.6.3　泵送混凝土

4.6.3.1　概述

混凝土拌和物的坍落度不低于 100 mm 并用混凝土泵通过管道输送拌和物的混凝土。要求其流动性好,骨料粒径一般不大于管径的 1/4,需加入防止混凝土拌和物在泵送管道中离析和堵塞的泵送剂,以及使混凝土拌和物能在泵压下顺利通行的外加剂,减水剂、塑化剂、加气剂以及增稠剂等均可用作泵送剂。加入适量的混合材料(如粉煤灰等),可避免混凝土施工中拌和料分层离析、泌水和堵塞输送管道。

4.6.3.2　原材料

(1)水泥　拌制泵送混凝土所用的水泥应符合国家现行标准《通用硅酸盐水泥》(GB 175—2007)的要求。

(2)骨料　粗骨料最大粒径与输送管径之比:泵送高度在 50 m 以下时,对碎石不宜大于 1:2.3,对卵石不宜大于 1:2.5;泵送高度在 50~100 m 时,宜在 1:3~1:4;泵送高度在 100 m 以上时,宜在 1:4~1:5。粗、细骨料应符合国家现行标准《普通混凝土用砂、石质量及检验方法标准》(JGJ 52—2006)的规定。粗骨料应采用连续级配,针片状颗粒含量不宜大于 10%;细骨料宜采用中砂,通过 0.315 mm 筛孔的砂,不应少于 15%。

(3)拌和水　拌制泵送混凝土所用的水,应符合国家现行标准《混凝土用水标准》(JGJ 63—2006)的规定。

(4)外加剂　泵送混凝土掺用的外加剂,应符合国家现行标准《混凝土外加剂》《混凝土外加剂应用技术规范》《混凝土泵送剂》《预拌混凝土》的有关规定。

(5)粉煤灰　泵送混凝土宜掺适量粉煤灰,并应符合国家现行标准《用于水泥和混凝土中的粉煤灰》《粉煤灰在混凝土和砂浆中应用技术规程》和《预拌混凝土》的有关规定。

4.6.3.3　技术要求

实验室根据原材料性能、混凝土的技术条件和设计要求进行设计,并通过试拌,再结合混凝土成品调整配合比后给各单位制定统一配合比。试验人员根据现场大堆料的含水率确定施工配合比。另外,配合比设计还应符合下列规定:①泵送混凝土的压力泌水率 S10 不宜大于 40%;②泵送混凝土的坍落度选用应考虑坍落度损失值,泵送混凝土入泵坍落度不宜小于 80 mm;③泵送混凝土的水灰比宜为 0.38~0.5;④泵送混凝土的砂率宜为 38%~45%;⑤泵送混凝土的水泥用量不宜小于 300 kg/m³。

对特殊混凝土外加剂必须按规定添加,用固定容器确定掺量,专人添加,不得漏加或多加,以免影响混凝土性能,并根据外加剂性能,确定是否以溶解液加入。对外加粉煤灰的掺加量应严格控制,其掺加量的多少将直接影响混凝土的颜色。

4.6.3.4　混凝土配制

(1)水泥用量较多,强度等级 C20~C60 范围为 350~550 kg/m³。

(2)超细掺合料时有添加,为改善混凝土性能,节约水泥和降低造价,混凝土中掺加

粉煤灰、矿渣、沸石粉等掺合料,水泥和矿物掺合料的总量不宜小于300 kg/m³。

(3)砂率偏高、砂用量多,为保证混凝土的流动性、黏聚性和保水性,以便于运输、泵送和浇筑,泵送混凝土的砂率要比普通流动性混凝土增大砂率6%以上,为38%～45%。

(4)石子最大粒径,为满足泵送和抗压强度要求,与管道直径比1:2.5(卵石)、1:3(碎石)、1:4、1:5。

(5)水灰比宜为0.4～0.6,水灰比小于0.4时,混凝土的泵送阻力急剧增大;大于0.6时,混凝土则易泌水、分层、离析,也影响泵送。

(6)泵送剂,多为高效减水剂复合以缓凝剂、引气剂等,对混凝土拌和物流动性和硬化混凝土的性能有影响,因而对裂缝也有影响。

4.6.3.5 注意事项

(1)严禁在混凝土内任意加水,必须严格控制水灰比。

(2)穿墙管外预埋止水环的套管和止水带,应在混凝土浇筑前将位置固定准确,止水环周围混凝土要细心振捣密实,防止漏振,主管与套管按设计要求用防水密封膏封严。

(3)严格控制混凝土的下料厚度,在墙柱混凝土浇筑前一定要先铺一道50～100 mm厚的水泥砂浆,防止混凝土出现蜂窝、露筋、孔洞的产生。混凝土振捣手必须经过严格的上岗培训。

(4)墙柱的模板内杂物要清理干净,防止混凝土出现夹渣、缝隙等缺陷。

泵送混凝土已逐渐成为混凝土施工中一个常用的品种。它具有施工速度快、质量好、节省人工施工方便等特点。因此广泛应用于一般房建结构混凝土、道路混凝土、大体积混凝土、高层建筑等工程。

4.6.4 路面水泥混凝土

4.6.4.1 概述

水泥混凝土路面是指以水泥混凝土为主要材料做面层的路面,简称混凝土路面,亦称刚性路面,俗称白色路面,它是一种高级路面。水泥混凝土路面有素混凝土、钢筋混凝土、连续配筋混凝土、预应力混凝土、钢纤维混凝土和装配式混凝土等各种路面。

4.6.4.2 原料、施工要求

制备路面用混凝土,要采用软练42.5号或52.5号普通硅酸盐水泥、中砂或粗砂和Ⅰ、Ⅱ级碎(砾)石。混凝土28天极限抗压强度不低于30～40 MPa,极限抗弯拉强度不低于4.5～5.5 MPa,每立方米混凝土的水泥用量为300～350 kg。对双层式混凝土路面的下层材料,可适当降低要求。为提高混凝土的使用性能,可掺入少量早强剂、加气剂、增塑剂、减水剂或聚合物等外加剂(见混凝土外加剂)。

在接缝上部所浇灌的填缝料常用沥青、矿粉、石棉屑、软木屑或橡胶粉,按适当配比制成的沥青胶泥(也称沥青玛脂)。亦有采用氯丁橡胶空心带、塑料嵌条或聚氯乙烯胶泥等作填缝料,效果较好。

4.6.4.3 特性

水泥混凝土路面是一种刚度较大、扩散荷载应力能力强、稳定性好和使用寿命长的路面结构,它与其他路面相比,具有以下优点:①强度高;②稳定性好;③耐久性好;④养护费用低;⑤抗滑性能好;⑥利于夜间行车。其缺点也比较明显:①水泥和水的需要量大,修筑20 cm 厚、7 m 宽的水泥混凝土路面,每千米需要消耗水泥 400~500 t 和水约 250 t;②接缝较多;③开放交通较迟;④养护修复困难。

4.6.5 纤维混凝土

4.6.5.1 概述

纤维混凝土(fiber reinforced concrete)是纤维和水泥基料(水泥石、砂浆或混凝土)组成的复合材料的统称。水泥石、砂浆与混凝土的主要缺点:抗拉强度低,极限延伸率小,性脆,加入抗拉强度高、极限延伸率大、抗碱性好的纤维,可以克服这些缺点。

所用纤维按其材料性质可分为以下几种:①金属纤维,如钢纤维(钢纤维混凝土)、不锈钢纤维(适用于耐热混凝土);②无机纤维,主要有天然矿物纤维(温石棉、青石棉、铁石棉等)和人造矿物纤维(抗碱玻璃纤维及抗碱矿棉等碳纤维);③有机纤维,主要有合成纤维(聚乙烯、聚丙烯、聚乙烯醇、尼龙、芳族聚酰亚胺等)和植物纤维(西沙尔麻、龙舌兰等),合成纤维混凝土不宜使用于高于 60 ℃的热环境中。

纤维混凝土与普通混凝土相比,虽有许多优点,但毕竟代替不了钢筋混凝土。人们开始在配有钢筋的混凝土中掺加纤维,使其成为钢筋-纤维复合混凝土,这又为纤维混凝土的应用开发了一条新途径。

4.6.5.2 品种

以水泥浆、砂浆或混凝土作基材,以纤维作增强材料所组成的水泥基复合材料,称为纤维混凝土。纤维可控制基体混凝土裂纹的进一步发展,从而提高抗裂性。由于纤维的抗拉强度大、延伸率大,使混凝土的抗拉、抗弯、抗冲击强度及延伸率和韧性得以提高。纤维混凝土的主要品种有石棉水泥、钢纤维混凝土、玻璃纤维混凝土、聚丙烯纤维混凝土及碳纤维混凝土、植物纤维混凝土和高弹模合成纤维混凝土等。

4.6.5.3 制备与性能

(1)钢纤维混凝土

1)材料 制备普通钢纤维混凝土主要使用低碳钢纤维。制备耐火混凝土,则必须使用不锈钢纤维。圆截面长直形钢纤维直径一般为 0.25~0.75 mm;扁平形钢纤维厚度为0.15~0.4 mm,宽度为 0.25~0.9 mm,长度均为 20~60 mm。为改善界面黏结,还有端部带弯钩的钢纤维等。

钢纤维混凝土一般使用 425 号、525 号普通硅酸盐水泥,高强钢纤维混凝土可使用625 号硅酸盐水泥或明矾石水泥。使用的粗骨料最大粒径以不超过 15 mm 为宜。为改善拌和物和易性,必须使用减水剂或高效减水剂。混凝土的砂率一般不应低于 50%,水泥用量比普通未掺纤维的应高 10%左右。

2)掺量 为保证纤维能均匀分布于混凝土,长径比不应大于 100,一般为 30~80。对每种规格的纤维都有一最大掺量的限值,一般为 0.5%~2%。

3)搅拌 钢纤维混凝土采用强制式搅拌机搅拌,为使纤维能均匀分散于混凝土中,应通过摇筛或分散机加料。搅拌的投料顺序与普通混凝土不同。一种方法是先将粗细集料、水泥和水加入搅拌机,搅拌均匀后再将纤维加入搅拌。另一种方法分三步,第一步先

将粗细集料搅拌均匀,第二步加入纤维搅拌,第三步,将水泥和水加入再搅拌。

4)捣实　不同的捣实方法对纤维的取向有很大的影响。采用泵送至仓内,不加插搞,纤维在其中呈三维乱向;如采用插入式振动装置捣实,则大部分纤维呈三维乱向,少部分为二维乱向;采用平面振动器振捣,则大部分呈二维乱向,少部分为三维乱向;采用喷射方式,纤维在喷射面上呈二维乱向;采用"离心法"或"挤出法",纤维取向介于一维定向与二维乱向之间;如果在磁场中振捣,纤维则沿磁力线方向分布。

5)力学性能　掺入钢纤维显著地改善了混凝土的力学性能。当掺量在许可范围之内,可提高抗拉强度30%~50%,抗弯强度可提高50%~100%,韧性可提高10~50倍,抗冲击强度可提高2~9倍,抗压强度提高较小,可达15%~25%。钢纤维混凝土还可使干缩率降低10%~30%。

钢纤维混凝土成本高,施工难度也比较大,必须用在最应该用的工程上。如重要的隧道、地铁、机场、高架路床、溢洪道以及防爆防震工程等。

(2)玻璃纤维混凝土　在玻璃纤维混凝土中使用的纤维必须是抗碱玻璃纤维,以抵抗混凝土中 $Ca(OH)_2$ 的侵蚀。抗碱玻璃纤维,在普通硅酸盐水泥中也只能减缓侵蚀,欲大幅度提高使用寿命,应该使用硫铝酸盐水泥。

玻璃纤维混凝土对粗细骨料及配合比无特殊要求,与钢纤维混凝土基本类同。玻璃纤维混凝土在力学性能方面肯定比钢纤维混凝土低,抗压强度与未掺纤维的相比,还略有降低。但其韧性很高,可提高30~120倍,而且具有较好的耐火性能。主要用于非承重与次要承重的构件上。

(3)聚丙烯纤维混凝土　聚丙烯膜裂纤维是一种束状的合成纤维,拉开后成网络状,也可切成长度为 19~64 mm 的短切使用。为防止老化,使用前应装于黑色包装容器中。

施工工艺分为搅拌法与喷射法。纤维的掺量因工艺不同而异。采用搅拌法切短长度为 40~70 mm,体积掺率为 0.4%~1%;采用喷射法切短长度为 20~60 mm,体积掺率为 2%~6%。聚丙烯纤维混凝土,力学性能不高,一旦混凝土开裂,纤维混凝土即发生开裂,抗压强度亦无明显提高,唯抗冲击强度较高,可提高 2~10 倍,收缩率可降低 75%,可用于非承重的板、停车场等。

4.6.5.4　纤维在混凝土的作用

制造纤维混凝土主要使用具有一定长径比(即纤维的长度与直径的比值)的短纤维。但有时也使用长纤维(如玻璃纤维无捻粗纱、聚丙烯纤化薄膜)或纤维制品(如玻璃纤维网格布、玻璃纤维毡)。其抗拉极限强度可提高30%~50%。

纤维在纤维混凝土中的主要作用在于限制在外力作用下水泥基料中裂缝的扩展。在受荷(拉、弯)初期,当配料合适并掺有适宜的高效减水剂时,水泥基料与纤维共同承受外力,而前者是外力的主要承受者;当基料发生开裂后,横跨裂缝的纤维成为外力的主要承受者。若纤维的体积掺量大于某一临界值,整个复合材料可继续承受较高的荷载并产生较大的变形,直到纤维被拉断或纤维从基料中被拨出,以致复合材料破坏。与普通混凝土相比,纤维混凝土具有较高的抗拉与抗弯极限强度,尤以韧性提高的幅度为大。纤维混凝土设计和使用方法请参考现行《纤维混凝土结构技术规程》。

4.6.6　聚合物混凝土

4.6.6.1　概述

聚合物混凝土是颗粒型有机–无机复合材料混凝土的统称。这类材料在近 30 年来有显著的发展。按其组成和制作工艺,可分为以下几种:聚合物浸渍混凝土;聚合物水泥混凝土,也称聚合物改性混凝土(polymer modified concrete,PMC);聚合物胶结混凝土(polymer concrete,PC),又称树脂混凝土(resin concrete,RC)。以上所称混凝土也都包括砂浆在内。聚合物混凝土与普通水泥混凝土相比,具有高强、耐蚀、耐磨、黏结力强等优点。

4.6.6.2　种类

(1)聚合物浸渍混凝土(PIC)　以已硬化的水泥混凝土为基材,将聚合物填充其孔隙而成的一种混凝土–聚合物复合材料,其中聚合物含量为复合体重量的 5%～15%。其工艺为先将基材作不同程度的干燥处理,然后在不同压力下浸泡在以苯乙烯或甲基丙烯酸甲酯等有机单体为主的浸渍液中,使之渗入基材孔隙,最后用加热、辐射或化学等方法,使浸渍液在其中聚合固化。在浸渍过程中,浸渍液深入基材内部并遍及全体者,称完全浸渍工艺。一般应用于工厂预制构件,各道工序在专门设备中进行。浸渍液仅渗入基材表面层者,称表面浸渍工艺,一般应用于路面、桥面等现场施工。

由于聚合物填充了水泥混凝土中的孔隙和微裂缝,可提高它的密实度,增强水泥石与集料间的黏结力,并缓和裂缝尖端的应力集中,改变普通水泥混凝土的原有性能,使之具有高强度、抗渗、抗冻、抗冲、耐磨、耐化学腐蚀、抗射线等显著优点。可作为高效能结构材料应用于特种工程,例如腐蚀介质中的管、桩、柱、地面砖、海洋构筑物和路面、桥面板,以及水利工程中对抗冲击、耐磨、抗冻要求高的部位。也可应用于现场修补构筑物的表面和缺陷,以提高其使用性能。

聚合物浸渍混凝土的制备技术还可推广到不以水泥混凝土为基材和不以有机单体为浸渍液的材料,例如聚合物浸渍石膏和硫黄浸渍混凝土。

(2)聚合物水泥混凝土（PCC）　以聚合物(或单体)和水泥共同作为胶凝材料的聚合物混凝土。其制作工艺与普通混凝土相似,在加水搅拌时掺入一定量的有机物及其辅助剂,经成型、养护后,其中的水泥与聚合物同时固化而成。

聚合物掺加量一般为水泥重量的 5%～20%。使用的聚合物一般为合成橡胶乳液,如氯丁胶乳(CR)、丁苯胶乳(SBR)、丁腈胶乳(NBR);或热塑性树脂乳液,如聚丙烯酸酯类乳液(PAE)、聚乙酸乙烯乳液(PVAC)等,此外环氧树脂及不饱和聚酯一类树脂也可应用。

由于聚合物的引入,聚合物水泥混凝土改进了普通混凝土的抗拉强度、耐磨、耐蚀、抗渗、抗冲击等性能,并改善混凝土的和易性,可应用于现场灌筑构筑物、路面及桥面修补,混凝土储罐的耐蚀面层,新老混凝土的黏结以及其他特殊用途的预制品。

(3)聚合物胶结混凝土(PC)　以聚合物(或单体)全部代替水泥,作为胶结材料的聚合物混凝土。常用一种或几种有机物及其固化剂、天然或人工集料(石英粉、辉绿岩粉等)混合、成型、固化而成。常用的有机物有不饱和聚酯树脂、环氧树脂、呋喃树脂、酚醛

树脂等，或用甲基丙烯酸甲酯、苯乙烯等单体。聚合物在此种混凝土中的含量为重量的 8%～25%。与水泥混凝土相比，它具有快硬、高强和显著改善抗渗、耐蚀、耐磨、抗冻融以及黏结等性能，可现场应用于混凝土工程快速修补、地下管线工程快速修建、隧道衬里等，也可在工厂预制。

【创新与能力培养】

"生物混凝土"可自动修复裂缝

细菌成了"愈合剂"或能开启生物建筑新时代

还记得《终结者》电影里那个受伤后能自动愈合的机器人吗？它的神奇能力要归功于液态金属合金。最近，荷兰代尔夫特理工大学微生物家造出了类似的酷材料：自动愈合的"生物混凝土"，能在一种产石灰石细菌的帮助下有效修复自身裂缝。

混凝土是世界上最普遍的建筑材料，无论多么细心地混合加固，所有的混凝土最终都会产生裂缝，有时裂缝还会导致建筑物倒塌。因此人们一直在想方设法让混凝土更加耐用。"混凝土裂缝会产生渗漏。如果墙壁地板上有裂缝，地下室、车库就可能进水，水渗入混凝土内的钢筋会使钢筋锈蚀，建筑物就有垮塌的风险。"代尔夫特理工大学微生物教授汉克·约克斯说："我们发明了一种生物混凝土——利用微生物自动愈合的混凝土。"

据雅虎网站 5 月 17 日报道，约克斯自 2006 年起就开始研究这种"生物混凝土"。当时一名混凝土技术专家提出，可否用细菌让混凝土自行修复。解决这一问题面临许多挑战。混凝土就像岩石一样，非常干燥而且碱性极强，"修复细菌"在被水激活之前，必须长年处于休眠状态。约克斯最终选择了孢芽杆菌，因为它们喜欢碱性环境，产生的孢子在没有食物和氧气的情况下能存活几十年。

约克斯说："之后的难题是，细菌不仅要能在混凝土中被激活，还要能产生修复材料——石灰石。"细菌必须有食物。糖是一种选择，但糖会让混凝土变软变脆弱。最后他选择了乳酸钙。约克斯把细菌和乳酸钙装进生物降解塑料做成的胶囊，然后把胶囊加入到湿的混凝土中混合。

生物混凝土看起来和普通混凝土一样，只是添加了额外成分"愈合剂"。混凝土出现裂缝后，水进入裂缝打开胶囊，细菌则开始发芽、增殖并食用乳酸钙，通过代谢把钙和碳酸离子结合，形成方解石或石灰石，逐渐弥合裂缝。

约克斯希望，这种混凝土能开启一个生物建筑的新时代。"这是自然与建筑材料的结合，大自然无偿供给我们很多有用东西——比如这种产石灰石的细菌。如果我们把它填充到建筑材料中，确实很有益处。这是以一种新理念把自然与建筑环境结合在一起的好例子。"

本章习题

一、选择题

1.下列混凝土拌和物性能中,不属于和易性含义的是(　　　)。

A.流动性　　　　　B.黏聚性　　　　　C.耐久性　　　　　D.保水性

2.配制厚大体积的普通混凝土不宜选用(　　　)水泥。

A.矿渣　　　　　B.粉煤灰　　　　　C.复合　　　　　D.硅酸盐

3.关于细骨料"颗粒级配"和"粗细程度"性能指标的说法,正确的是(　　　)。

A.级配好,砂粒之间的空隙小;骨料越细,骨料比表面积越小

B.级配好,砂粒之间的空隙大;骨料越细,骨料比表面积越小

C.级配好,砂粒之间的空隙小;骨料越细,骨料比表面积越大

D.级配好,砂粒之间的空隙大;骨料越细,骨料比表面积越大

4.某建材实验室有一张混凝土用量配方,数字清晰为 1:0.61:2.50:4.45,而文字模糊,下列哪种经验描述是正确的? (　　　)

A.水:水泥:砂:石　　　　　　　B.水泥:水:砂:石

C.砂:水泥:水:石　　　　　　　D.水泥:砂:水:石

5.混凝土是(　　　)。

A.完全弹性体材料　　　　　　　B.完全塑性体材料

C.弹塑性体材料　　　　　　　　D.不好确定

6.以什么强度来划分混凝土的强度等级? (　　　)

A.混凝土的立方体试件抗压强度

B.混凝土的立方体试件抗压强度标准值

C.混凝土的棱柱体抗压强度

D.混凝土的抗弯强度值

7.下列哪种措施会降低混凝土的抗渗性? (　　　)

A.增加水灰比　　　B.提高水泥强度　　　C.掺入减水剂　　　D.掺入优质粉煤灰

8.测定塑性混凝土拌和物流动性的指标是(　　　)。

A.沉入度　　　　　B.维勃稠度　　　　　C.扩散度　　　　　D.坍落度

9.细度模数相同的两种砂子,它们的级配(　　　)。

A.一定相同　　　　　　　　　　B.一定不同

C.可能相同,也可能不同　　　　D.还需要考虑表观密度等因素才能确定

二、填空题

1.在混凝土中,砂子和石子起＿＿＿＿＿＿作用,水泥浆在凝结前起＿＿＿＿＿＿作用,在硬化后起＿＿＿＿＿＿作用。

2.砂子的筛分曲线用来分析砂子的＿＿＿＿＿＿、细度模数表示砂子的＿＿＿＿＿＿＿。

3.使用级配良好,粗细程度适中的骨料,可使混凝土拌和物的＿＿＿＿＿＿较好,＿＿

_____用量较少,同时可以提高混凝土的_____和_____。

4.混凝土拌和物的和易性包括_____、_____和_____3方面的含义,其中_____可采用坍落度和维勃稠度表示,_____和_____可以通过经验目测。

5.当混凝土其他条件相同时,水灰比越大,则强度越_____,而流动性越_____。

6.在原材料性质一定时,影响混凝土拌和物和易性的主要因素有_____、_____、_____和_____。

7.影响混凝土强度的主要因素有_____、_____和_____,其中_____是决定因素。

8.提高混凝土耐久性的措施是_____、_____、_____和_____。

9.混凝土的徐变对钢筋混凝土结构的有利作用是_____和_____,不利作用是_____。

10.混凝土的变形包括_____、_____、_____和_____。

11.设计混凝土配合比应同时满足_____、_____、_____和_____等4项基本要求。

12.在混凝土配合比设计中,水灰比主要由_____和_____等因素确定,用水量由_____确定,砂率由_____确定。

三、判断题

1.硅酸盐水泥的细度越细越好。　　　　　　　　　　　　　　　（　　）

2.两种砂子的细度模数相同,它们的级配不一定相同。　　　　　（　　）

3.在拌制混凝土中砂越细越好。　　　　　　　　　　　　　　　（　　）

4.试拌混凝土时若测定混凝土的坍落度满足要求,则混凝土的工作性良好。（　　）

5.卵石混凝土比同条件配合比拌制的碎石混凝土的流动性好,但强度则低一些。
　　　　　　　　　　　　　　　　　　　　　　　　　　　　　（　　）

6.混凝土拌和物中水泥浆越多和易性越好。　　　　　　　　　　（　　）

7.普通混凝土的强度与其水灰比呈线性关系。　　　　　　　　　（　　）

8.在混凝土中掺入引气剂,则混凝土密实度降低,因而其抗冻性亦降低。（　　）

9.计算混凝土的水灰比时,要考虑使用水泥的实际强度。　　　　（　　）

10.普通水泥混凝土配合比设计计算中,可以不考虑耐久性的要求。（　　）

11.混凝土施工配合比和试验配合比二者的水灰比相同。　　　　（　　）

12.混凝土外加剂是一种能使混凝土强度大幅度提高的填充料。　（　　）

13.混凝土的强度平均值和标准差都是说明混凝土质量的离散程度的。（　　）

14.在混凝土施工中,统计得出混凝土强度标准差越大,则表明混凝土生产质量不稳定,施工水平越差。　　　　　　　　　　　　　　　　　　　　（　　）

15.高性能混凝土就是指高强度的混凝土。　　　　　　　　　　（　　）

四、综合分析题

1.水泥混凝土的主要组成材料有哪些? 各组成材料在硬化前后的作用如何?

2.配制混凝土应考虑哪些基本要求?

3.何谓骨料级配? 骨料级配良好的标准是什么?

4.什么是石子的最大粒径? 工程上石子的最大粒径是如何确定的?

5.砂、石中的黏土、淤泥、细屑等粉状杂质及泥块对混凝土的性质有哪些影响?

6.水泥混凝土中使用卵石或碎石,对混凝土性能的影响有何差异?

7.砂的筛分析试验目的是什么?

8.为什么不宜用海水拌制混凝土?

9.什么是混凝土的和易性? 它包括有几方面含义?

10.为什么不宜用高强度等级水泥配制低强度等级的混凝土? 为什么不宜用低强度等级水泥配制高强度等级的混凝土?

11.何谓砂率? 何谓合理砂率? 影响合理砂率的主要因素是什么?

12.现场浇灌混凝土时,严禁施工人员随意向混凝土拌和物中加水,试从理论上分析加水对混凝土质量的危害。

13.影响混凝土强度的主要因素有哪些? 怎样影响?

14.提高混凝土强度的主要措施有哪些?

15.何谓混凝土的徐变? 产生徐变的原因是什么? 混凝土徐变在结构工程中有何实际影响?

16.混凝土产生干缩湿胀的原因是什么? 影响混凝土干缩变形的因素有哪些?

17.何谓混凝土的耐久性? 提高混凝土耐久性的措施有哪些?

18.某混凝土拌和物经试拌调整满足和易性要求后,各组成材料用量为水泥 3.15 kg,水 1.89 kg,砂 6.24 kg,卵石 12.48 kg,实测混凝土拌和物体积密度为 2 450 kg/m³;试计算每立方米混凝土的各种材料用量。

19.某框架结构工程现浇钢筋混凝土梁,混凝土设计强度等级为 C30,施工要求混凝土坍落度为 30~50 mm,根据施工单位历史资料统计,混凝土强度标准差 $\sigma = 5$ MPa。所用原材料情况如下:水泥,42.5 级普通硅酸盐水泥,水泥密度为 $\rho_c = 3.10$ g/cm³,水泥强度等级标准值的富余系数为 1.08;砂,中砂,级配合格,砂子体积密度 $\rho_{os} = 2.60$ g/cm³;石,5~30 mm 碎石,级配合格,石子体积密度 $\rho_{og} = 2.65$ g/cm³。

试求:

(1)混凝土计算配合比。

(2)若经试配混凝土的和易性和强度等均符合要求,无须作调整。又知现场砂子含水率为 3%,石子含水率为 1%,试计算混凝土施工配合比。

第 5 章　建筑砂浆

> **学习提要**
>
> 　　本章主要内容:建筑砂浆的组成、性能及应用。通过本章学习,了解建筑砂浆的种类,掌握砌筑砂浆的组成、技术性质及其配合比设计,熟悉抹面砂浆的性能及应用。

5.1　建筑砂浆概述

　　砂浆是由胶凝材料、细骨料、掺加料和水按适当比例配合、拌制并经硬化而成的建筑材料。砂浆在建筑工程中起黏结、传递应力的作用,主要用于砌筑、抹面、修补和装饰工程。在砌体工程中,单块的砖、砌块和石材等需用砂浆将其黏结为砌体,砖墙勾缝、大型墙板的接缝也要使用砂浆。在装饰工程中,墙面、地面和柱面等需要用砂浆抹面,起到保护结构和装饰的作用,镶贴大理石、水磨石、面砖、地砖等贴面材料也要使用砂浆。

　　按所用胶凝材料不同,分为水泥砂浆、石灰砂浆、水泥石灰混合砂浆及聚合物水泥砂浆等;建筑砂浆按用途不同,可分为砌筑砂浆、抹面砂浆、装饰砂浆和特种砂浆等。

5.2　砌筑砂浆

砌筑砂浆

　　将砖、石、砌块等黏结成为砌体的砂浆称为砌筑砂浆,它起着黏结砖和砌块,传递荷载,并使应力分布较为均匀,协调变形作用,是砌体的重要组成部分。

　　应根据砌体所用砂浆的使用部位合理选择砂浆的种类。水泥砂浆宜用于砌筑潮湿环境和强度要求比较高的砌体,如地下的砖石基础、多层房屋的墙、钢筋砖过梁等;水泥石灰混合砂浆宜用于砌筑干燥环境中的砌体,如地面以上的承重或非承重的砖石砌体;石灰砂浆可用于干燥环境及强度要求不高的砌体,如平房或临时性建筑。

5.2.1　砌筑砂浆的组成材料

5.2.1.1　胶凝材料

　　砂浆中使用的胶凝材料有各种水泥、石灰、建筑石膏和有机胶凝材料等。常用的是水泥和石灰。在选用胶凝材料时应根据砂浆所使用的部位、所处的环境条件等合理选择。

在干燥环境中使用的砂浆既可选用气硬性胶凝材料(如石灰、石膏),也可选用水硬性胶凝材料(如水泥);若在潮湿环境或水中使用的砂浆则必须选用水硬性胶凝材料。

水泥是砂浆的主要胶凝材料,常用的水泥品种以通用硅酸盐水泥或砌筑水泥为主。在建筑工程中,由于砂浆的强度等级不高,因此在配制砂浆时,为合理利用资源,节约材料,在配制砂浆时要尽量选用低强度等级的 32.5 级水泥或强度等级更低的砌筑水泥。由于水泥混合砂浆中石灰膏等掺加料的使用会降低砂浆强度,因此,规定水泥混合砂浆可用强度等级为 42.5 级的水泥。

5.2.1.2　细骨料

砂浆用砂应符合混凝土用砂的技术要求。一般采用中砂拌制砂浆,既可满足和易性要求,又能节约水泥。由于砂浆铺设层较薄,为确保砂浆层传力受力均匀,应对砂的最大粒径加以限制。用于砌筑砖的砂浆,其砂的最大粒径不应大于 2.5 mm;用于毛石砌体的砂浆,砂宜选用粗砂,其最大粒径应小于砂浆层厚度的 1/4~1/5;用于抹面和勾缝的砂浆,砂应选用细砂。砂中的含泥量及泥块含量影响砂浆质量,含泥量及泥块含量过多,不但会增加砂浆的水泥用量,还可能使砂浆的收缩值增大、耐久性降低、强度降低。因此,规定强度等级为 M2.5 以上的砌筑砂浆,砂的含泥量不应超过 5%;强度等级为 M2.5 的水泥混合砂浆,砂的含泥量不应超过 10%。

5.2.1.3　掺加料

为改善砂浆的和易性,降低水泥用量,通常在水泥砂浆中掺入部分石灰膏、黏土膏、电石膏、粉煤灰等无机材料。

(1)石灰膏　石灰是使用较早的胶凝材料,砂浆中选用的石灰应符合相关技术指标的要求。石灰在使用时应预先进行消化处理,"陈伏"一定的时间,以消除过火石灰带来的危害。生石灰熟化成石灰膏时,应用孔径不大于 3 mm×3 mm 的网过滤,熟化时间不得小于 7 d,磨细生石灰粉的熟化时间不得小于 2 d,储存石灰膏应采取防止干燥、冻结和污染的措施。脱水硬化的石灰膏不但起不到塑化作用,还会影响砂浆强度,因此禁止使用。消石灰粉未充分熟化的石灰,颗粒太粗,起不到改善和易性的作用,不得直接用于砌筑砂浆中。

(2)黏土膏　在制备黏土膏时,为了使黏土膏达到所需细度,从而起到塑化作用,因此规定用搅拌机加水搅拌,并通过孔径不大于 3 mm×3 mm 的网过筛;黏土中有机物含量过高会降低砂浆质量,因此,用比色法鉴定黏土中的有机物含量时应浅于标准色。

(3)电石膏　制作电石膏的电石渣应用孔径不大于 3 mm×3 mm 的网过滤,检验时应加热至 70 ℃并保持 20 min,没有乙炔气味后方可使用。

(4)粉煤灰　为节约水泥,改善砂浆的性能,在拌制砂浆时可掺入粉煤灰。粉煤灰的品质指标应符合国家标准《用于水泥和混凝土中的粉煤灰》(GB/T 1596—2005)的要求。

5.2.1.4　水

当拌和砂浆的水中含有有害物质时,将会影响水泥的正常凝结,并可能对钢筋产生锈蚀作用,因此砂浆用水的水质应符合现行行业标准,《混凝土用水标准》(JGJ 63—2006)的规定。

5.2.1.5　外加剂

在拌制砂浆时,掺入外加剂,可以改善或提高砂浆的某些性能:可以显著改善砂浆和易性,加入砂浆外加剂后,砂浆膨松、柔软、黏结力强、减少落地灰并降低成本,砂浆饱满度高,抹灰时,对墙体湿润程度要求低,砂浆收缩小,克服了墙面易出现裂纹、空鼓、脱落、起泡等通病,解决了砂浆和易性问题;可以改善防渗抗裂,乳化型表面活性剂的加入,使得砂浆内部产生密闭不连通的通道,阻塞水的渗入,抗渗能力提高;高分子聚合物的加入,使得砂浆收缩减到最小,有利于抗裂,提高耐久性;可以起到节能、高效、环保的作用,使用砂浆外加剂可替代混合砂浆中的全部石灰,每吨可节约石灰 600~800 t,有效地减少了石灰在使用过程中对环境的污染;在配比不变的情况下砂浆体积可增加 10% 左右,并减少拌和物用水量 20% 左右;砂浆在灰槽中不离析,存放 2~4 h 不沉淀,保水性好;不必反复搅拌,加快施工速度,提高劳动效率 10% 以上,并具有保温、隔热等功效。

但使用外加剂时,必须具有法定检测机构出具的该产品的砌体强度型式检验报告,并经砂浆性能试验合格后,方可使用。

5.2.2　砌筑砂浆的技术性质

砌筑砂浆的技术性质包括满足施工要求的和易性(包括流动性及保水性),硬化后的强度、黏结力、变形性能及抗冻性等。

5.2.2.1　新拌砂浆的和易性

和易性良好的新拌砂浆,容易在粗糙的砖、石、砌块和结构等基面上铺设成均匀的薄层并能与基面材料很好的黏结。这种砂浆既便于施工操作,提高劳动生产率,又能保证工程质量。砂浆和易性包括流动性和保水性两个方面的性质。

砂浆稠度

(1)流动性　砂浆的流动性是指砂浆在自重或外力作用下流动的性质,也称稠度。用砂浆稠度测定仪测定其稠度,以沉入度值(mm)来表示。以标准圆锥体在砂浆内自由沉入,10 s 的沉入深度即为砂浆的稠度值。沉入度大,砂浆的流动性好;但流动性过大,砂浆容易分层、析水。若流动性过小,则不便于施工操作,灰缝不易填充密实,将会降低砌体的强度。

影响砂浆流动性的因素有胶凝材料和掺加料的种类及用量、用水量、外加剂品种与掺量、砂子的粗细程度及级配、搅拌时间和环境的温湿度等。

砂浆流动性的选择与砌体种类、施工方法和施工气候情况等有关。在高温干燥的环境中,对于多孔的吸水基面材料,砂浆流动性应大些;而在寒冷的气候中,对于密实的不吸水基面材料,砂浆流动性应小些。砂浆的稠度应按表 5-1 选择。

表 5-1　砂浆的稠度

砌体种类	砂浆稠度/mm
烧结普通砖砌体、粉煤灰砖砌块	70~90
混凝土砖砌块、普通混凝土小型空心砌块砌体、灰砂砖砌体	50~70
烧结多孔砖、空心砖砌体、轻骨料混凝土小型空心砌块砌体、蒸压加气混凝土砌块	60~80
石砌体	30~50

（2）保水性　保水性是指新拌砂浆保持内部水分的能力。保水性好的砂浆,在存放、运输和使用过程中,能很好保持其中的水分不致很快流失,在砌筑和抹面时容易铺成均匀密实的砂浆薄层,保证砂浆与基面材料有良好的黏结力和较高的强度。

砂浆的保水性用滤纸法测定,以保水率表示,不同砂浆对保水率的要求不同,按表5-2选择。以加气混凝土为代表的高吸水基材,包括各种轻质隔墙板、砌块等,具有吸水量大、持续时间长的特点。用于这类基层的抹灰砂浆,其保水率应不小于88%。以现浇混凝土为代表的低吸水基材,包括外墙外保温用聚苯板等,其吸水量相对较小。用于这类基材的抹灰砂浆,其保水率应不小于88%。薄层抹灰砂浆薄层抹灰是指一次抹灰层厚度为3~8 mm 的抹灰施工。这类抹灰施工由于抹灰层薄,容易失去水分而影响施工性与强度。对于用于这类抹灰的砂浆,其保水率不小于99%。厚层抹灰是指一次抹灰层厚度8~20 mm的抹灰施工。这类抹灰施工由于抹灰层厚,水分不容易失去,其抹灰砂浆的保水率应不小于88%为宜。耐水腻子作为超薄型抹灰材料,一般施工厚度在1~2 mm。这类材料需要极高的保水性能才能保证其施工性与黏结强度。对于腻子材料,其保水率应不小于99%,外墙用腻子的保水率应大于内墙用腻子。

砂浆分层度

表 5-2　砂浆的保水率

砂浆种类	砂浆保水率/%
水泥砂浆	≥80
水泥混合砂浆	≥84
预拌砂浆	≥88

5.2.2.2　砂浆的强度

砂浆以抗压强度作为强度指标。砂浆的强度等级是以六块边长为70.7 mm 的立方体试块,在标准养护条件下养护 28 d 龄期的抗压强度平均值来确定。标准养护条件:温度为(20±3) ℃;相对湿度对水泥砂浆为 90%以上,对水泥混合砂浆为 60%~80%。

根据住建部《砌筑砂浆配合比设计规程》(JGJ/T 98—2010),水泥砂浆及预拌砌筑砂浆的强度等级可分为 M5、M7.5、M10、M15、M20、M25、M30;水泥混合砂浆的强度等级可分为 M5、M7.5、M10、M15。一般情况下,多层建筑物墙体选用 M2.5~M15 的砌筑砂浆;砖石基础、检查井、雨水井等砌体,常采 M5 砂浆;工业厂房、变电所、地下室等砌体选用M2.5~M10 的砌筑砂浆;二层以下建筑常用 M2.5 以下砂浆;简易平房、临时建筑可选用石灰砂浆;一般高速公路修建排水沟使用 M7.5 强度等级的砌筑砂浆。

影响砂浆强度因素比较多,除了与砂浆的组成材料、配合比和施工工艺等因素外,还与基面材料有关。

（1）不吸水基面材料(如密实石材)　当基面材料不吸水或吸水率比较小时,影响砂浆抗压强度的因素与混凝土相似,主要取决于水泥强度和水灰比。计算公式为

$$f_m = A f_{ce}\left(\frac{C}{W} - B\right) \tag{5-1}$$

式中:A、B——经验系数,可根据试验资料统计确定;

f_{ce}——水泥的实测强度,精确至 0.1 MPa;

f_m——砂浆 28 d 抗压强度,精确至 0.1 MPa;

C/W——灰水比。

（2）吸水基面材料(如黏土砖或其他多孔材料)　当基面材料的吸水率较大时,由于砂浆具有一定的保水性,无论拌制砂浆时加多少用水量,而保留在砂浆中的水分却基本相同,多余的水分会被基面材料所吸收。因此,砂浆的强度与水灰比关系不大。当原材料质量一定时,砂浆的强度主要取决于水泥的强度等级与水泥用量。计算公式为

$$f_m = \alpha f_{ce} Q_c / 1\,000 + \beta \qquad (5\text{-}2)$$

式中：α、β——砂浆的特征系数,其中 $\alpha = 3.03$,$\beta = -15.09$；

Q_c——每立方米砂浆的水泥用量,精确至 1 kg；

f_m——砂浆 28 d 抗压强度,精确至 0.1 MPa；

f_{ce}——水泥的实测强度,精确至 0.1 MPa。

5.2.2.3　砂浆的黏结力

砌体是用砂浆把许多块状的砖石材料黏结成为一个整体,因此,砌体的强度、耐久性及抗震性取决于砂浆黏结力的大小,而砂浆的黏结力随其抗压强度的增大而提高。此外,砂浆的黏结力与砖石的表面状态、清洁程度、湿润状况及施工养护条件等因素有关。基面材料表面粗糙、清洁,砂浆的黏结力较强。

5.2.2.4　砂浆的变形

砂浆在凝结硬化过程中、承受荷载或温湿度条件变化时,均会产生变形。如果砂浆产生的变形过大或者不均匀,会降低砌体质量,引起沉陷或裂缝。用轻骨料拌制的砂浆,其收缩变形要比普通砂浆大。

5.2.2.5　砂浆的抗冻性

在受冻融影响较多的建筑部位,要求砂浆具有一定的抗冻性。对有冻融次数要求的砌筑砂浆,经冻融试验后,质量损失百分率不得大于 5%,抗压强度损失百分率不得大于 25%,按表 5-3 选择。

表 5-3　砌筑砂浆的抗冻性

使用条件	抗冻指标	质量损失百分率/%	强度损失百分率/%
夏热冬暖地区	F15		
夏热冬冷地区	F25		
寒冷地区	F35	≤5	≤25
严寒地区	F50		

砌筑砂浆
配合比设计

5.2.3　砌筑砂浆的配合比设计

5.2.3.1　砌筑砂浆的技术条件

根据建设部行业标准《砌筑砂浆配合比设计规程》(JGJ/T 98—2011)的规定,砌筑砂浆应符合以下技术条件。

（1）水泥砂浆及预拌砂浆的强度等级可分为 M5、M7.5、M10、M15、M20、M25、M30；水泥混合砂浆的强度等级可分为 M5、M7.5、M10、M15。

（2）水泥砂浆拌和物的密度不宜小于 1 900 kg/m³；水泥混合砂浆和预拌砂浆的密度不宜小于 1 800 kg/m³。

（3）砌筑砂浆稠度、保水率、试配抗压强度必须同时符合要求。

（4）水泥砂浆中水泥用量不应小于 200 kg/m³；水泥混合砂浆中水泥用量不应小于 350 kg/m³，预拌砌筑砂浆中水泥用量不应小于 200 kg/m³。

（5）具有冻融次数要求的砌筑砂浆，冻融试验后，必须符合要求。

（6）砂浆试配时应采用机械搅拌，对水泥砂浆和水泥混合砂浆，不得小于 120 s；对预拌砂浆和掺用粉煤灰和外加剂的砂浆，不得小于 180 s。

5.2.3.2　砌筑砂浆配合比设计

根据工程类别和不同砌体部位首先确定砌筑砂浆的品种和强度等级，然后查有关规范、手册或资料或通过计算方法确定配合比，再经试验调整及验证后才可应用。

砌筑砂浆的强度等级应根据设计要求或规范规定确定。一般的砖混多层住宅、多层商店、办公楼、教学楼等工程采用 M5～M10 的砂浆；平房宿舍、商店等工程采用 M2.5～M5 的砂浆；食堂、仓库、工业厂房等采用 M2.5～M10 的砂浆；特别重要的砌体采用 M15～M20 的砂浆；高层混凝土空心砌块建筑，应采用 M20 及以上强度等级的砂浆。

（1）确定砂浆的试配强度　砌筑砂浆的试配强度为

$$f_{m,0} = kf_2 \tag{5-3}$$

式中：$f_{m,0}$——砂浆的试配强度，精确至 0.1 MPa；

f_2——砂浆抗压强度平均值，精确至 0.1 MPa；

σ——砂浆现场强度标准差，精确至 0.01 MPa。

标准差 σ 的确定应符合表 5-4 规定。

表 5-4　砌筑砂浆强度标准差 σ 及 k 值

施工水平	强度标准差 σ/MPa							k 值
	M5	M7.5	M10	M15	M20	M25	M30	
优良	1	1.5	2	3	4	5	6	1.15
一般	1.25	1.88	2.5	3.75	5	6.25	7.5	1.2
较差	1.5	2.25	3	4.5	6	7.5	9	1.25

当有统计资料时，σ 应按下式计算，即

$$\sigma = \sqrt{\frac{\sum_{i=1}^{n} f_{m,i}^2 - n\mu_{f_m}^2}{n-1}} \tag{5-4}$$

式中：$f_{m,i}$——统计周期内同一品种砂浆第 i 组试件的强度，MPa；

μ_{f_m}——统计周期内同一品种砂浆 n 组试件强度的平均值，MPa；

n——统计周期内同一品种砂浆试件的总组数，$n \geqslant 25$。

（2）确定砂浆中胶凝材料的用量

1）计算水泥用量　每立方米砂浆中的水泥用量，应按下式计算，即

$$Q_c = \frac{1\,000(f_{m,0} - \beta)}{\alpha \cdot f_{ce}}$$ (5-5)

式中：Q_c——每立方米砂浆的水泥用量，kg，应精确至 1 kg；

　　　f_{ce}——水泥的实测强度，MPa，应精确至 0.1 MPa；

　　　α，β——砂浆的特征系数，其中 α 取 3.03，β 取 −15.09。

　　注：各地区也可用本地区试验资料确定 α、β 值，统计用的试验组数不得少于 30 组。

　　　　在无法取得水泥的实测强度值时，可按下式计算，即

$$f_{ce} = \gamma_c \cdot f_{ce,k}$$ (5-6)

式中：$f_{ce,k}$——水泥强度等级值，MPa；

　　　γ_c——水泥强度等级值的富余系数，宜按实际统计资料确定；无统计资料时可取 1.0。

2）计算掺加料用量　水泥混合砂浆的掺加料用量按下式计算，即

$$Q_D = Q_A - Q_c$$ (5-7)

式中：Q_D——每立方米砂浆的石灰膏用量，kg，应精确至 1 kg；石灰膏使用时的稠度宜为
　　　　120 mm±5 mm；不同稠度时，其换算系数可按表 5-5 进行换算；

　　　Q_c——每立方米砂浆的水泥用量，kg，应精确至 1 kg；

　　　Q_A——每立方米砂浆中水泥和石灰膏总量，应精确至 1 kg，可为 350 kg。

表 5-5　石灰膏不同稠度时的换算系数

石灰膏稠度/mm	120	110	100	90	80	70	60	50	40	30
换算系数	1.00	0.99	0.97	0.95	0.93	0.92	0.90	0.88	0.87	0.86

（3）确定砂子用量　每立方米砂浆中的砂子用量应按干燥状态（含水率小于0.5%）的堆积密度值作为计算值（kg）。

（4）确定用水量　每立方米水泥混合砂浆中的用水量，可根据砂浆稠度等要求选用。水泥砂浆参照表 5-6，水泥粉煤灰砂浆参照表 5-7。

表 5-6　每立方米水泥砂浆用量

强度等级	水泥/(kg/m³)	砂	用水量/(kg/m³)
M5	200~230		
M7.5	230~260		
M10	260~290		
M15	290~330	砂的堆积密度值	270~330
M20	340~400		
M25	360~410		
M30	430~480		

注：①M15 及 M15 以下强度等级水泥砂浆，水泥强度等级为 32.5 级；M15 以上强度等级水泥砂浆，水泥强度等级为 42.5 级；②当采用细砂或粗砂时，用水量分别取上限或下限；③稠度小于 70 mm 时，用水量可小于下限；④施工现场气候炎热或干燥季节，可酌量增加用水量

表 5-7　每立方米水泥粉煤灰砂浆材料用量

强度等级	水泥和粉煤灰总量 /(kg/m³)	粉煤灰	砂	用水量 /(kg/m³)
M5	210~240			
M7.5	240~270	粉煤灰掺量可占胶凝材料总量的 15%~25%	砂的堆积密度值	270~330
M10	270~300			
M15	300~330			

注:①表中水泥强度等级为 32.5 级;②当采用细砂或粗砂时,用水量分别取上限或下限;③稠度小于 70 mm 时,用水量可小于下限;④施工现场气候炎热或干燥季节,可酌量增加用水量

5.2.3.3　砂浆配合比的试验、调整与确定

(1)按计算或查表所得配合比进行试拌时,应按现行行业标准测定砌筑砂浆拌和物的稠度和保水率。当稠度和保水率不能满足要求时,应调整材料用量,直到符合要求为止,然后确定为试配时的砂浆基准配合比。

(2)试配时至少应采用三个不同的配合比,其中一个配合比应为按本规程得出的基准配合比,其余两个配合比的水泥用量应按基准配合比分别增加及减少 10%。在保证稠度、保水率合格的条件下,可将用水量、石灰膏、保水增稠材料或粉煤灰等活性掺合料用量作相应调整。

(3)三个不同的配合比进行调整后,按现行行业标准的规定成型试件,测定砂浆强度。然后选定符合试配强度要求的且水泥用量最低的配合比作为砂浆配合比。砂浆试配时稠度应满足施工要求,并应按现行行业标准《建筑砂浆基本性能试验方法标准》(JGJ/T 70)分别测定不同配合比砂浆的表观密度及强度;并应选定符合试配强度及和易性要求、水泥用量最低的配合比作为砂浆的试配配合比。

(4)最后对砌筑砂浆配合比进行校正。按下式计算砂浆的理论表观密度值,即

$$\rho_t = Q_c + Q_d + Q_s + Q_w \qquad (5-8)$$

式中:ρ_t——砂浆的理论表观密度值,kg/m³,应精确至 10 kg/m³。

计算砂浆配合比校正系数,即

$$\delta = \frac{\rho_c}{\rho_t} \qquad (5-9)$$

式中:ρ_c——砂浆的实测表观密度值,kg/m³,应精确至 10 kg/m³。

当砂浆的实测表观密度值与理论表观密度值之差的绝对值不超过理论值的 2% 时,砂浆配合比不需校正;当超过 2% 时,应将试配配合比中每项材料用量均乘以校正系数(δ)后,确定为砂浆设计配合比。

5.2.3.4　砂浆配合比设计计算实例

【例 5-1】　某工程要求用于砌筑砖墙的砂浆为强度等级为 M7.5 水泥石灰混合砂浆,砂浆稠度为 70~80 mm。水泥采用 32.5 级的矿渣硅酸盐水泥;砂为中砂,含水率为 3%,堆积密度为 1 450 kg/m³;石灰膏稠度为 90 mm;施工水平一般。

解:(1)确定砂浆的试配强度

$$f_{m,0} = kf_2 = 1.20 \times 7.5 = 9 \text{ MPa}$$

（2）计算水泥用量

$$Q_c = \frac{1\ 000(f_{m,0} - \beta)}{\alpha \cdot f_{ce}} = \frac{1\ 000 \times (9 + 15.09)}{3.03 \times 32.5} = 245 \text{ kg}$$

（3）石灰膏用量　取砂浆中水泥和石灰膏的总量为 350 kg/m³

$$Q_D = Q_A - Q_c = 350 - 245 = 105 \text{ kg/m}^3$$

将石灰膏稠度 90 mm 的换算成 120 mm，查表 5-5，换算系数为 0.95。

$$Q_D = 105 \times 0.95 = 100 \text{ kg/m}^3$$

（4）确定砂子用量

$$Q_s = 1\ 450 \times (1 + 3\%) = 1\ 494 \text{ kg/m}^3$$

水泥石灰混合砂浆试配时的配合比如下：

水泥∶石灰膏∶砂 = 245∶100∶1 494 = 1∶0.41∶6.10

【5-1】工程实例分析

石灰砂浆的裂纹

现象：请观察图 5-1 中 A、B 两种已经硬化的石灰砂浆产生的裂纹有何差别，并讨论其成因。

石灰砂浆 A

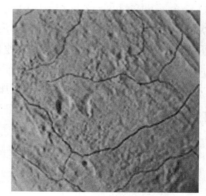
石灰砂浆 B

图 5-1　石灰砂浆

原因分析：石灰在制备过程中，采用石灰石、白云石、白垩、贝壳等原料经煅烧后，即得到块状的生石灰，反应式如下：$CaCO_3 \longrightarrow CaO$（生石灰）$+CO_2 \uparrow$。在煅烧过程中，若温度过低或煅烧时间不足，使得 $CaCO_3$ 不能完全分解，将会生成"欠火石灰"。如果煅烧时间过长或温度过高，将生成颜色较深、块体致密的"过火石灰"。过火石灰水化极慢，当石灰变硬后才开始熟化，产生体积膨胀，引起已变硬石灰体的隆起鼓包和开裂。为了消除过火石灰的危害，保持石灰膏表面有水的情况下，在贮存池中放置一周以上，这一过程称为陈伏。陈伏期间，石灰浆表面应保持一层水，隔绝空气，防止 $Ca(OH)_2$ 与 CO_2 发生碳化反应。

石灰砂浆 A 为凸出放射性裂纹，这是由于石灰浆的陈伏时间不足，制使其中部分过

火石灰在石浆砂浆制作时尚未水化,导致在硬化的石灰砂浆中继续水化成 Ca(OH)$_2$,产生体积膨胀,从而形成膨胀性裂纹。石灰砂浆 B 为网状干缩性裂纹,是因石灰砂浆在硬化过程中干燥收缩所致。尤其是水灰比过大,石灰过多,易产生此类裂纹。

5.3　抹面砂浆

凡涂抹在建筑物或建筑构件表面的砂浆,统称为抹面砂浆。抹面砂浆具有保护基层材料,满足使用要求和装饰作用。根据抹面砂浆的功能不同,可分为普通抹面砂浆、装饰砂浆、防水砂浆和具有某些特殊功能的抹面砂浆(防水、耐酸、绝热和吸音等)。

对抹面砂浆要求:具有良好的和易性,容易抹成均匀平整的薄层,便于施工;要有足够的黏结力,能与基层材料黏结牢固和长期使用不致开裂或脱落等性能。

抹面砂浆的组成材料与砌筑砂浆基本相同,但有时加入一些纤维增强材料(如麻刀、纸筋、玻璃纤维等),提高抹灰层的抗拉强度,增加抹灰层的弹性和耐久性,防止抹灰层开裂。有时加入胶粘剂(如聚乙烯醇缩甲醛胶或聚醋酸乙烯乳液等),提高面层强度和柔韧性,加强砂浆层与基层材料的黏结,减少开裂。

5.3.1　普通抹面砂浆

普通抹面砂浆是建筑工程中普遍使用的砂浆。其功能主要是对建筑物和墙体起保护作用,抵抗自然环境中有害介质对建筑物的侵蚀,提高建筑物的耐久性;同时使表面平整、清洁和美观。

抹面砂浆通常分为底层、中层和面层进行施工。在施工时,各层抹灰的作用和要求有所不同,因此对各层抹面砂浆的性质要求也有所区别。一般底层抹灰的作用是使砂浆层能与基层牢固地黏结。故要求砂浆具有良好的和易性和较高的黏结力。砂浆应具有较好的保水性,防止水分被基层吸收而影响砂浆的黏结力。基层材料表面粗糙,有利于与砂浆的黏结。中层抹灰主要是为了起找平作用,有时可省去。面层抹灰主要为了获得平整、美观的表面效果。

由于各层抹面砂浆的作用和基层材料的特性、工程部位不同,因此抹灰时选用的砂浆的种类也不一样。用于砖墙的底层抹灰,多用石灰砂浆,有防潮、防水要求时选用水泥砂浆;混凝土墙面、柱面等的底层抹灰多用水泥混合砂浆;用于板条墙或板条顶棚的底层抹灰多用麻刀石灰灰浆。用于中层抹灰多用水泥混合砂浆或石灰砂浆。用于面层抹灰多用水泥混合砂浆、麻刀石灰浆或纸筋石灰浆。

在容易碰撞或潮湿的地方,应采用水泥砂浆(如墙裙、踢脚板、地面、雨棚、窗台、水池和水井等)。在硅酸盐砌块墙面上做砂浆抹面或粘贴饰面材料时,在墙面上预先刮一层树脂胶、喷水润湿或在砂浆层中夹一层事先固定好的铁丝网,避免久后发生剥落现象。

普通抹面砂浆的流动性和骨料的最大粒径可参考表 5-8。

表 5-8　抹面砂浆流动性及骨料的最大粒径

抹面层	沉入度（人工抹灰）/mm	砂的最大粒径/mm
底层	100~120	2.5
中层	70~90	2.5
面层	70~80	1.2

　　普通抹面砂浆的配合比，可根据抹面砂浆的使用部位和基层材料的特性，参考有关资料选用。一般抹面砂浆除指明重量比外，是指干松状态下材料的体积比。配合比可参考表 5-9。

表 5-9　抹面砂浆配合比及应用范围

材料	配合比（体积比）	应用范围
石灰:砂	1:2~1:4	用于砖石墙表面（檐口、勒脚、女儿墙以及潮湿房间的墙除外）
石灰:黏土:砂	1:1:4~1:1:8	干燥环境的墙表面
石灰:石膏:砂	1:0.6:2~1:1.5:3	用于不潮湿房间的墙及天花板
石灰:石膏:砂	1:2:2~1:2:4	用于不潮湿房间的线脚及其他修饰工程
石灰:水泥:砂	1:0.5:4.5~1:1:5	用于檐口、勒脚、女儿墙外脚以及比较潮湿的部位
水泥:砂	1:2~1:1.5	用于地面、天棚或墙面面层
水泥:砂	1:0.5~1:1	用于混凝土地面随时压光
水泥:石膏:砂:锯末	1:1:3:5	用于吸音粉刷
水泥:白石子	1:1.5	用于剁假石（打底用 1:2~1:2.5 水泥砂浆）
石灰膏:麻刀	100:2.5（质量比）	用于板层、天棚底层
石灰膏:麻刀	100:1.3（质量比）	用于板层、天棚面层
石灰膏:纸筋	灰膏 0.1 m³，纸筋 0.36 kg	用于较高级墙面、天棚

5.3.2　装饰砂浆

　　装饰砂浆是指用作建筑物饰面的抹面砂浆。涂抹在建筑物内外墙表面，可增加建筑物的美观。装饰砂浆的底层和中层抹灰与普通抹面砂浆基本相同，主要是装饰砂浆的面层选材有所不同。为了提高装饰砂浆的装饰艺术效果，一般面层选用具有一定颜色的胶凝材料和骨料以及采用某些特殊的操作工艺，使装饰面层呈现出各种不同的色彩、线条与花纹等。

　　装饰砂浆所采用的胶凝材料有白色水泥、彩色水泥或在常用的水泥中掺加耐碱矿物颜料配成彩色水泥以及石灰、石膏等。骨料采用天然或人工石英砂（多为白色、浅色或彩色的天然砂）、彩釉砂、着色砂、彩色大理石或花岗岩碎屑、陶瓷或玻璃碎粒或特制的塑料色粒等。一般在室外抹灰工程中，可掺入颜料拌制彩色砂浆进行抹面，由于饰面长期处于风吹、雨淋和受到大气中有害气体腐蚀、污染,因此,选择耐碱、耐日晒的合适矿物颜料,保证砂浆面层的质量,避免褪色。工程中常用的颜料有氧化铁黄、铬黄、氧化铁红、群青、钴蓝、铬绿、氧化铁棕、氧化铁紫、氧化铁黑和炭黑等。

5.3.2.1　分类

根据砂浆的组成材料不同,常分为灰浆类和石渣类砂浆饰面。

(1)灰浆类砂浆饰面　以着色的水泥砂浆、石灰砂浆及混合砂浆为装饰材料,通过各种手段对装饰面层进行艺术加工,使砂浆饰面具有一定的色彩、线条和纹理,达到装饰效果和要求。常见的施工操作方法有拉毛灰、甩毛灰、拉条、假面砖、喷涂、滚涂和弹涂等。

(2)石渣类砂浆饰面　用水泥(普通水泥、白色水泥或彩色水泥)、石渣、水(有时掺入一定量107胶)制成石渣浆,然后通过斧剁、水磨、水洗等手段将表面的水泥浆除去,造成石渣不同的外露形式以及水泥与石渣的色泽对比,构成不同的装饰效果。彩色石渣的耐光性比颜料好,因此,石渣类砂浆饰面比灰浆类砂浆饰面的色泽明亮,质感丰富,不容易褪色和污染。常见的做法有水刷石、水磨石、斩假石、拉假石和干粘石等。

5.3.2.2　工艺做法

建筑工程中常用的几种工艺做法。

(1)拉毛灰　拉毛灰是用铁抹子或木蟹将罩面灰轻压后,顺势拉起,形成一种凹凸质感较强的饰面层。拉毛是过去广泛采用的一种传统饰面做法,通常所用的灰浆是水泥石灰砂浆或水泥纸筋灰浆。表面拉毛花纹、斑点分布均匀,颜色一致,具有装饰和吸声作用,一般用于外墙面及有吸声要求的内墙面和天棚的饰面。

(2)水刷石　水刷石是将水泥和石渣(颗粒约5 mm)按比例配合并加水拌和制成水泥石渣浆,用作建筑物表面的面层抹灰,待水泥浆初凝后、终凝前,立即用清水冲刷表面水泥浆,使石渣表面半露,达到装饰效果。水刷石多用于外墙饰面。

(3)水磨石　水磨石是用普通水泥(或白色水泥、彩色水泥),彩色石渣或白色大理石碎粒及水按适当比例配合,需要时掺入适量颜料,搅拌均匀后浇筑捣实,待表面硬化后,浇水用磨石机反复磨平抛光,然后用草酸冲洗、干后打蜡等工序制成。水磨石多用于室内外地面的装饰,还可制成预制板用于楼梯踏步、窗台板和踢脚板等工程部位。

(4)斩假石　斩假石又称剁斧石,是以水泥石渣浆或水泥石屑浆作面层抹灰,待硬化后具有一定强度时,用剁斧及各种凿子等工具,在面层上剁出类似石材的纹理。斩假石一般多用于室外局部小面积装饰,如柱面、勒脚、台阶和扶手等。

(5)干粘石　干粘石是在素水泥浆或聚合物水泥砂浆黏结层上,把粒径为5 mm以下的石渣、彩色石子、陶瓷碎粒等粘在其上,再拍平压实(石粒压入砂浆2/3)即为干粘石。干粘石饰面工艺是由传统水刷石工艺演变而得,操作简单,避免用水冲洗,节约材料和水,施工效率高,饰面效果好,多用于外墙饰面。

(6)喷涂　喷涂是用挤压式砂浆泵或喷斗,将聚合物水泥砂浆喷涂在墙面基层或底灰上,待硬化后形成饰面层。为提高涂层的耐久性和减少墙面污染,在涂层表面再喷一层甲基硅醇钠或甲基硅树脂疏水剂。喷涂多用于外墙饰面。

(7)弹涂　弹涂是在墙体表面刷一道聚合物水泥色浆后,用弹力器,分几遍将水泥色浆弹涂到墙面上,形成3~5 mm大小近似、颜色不同、相互交错的圆状色点,再喷罩一层甲

基硅树脂,提高耐污染性能。弹涂用于内墙或外墙饰面。

5.3.3 防水砂浆

防水砂浆是一种制作防水层用的抵抗水渗透性高的砂浆,又称刚性防水层。砂浆防水层仅适用于不受振动和具有一定刚度的混凝土或砖石砌体工程。

防水砂浆可采用普通水泥砂浆、聚合物水泥砂浆或在水泥砂浆中掺入防水剂来制作。水泥砂浆宜选用32.5级以上的普通硅酸盐水泥和级配良好的中砂配制;防水砂浆的配合比,一般采用水泥与砂的质量比不宜大于1:2.5,水灰比控制0.5~0.6,稠度不应大于80 mm。

常用的防水剂有氯化物金属盐类防水剂、水玻璃类防水剂和金属皂类防水剂等,使用时严格控制其掺量。在水泥砂浆中掺入一定量的防水剂,可促使砂浆结构密实,能堵塞毛细孔,从而提高砂浆的抗渗能力,是目前工程中应用最广泛的防水砂浆品种。

防水砂浆的防渗水效果主要取决于施工质量。采用喷浆法施工,使用高压空气将砂浆以约100 m/s的高速喷至建筑物表面,砂浆密实度大,抗渗性好。采用人工多层抹压法是将搅拌均匀的防水砂浆,分4~5层分层涂抹在基面上,每层厚度约为5 mm,总厚度为20~30 mm。每层在初凝前用木抹子压实一遍,最后一层要压光。抹完之后要加强养护,防止脱水过快造成干裂。

【5-2】工程实例分析

装修后墙面开裂起拱原因分析

现象:装饰装修后的墙面难免会出现开裂、起拱的现象,既影响美观又影响质量。那么致使墙面出现开裂起拱的原因是什么? 进行装修施工时又该注意哪些,如何进行解决呢?

原因分析:通常情况下,引起墙面开裂起拱的原因主要有以下四种。

(1)施工工艺 施工工艺没有按照施工标准进行是引起墙面开裂起拱的主要原因,比如进行施工时开槽布线的地方操作不规范就易在后期使墙面出现开裂。

(2)外界因素 外界因素也有可能引起墙面开裂,比如地基沉陷、地震等,都是可能导致墙体开裂的原因。

(3)保温墙不规范处理 保温墙的处理也是决定墙体质量好坏的关键。由于保温墙多由一块一块拼接而成,若楼房保温墙处理不正规,则极易导致墙体出现开裂。

(4)水泥粉刷层有问题 进行装饰装修时,若对水泥沙子配比不标准,材料含水率不到位,粉刷时没有严格按照施工要求操作,也易引起墙面开裂。

解决办法:要避免墙面开裂,首先就需要在对居家进行装饰装修时严格按照施工工序施工。其次对于墙面存在开裂、起拱的部位,则可在以粉刷性石膏填平后,在墙面开槽或裂缝部位贴上绷带、布或牛皮纸,之后进行基层处理。

5.4　其他砂浆

5.4.1　保温砂浆

保温砂浆又称绝热砂浆,是采用水泥、石灰、石膏等胶凝材料与膨胀珍珠岩、膨胀蛭石、浮石砂和陶粒砂等轻质多孔骨料按一定比例配制的砂浆。按化学成分可分为:①无机保温砂浆(玻化微珠防火保温砂浆,复合硅酸铝保温砂浆,珍珠岩保温砂浆);②有机保温砂浆(胶粉聚苯颗粒保温砂浆)。

特点:具有极佳的温度稳定性和化学稳定性;施工简便,综合造价低;适用范围广,阻止冷热桥产生;绿色环保无公害;强度高;防火阻燃安全性好;热工性能好;防霉效果好;经济性好;具有良好的黏结力;良好的柔性、耐水性、耐候性;导热系数低,保温性能稳定,软化系数高,耐冻融,抗老化;现场直接加水调和使用,方便操作;透气性好,呼吸功能强,既有很好的防水功能,又能排解保温层的水分;综合造价较低;保温性能优越。

保温砂浆及其相应体系的抗裂砂浆适应于多层及高层建筑的钢筋混凝土、加气混凝土、砌砖、烧结砖和非烧结砖等墙体的外保温抹灰工程以及内保温抹灰工程;饰面为涂料或面砖的外保温层;大模内置舒乐板体系的外抹灰;楼梯间、分户隔墙、厨厕内保温;封闭式阳台、顶棚等围护结构在内的内保温层;地下车库顶板的保温防火层;钢结构建筑的保温层。

建筑异形结构保温层;干挂石材内层的保温填充;地面保温、地采暖保温;上人字屋面、种植屋面、木结构屋面保温。

5.4.2　吸声砂浆

一般由轻质多孔骨料制成的保温砂浆都具有吸声性能。另外,工程中也常采用水泥、石膏、砂和锯末(体积比为 1∶1∶3∶5)配制成吸声砂浆,或者在石灰、石膏砂浆中掺入玻璃纤维和矿棉等松软纤维材料。吸声砂浆主要用于室内墙壁和顶棚的吸声。

5.4.3　耐酸砂浆

用水玻璃(硅酸钠)和氟硅酸钠作为胶凝材料,掺入适量石英岩、花岗岩、铸石等粉状细骨料,可拌制成耐酸砂浆。硬化后的水玻璃耐酸性能好,拌制的砂浆可用于耐酸地面和耐酸容器的内壁防护层。

5.4.4　防辐射砂浆

防辐射水泥砂浆又称防射线水泥砂浆、原子能防护砂浆、屏蔽砂浆、核反应堆砂浆或重混砂浆,采用国外技术多配方,按水泥品种不同,可以分为由进口中性硅酸盐水泥和特种水泥制成的防辐射水泥砂浆。按混凝土砂浆抵抗射线种类的不同,可分为 X、γ 射线和抗中子流的辐射混凝土砂浆。它是以高标特种水泥作胶凝材料,添加特种防辐射阻隔保护剂及特殊矿磁矿石及重晶粉等材料,经干粉搅拌而预制成粉料。

特点:抗穿透性辐射能力强;产生一个坚硬,高堆密度的实体;与结构基面整体结合性好;有较高的抗压及抗折强度;良好的防静电聚集和扩散火花功能;早强性,凝固时间短;可分层批抹施工;易于施工。

【5-3】工程实例分析

使用保温砂浆墙面会出现面层开裂

现象: 春节过后,春天的脚步正在慢慢走入我们的生活,此时的北方天气昼夜温差较大,作为我们抗御风寒的房子,即便使用的是保温砂浆施工的内墙保温层,有时也会出现一些开裂的情况,请分析原因。

原因分析: 首先,我们在室内,尤其是冬天的室内,很容易的就会产生大量的水蒸气,水蒸气的散发自然而然地就会浸透到我们的建筑墙体里,这样很容易就会造成我们的室内墙壁受潮变软,久而久之就会影响到保温材料的保温效果,另外由于室内暖气或者空调等加热设备的影响,极易造成室内外温差很大,这样我们的墙体保温层就会与墙体建筑产生结露的现象,结露现象不能及时有效的散发,就会慢慢导致保温材料的功效减弱或丧失,最终造成建筑保温失效。其次,我们在部分工程案例里也会发现一些因为玻纤网布的原本造成的墙体裂缝,这种情况通常都是由于玻纤网布的拉伸程度不够,或者是由于玻纤网布的耐碱程度缺乏持久性,还有一方面因素是因为保温砂浆的强度过高造成的。

【创新与能力培养】

专用砂浆

随着国家节能减排、墙材革新工作的大力推进,传统的黏土砖砌体正在被混凝土空心砌块、混凝土砖、蒸压灰砂砖、蒸压粉煤灰砖及蒸压加气混凝土等砌块砌体所取代。由于这些新型墙体材料有着诸多的不同于普通黏土砖的特殊性,作为砌体结构也必须要采用与自身性能相适应的砂浆进行砌筑和抹灰,以确保新型砌体结构的质量与安全。下面以混凝土小型空心砌块专用砌筑砂浆为例介绍专用砂浆的基本知识。

混凝土小型空心砌块专用砌筑砂浆由水泥、砂、水以及根据需要掺入的掺合料和外加剂等组分,按一定比例,采用机械搅拌制成。其中由水泥、钙质消石灰粉、砂、掺合料以及外加剂按一定比例干混合制成的混合物称为干拌砂浆。干拌砂浆在施工现场加水经机械拌和成为专用砌筑砂浆。

专用砌筑砂浆不用 M 标记,而用 Mb 标记。参照国内外有关资料及砌筑砂浆的研究成果和应用经验,可将砌筑砂浆划分为 Mb5.0、Mb7.5、Mb10.0、Mb15.0、Mb20.0、Mb25.0 和 Mb30.0 等七个强度等级。

专用砌筑砂浆的原材料是满足技术要求和砂浆性能的最优化组合。其中水泥是砌筑砂浆强度和耐久性的主要胶结材料,一般宜采用普通硅酸盐水泥或矿渣硅酸盐水泥,配置 Mb5.0~Mb20.0 的砌筑砂浆用 32.5 强度等级的水泥,配置 Mb25.0 以上的砌筑砂浆用 42.5 强度等级的水泥。砂宜用中砂,并应严格控制含泥量,含泥量过大,不但会增加砌筑砂浆的水泥用量,还可能使砂浆的收缩值增加,耐火性降低,影响砌筑质量。消石灰粉能改善砂浆的和易性和保水性。采用生石灰熟化的石灰膏时,要用孔径不大于 3 mm×3 mm的网过滤,熟化时间不少于 3 d。沉淀池中贮存的石灰膏应采取防干燥、防冻结和防污染措施,严禁使用脱水硬化的石灰膏。粉煤灰掺合料也能改善其和易性,但粉煤灰不得含有影响砂浆性能的有害物质,粉煤灰结块时,应过 3 mm的方孔筛。如采用其他掺合料,使用前需进行试验验证,能满足砂浆和砌体性能时方可使用。而且外加剂的选择、掺量可能影响砌筑砂浆的物理和化学性能。因此,外加剂应模拟现场条件,在实验室中验证合格后才能应用于施工工地。

本章习题

一、选择题

1.砌筑砂浆的流动性指标用(　　　)表示。

A.坍落度　　　　　　　B.维勃稠度　　　　　　C.沉入度　　　　　　　D.分层度

2.砌筑砂浆的保水性指标用(　　　)表示。

A.坍落度　　　　　　　B.维勃稠度　　　　　　C.沉入度　　　　　　　D.保水率

二、填空题

1.水泥砂浆采用的水泥强度等级不宜大于_____级。

2.抹面砂浆一般分两层或三层薄抹,中层砂浆起_____作用。

三、判断题

1.砌筑砂浆的强度无论其底面是否吸水,砂浆的强度主要取决于水泥强度及水灰比。

(　　　)

2.用于不吸水基底的砂浆强度主要取决于水泥强度和水灰比。　　　　　　(　　　)

四、综合分析题

1.砌筑砂浆的组成材料有何要求?

2.抹面砂浆一般分几层涂抹? 各层起何作用? 分别采用什么砂浆?

3.装饰砂浆的施工方法有哪些? 对抹面砂浆有哪些要求?

第 6 章　金属材料

学习提要

　　本章主要内容:钢材的冶炼、分类、主要技术性能、组成结构及对性能的影响、强化、加工与防护,以及土木工程常用钢材的性质及应用。通过本章学习,应了解钢材冶炼与分类,掌握钢材的技术性能以及土木工程常用钢材的性质及应用。

认识金属
材料

　　金属材料是指具有良好导电、导热性能,具有一定强度和塑性,并有金属光泽的物质。它是由一种纯金属或以一种金属为主并掺加其他元素生产的、具有金属特性的土木工程材料。

　　金属材料包括黑色金属和有色金属两大类。黑色金属是以铁元素为主要成分的金属及其合金,如铁、钢和合金钢。有色金属是以其他金属元素为主要成分的金属及其合金,如铜、铝、锌、铅等金属及其合金。

　　土木工程中常用的金属材料主要有各种钢材和铝材等。

6.1　钢材的冶炼和分类

　　钢材是十分重要的土木工程材料之一,它与水泥、木材合称三大主材。钢材具有诸多优点,如较高的强度、良好的塑性和韧性,能承受冲击和振动荷载,可以焊接、螺栓连接或铆接,易于加工和装配等。钢材的缺点是易锈蚀和耐火性差。

6.1.1　钢材的冶炼

6.1.1.1　钢
　　钢是含碳量为 0.06%~2.0% 并含有某些其他元素的铁碳合金。

6.1.1.2　生铁
　　生铁是含碳量为 2.11%~6.67% 且杂质含量较多的铁碳合金。生铁性质脆硬,建筑上难以应用。工业纯铁是含碳量小于 0.04% 的铁碳合金。

6.1.1.3　钢的生产
　　钢的生产分为两步。
　　(1)炼铁　铁矿砂在熔炉(高炉)中提炼成铁的过程称为炼铁。

$$铁矿石 \xrightarrow{冶炼} 铁水 + 矿渣$$

炼铁时自高炉上方将铁矿砂、焦炭、石灰石等交互投入,热风炉加热过的空气由高炉下部风口吹入,炉内焦炭燃烧成 1 500 ℃高温,产生 CO 自炉中上升,CO 把铁矿砂还原;炼成的钢铁自炉下方出铁口流出,由混铁炉暂贮并运到炼钢工场,或用盛桶装熔铁注入形状似猪槽的铸模内。

(2)炼钢　将钢铁中杂质降低并调整成分的过程即为炼钢。

$$铁水或铁块、废钢 \xrightarrow{冶炼} 钢水 + 钢渣$$

高炉熔出的钢铁碳含量高(在 3%以上)、硅(Si)、磷(P)、硫(S)等不纯物多,产品既硬且脆。炼钢原料除钢铁、废铁外,还有去除不纯物用的熔剂如生石灰、萤石、脱氧剂合金铁等,使钢的品质提高。

6.1.1.4　炼钢方法

现状大规模炼钢的方法主要有转炉炼钢法、平炉炼钢法和电弧炼钢法三种,它们的特点和用途见表 6-1。目前,氧气转炉炼钢法是最主要的炼钢方法,而平炉炼钢法则已基本淘汰。

表 6-1　三种主要炼钢方法的特点和应用

炉种	原料	特点	生产钢种
平炉法	生铁、废钢	容量大,冶炼时间长(4~12 h),钢质较好且稳定,但成本较高	碳素钢、低合金钢及有特殊要求的钢种
转炉法	铁水、废钢	冶炼速度快(25~45 min),生产效率高,钢质较好	碳素钢、低合金钢
电炉法	废钢	容积小,耗电量大,控制严格,钢质好,但成本高	合金钢、优质碳素钢

6.1.2　钢材的分类

钢材种类繁多,性质各异,可以按照多种方法进行分类。

6.1.2.1　按化学成分分类

(1)碳素钢　碳素钢的主要化学成分是铁,其次是碳,故也称为铁-碳合金,其含碳量低于 2.11%,此外还含有少量的硅、锰、磷、硫等。根据含碳量的高低,碳素钢又可分为低碳钢(含碳量低于 0.25%)、中碳钢(含碳量为 0.25%~0.60%)和高碳钢(含碳量高于 0.60%)。

(2)合金钢　合金钢中除含有铁、碳外,还含有一种或多种具有改善钢材性能的合金元素,如锰、硅、钒、钛等。根据合金元素的总含量,合金钢可分为低合金钢(合金元素总量低于 5%)、中合金钢(合金元素含量为 5%~10%)和高合金钢(合金元素总量高于 10%)。

土木工程中所用的钢材主要是碳素钢中的低碳钢和合金钢中的低合金钢。

6.1.2.2 按钢材品质分类

根据钢材料的好坏,钢材可分为普通钢、优质钢和高级优质钢(主要是对硫、磷等有害杂质的限制范围不同)。

(1)普通钢 钢中含杂质元素较多,含硫量一般不大于0.055%,含磷量一般不大于0.045%,如碳素结构钢、低合金结构钢等。

(2)优质钢 钢中含杂质元素较少,含硫量及含磷量一般都不大于0.04%,如优质碳素结构钢、合金结构钢、碳素工具钢和合金工具钢、弹簧钢、轴承钢等。

(3)高级优质钢 钢中杂质元素含量极少,含硫量一般不大于0.03%,含磷量一般不大于0.035%,如合金结构钢和工具钢等。高级优质钢的钢号后面通常加符号"A"或汉字"高",以便识别。

6.1.2.3 按脱氧程度分类

根据脱氧程度,钢材可分为以下四类。

(1)沸腾钢 沸腾钢脱氧不充分,钢中含氧量高,浇铸后钢液在冷却和凝固的过程中会有大量的CO气体逸出,引起钢液呈"沸腾"状,故称为沸腾钢。此种钢的质量较差。其代号为"F"。

(2)镇静钢 镇静钢在浇铸时钢液平静地冷却凝固,是脱氧较完全的钢。镇静钢脱氧充分,钢锭的组织致密度大,气泡少,偏析程度少,各种力学性能比沸腾钢优越。其代号为"Z"。

(3)半镇静钢 半镇静钢指脱氧程度及钢的质量介于上述两者之间的钢,其质量较好,但因生产较难控制,目前产量较少。其代号为"b"。

(4)特殊镇静钢 特殊镇静钢是比镇静钢脱氧程度还要彻底的钢,其质量最好。适用于特别重要的结构工程。其代号为"TZ"。

6.1.2.4 按用途分类

(1)结构钢 结构钢又包括两类:一是建筑及工程用结构钢,简称建造用钢,是指建筑、桥梁、船舶、锅炉或其他工程上用于制作金属构件的钢,如碳素结构钢、低合金钢、钢筋钢等;二是机械制造用结构钢,是指用于制造机械设备上结构零件的钢,这类钢基本上都是优质钢或高级优质钢,主要有优质碳素结构钢、合金结构钢、易切削结构钢、弹簧钢、轴承钢等。

(2)工具钢 一般用于制造各种工具,如碳素工具钢、合金工具钢、高速工具钢等。按其用途又可分为刃具钢、模具钢、量具钢。

(3)特殊钢 这类钢材具有特殊物理、化学或机械性能,例如不锈钢、耐热钢和耐磨钢等,一般属合金钢。

(4)专业用钢 指各个工业部门用于专业用途的钢,如汽车用钢、农机用钢、航空用钢、化工机械用钢、锅炉用钢、电工用钢、焊条用钢、桥梁用钢等。

6.1.2.5 按制造加工形式分类

(1)铸钢 指采用铸造方法生产出来的一种钢铸件,主要用于制造一些形式复杂、难以锻造或切削加工成形而又有较高强度和塑性要求的零件。

(2)锻钢 指采用锻造方法生产出来的各种锻材和锻件。锻钢件的质量比铸钢件

高,能承受大的冲击力,塑性、韧性和其他力学性能均高于铸钢件,所以重要的机器零件都应当采用锻钢件。

（3）热轧钢　指用各种热轧方法生产出来的各种钢材。热轧方法常用来生产型钢、钢管、钢板等大型钢材,也用于轧制线材。

（4）冷轧钢　至用冷轧方法生产出来的各种钢材。与热轧钢相比,冷轧钢的特点是表面光洁、尺寸精确、力学性能好。冷轧常用来轧制薄板、钢带和钢管。

（5）冷拔钢　指用冷拔方法生产出来的各种钢材。冷拔钢的特点:精度高,表面质量好。冷拔方法主要用于生产钢丝,也用于生产直径在 50 mm 以下的圆钢和六角钢,以及直径在 76 mm 以下的钢管。

此外,根据钢材的外形不同,土木工程中常用的钢材还可以分为圆钢、角钢、工字钢、槽钢、钢管、钢板、钢筋、钢丝、钢绞线等。

【6-1】工程实例分析

钢筋的焊接性能差

现象:某施工现场,在对钢筋进行焊接时,发现钢筋的焊接性能差,无法满足工程的使用要求。

原因分析:一是钢坯中的夹杂物和气孔;二是铸坯本身有缺陷;三是金相组织有问题。

思考:如何改善钢筋的焊接性能。

6.2　建筑钢材的主要技术性能

6.2.1　力学性能

钢材在外力作用下所呈现的有关强度和变形方面的特性,称为钢材的力学性能。在建筑结构中,对承受静荷载作用的钢材,要求具有一定力学强度,并要求所产生的变形不致影响结构的正常工作和安全使用;对承受动荷载作用的钢材,还要求具有较高的韧性。

6.2.1.1　抗拉性能

在静载、常温条件下,对钢材标准试件作单向均匀拉伸试验是研究钢材抗拉性能的最具代表性的试验。

（1）弹性阶段　即图 6-1 中 OA 段。该阶段的特点是应力较低,应力 σ 和应变 ε 呈正比关系。在该阶段的任意一点卸荷,变形消失,试件能完全恢复到初始形状,故这一阶段为弹性阶段。A 点对应的应力称作弹性极限,其值用 σ_p 表示。在弹性阶段,应力和应变的比值称为杨氏弹性模量,并且为常数,用符号"E"来表示,即 $E=\sigma/\varepsilon$。它反映钢材的刚度,是计算结构受力变形的重要指标。结构工程中常用钢筋的弹性模量为 $(2.0\sim2.1)\times10^5$ MPa。

（2）屈服阶段　即图 6-1 中 AB 段。该阶段的特点是应力 σ 变化不大,但应变 ε 却持续增长。该阶段的应力最低点,即为屈服点(或屈服极限),其值用 σ_s,它在实际工作中意

金属材料的
抗拉性能

义重大,是构件设计中钢材许用应力取值的依据。如 Q235 钢的屈服强度 σ_s 不小于210~240 MPa。

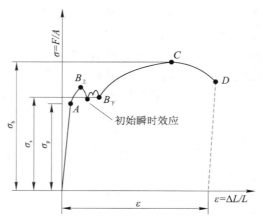

图 6-1 低碳钢的 σ-ε 伸长曲线

σ-ε 曲线中,$B_{上}$ 是上屈服点,是指试件发生屈服而应力首次下降前的最大应力;$B_{下}$ 是下屈服点,是指不计初始瞬时效应时屈服阶段中的最小应力。由于下屈服点比较稳定且易于测得,因此,一般采用下屈服点作为钢材的屈服强度,并作为低碳钢的设计强度取值。

(3)强化阶段 即图 6-1 中 BC 段。该阶段表示经过屈服阶段后,钢材内部组织经过重新调整,钢材抵抗变形的能力提高。当曲线达到最高点 C 以后,试件薄弱处产生局部横向收缩变形(颈缩),直至破坏。该阶段的应力最高点 C 称为钢筋的抗拉强度,其值用 σ_b 表示,它表示钢材承受的最大拉应力。常用低碳钢的抗拉强度为 375~500 MPa。如 Q235 钢的抗拉强度不小于 380 MPa。

抗拉强度不作为设计时强度的取值依据,但它反映了钢材潜在强度的大小。σ_b/σ_s 称为强屈比,表示钢材的利用率和安全可靠程度。强屈比越大,表明钢材的可靠性越大和安全性越高,构件结构越安全。但强屈比过大,则钢材有效利用率太低,造成浪费,钢材的强屈比一般不低于 1.2,用于抗震结构的普通钢筋实测强屈比应不低于 1.25。所以构件配置钢筋要合理,钢筋不是越多越大就越好。实践证明,在保证安全性和充分发挥钢材强度潜力的情况下,合理的屈强比为 0.65~0.75。

(4)颈缩阶段 即图 6-1 中 CD 段。试件在该阶段,中部截面开始缩颈,承载能力下降,当到达 D 点时,发生断裂。如图 6-2 所示。

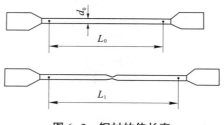

图 6-2 钢材的伸长率

塑性是钢材的一个重要性能指标,是指钢材破坏前产生塑性变形的能力,即在图 6-1 中 B 以后的向下曲线部分。这时被拉伸的钢材直径变细,称为颈缩阶段。可由静力拉伸试验得到的机械性能指标伸长率 δ 来衡量。伸长率 δ 等于试件拉断后的原标距塑性变形(即伸长值)和原标距的比值,以百分数表示,即

$$\delta = \frac{L_1 - L_0}{L_0} \times 100\% \qquad (6-1)$$

式中:L_0——试件原标距长度,mm;

　　　L_1——试件拉断拼合后的标距长度,mm;

　　　δ——伸长率。

δ 随试件的标距长度与试件直径 d_0 的比值(L_0/d_0)的增大而减小。标准试件一般取 $L_0 = 5d_0$(短试件)或 $L_0 = 10d_0$(长试件),所得伸长率用 δ_5 和 δ_{10} 表示。因此,对于同一种钢材,$\delta_5 > \delta_{10}$。

伸长率 δ 是衡量钢材塑性的指标,它的数值越大,表示钢材塑性越好。良好的塑性,可将结构上的应力(超过屈服点的应力)重新分布,从而避免结构过早的破坏。

金属材料
拉伸试验

6.2.1.2　冲击韧性

钢材抵抗冲击荷载不被破坏的能力称为冲击韧性。钢材的冲击试验如图 6-3 所示。冲击韧性用标准试件(中部加工成 V 形或 U 形缺口),在冲击试验机的一次摆锤冲击下,以破坏后缺口处单位面积所消耗的功 α_k 来表示,即

$$\alpha_k = \frac{W}{A} \qquad (6-2)$$

式中:α_k——钢材的冲击韧性,J/cm^2;

　　　W——摆锤所做的功,J;

　　　A——试件断口处的最小横截面面积,cm^2。

α_k 值越大,冲击韧性越好。影响钢材冲击韧性的因素很多,当钢材内硫、磷的含量高,存在化学偏析,含有非金属夹杂物及焊接形成的微裂缝时,钢材的冲击韧性都会显著降低。

金属材料的
其他力学
性能

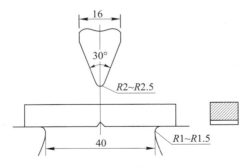

图 6-3　冲击韧性试验示意图

同时环境温度对钢材的冲击韧性影响也很大。试验证明,冲击韧性随温度的降低而下降,开始时下降缓慢,当达到一定温度范围时,突然下降很多而呈脆性,这种性质称为钢

材的冷脆性。此时的温度称为脆性转变温度(图6-4),其数值越低,钢材的低温冲击韧性越好。因此,在负温下使用的结构(如北方寒冷地区),应选用脆性转变温度低于使用温度的钢材。由于脆性转变温度的测定较复杂,规范中通常是根据气温条件规定-20 ℃或-40 ℃的负温冲击韧性指标。

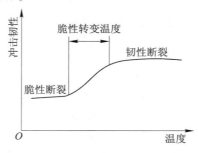

图6-4　钢材冲击韧性与温度的关系

钢材随时间的延长,强度、硬度提高,塑性、韧性下降的现象称为时效。因时效作用,冲击韧性将随时间的延长而下降,完成时效的过程可达数十年,但钢材如经冷加工或使用中受震动和反复荷载的影响,时效可迅速发展。因时效导致钢材性能改变的程度称为时效敏感性。时效敏感性越大的钢材,经过时效后冲击韧性的降低越显著。为保证安全,对于承受动荷载的重要结构,应选用时效敏感性小的钢材。

总之,对于直接承受动荷载,而且可能在负温下工作的重要结构,必须按照有关规范要求进行钢材的冲击韧性检验。

6.2.1.3　硬度

硬度是指材料抵抗另一硬物压入其表面的能力。钢材的硬度常用压痕的深度或压痕单位面积上所受的压力作为衡量指标。

土木工程中常用布氏硬度来表示钢材的硬度。其测定方法是在规定试验力作用下,将一定直径的硬质合金球压入试样表面,经规定的持荷时间(钢铁材料10~15 s)后卸除荷载,以试样表面的压痕直径计算其压痕面积,则荷载 P 与压痕球形表面积之比即为布氏硬度,并以 HB 作为其硬度代号,其简图见图6-5。HB 硬度计算公式为

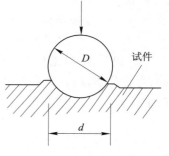

图6-5　布氏硬度测定示意图

$$HB = 0.12 \times \frac{2P}{\pi D^2 \left(1 - \sqrt{1 - \dfrac{d^2}{D^2}}\right)} \tag{6-3}$$

式中:D——球体直径,mm,通常为 10 mm,5 mm,2.5 mm;

　　　d——压痕直径,mm;

　　　P——荷载,N。

根据钢材硬度的大小既可判断其软硬程度,又可近似地估计其强度。通常,布氏硬度值可按下式估算普通碳素钢的抗拉强度 σ_b:

$$低碳钢\ \sigma_b \approx 0.362\ HB$$

$$高碳钢\ \sigma_b \approx 0.345\ HB \tag{6-4}$$

6.2.1.4 疲劳强度

在反复交变荷载作用下,结构工程中所使用的钢材往往会在应力远低于其抗拉强度的情况下,发生突然破坏,这种现象称为钢材的疲劳破坏。疲劳破坏的危险应力用疲劳极限来表示,它是指疲劳试验时试件在交变应力作用下,于规定周期基数内不发生断裂所能承受的最大应力。钢材承受的机变应力越大,则钢材至断裂时经受的交变应力循环次数越多。一般把钢材交变应力循环次数 1×10^7 时试件不发生破坏的最大应力作为疲劳极限。

试验研究表明,钢材的疲劳破坏是由内部拉应力引起的。抗拉强度高,其疲劳极限也越高。钢材的疲劳极限与其内部组织和表面质量有关。设计承受交变荷载且须进行疲劳验算的结构时,应当了解所用钢材的疲劳强度。

6.2.2 钢材的工艺性能

6.2.2.1 冷弯性能

冷弯是指钢材在常温下承受弯曲变形的能力。冷弯性能指标是用试件的弯曲角度 f 及弯心直径 d 为指标表示。通过冷弯试验将直径为 a 的钢材试件在规定的弯心 d($d=na$, n 为整数),弯曲到规定的角度(180° 或 90°)时,在弯曲处的外面及两侧面,无裂纹、起层及断裂现象,即认为冷弯性能合格。如图 6-6 所示。

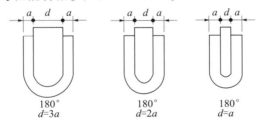

图 6-6 钢材冷弯试验

金属材料
冷弯试验

冷弯是通过弯曲处的塑性变形来实现的。因此,钢材的冷弯性能越好,说明其塑性也越好。因为冷弯的塑性变形是局部的不均匀变形,与拉伸试验相比较,冷弯处于更不利的条件,所以钢材冷弯试验是一种更严格的考验,冷弯能反映出钢材内部组织不均匀、内应力和夹杂物等缺陷。对于弯曲成型及重要结构所用的钢材,必须进行冷弯性能检验。

6.2.2.2 焊接性能

土木工程中,钢材间的连接绝大多数是采用焊接方式来完成的,因此要求钢材具有良好的可焊接性。可焊接性是指钢材在焊接后,其焊头连接的牢固性和硬脆性大小的一种性能,可焊接性好的钢材,焊接后焊头牢固可靠,硬脆性倾向小。

钢材的化学成分会影响其可焊接性。含碳量越高,硬脆性增加,可焊接性降低。含碳量小于 0.25% 的碳素钢具有良好的可焊接性。钢材中加入合金元素如硅、锰和钛等,将增大焊接硬脆性,降低可焊接性。因此,焊接结构用钢材宜选用含碳量较低的镇静钢。

【6-2】工程实例分析

钢结构的疲劳破坏事故

现象:某厂125 t吊车在向混铁炉兑铁水时,突然发出异常响声,同时整个吊车开始晃动,接着吊车主梁中部突然断裂,下翼缘板、腹板全部撕裂。上翼缘与腹板的连接焊缝撕开长2.5 m。主梁一头坠地,另一头悬挂在东横梁上。

原因分析:根据调查分析,吊车梁的破坏与使用和设计无关,其主要原因是由于主梁下翼板距端头13.1 m处发生的疲劳断裂。疲劳源与焊缝裂纹有关,焊缝缺陷和焊接残余应力引起微裂,并沿着垂直于拉应力的方向扩展。

思考:如何防止钢结构疲劳破坏事故的发生。

6.3 钢材的组成结构及对性能的影响

6.3.1 钢材的晶体结构

钢材是铁-碳合金晶体。其晶体结构中,各个原子以金属键相互结合在一起,这种结合方式就决定了钢材具有很高的强度和良好的塑性。

描述晶体结构的最小单元是晶格,钢的晶格有两种架构,即体心立方晶格和面心立方晶格。前者是原子排列在一个正六面体的中心和各个顶点而构成的空间格子;后者是原子排列在一个正六面体的各个顶点及六个面的中心而构成的空间格子。

碳素钢从液态变成固态晶体结构时,随着温度的降低,其晶格要发生两次转变:

$$液态铁 \xleftarrow{1\,535\ ℃} \underset{\text{体心立方晶体}}{δ\text{-Fe}} \xleftarrow{1\,394\ ℃} \underset{\text{面心立方晶体}}{γ\text{-Fe}} \xleftarrow{912\ ℃} \underset{\text{体心立方晶体}}{α\text{-Fe}}$$

借助于现代先进的测试手段对金属的微观结构进行深入研究,可以发现钢材的晶格并不都是完好无缺的规则排列,而是存在许多缺陷,它们将显著地影响钢材的性能,这也是钢材的实际强度远比其理论强度小的根本原因。主要的缺陷有以下三种。

(1)点缺陷 空位、间隙原子,如图6-7(a)。空位减弱了原子间的结合力,使钢材强度降低;间隙原子使钢材强度有所提高,但塑性降低。

(2)线缺陷 刃型错位,如图6-7(b)。刃型错位是使金属晶体成为不完全弹性体的主要原因之一,它使杂质易于扩散。

(3)面缺陷 晶界面上原子排列紊乱,如图6-7(c)。它使钢材强度提高而塑性下降。

6.3.2 钢材的基本组织

钢是以Fe为主的Fe-C合金,其中C含量虽然很少,但对钢材性能的影响非常大。冶炼碳素钢时,在钢水冷却过程中,Fe和C有三种结合形式:固溶体、化合物(Fe_3C)和机

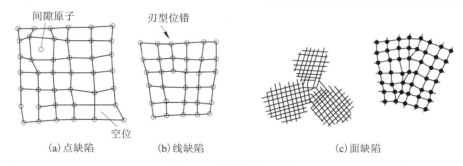

(a)点缺陷　　　　　(b)线缺陷　　　　　　　　(c)面缺陷

图 6-7　晶格缺陷示意图

械混合物。这三种形式的 Fe-C 合金,在一定条件下能形成具有一定形态的聚合体,称为钢的组织。

钢的基本组织形式有四种,即铁素体、奥氏体、渗碳体和珠光体,其各自特征及性能见表 6-2。

表 6-2　钢的基本组织结构特征及性能

名称	含碳量/%	结构特征	性能
铁素体	≤0.02	碳溶于 α-Fe 中的固溶体	强度、硬度很低,塑性好,冲击韧性很好
奥氏体	0.8	碳溶于 γ-Fe 中的固溶体	强度、硬度不高,塑性大
渗碳体	6.67	化合物 Fe_3C	抗拉强度很低,硬脆,很耐磨,塑性几乎为零
珠光体	0.8	铁素体与 Fe_3C 的机械混合物	强度较高,塑性和韧性介于铁素体和渗碳体之间

碳素钢中基本组织的相对含量与含碳量关系密切,见图 6-8。由图可知,当含碳量小于 0.8%时,钢的基本组织由铁素体和珠光体组成的,其间随着含碳量提高,铁素体逐渐减少而珠光体逐渐增多,钢材的强度、硬度随之提高,而塑性、韧性逐渐降低。

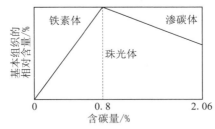

图 6-8　碳素钢基本组织相对含量与含碳量的关系

建筑工程中所用钢材的含碳量均在 0.8%以下,所以建筑钢材的基本组织是由铁素体和珠光体组成的,由此决定了建筑钢材既具有较高的强度,同时塑性和韧性也较好,能很好地满足工程所需的技术性能要求。

6.3.3　钢材的成分对性能的影响

钢材中除基本元素铁和碳外,还含有少量的硅、锰、硫、磷、氧、氮及一些合金元素等,

钢材的化学成分

这些元素来自炼钢原料、炉气及脱氧剂,在熔炼中无法除净。它们的含量决定了钢材的性能和质量。

6.3.3.1　碳

碳是决定钢材性能的主要元素,因为含碳量的变化直接引起晶体组织的变化。含碳量与钢材性能之间的关系如图 6-9。由图 6-9 可以看出,当钢中含碳量在 0.8% 以下时,随着含碳量的增加,钢的强度和硬度提高,而塑性和韧性降低;当含碳量大于 1.0% 时,随着含碳量增加,钢的强度反而下降,这是由于呈网状分布于珠光体晶界上的渗碳体使钢变脆。钢中含碳量增加,还会使钢的焊接性能变差,冷脆性和时效敏感性增大,并使钢耐大气锈蚀能力下降。

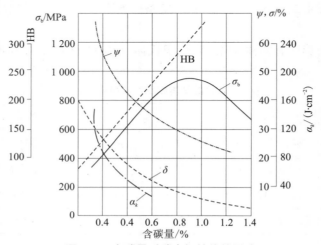

图 6-9　含碳量对碳素钢性能的影响

σ_b-抗拉强度;α_k-冲击韧性;δ-伸长率;ψ-断面收缩率;HB-硬度

6.3.3.2　硅

硅是炼钢时用脱氧剂硅铁脱氧而残留在钢中的。硅是钢的主要合金元素,当硅的含量在 1.0% 以内时,可提高钢的强度,且对钢的塑性和冲击韧性无明显影响。

6.3.3.3　锰

锰是炼钢时为了脱氧而加入的元素,也是钢的主要合金元素。在炼钢过程中,锰和钢中的碳,氧化合成 MnS 和 MnO,入渣排除,起到脱氧去硫的作用,当锰的含量在 0.8%~1% 时,可显著提高强度和硬度,消除热脆性,并略微降低塑性和韧性。

6.3.3.4　磷

磷是钢中的有害元素,由炼钢原料带入,以夹杂物的形式存在于钢中。磷在低温下可引起钢材的冷脆性。磷还能使钢的冷弯性能降低,可焊性变坏,但磷可使钢材的强度、硬度、耐磨性、耐腐蚀性提高。

6.3.3.5　硫

硫是钢中极为有害的元素,以夹杂物的形式存在于钢中,易引起钢材的热脆性。硫的存在还会导致钢材的冲击韧性、疲劳强度、可焊性及耐腐蚀性降低,即使碳量存在也对钢有害,故钢材中应严格控制硫的含量。

6.3.3.6 氧、氮

氧、氮也是钢中的有害元素,它们显著降低钢材的塑性、韧性、冷弯性能和可焊性。

6.3.3.7 铝、钛、钒、铌

铝、钛、钒、铌都是炼钢时的脱氧剂,也是最常用的合金元素。适量加入钢内能改善钢的组织,细化晶粒,显著提高强度和改善韧性。

【6-3】工程实例分析

钢筋的冷弯性能差

现象: 某施工单位,在对刚进的一批 Q345B 钢筋冷加工时,发现其冷弯性能差,无法满足使用要求。

原因分析: 主要是钢中含有硅酸盐夹杂、硫化物夹杂,其次是表面带状组织的影响。

思考: 如何提高钢筋的冷弯性能。

6.4 钢材的冷加工和热处理

6.4.1 钢材的冷加工

6.4.1.1 冷加工强化的机制

将钢材在常温下进行冷拉、冷拔或冷轧,使其产生塑性变形,从而提高屈服强度,这个过程称为冷加工强化处理。

钢材的冷加工与热处理

冷加工强化的机制描述如下:金属的塑性变形是通过位错运动来实现的。位错是指原子行列间相互滑移形成的线状缺陷。如果位错运动受阻,则塑性变形困难,即变形抗力增大,因而强度提高。在塑性变形过程中,位错运动的阻力主要来自位错本身。因为随着塑性变形的进行,位错在晶体中运动时可通过各种机制发生增殖,使位错密度不断增加,位错之间的距离越来越小并发生交叉,使位错运动的阻力增大,导致塑性变形抗力的提高。另一方面由于变形抗力的提高,位错运动阻力的增大,位错更容易在晶体中发生塞积,反过来使位错的密度加速增长。所以,在冷加工时,依靠塑性变形时位错密度提高和变形抗力增大这两方面的相互促进,很快导致金属强度和硬度的提高,但也会导致其塑性降低。

6.4.1.2 冷加工的方法

(1)冷拉　钢筋的冷拉是在常温下对钢筋进行拉伸,然后卸载的一种加工工艺。钢筋冷拉后,屈服强度一般可提高 20%～25%,同时能简化施工工艺,盘钢钢筋可使开盘、矫直、冷拉合成一道工序,并使锈皮脱落。工地上通常是通过试验选择恰当的冷拉应力和时效处理措施。一般强度较低的钢筋,采用自然时效即可达到时效处理的目的,强度高的钢筋对自然时效几乎无反应,必须采用人工时效。

(2)冷拔　钢筋的冷拔是将直径为 6.5～8 mm 的碳素结构钢的 Q235(或 Q215)盘条,

通过截面小于钢筋截面的钨合金拔丝模而成,这种常温下的加工称为冷拔。冷拔钢丝在加工过程中不仅受拉,而且受挤压作用,如图6-10所示。经一次或多次冷拔的钢筋屈服强度可提高40%~60%,但已失去低碳钢的性质,变得硬脆,属硬钢类钢丝。

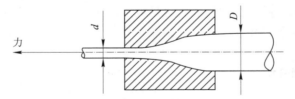

图6-10   冷拔示意图

(3)冷轧   冷轧是将圆钢在冷轧机上轧成断面形状规则的钢筋,可提高其强度及与混凝土的黏结力。钢筋在冷轧时,纵向与横向同时产生变形,因而能较好地保持其塑性和内部结构均匀性。

建筑工程中大量使用的钢筋采用冷加工强化。经过冷加工的钢材,可适当减小钢筋混凝土结构设计截面,或减小混凝土中配筋数量,从而达到节约钢材的目的。但冷拔钢丝的屈强比较大,相应的安全储备较小。

6.4.1.3   时效处理

将经过冷拉的钢筋于常温下存放15~20 d,或加热到100~200 ℃并保持一段时间(2~3 h),这个过程称为时效处理。前者称为自然时效,适合于低强度钢筋;后者称为人工时效,适合于高强度钢筋。

冷拉以后再经过时效处理的钢筋,其屈服点进一步提高,抗拉强度稍见增长,塑性继续有所降低。由于时效过程中应力的消减,弹性模量可基本恢复。

钢材经冷加工和时效处理后,其性能变化的规律明显地在应力-应变图上得到反映。如图6-11所示,应力应变曲线$OBCD$是未经冷加工时效的应力-应变曲线。若将试件加载到K点,然后卸载,则应力沿近似与弹性阶段OB线平行的直线下降,并会形成永久变形OO_1;若立即再加载,则应力又会沿O_1K直线上升,到K点后,近似沿原路径KCD。此现象表明,经初次加载产生塑性后,屈服强度(K点)比原来提高了,但总的塑性变形减小了。

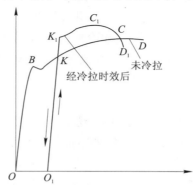

图6-11   钢筋冷拉时效后应力-应变图的变化

在上述试验中,卸载后若并不立即加载,而经过时效处理后再加载,则应力–应变曲线变为 $O_1K_1C_1D_1$。经过时效后屈服强度又比冷加工后有所提高,但塑性变形降低得更大。经冷加工强化,再经时效,二者的结合效应称为冷加工时效处理。

6.4.2 钢材的热处理

热处理是将钢材按一定规则加热、保温和冷却,以改变其组织,从而获得需要性能的一种工艺过程。热处理的方法有退火、正火、淬火和回火。土木工程所用钢材一般只在工厂进行热处理并以热处理状态供应。在施工现场,有时候对焊接件进行热处理。

6.4.2.1 退火

将钢加热到适当温度,保温一定时间后缓慢冷却(炉冷、砂冷、缓冷坑冷却)的热处理工艺称为退火。

其目的如下:降低钢的硬度,改善塑性、韧性,以利于切削和冷变形加工;细化晶粒,均匀钢的组织和化学成分,改善钢的性能,或为以后的热处理作准备;消除钢中的残余内应力,防止变形和开裂。

常用的退火方法有完全退火、球化退火、去应力退火等。

6.4.2.2 正火

将钢材或钢件加热至规定的温度,保温适当时间后,在空气中冷却的热处理工艺称为正火。正火与退火的目的基本相同。两者的主要区别是正火因是空冷(静止或流动空气),速度稍快于退火,故其组织比退火钢材的细,强度和硬度也比退火钢材的稍高。

工程中常用的普通低碳结构钢,钢厂一般是以热轧空冷(即正火)状态供货。正火的生产周期短,成本低,操作方便。

6.4.2.3 淬火

将钢加热到规定的温度,保温后立即在水或油中冷却的热处理工艺称为淬火。经适当冷却淬火后得到马氏体或贝氏体组织。马氏体组织硬度高、脆性大,极不稳定,必须与不同的回火相配合,方可获得需要的力学性能。钢材经淬火后,强度和硬度提高,脆性增大,塑性和韧性明显降低。

6.4.2.4 回火

将淬火钢材在 727 ℃以下的温度范围内重新加热,保温后以一定速度冷却到室温的过程叫作回火。

回火目的:改善马氏体的晶格构造,降低硬度;消除淬火产生的内应力;改善塑性和韧性。

【6-4】工程实例分析

冷拔钢丝塑性差

现象:某工地,在对一批钢筋进行冷拔加工时发现,加工后的钢筋其伸长率小于技术标准所规定的数值,且其反复弯曲次数也达不到规定值。

原因分析:总压缩率过大;原材料含碳量过高。

思考:冷拔钢丝塑性差的预防措施和对治方法。

6.5　土市工程常用钢材的性质及应用

土木工程中需要使用大量的钢材,从材质上看,主要有普通碳素结构钢和低合金结构钢,也常会用到优质碳素结构钢。这些钢材可以统称为建筑用钢材。按其用于工程结构类型的不同,又可分为钢结构用钢材(如各种型钢、钢板、钢管等)和钢筋混凝土结构用钢材(如各种钢筋、钢丝、钢纹线和钢纤维等)。

6.5.1　建筑用钢材

建筑钢材的
常用钢种

建筑工程用钢材主要由碳素结构钢、低合金高强度结构钢和优质碳素结构钢 3 类加工而成。

6.5.1.1　碳素结构钢

碳素结构钢是碳素钢中的一类,可加工成各种型钢、钢筋和钢丝,适用于一般工程结构。构件可进行焊接、铆接和拴接。

(1)牌号　碳素结构钢的牌号由 4 部分组成,依次为代表屈服强度的字母 Q、屈服强度数值、质量等级符号(A、B、C、D)、脱氧程度符号(F、Z、TZ)。例如,Q235AF 表示屈服强度为 235 MPa 的 A 级沸腾碳素结构钢。碳素结构钢的质量等级随 A、B、C、D 的顺序质量逐级提高。在牌号组成表示方法中,"Z"与"TZ"符号可以省略。

(2)技术要求　碳素结构钢的技术要求主要包括化学成分、力学性能和工艺性能三个方面。根据国家标准《碳素结构钢》(GB/T 700—2006)规定,碳素结构钢的牌号和化学成分(熔炼分析)应符合表 6-3 的规定,拉伸和冲击等力学性能应符合表 6-4 的规定,弯曲性能应符合表 6-5 的规定。

表 6-3　碳素结构的牌号与化学成分(GB/T 700—2006)

牌号	统一数字代号[a]	等级	厚度(或直径)/mm	脱氧方法	化学成分(质量分数)/%,不大于				
					C	Si	Mn	P	S
Q195	U11952	—	—	F、Z	0.12	0.30	0.50	0.035	0.040
Q215	U12152	A	—	F、Z	0.15	0.35	1.20	0.045	0.050
	U12155	B							0.045
Q235	U12352	A	—	F、Z	0.22	0.35	1.40	0.045	0.050
	U12355	B			0.20[b]				0.045
	U12358	C		Z	0.17			0.040	0.040
	U12359	D		TZ				0.035	0.035

续表 6-3

牌号	统一数字代号a	等级	厚度(或直径)/mm	脱氧方法	化学成分(质量分数)/%,不大于				
					C	Si	Mn	P	S
Q275	U12752	A	—	F、Z	0.24	0.35	1.50	0.045	0.050
	U12755	B	≤40	Z	0.21			0.045	0.045
			>40		0.22				
	U12758	C	—	Z	0.20			0.040	0.040
	U12759	D	—	TZ				0.035	0.035

注:a.表中为镇静钢、特殊镇静钢牌号的统一数字,沸腾钢牌号的统一数字代号如下:Q195F——U11950;Q215AF——U12150,Q215BF——U12153;Q235AF——U12350,Q235BF——U12353;Q275AF——U12750。

　　b.经需方同意,Q235B 的碳含量可不大于 0.22%

表 6-4　碳素结构钢的拉伸与冲击试验要求(GB/T 700—2006)

牌号	等级	屈服强度aReH/(N/mm²),不小于						抗拉强度b Rm/(N/mm²)	断后伸长率 A/%,不小于					冲击试验(V形缺口)	
		厚度(或直径)/mm							厚度(或直径)/mm					温度/℃	冲击吸收功(纵向)/J 不小于
		≤16	>16~40	>40~60	>60~100	>100~150	>150~200		≤40	>40~60	>60~100	>100~150	>150~200		
Q195	—	195	185	—	—	—	—	315~430	33					—	—
Q215	A	215	205	195	185	175	165	335~450	31	30	29	27	26	—	—
	B													+20	27
Q235	A	235	225	215	215	195	185	370~500	26	25	24	22	21	—	—
	B													+20	27c
	C													0	
	D													−20	
Q275	A	275	65	255	245	225	215	410~540	22	21	20	18	17	—	—
	B													+20	27
	C													0	
	D													−20	

注:a.Q195 的屈服强度值仅供参考,不作交货条件;

　　b.厚度大于 100 mm 的钢材,抗拉强度下限允许降低 20 N/mm²。宽带钢(包括剪切钢板)抗拉强度上限不作交货条件;

　　c.厚度小于 25 mm 的 Q235B 级钢材,如供方能保证冲击吸收功值合格,经需方同意,可不做检验

　　同一种钢,平炉钢和氧气转炉钢质量优于空气转炉钢;特殊镇静钢优于镇静钢,镇静钢优于沸腾钢;随牌号增加,强度和硬度增加,塑性、韧性和可加工性能逐步降低;同一牌号内质量等级越高,钢的质量越好,如 Q235C、D 级优于 A、B 级,可用于重要结构。

　　不同牌号的碳素结构钢的性能有较大差别。其中,Q195 和 Q215 的钢材屈服强度较低,但其塑性较好且易于焊接;多用于承受较轻荷载的焊接结构,以及制造铆钉和地脚螺栓等。Q235 的钢材具有较高的屈服强度和较好的塑性,也易于焊接,经焊接或气割后仍能保持较稳定的机械性能,适宜于冷热压力加工,故广泛应用于主体钢结构工程,如屋架、管道、桥梁等,并常用作轧制钢筋或制作一般连接件。Q255 和 Q275 的钢材具有更高的屈

服强度,但其塑性、韧性及可焊接性稍差,只适用于制造部分连接件。

表 6-5　碳素结构钢的冷弯试验要求(GB/T 700—2006)

牌号	试样方向	冷弯试验 180°　$B=2a^{a}$	
		钢材厚度(或直径) ^{b}/mm	
		≤60	>60 ~ 100
		弯心直径 d	
Q195	纵	0	—
	横	0.5a	
Q215	纵	0.5a	1.5a
	横	a	2a
Q235	纵	a	2a
	横	1.5a	2.5a
Q275	纵	1.5a	2.5a
	横	2a	3a

注:a.B 为试样宽度,a 为试样厚度(或直径);

　　b.钢材厚度(或直径)大于100 mm 时,弯曲试验由双方协商确定

　　总的来讲,碳素结构钢力学性能稳定,塑性好,在各种加工过程中敏感性较小(如轧制、加热或迅速冷却),构件在焊接、超载、受冲击和温度应力等不利的情况下能保证安全。而且碳素结构钢冶炼方便,成本较低,目前在建筑工程的应用中还占相当大的比重。

6.5.1.2　低合金高强度结构钢

　　低合金高强度结构钢是脱氧完全的镇静钢,是在碳素结构钢的基础上加入总量小于5%的合金元素而形成的钢种。常用的合金元素有硅、锰、钛、钒、铬、镍和铜等,这些合金元素不仅可以提高钢的强度和硬度,还能改善塑性和韧性。

　　根据国家标准《低合金高强度结构钢》(GB/T 1591—2008) 规定,低合金高强度结构钢共有 Q345、Q390、Q420、Q460、Q500、Q550、Q620 和 Q690 共 8 个牌号。

　　(1)牌号　由代表屈服强度的字母 Q、屈服强度数值、质量等级符号(A、B、C、D、E) 3 个部分按顺序组成。如:Q345D 表示屈服强度为 345 MPa 的 D 级低合金高强度结构钢。

　　当使用方要求钢板具有厚度方向性能时,则在上述规定的牌号后加上代表厚度方向(Z 向)性能级别的符号,例如,Q345DZ15。

　　(2)技术性能　低合金高强度结构钢的牌号和化学成分(熔炼分析)应符合表 6-6 的规定,拉伸力学性能要应满足表 6-7 的规定。

表 6-6 低合金高强度结构钢牌号与化学成分（GB/T 1591—2008）

牌号	质量等级	化学成分[a,b]（质量分数）/%														
		C	Si	Mn	P	S	Nb	V	Ti	Cr	Ni	Cu	N	Mo	B	Als
							不大于									不小于
Q345	A	≤0.20	≤0.50	≤1.70	0.035	0.035	0.07	0.15	0.20	0.30	0.50	0.30	0.012	0.10	—	—
	B				0.035	0.035										
	C				0.030	0.030										0.015
	D	≤0.18			0.030	0.025										
	E				0.025	0.020										
Q390	A	≤0.20	≤0.50	≤1.70	0.035	0.035	0.07	0.20	0.20	0.30	0.50	0.30	0.015	0.10	—	—
	B				0.035	0.035										
	C	≤0.18			0.030	0.030										0.015
	D				0.030	0.025										
	E				0.025	0.020										
Q420	A	≤0.20	≤0.50	≤1.70	0.035	0.035	0.07	0.20	0.20	0.30	0.80	0.30	0.015	0.20	—	—
	B				0.035	0.035										
	C				0.030	0.030										0.015
	D				0.030	0.025										
	E				0.025	0.020										
Q460	C	≤0.20	≤0.60	≤1.80	0.030	0.030	0.11	0.20	0.20	0.30	0.80	0.55	0.015	0.20	0.004	0.015
	D				0.030	0.025										
	E				0.025	0.020										
Q500	C	≤0.18	≤0.60	≤1.80	0.030	0.030	0.11	0.12	0.20	0.60	0.80	0.55	0.015	0.20	0.004	0.015
	D				0.030	0.025										
	E				0.025	0.020										
Q550	C	≤0.18	≤0.60	≤2.00	0.030	0.030	0.11	0.12	0.20	0.80	0.80	0.80	0.015	0.30	0.004	0.015
	D				0.030	0.025										
	E				0.025	0.020										
Q620	C	≤0.18	≤0.60	≤2.00	0.030	0.030	0.11	0.12	0.20	1.00	0.80	0.80	0.015	0.30	0.004	0.015
	D				0.030	0.025										
	E				0.025	0.020										
Q690	C	≤0.18	≤0.60	≤2.00	0.030	0.030	0.11	0.12	0.20	1.00	0.80	0.80	0.015	0.30	0.004	0.015
	D				0.030	0.025										
	E				0.025	0.020										

注：a.型材及棒材 P、S 含量可提高 0.005%，其中 A 级钢上限可为 0.045%；

b.当细化晶粒元素组合加入时，20(Nb + V+ Ti)≤0.22%，20(Mo + Cr)≤0.30%

表6-7　低合金高强度结构钢的拉伸性能（GB/T 1591—2008）

拉伸试验[a,b,c]

牌号	质量等级	R_eL ≤16	>16~40	>40~63	>63~80	>80~100	>100~150	>150~200	>200~250	>250~400	R_m ≤40	>40~63	>63~80	>80~100	>100~150	>150~250	>250~400	A ≤40	>40~63	>63~100	>100~150	>150~250	>250~400
Q345	A	≥345	≥335	≥325	≥315	≥305	≥285	≥275	≥265	≥265	470~630	470~630	470~630	470~630	450~600	450~600	450~600	≥20	≥19	≥19	≥18	≥17	—
Q345	B	≥345	≥335	≥325	≥315	≥305	≥285	≥275	≥265	≥265	470~630	470~630	470~630	470~630	450~600	450~600	450~600	≥21	≥20	≥20	≥19	≥18	≥17
Q345	C	≥345	≥335	≥325	≥315	≥305	≥285	≥275	≥265	≥265	470~630	470~630	470~630	470~630	450~600	450~600	450~600	≥21	≥20	≥20	≥19	≥18	≥17
Q345	D	≥345	≥335	≥325	≥315	≥305	≥285	≥275	≥265	≥265	470~630	470~630	470~630	470~630	450~600	450~600	450~600	≥21	≥20	≥20	≥19	≥18	≥17
Q345	E	≥345	≥335	≥325	≥315	≥305	≥285	≥275	≥265	≥265	470~630	470~630	470~630	470~630	450~600	450~600	450~600	≥21	≥20	≥20	≥19	≥18	≥17
Q390	A	≥390	≥370	≥350	≥330	≥310	—	—	—	—	490~650	490~650	490~650	490~650	470~620	—	—	≥20	≥19	≥19	≥18	—	—
Q390	B	≥390	≥370	≥350	≥330	≥310	—	—	—	—	490~650	490~650	490~650	490~650	470~620	—	—	≥20	≥19	≥19	≥18	—	—
Q390	C	≥390	≥370	≥350	≥330	≥310	—	—	—	—	490~650	490~650	490~650	490~650	470~620	—	—	≥20	≥19	≥19	≥18	—	—
Q390	D	≥390	≥370	≥350	≥330	≥310	—	—	—	—	490~650	490~650	490~650	490~650	470~620	—	—	≥20	≥19	≥19	≥18	—	—
Q390	E	≥390	≥370	≥350	≥330	≥310	—	—	—	—	490~650	490~650	490~650	490~650	470~620	—	—	≥20	≥19	≥19	≥18	—	—
Q420	A	≥420	≥400	≥380	≥360	≥340	—	—	—	—	520~680	520~680	520~680	520~680	500~650	—	—	≥19	≥19	≥18	≥18	—	—
Q420	B	≥420	≥400	≥380	≥360	≥340	—	—	—	—	520~680	520~680	520~680	520~680	500~650	—	—	≥19	≥19	≥18	≥18	—	—
Q420	C	≥420	≥400	≥380	≥360	≥340	—	—	—	—	520~680	520~680	520~680	520~680	500~650	—	—	≥19	≥19	≥18	≥18	—	—
Q420	D	≥420	≥400	≥380	≥360	≥340	—	—	—	—	520~680	520~680	520~680	520~680	500~650	—	—	≥19	≥19	≥18	≥18	—	—
Q420	E	≥420	≥400	≥380	≥360	≥340	—	—	—	—	520~680	520~680	520~680	520~680	500~650	—	—	≥19	≥19	≥18	≥18	—	—
Q460	C	≥460	≥440	≥420	≥400	≥380	—	—	—	—	550~720	550~720	550~720	550~720	530~700	—	—	≥17	≥16	≥16	≥16	—	—
Q460	D	≥460	≥440	≥420	≥400	≥380	—	—	—	—	550~720	550~720	550~720	550~720	530~700	—	—	≥17	≥16	≥16	≥16	—	—
Q460	E	≥460	≥440	≥420	≥400	≥380	—	—	—	—	550~720	550~720	550~720	550~720	530~700	—	—	≥17	≥16	≥16	≥16	—	—
Q500	C	≥500	≥480	≥470	≥450	≥440	—	—	—	—	610~770	600~760	590~750	540~730	—	—	—	≥17	≥17	≥17	—	—	—
Q500	D	≥500	≥480	≥470	≥450	≥440	—	—	—	—	610~770	600~760	590~750	540~730	—	—	—	≥17	≥17	≥17	—	—	—
Q500	E	≥500	≥480	≥470	≥450	≥440	—	—	—	—	610~770	600~760	590~750	540~730	—	—	—	≥17	≥17	≥17	—	—	—

注：下屈服强度 R_{eL}/MPa（以下公称厚度（直径、边长）（mm））；抗拉强度 R_m/MPa（以下公称厚度（直径、边长）（mm））；断后伸长率 A/%（公称厚度（直径、边长）/mm）。

续表 6-7

拉伸试验 a,b,c

牌号	质量等级	下屈服强度（R_eL）/MPa 以下公称厚度（直径,边长）(mm)									抗拉强度（R_m）/MPa 以下公称厚度（直径,边长）(mm)							断后伸长率（A）/% 公称厚度（直径,边长）/mm					
		≤16	>16~40	>40~63	>63~80	>80~100	>100~150	>150~200	>200~250	>250~400	≤40	>40~63	>63~80	>80~100	>100~150	>150~250	>250~400	≤40	>40~63	>63~100	>100~150	>150~250	>250~400
Q550	C																				—	—	—
	D	≥550	≥530	≥520	≥500	≥490	—	—	—	—	670~830	620~810	600~790	590~780	—	—	—	≥16	≥16	≥16	—	—	—
	E																				—	—	—
Q620	C																				—	—	—
	D	≥620	≥600	≥590	≥570	—	—	—	—	—	710~880	690~880	670~860	—	—	—	—	≥15	≥15	≥15	—	—	—
	E																				—	—	—
Q690	C																				—	—	—
	D	≥690	≥670	≥660	≥640	—	—	—	—	—	770~940	750~920	730~900	—	—	—	—	≥14	≥14	≥14	—	—	—
	E																				—	—	—

注：a. 当屈服不明显时,可测量 $R_{P0.2}$ 代替屈服强度。

b. 宽度不小于 600 mm 扁平材,拉伸试验取横向试样;宽度小于 600 mm 的扁平材,型材及棒材取纵向试样,断后伸长率最小值相应提高 1%(绝对值)。

c. 厚度>250~400 mm 的数值适用于扁平材

低合金高强度结构钢除强度高外,还有良好的塑性和韧性,硬度高,耐磨性好,耐腐蚀性能强,耐低温性能好。一般情况下,其含碳量(质量分数)≤0.2%,因此仍具有较好的可焊性。冶炼碳素钢的设备可用来冶炼低合金高强度结构钢,故冶炼方便,成本低。

采用低合金高强度结构钢,在相同使用条件下,可比碳素结构钢节约用钢20%~25%,对减轻结构自重有利,使用寿命又可增加,经久耐用。

6.5.1.3　优质碳素结构钢

优质碳素结构钢对有害杂质含量[$w(S)<0.035\%$,$w(P)<0.035\%$]严格控制,质量稳定,性能优于碳素结构钢。按冶炼质量等级分为优质钢、高级优质钢和特级优质钢。按含锰量的不同分为普通含锰量(0.35%~0.80%)(共有17个牌号)和较高含锰量(0.70%~1.20%)(共有11个牌号)两大类。

优质碳素结构钢的牌号以平均含碳量的万分数来表示。含锰量较高的,在表示牌号的数字后面加注"Mn";若是沸腾钢,则在数字后加注"F";若是高级优质钢,在数字后加注"A",特级优质钢则在数字后加注"E"。如:45号钢表示平均含碳量为0.45%的镇静钢;45Mn表示含锰量较高的45号钢;15F表示含碳量为0.15%的沸腾钢。优质碳素结构钢的牌号、统一数字代号及化学成分见表6-8。

表6-8　优质碳素结构钢的牌号、统一数字代号及化学成分

序号	统一数字代号	牌号	化学成分(质量分数)/%							
			C	Si	Mn	P	S	Cr	Ni	Cu[a]
						≤				
1	U20082	08[b]	0.05~0.11	0.17~0.37	0.35~0.65	0.035	0.035	0.10	0.30	0.25
2	U20102	10	0.07~0.13	0.17~0.37	0.35~0.65	0.035	0.035	0.15	0.30	0.25
3	U20152	15	0.12~0.18	0.17~0.37	0.35~0.65	0.035	0.035	0.25	0.25	0.25
4	U20202	20	0.17~0.23	0.17~0.37	0.35~0.65	0.035	0.035	0.25	0.30	0.25
5	U20252	25	0.22~0.29	0.17~0.37	0.50~0.80	0.035	0.035	0.25	0.30	0.25
6	U20302	30	0.27~0.34	0.17~0.37	0.50~0.80	0.035	0.035	0.25	0.30	0.25
7	U20352	35	0.32~0.39	0.17~0.37	0.50~0.80	0.035	0.035	0.25	0.30	0.25
8	U20402	40	0.37~0.44	0.17~0.37	0.50~0.80	0.035	0.035	0.25	0.30	0.25
9	U20452	45	0.42~0.50	0.17~0.37	0.50~0.80	0.035	0.035	0.25	0.30	0.25
10	U20502	50	0.47~0.55	0.17~0.37	0.50~0.80	0.035	0.035	0.25	0.30	0.25
11	U20552	55	0.52~0.60	0.17~0.37	0.50~0.80	0.035	0.035	0.25	0.30	0.25
12	U20602	60	0.57~0.65	0.17~0.37	0.50~0.80	0.035	0.035	0.25	0.30	0.25
13	U20652	65	0.62~0.70	0.17~0.37	0.50~0.80	0.035	0.035	0.25	0.30	0.25
14	U20702	70	0.67~0.75	0.17~0.37	0.50~0.80	0.035	0.035	0.25	0.30	0.25
15	U20702	75	0.72~0.80	0.17~0.37	0.50~0.80	0.035	0.035	0.25	0.30	0.25
16	U20802	80	0.77~0.85	0.17~0.37	0.50~0.80	0.035	0.035	0.25	0.30	0.25
17	U20852	85	0.82~0.90	0.17~0.37	0.50~0.80	0.035	0.035	0.25	0.30	0.25

续表 6-8

序号	统一数字代号	牌号	化学成分(质量分数)/%							
			C	Si	Mn	P	S	Cr	Ni	Cu[a]
						≤				
18	U21152	15 Mn	0.12~0.18	0.17~0.37	0.70~1.00	0.035	0.035	0.25	0.30	0.25
19	U21202	20 Mn	0.17~0.23	0.17~0.37	0.70~1.00	0.035	0.035	0.25	0.30	0.25
20	U21252	25 Mn	0.22~0.29	0.17~0.37	0.70~1.00	0.035	0.035	0.25	0.30	0.25
21	U21302	30 Mn	0.27~0.34	0.17~0.37	0.70~1.00	0.035	0.035	0.25	0.30	0.25
22	U21352	35 Mn	0.32~0.39	0.17~0.37	0.70~1.00	0.035	0.035	0.25	0.30	0.25
23	U21402	40 Mn	0.37~0.44	0.17~~0.37	0.70~1.00	0.035	0.035	0.25	0.30	0.25
24	U21452	45 Mn	0.42~~0.50	0.17~0.37	0.70~1.00	0.035	0.035	0.25	0.30	0.25
25	U21502	50 Mn	0.48~~0.56	0.17~0.37	0.70~1.00	0.035	0.035	0.25	0.30	0.25
26	U21602	60 Mn	0.57~0.65	0.17~0.37	0.70~1.00	0.035	0.035	0.25	0.30	0.25
27	U21652	65 Mn	0.62~0.70	0.17~0.37	0.90~1.20	0.035	0.035	0.25	0.30	0.25
28	U21702	70 Mn	0.67~0.75	0.17~0.37	0.90~1.20	0.035	0.035	0.25	0.30	0.25

注:未经用户同意不得有意加入本表中未规定的元素。应采取措施防止从废钢或其他原料中带入影响钢性能的元素。

　　a.热压力加工用钢铜含量应不大于 0.20%;

　　b.用铝脱氧的镇静钢,碳、锰含量下限不限,锰含量上限为 0.45%,硅含量不大于 0.03%,全铝含量为 0.020%~0.070%,此时牌号为 08Al

　　优质碳素结构钢的性能主要取决于含碳量,含碳量高则强度高,但塑性和韧性降低。优质碳素结构钢成本高,主要用于重要结构的钢铸件及高强螺栓等,常用 30~45 号钢。在预应力钢筋混凝土中用 45 号钢作锚具,生产预应力钢筋混凝土用的碳素钢丝、刻痕钢丝和钢绞线用 65~80 号钢。优质碳素结构钢一般经热处理后再使用,也称为"热处理钢"。

6.5.2　钢结构用钢材

　　钢结构用钢材主要有热轧型钢、冷弯薄壁型钢、钢管和钢板等。

6.5.2.1　热轧型钢

　　常用的热轧型钢有角钢、工字钢、槽钢、H 型钢和部分 T 型钢(图 6-12)。

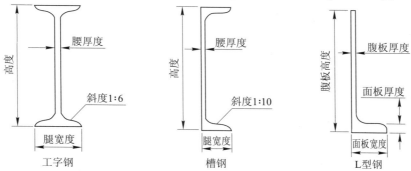

图 6-12　热轧型钢截面示意图

（1）角钢　角钢分为等边角钢和不等边角钢两种。等边角钢（也叫等肢角钢）的规格用符号"L"和肢宽×肢厚的毫米数表示，如 L100×10 为肢宽 100 mm、肢厚 10 mm 的等边角钢。不等边角钢（也叫不等肢角钢）的型号用符号"L"和长肢宽×短肢宽×肢厚的毫米数表示。如 L100×80×8 表示长肢宽 100 mm、短肢宽 80 mm、肢厚 8 mm 的不等边角钢。目前国内生产的最大等边角钢的肢宽为 200 mm，最大不等边角钢的两个肢宽为 200 mm×125 mm。角钢的长度一般为 3~19 m（规格小者短，大者长）。

（2）工字钢　工字钢有普通工字钢（I）和轻型工字钢（QI）之分，规格代表截面高度的厘米数。20 号和 32 号以上的普通工字钢，同一号数中又分 a、b 和 a、b、c 类型，其腹板厚度和翼缘宽度均分别递增 2 mm，如 I36 a 表示截面高度为 360 mm、腹板厚度为 a 类的普通工字钢。工字钢宜尽量选用腹板厚度最薄的 a 类，因其质量轻，而截面惯性矩相对却较大。轻型工字钢的翼缘相对于普通工字钢的宽而薄，故回转半径相对较大，可节省钢材。我国生产的最大普通工字钢为 63 号，轻型工字钢为 70 号，长度为 5~19 m。工字钢由于宽度方向惯性矩和回转半径比高度方向小得多，因而在应用上有一定的局限性，一般宜用于单向受弯构件。

（3）槽钢　槽钢也分普通槽钢（I）和轻型槽钢（QI）两种，规格也代表截面高度的厘米数。14 号和 25 号以上的普通槽钢同一号数中又分 a、b 和 a、b、c 类型，其腹板厚度和翼缘宽度均分别递增 2 mm。如 36a 表示截面高度为 360 mm，腹板厚度为 a 类的普通槽钢。我国生产的最大槽钢为 40 号，长度为 5~19 m。同样，轻型槽钢的翼缘相对于普通槽钢的宽而薄，故较经济。

（4）H 型钢　H 型钢分为宽翼缘 H 型钢（HW）、中翼缘 H 型钢（HM）和窄翼缘 H 型钢（HN）3 类，见图 6-13。规格以公称高度的毫米数表示，其后标注 a、b、c，表示该公称高度下的相应规格。也可采用"高度×宽度×腹板厚度×翼缘厚度"的毫米数表示。如 HW320a 表示公称高度为 320 mm，a 类规格的宽翼缘 H 型钢，HW305×203×7.8×13.0 表示高度为 305 mm，宽度为 203 mm，腹板厚度为 7.8 mm，翼缘厚度为 13.0 mm 的 H 型钢。

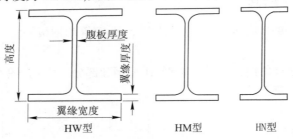

图 6-13　热轧 H 型钢截面示意图

H 型钢翼缘较宽阔且等厚，宽度方向的惯性矩和回转半径都大为增加。由于截面形状合理，使钢材能更高地发挥效能，且其内、外表面平行，便于和其他构件连接。常用于要求承载能力大、截面稳定性好的大型建筑（如厂房、高层建筑），以及桥梁、设备基础、支架、基础桩等。

（5）部分 T 型钢　部分 T 型钢由对应的 H 型钢沿腹板中部对等割分而成。表示方法与 H 型钢类同，也分为三类：宽翼缘部分 T 型钢（TW）、中翼缘部分 T 型钢（TM）和窄翼缘部分 T 型钢(TN)。

6.5.2.2　冷弯薄壁型钢

建筑工程中使用的冷弯薄壁型钢常用厚度为 1.5~6 mm 薄钢板或钢带(一般采用碳素结构钢或低合金结构钢)经冷轧(弯)或模压而成。部分截面形式如图 6-14 所示。

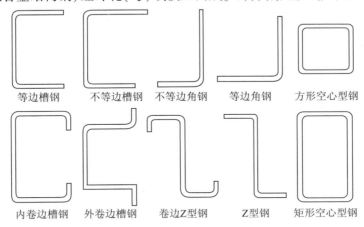

图 6-14　冷弯型钢截面示意图

建筑用压型钢板(GB/T 12755—2008)是冷弯薄壁型钢的另一种形式,它是用厚度为 0.4~2 mm 的薄钢板、镀锌钢板、彩色涂层钢板经冷轧(压)而成的波形板材(图 6-15)。压型钢板具有成型灵活、施工速度快、外观美观、重量轻、易于工业化生产等特点,广泛用作屋面及墙面围护材料。

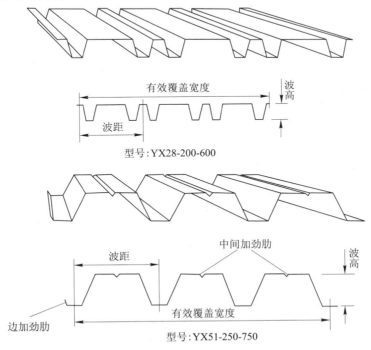

图 6-15　两种型号压型钢板示意图

6.5.2.3 钢板和钢管

钢板是宽厚比很大的矩形板。按轧制工艺不同分热轧钢板和冷轧钢板两大类。按其公称厚度划分,有薄板(0.1~4 mm)、中板(4~20 mm)、厚板(20~60 mm)和特厚板(≥60 mm)。常用的钢板有热轧钢板、热轧花纹钢板、冷轧钢板、钢带等,以及镀层薄钢板,如镀锡钢板(俗称马口铁)、镀锌薄板(俗称白铁皮)、镀铝钢板、镀铅锡合金钢板等。

(1)热轧钢板 施工图纸中热轧钢板用"厚×宽×长"前面附加钢板横断面的方法表示,如-12×800×2100 等。其尺寸、外形、允许偏差和材质要求可参见国家标准《热轧钢板和钢带的尺寸、外形、重量及允许偏差》(GB/T 709—2006)。图6-16 所示即是热轧花纹钢板。

图6-16 热轧花纹钢板

(2)冷轧钢板 冷轧钢板以热轧钢板和钢带为原料,在常温下轧制而成。与热轧钢板比较,冷轧钢板厚度更加精确,而且表面光滑、美观,同时还具有各种优越的机械性能,特别是加工性能。其尺寸、外形、允许偏差和材质要求可参见国家标准《冷轧钢板和钢带的尺寸、外形、重量及允许偏差》(GB/T 708—2006)。

(3)热轧花纹钢板 热轧花纹钢板是由普通碳素结构钢经热轧、矫直和切边而成的,表面带有菱形或突棱的钢板。花纹主要起防滑、节约金属量及美化外观等作用。规格以基本厚度(突棱的厚度不计)表示,有2.5~8 mm 等十余种规格。花纹钢板主要用于建筑平台、过道及楼梯等的地面铺设。

(4)钢带 钢带是厚度较薄、宽度较窄、以卷材供应的钢板。钢带主要用作弯曲型钢、焊接钢管、制作五金件的原料,直接用于各种结构及容器等。

(5)钢管 钢管分为无缝钢管和焊接钢管两类。无缝钢管是经热轧、挤压、热扩或冷拔、冷轧而制成的周边无缝的管材。无缝钢管规格以外径×壁厚表示。焊接钢管由钢板(钢带)卷焊而成,在工程中用量最大,分为单、双直缝焊钢管和螺旋焊钢管3 类。

钢管在相同截面积下刚度较大,是中心受压杆的理想截面;流线型的表面使其承受风压小,用于高耸结构十分有利。可用于制作钢管混凝土,用作厂房柱、构架柱、地铁站台柱、塔柱和景观柱等,也可用来制作花架、门式景观架、景墙立面装饰、塔桅等景观小品(图6-17)。

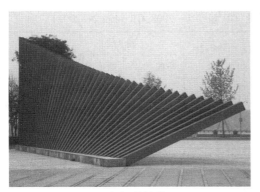 

（a）方钢管波浪　　　　　　　（b）圆钢管门式景观架

图 6-17　钢管小品

6.5.3　混凝土用钢材

钢筋混凝土结构用钢材主要有热轧钢筋、冷轧带肋钢筋、其他预应力筋和钢纤维等。

6.5.3.1　热轧钢筋

热轧钢筋是建筑工程中用量最大的钢材品种之一,主要用于钢筋混凝土结构的配筋,包括热轧光圆钢筋和热轧带肋钢筋。

钢筋混凝土
用钢材

热轧光圆钢筋由碳素结构钢轧制而成,其牌号由 HPB（hot rolled plain bars）和屈服强度特征值构成,分为 HPB235 和 HPB300 两个等级。热轧光圆钢筋强度低,但具有塑性好、伸长率大、便于弯折成形、易焊接等特点。可用作中小型钢筋混凝土结构的主要受力钢筋、构件箍筋及钢、木结构的拉杆等,也可作为冷轧带肋钢筋的原材料,盘条可作为冷拔低碳钢丝的原材料。

热轧带肋钢筋是用低合金钢轧制而成的,分为普通热轧钢筋和细晶粒热轧钢筋。其牌号分别由 HRB（hot rolled ribbed bars）、HRBF（hot rolled bars of fine grains）和屈服强度特征值构成。热轧带肋钢筋表面带有纵肋和横肋（图 6-18）,从而加强了钢筋与混凝土之间的握裹力。HRB335、HRBF335 和 HRB400、HRBF400 强度较高,塑性和可焊性均较好,这两种钢筋广泛用于大中型钢筋混凝土结构的主筋,经冷拉后也可作为预应力筋。HRB500 和 HRBF500 用中碳低合金镇静钢轧制,以硅、锰为主要合金元素,并加入钒或钛作为固熔弥散强化元素,使其在提高强度的同时,保证塑性和韧性,工程中主要用作预应力钢筋。

（a）月牙肋　　　　　　　　　（b）等高肋

图 6-18　热轧带肋钢筋

国家标准《钢筋混凝土用钢　热轧光圆钢筋》（GB 1499.1—2008）和《钢筋混凝土用钢　热轧带肋钢筋》（GB 1499.2—2007）规定,各等级热轧钢筋的机械性能应符合表 6-9 的规定。

表 6-9　热轧钢筋的力学性能和工艺性能（GB 1499.1—2008、GB 1499.2—2007）

表面形状	牌号	公称直径 d/mm	$R_{eL}(\sigma_s)$/MPa	$R_m(\sigma_b)$/MPa	$A(\delta_5)$/%	冷弯		主要用途
						弯曲角度	弯心直径	
光圆	HPB235	8~22	≥235	≥370	≥25		d	非预应力
	HPB300		≥300	≥420				
月牙肋	HRB335 HRBF335	6~25	≥335	≥455	≥17	180°	3d	非预应力
		28~40	≥400	≥540	≥16		4d	
		>40~50	≥500	≥630	≥15		5d	
	HRB400 HRBF400	6~25			≥16		4d	
		28~40			≥15		5d	
		>40~50			≥14		6d	
	HRB500 HRBF500	6~25			≥15		6d	预应力
		28~40			≥14		7d	
		>40~50			≥13		8d	

6.5.3.2　冷轧带肋钢筋

热轧圆盘条经冷轧后，在其表面带有沿长度方向均匀分布的二面或三面横肋的钢筋。冷轧带肋钢筋（cold rolled ribbed bar）的牌号由 CRB 和钢筋的抗拉强度最小值构成，分为 CRB550、CRB650、CRB800 和 CRB970 4 个牌号。其中，CRB550 为普通混凝土用钢筋，其他牌号为预应力混凝土用钢筋。根据国家标准《冷轧带肋钢筋》（GB 13788—2008）的规定，其机械性能要求见表 6-10。

表 6-10　冷轧带肋钢筋的力学性能和工艺性能指标（GB 13788—2008）

牌号	$R_{P0.2}$/MPa	$R_m(\sigma_b)$/MPa	伸长率/%		弯曲试验 180°	反复弯曲次数	应力松弛 $[\sigma_{con}=0.7R_m(\sigma_s)]$ 1 000 h 松弛率/%
			$A_{11.3}(\delta_{10})$	$A_{100\,mm}(\delta_{100})$			
CRB550	≥500	≥550	≥8	—	$D=3d$	—	—
CRB650	≥585	≥650			—		
CRB800	≥720	≥800	—	≥4.0		3	≤8
CRB970	≥875	≥970					

注：表中 D 为弯心直径，d 为钢筋公称直径

冷轧带肋钢筋的公称直径一般为 4~12 mm。适用于中、小型预应力钢筋混凝土构件和普通钢筋混凝土构件，也可用于焊接网片。

6.5.3.3　其他预应力筋

预应力筋除了上述冷轧带肋钢筋中的 3 个牌号 CRB650、CRB800 和 CRB970 外，常用的预应力筋还有钢丝、钢绞线和螺纹钢筋等。

　　(1) 预应力混凝土用钢丝　用优质碳素结构钢冷拉或再经回火等工艺处理制成的高强度钢丝,抗拉强度高达 1 470~1 770 MPa。按加工状态分有冷拉钢丝(WCD)和消除应力钢丝两类,消除应力钢丝按松弛性能又分为低松弛级钢丝(WLR)和普通松弛级钢丝(WNR)。按外形可分为光圆钢丝(P)、螺旋肋钢丝(H)、刻痕钢丝(I)3 种。经低温回火消除应力后,钢丝的塑性比冷拉钢丝要高。刻痕钢丝是经压痕轧制而成的,刻痕后与混凝土握裹力大,可减少混凝土裂缝。钢丝的力学性能要求应符合国家标准《预应力混凝土用钢丝》(GB/T 5223—2014)的规定。

　　(2) 预应力混凝土用钢绞线　它是用 2 根、3 根或 7 根直径 2.5~5.0 mm 的高强碳素钢丝经绞捻后消除内应力而制成的。钢绞线的机械性能要求应符合国家标准《预应力混凝土用钢绞线》(GB/T 5224—2003)的规定。

　　预应力混凝土用钢丝和钢绞线具有强度高、柔性好、无接头等优点,且质量稳定,安全可靠,施工时不需冷拉和焊接,主要用作大跨度梁、大型屋架、吊车梁、电杆等预应力钢筋。

　　(3) 预应力混凝土用螺纹钢筋　它是一种热轧成带有不连续的外螺纹的直条钢筋,该钢筋在任意截面处,均可用带有匹配形状的内螺纹的连接器或锚具进行连接和锚固。其公称直径有 18 mm、25 mm、32 mm、40 mm、50 mm 等规格,强度等级有 PSB785、PSB830、PSB930 和 PSB10804 级。其各项力学性能应符合国家标准《预应力混凝土用螺纹钢筋》(GB/T 20065—2006)的规定。

6.5.3.4　混凝土用钢纤维

　　以碳素结构钢、合金结构钢和不锈钢为原料,采用钢丝切断、薄板剪切、熔融抽丝和铣削等方式可制备出乱向短纤维。表面粗糙或表面刻痕,形状为波形或扭曲形,端部带钩或端部有大头的钢纤维与混凝土的黏结较好,有利于混凝土增强。钢纤维直径应控制在 0.3~1.2 mm,长径比控制在 30~100。增大钢纤维的长径比可提高混凝土的增强效果,但过于细长的钢纤维容易在搅拌时结团而失去增强作用。钢纤维按抗拉强度分为 1 000、600 和 380 共 3 个等级,如表 6-11 所示。

表 6-11　钢纤维的强度等级

强度等级	1 000 级	600 级	380 级
抗拉强度 $f/(\mathrm{N \cdot mm^{-2}})$	>1 000	$600 < f \leqslant 1\ 000$	$380 < f \leqslant 600$

　　在混凝土中掺入钢纤维,能大幅提高混凝土的抗冲击强度和韧性,显著改善其抗裂、抗剪、抗弯、抗拉、抗疲劳等性能。

【6-5】工程实例分析

预应力筋张拉事故

　　现象:某预应力钢筋混凝土大跨箱梁工程,经检测,承载力未达到设计值要求。

　　原因分析:一是预留管道不顺直,摩阻力大,造成断丝;二是由于锚具等问题,造成滑丝;三是由于张拉设备标定数据不准确,或由于所使用的预应力钢筋实际弹性模量与理论弹性模量有差异等,造成张拉伸长量不足。

　　思考:预应力钢筋混凝土结构事故的预防措施。

6.6　钢材的防护

6.6.1　钢材的腐蚀

钢材在使用中,表面与周围介质接触,其中的铁与介质产生化学反应,逐步被破坏,导致钢材腐蚀,称为锈蚀。影响钢材锈蚀的主要因素有环境中的湿度、氧,介质中的酸、碱、盐,钢材的化学成分及表面状况等。一些卤素离子,特别是 Cl^- 能破坏保护膜,促进锈蚀反应,使锈蚀迅速发展。

腐蚀不仅使钢材有效截面积减小,还会产生局部锈坑,引起应力集中,会显著降低钢材的强度、塑性、韧性等力学性能。尤其在冲击荷载、循环交变荷载作用下,将产生锈蚀疲劳现象,使钢材的疲劳强度大为降低,甚至出现脆性断裂。钢材腐蚀时,伴随体积增大(可达原体积的 6 倍),在钢筋混凝土中会使周围的混凝土胀裂,影响钢筋混凝土结构的使用寿命。

钢材受腐蚀的原因很多,根据其与环境介质的作用可分为化学腐蚀和电化学腐蚀两类。

6.6.1.1　化学腐蚀

化学腐蚀是指钢材与周围介质(如 O_2、CO_2、SO_2 和 H_2O 等)直接发生化学反应,生成疏松的氧化物而引起的腐蚀。在常温下,钢材表面形成一薄层钝化能力很弱的氧化保护膜(FeO)。但这层保护膜结构疏松,易破裂,有害介质可进一步与其发生反应,造成腐蚀。在干燥环境下腐蚀发展缓慢,但温度和湿度较高时,锈蚀则发展迅速。

6.6.1.2　电化学腐蚀

钢材本身组成上的原因和杂质的存在,在表面介质的作用下,各成分电极电位不同,形成许多微小的局部原电池而产生电化学腐蚀。水是弱电解质溶液,而溶有 CO_2 的水则成为有效的电解质溶液,从而加速电化学腐蚀过程。铁元素失去了电子成为 Fe^{2+} 进入介质溶液,与溶液中的 OH^- 离子结合生成 $Fe(OH)_2$。

钢材在大气中的腐蚀,实际上是化学腐蚀和电化学腐蚀共同作用所致,但以电化学腐蚀为主。

6.6.2　钢材的防护

6.6.2.1　钢材的防腐

钢材的腐蚀既有材质的原因,也有使用环境和接触介质等的原因。要防止或减少钢材腐蚀可从改变钢材本身的易腐蚀性、改变钢材表面的电化学过程或隔离环境中的侵蚀性介质三方面入手。

(1)采用耐候钢　耐候钢即耐大气腐蚀钢,是在碳素钢和低合金钢中加入少量的铜、镍、铬等合金元素而制成的。这种钢在大气作用下能在表面形成一种致密的防腐保护层,起到耐腐蚀作用,同时保持钢材具有良好的可焊性。

耐候钢的强度级别与常用碳素钢和低合金钢一致,技术指标也相近,但耐腐蚀能力却

高出数倍,是介于普通钢和不锈钢之间的价廉物美的低合金钢系列。耐候钢的牌号、化学成分、力学性能和工艺性能可参见国家标准《焊接结构用耐候钢》(GB 4172—2000)和《高耐候性结构钢》(GB 4171—2000)。

(2)金属覆盖　用耐腐蚀性好的金属,以电镀或喷镀的方法覆盖在钢材表面,提高钢材的耐腐蚀能力。常用的方法有镀锌(如白铁皮)、镀锡(如马口铁)、镀铜和镀铬等。根据防腐的作用原理可分为阴极覆盖和阳极覆盖。阴极覆盖采用电位比钢材高的金属覆盖,如镀锡,所覆金属膜仅为机械的保护钢材,当保护膜破裂后,反而会加速钢材在电解质中的腐蚀。阳极覆盖采用电位比钢材低的金属覆盖,如镀锌,所覆金属膜因电化学作用而保护钢材。

(3)非金属覆盖　在钢材表面用非金属材料作为保护膜,使其与环境介质隔离而避免或减缓腐蚀,如喷涂涂料、搪瓷和塑料等。钢结构防止腐蚀用得最多的方法是表面喷涂油漆。涂料通常分为底漆、中间漆和面漆。底漆要求有比较好的附着力和防锈能力,中间漆为防锈漆,面漆要求有较好的牢度和耐候性。常用底漆有红丹底漆、环氧富锌漆、云母氧化铁底漆、铁红环氧底漆等,中间漆有红丹防锈漆、铁红防锈漆等,面漆有灰铅漆、醇酸磁漆和酚醛磁漆等。

(4)混凝土用钢筋的防锈　在正常的混凝土中 pH 值约为 12,这时在钢材表面能形成碱性氧化膜(钝化膜),对钢筋起保护作用。混凝土碳化后,由于碱度降低会失去对钢筋的保护作用。此外,混凝土中 Cl^- 达到一定浓度,也会严重破坏表面的钝化膜。一般混凝土配筋的防锈措施:保证混凝土的密实度,保证钢筋保护层的厚度,限制氯盐外加剂的掺量或使用防锈剂等。预应力混凝土用钢筋由于易被腐蚀,故应禁止在混凝土中使用氯盐类外加剂。

6.6.2.2　钢材的防火

(1)钢材的耐高温性能　钢材是不燃性材料,但这并不表明钢材能够抵抗火灾。耐火试验与火灾案例显示:以失去承载能力为标准,无保护层时钢柱和钢屋架的耐火极限只有 0.25 h,裸露钢梁的耐火极限只有 0.15 h。

温度在 200 ℃ 以内,可认为钢材的性能基本不变。超过 300 ℃ 以后,弹性模量、屈服点和极限强度均开始显著下降,应变急剧增大,500 ℃ 时强度为常温时的 60%～70%,至 600 ℃ 时钢材进入塑性状态而失去承载能力。因此,当有防火要求时,需按相应的规定隔热保护。

(2)钢结构的防火措施　钢结构防火保护的基本原理是采用绝热或吸热材料,阻隔火焰和热量,降低钢结构的升温速率。防火方法以包覆法为主,即以防火涂料、不燃性板材或混凝土和砂浆等将钢构件包裹起来。

1)防火涂料　防火涂料按受热时的变化分为膨胀型(薄型)和非膨胀型(厚型)两种。

膨胀型防火涂料的涂层厚度一般为 2～7 mm,附着力较强,有一定的装饰效果。由于其内含膨胀组分,遇火后会膨胀增厚 5～10 倍,形成多孔结构,从而起到良好的隔热防火作用,根据涂层厚度可使构件的耐火极限达到 0.5～1.5 h。

非膨胀型防火涂料的涂层厚度一般为 8～50 mm,呈粒状面,密度小,强度低,喷涂后需再用装饰面层隔护,耐火极限可达 0.5～3.0 h。为使防火涂料牢固地包裹钢构件,可在涂层内埋设钢丝网,并使钢丝网与钢构件表面的净距保持在 6 mm 左右。

2）不燃性板材　常用的不燃性板材有石膏板、硅酸钙板、蛭石板、珍珠岩板、矿棉板和岩棉板等，可通过黏结剂或钢钉、钢箍等固定在钢构件上。

许多钢结构建筑原已考虑到防火问题，为此在钢材表面涂防火涂料层。但已涂覆防火涂料的美国世贸大厦遇袭后短时间内即坍塌。因此，解决此类问题不应仅仅着眼于防火涂料，还可考虑钢材本身的性能改进，如通过与无机非金属材料的复合，提高钢结构材料本身的防火等方面的能力。还可研究材料或结构本身的自灭火性能，或者考虑如何综合多因素选用建筑材料，以增强重要建筑的防火、防袭的能力等。

6.6.2.3　钢材的保管

钢材与周围环境发生化学、电化学和物理等作用，极易产生锈蚀。按锈蚀的环境条件不同，可分为大气锈蚀、海水锈蚀、淡水锈蚀、土壤锈蚀、生物微生物锈蚀、工业介质锈蚀等。

在保管工作中，设法消除或减少介质中的有害组分，如去湿、防尘，以消除空气中所含的水蒸气、二氧化硫、尘土等有害组分，防止钢材的锈蚀，是做好保管工作的核心。

（1）选择适宜的存放处所　风吹、日晒、雨淋等自然因素，对钢材的性能有较大影响，应入库存放；对只忌雨淋，对风吹、日晒、潮湿不十分敏感的钢材，可入棚存放；自然因素对其性能影响轻微，或使用前可通过加工措施消除影响的钢材，可在露天存放。

存放处所应尽量远离有害气体和粉尘的污染，避免受酸、碱、盐及其气体的侵蚀。

（2）保持库房干燥通风　库、棚地面的种类会影响钢材的锈蚀速度，土地面和砖地面都易返潮，又加上采光不好，库棚内会比露天料场还要潮湿。因此库棚内应采用水泥地面，正式库房还应做地面防潮处理。

根据库房内、外的温度和湿度情况，进行通风、降潮。有条件的，应加吸潮剂。

相对湿度小时，钢材的锈蚀速度甚微，但相对湿度大到某一限度时，会使锈蚀速度明显加大，称此时的相对湿度为临界湿度。当环境高于临界湿度时，温度越高，锈蚀越快。钢材的临界湿度约为70%。

（3）合理码垛　料垛应稳固，垛位的重量不应超过地面的承载力，垛底要垫高 30 ~ 50 cm。有条件时要使用料架。根据钢材的形状、大小和多少，确定平放、坡放、立放等不同方法。垛形应整齐，便于清点，防止不同品种混淆。

（4）保持料场清洁　尘土、碎布、杂物都能吸收水分，应注意及时清除。由于杂草根部易存水，阻碍通风，且夜间排放 CO_2，因此也必须彻底清除。

（5）加强防护措施　有保管条件的，应以箱、架、垛为单位，进行密封保管。表面涂敷防护剂是防止锈蚀的有效措施。油性防锈剂易沾土，且不是所有的钢材都能采用，所以应采用使用方便、效果较好的干性防锈涂料。

（6）加强计划管理　制订合理的库存周期计划和储备定额，制订严格的库存锈蚀检查计划。

【6-6】工程实例分析

斜拉索的腐蚀

现象：济南黄河大桥为塔墩固结的 5 跨连续预应力混凝土斜拉桥，主桥长 488 m，主

跨 220 m,拉索由 67~121 根 5 mm 镀锌钢丝组成,铝管防护套,其间压注了水泥浆,1982 年建成通车。其主桥是我国早期建成的大跨斜拉桥之一。1991 年 9 月大桥管理处对斜拉索进行检查时,发现部分斜拉索的铝套管腐蚀、胀裂,将铝套管腐蚀严重的斜拉索剥开,发现灌浆不饱满、钢丝裸露。水泥石剥离后,发现钢丝表面镀锌层已不存在,钢丝表面已受到程度不同的锈蚀。

　　原因分析:PE 套管(包括铝套管)内灌注水泥浆的方法难以有效的保护拉索钢丝。主要原因是灌注水泥浆不密实,水泥浆的收缩难以避免,外层防护材料不能完全密封等。

　　思考:提高斜拉索的防腐性能的方法。

6.7　铝合金及其制品

　　铝作为化学元素,在地壳组成中占第三位,约占 7.45%,仅次于氧和硅。随着炼铝技术的提高,铝及铝合金成为一种被广泛应用的金属材料。

6.7.1　铝及其特性

　　铝属于有色金属中的轻金属,质轻,密度为 2.7 g/cm³,为钢的 1/3,是各类轻结构的基本材料之一。铝的熔点低,为 660 ℃,铝呈银白色,反射能力很强,因此常用来制造反射镜、冷气设备的屋顶等。铝有很好的导电性和导热性,仅次于铜、银和金,所以铝也被广泛用来制造导电材料、导热材料和蒸煮器皿等。

　　铝是活泼的金属元素,它与氧的亲和力很强,暴露在空气中,表面易生一层致密而坚固的氧化铝(Al_2O_3)薄膜,可以阻止铝继续氧化,从而起到保护作用,所以铝在大气中的耐腐蚀性较强。但氧化铝薄膜的厚度一般小于 0.1 μm,因而它的耐腐蚀性是有限的,如纯铝不能与盐酸、浓硫酸、氢氟酸、强碱及氯、溴、碘等接触,否则将会产生化学反应而被腐蚀。

　　铝具有良好的塑性,易加工成板、管、线及箔(厚度 6~25 μm)等。但是,铝材也有其缺点,如焊接连接困难,生产中耗能大,成本高等。常用铝材的主要力学性能见表 6-12。

表 6-12　铝的主要力学性能

铝的纯度	状态	抗拉强度/MPa	条件屈服点 $\sigma_{0.2}$/MPa	伸长率 δ/%	硬度(HB)
高纯度 99.996%	退火	48	13	50	17
	75%加工	115	105	5.5	27
99.5%	退火	90	35	35	23
	半硬	120	95	9	32
	硬	170	150	5	44

6.7.2　铝合金及其性质

　　纯铝强度较低,为了提高铝的强度和硬度,常在冷炼时加入适量的锰、镁、铜、硅、锌等

元素制得铝合金。Al-Mn、Al-Mg 合金具有很好的耐蚀性,良好的塑性和较高的强度,称为防锈铝合金;Al-Cu-Mg 系和 Al-Cu-Mg-Zn 系属于硬铝合金,其强度较防锈铝合金高,但防蚀性能有所下降。

与碳素钢相比,铝合金的性能更好,在许多物理性能方面具有明显的优势,二者的技术性能指标比较见表 6-13。

表 6-13 铝合金与碳素钢性能比较

技术指标	铝合金	碳素钢
密度 $\rho/(g/cm^3)$	2.7~2.9	7.8
弹性模量 E/GPa	63~80	210~220
屈服点 σ_s/MPa	210~500	210~600
抗拉强度 σ_b/MPa	380~550	320~800
比强度 σ_b/ρ	73~190	27~77

由于铝合金有诸多优点,所以在土木工程中应用广泛。通过热挤压、轧制、铸造等工艺,铝合金可以被加工成各种铝合金门窗、龙骨、压型板、花纹板、管材、型材等。压型板和花纹板直接用于墙面、屋面、顶棚等的装饰,也可以与泡沫塑料或其他隔热保温材料复合制成轻质、隔热保温的复合材料。某些铝合金还可替代部分钢材用于建筑物和构筑物的结构,从而大大降低建筑物和构筑物的自重。

6.7.3 铝合金的分类及牌号

6.7.3.1 铝合金的分类

根据化学成分及生产工艺,铝合金可分为变形铝合金和铸造铝合金(又称生铝合金)两大类。变形铝合金是指可以进行冷或热压力加工的铝合金;铸造铝合金是指由液态直接浇铸成各种形状复杂制品的铝合金。土木工程中所用铝合金主要为变形铝合金。

6.7.3.2 铝合金的牌号

目前,应用的铸造铝合金有铝硅(Al-Si)、铝铜(Al-Cu)、铝镁(Al-Mg)及铝锌(Al-Zn)四个系列。按规定,铸造铝合金的牌号用汉语拼音字母"ZL"(铸铝)和三位数字组成,如 ZL101、ZL102、ZL201 等。三位数字中的第一位数(1~4)表示铝合金的组别,其中 1 代表铝硅合金,2、3、4 分别代表铝铜合金、铝镁合金和铝锌合金,后面两位数字表示顺序号,优质铝合金的数字后面附加字母"A"。

变形铝合金分为防锈铝合金、硬铝合金、超硬铝合金、锻铝合金和特殊铝合金,分别用汉语拼音字母"LF""LY""LC""LD""LT"代号表示。变形铝合金牌号用其代号加顺序号表示,如 LF_{10}、LD_8 等,顺序号不直接表示合金元素的含量。

6.7.3.3 铝合金制品

土木工程中常用的铝合金制品有铝合金门窗、铝合金板、铝箔、铝粉以及铝合金吊顶龙骨等。另外,家具设备及各种室内装饰配件也大量采用铝合金。

(1)铝合金门窗 按结构和开启方式,铝合金门窗分为推拉窗(门)、平开窗(门)、悬

挂窗、回转窗、百叶窗、纱窗等,按其抗风压强度、气密性和水密性三项性能指标,将产品分为 A、B、C 三类,每类又分优等品、一等品和合格品三个等级。

（2）铝合金板　铝合金板主要用于装饰工程中,品种和规格很多。按装饰效果分为铝合金花纹板、铝合金波纹板、铝合金压型板、铝合金浅花纹板和铝合金冲孔板等。

【6-7】工程实例分析

推拉不畅的窗

现象:一栋投入使用不久的教学楼,推拉窗逐渐变得很难开启和关闭,并且关闭不紧密,有漏风现象,隔音效果也欠佳。

原因分析:经仔细检查发现,窗框有所变形。用游标卡尺测量,窗框所用铝合金型材壁厚为 1.2 mm,未达到国家标准规定的不得小于 1.4 mm 的要求。

思考:影响铝合金窗顺利开启和关闭的因素有哪些,各有何对治措施?

【创新与能力培养】高强钢的研制开发

400 MPa 热镀锌烘烤硬化高强钢的研制开发

烘烤硬化(BH)钢兼具优异的成形性能和良好的抗凹陷性能,是现代汽车面板的主要用料。与传统汽车板相比,该钢种冲压成形后,经过约 170 ℃的高温烘烤并保温后,钢板的屈服强度增加 30~60 MPa,屈服强度的增加使钢板的抗凹陷性能提高,依据此特性称为烘烤硬化钢。

根据相关资料介绍,汽车油耗与整车质量有关,汽车质量每下降 1%,油耗下降 0.6%~1.0%。汽车轻量化是降低汽车排放的有效途径,而采用高强钢替代深冲钢钢板即可以保证汽车的汽车安全、性能,又降低了车身的重量,是汽车轻量化的主要技术手段。还有采用 BH 钢板不仅对成形件的形状稳定性无影响,而且提高了零件的抗凹陷性,有利于汽车板薄壁化的实现,400 MPa 级热镀锌烘烤硬化钢是目前 BH 钢系列最高强度级别产品,2015 年 2 月份有关资料介绍,该种钢材已在国内批量商业化生产。

本章习题

一、选择题

1.钢结构设计时,碳素结构钢以下列哪个强度作为设计计算取值依据的?（　　　　）

A $\overline{f}_s$　　　　　　B $\overline{f}_b$　　　　　　C $\overline{f}_{0.2}$　　　　　　D $\overline{f}_p$

2.随着钢材含碳质量分数的提高,（　　　　）。

A 强度、硬度、塑性都提高　　　　　B 强度提高,塑性降低

C 强度降低,塑性提高　　　　　　　D 强度、塑性都降低

二、填空题

1.Q235AF 碳素结构钢,A 表示＿＿＿＿＿＿＿＿,F 表示＿＿＿＿＿＿＿＿。

2.钢材的技术性质主要有两个方面,其力学性能包括抗拉强度、＿＿＿＿＿、伸长率和＿＿＿＿断面收缩率;工艺性能包括冷弯和＿＿＿＿＿＿＿。

三、判断题

1.钢材中含磷则影响钢材的热脆性,含硫则影响钢材的冷脆性。 （　　）

2.钢材的腐蚀主要是化学腐蚀,其结果是钢材表面生成氧化铁等而失去金属光泽。

（　　）

四、综合分析题

1.简述钢材的化学成分对钢材性能的影响。

2.为什么说屈服点 f_s、抗拉强度 f_b 和伸长率 δ 是建筑工程用钢的重要技术性能指标?

3.试述低合金高强度结构钢的优点。

4.建筑工程中常用的铝合金制品有哪些? 其主要性能如何?

第 7 章 墙体及屋面材料

学习提要

　　本章主要内容:砌筑墙体的三大材料,即砌墙砖、墙用砌块和板材,并简要介绍了砌筑石材和屋面用的各类瓦材和板材。通过本章学习,要求学生掌握各种砌墙砖的质量等级、技术性能及应用范围;熟悉常用墙体材料的检验方法;了解墙体与屋面材料的发展趋势和墙体材料改革动态,以便合理选用及开发新型墙体材料。

7.1 砌墙砖

　　砌墙砖系指以黏土、工业废料或其他地方资源为主要原料,以不同工艺制造的、用于砌筑承重和非承重墙体的墙砖。砌墙砖按空洞率可以分为普通砖、多孔砖和空心砖三种。普通砖的孔洞率小于 15%,多孔砖的孔洞率不小于 28%,空心砖的孔洞率不小于 40%。根据生产工艺的不同,又把它们分为烧结砖和非烧结砖。

墙体材料

7.1.1 烧结砖

　　凡以黏土、页岩、煤矸石、粉煤灰等为原料,经成型及焙烧所得的用于砌筑承重或非承重墙体的砖统称为烧结砖。烧结砖按有无穿孔分为烧结普通砖、烧结多孔砖和烧结空心砖。烧结砖按砖的主要成分又分为烧结黏土砖(N)、烧结页岩砖(Y)、烧结煤矸石砖(M)及烧结粉煤灰砖(F)。

　　各种烧结砖的生产工艺基本相同,均为原料配制—制坯—干燥—焙烧—成品。原料对制砖工艺性能和砖的质量性能起着决定性的作用,焙烧是重要的工艺环节。焙烧砖的燃料可以外投,也可以将煤渣、粉煤灰等可燃工业废渣以适量比例掺入制坯黏土原料中作为内燃料。后一种方法称为内燃烧砖法,近几年在我国普遍采用。这种方法可节省大量外投煤,节约原料黏土 5%~10%,可变废为宝,减少环境污染。焙烧出的产品,强度提高 20% 左右,表观密度小,导热系数降低。当焙烧窑中为氧化气氛时,黏土中所含铁的氧化物被氧化,生成红色的高价氧化铁(Fe_2O_3),烧得的砖为红色;若窑内为还原气氛,高价的氧化铁还原为青灰色的低价氧化铁(FeO)即得青砖。青砖较红砖结实、耐碱和耐久,但生产效率低,浪费能源,价格较贵。在焙烧窑中应严格控制窑内温度和湿度分布,避免产生欠火砖和过火砖。窑内温度偏低,焙烧时间过短易生成欠火砖,欠火砖色浅,敲击声发哑,

吸水率大,强度低,耐久性差;反之,窑内温度偏高,焙烧时间过长易生成过火转,过火砖色深,敲击清脆,吸水率低,强度高,有弯曲变形。

7.1.1.1　烧结普通砖

以黏土、页岩、煤矸石或粉煤灰为原料制得的没有孔洞或孔洞率(砖面上孔洞总面积占砖面积的百分率)小于15%的烧结砖,称为烧结普通砖。

国家标准《烧结普通砖》(GB 5101—2003)规定,烧结普通砖根据抗压强度分为MU30、MU25、MU20、MU15、MU10五个强度等级。根据尺寸偏差、外观质量、泛霜和石灰爆裂分为优等品(A)、一等品(B)和合格品(C)。

（1）主要技术性质

1）外形尺寸　普通烧结砖的标准尺寸为240 mm×115 mm×53 mm。240 mm×115 mm的面称为大面,240 mm×53 mm的面称为条面,115 mm×53 mm的面称为顶面。考虑10 mm砌筑灰缝,则4块砖长、8块砖宽或16块砖厚均为1 m。由此可计算墙体用砖数量,如1 m³砖砌体需要用砖512块,砌筑1 m²的24墙须用砖8×16＝128块。

2）外观质量　外观质量包括两条面高度差、弯曲程度、杂质凸出高度、缺棱掉角程度、裂纹长度、完整面数和颜色等。

3）强度等级　烧结普通砖的强度等级根据抗压强度划分。抗压强度测定时,取10块砖进行试验,根据试验结果,按平均值－标准差(变异系数 $\delta \leqslant 0.21$ 时)或平均值－最小值方法(变异系数 $\delta > 0.21$ 时)评定砖的强度等级,见表7-1。

表7-1　烧结普通砖强度等级划分规定　（单位:MPa）

强度等级	抗压强度平均值 $\bar{f}$	变异系数 $\delta \leqslant 0.21$	变异系数 $\delta > 0.21$
		强度标准值 f_k	单块最小抗压强度值 f_{min}
MU30	≥30.0	≥22.0	≥25.0
MU25	≥25.0	≥18.0	≥22.0
MU20	≥20.0	≥14.0	≥16.0
MU15	≥15.0	≥10.0	≥12.0
MU10	≥10.0	≥6.5	≥7.5

烧结普通砖的抗压强度标准值按下式计算,即

$$f_k = f \tag{7-1}$$

$$S = \sqrt{\frac{1}{9}\sum_{i=1}^{10}(f_i - \bar{f})^2} \tag{7-2}$$

式中: f_i ——单块砖样的抗压强度测定值,MPa;

$\bar{f}$ ——10块砖样的抗压强度平均值,MPa;

f_k ——砖样的抗压强度标准值,MPa;

S ——10块砖样的抗压强度标准差,MPa。

强度变异系数 δ 按下式计算,即

$$\delta = \frac{S}{f} \tag{7-3}$$

4）泛霜　泛霜是指黏土原料中的可溶性盐类（如硫酸钠等）在砖使用过程中,随着砖内水分蒸发而在砖表面产生的盐析现象,一般为白霜。这些结晶的白色粉状物不仅有损于建筑物的外观,而且结晶的体积膨胀也会引起砖表层的酥松,同时破坏砖与砂浆之间的黏结。优等品砖应无泛霜,一等品砖应无中等泛霜,合格品砖应无严重泛霜。

5）石灰爆裂　当原料土或掺入的内燃料中夹杂有石灰质成分,则在烧砖时被烧成过火石灰留在砖中。这些过火石灰在砖体内吸收水分消化时产生体积膨胀,导致砖发生胀裂破坏,这种现象称为石灰爆裂。

石灰爆裂对砖砌体影响较大,轻者影响外观,重者导致强度降低直至破坏。标准规定:优等品砖不允许出现最大破坏尺寸大于 2 mm 的爆裂区域;一等品砖最大破坏尺寸大于 2 mm 且小于等于 10 mm 的爆裂区域,每组砖样不得多于 15 处,不允许出现最大破坏尺寸大于 10 mm 的爆裂区域;合格品砖最大破坏尺寸大于 2 mm,且小于等于 15 mm 的爆裂区域,每组砖样不得多于 15 处,其中大于 10 mm 的不得多于 7 处,不允许出现最大破坏尺寸大于 15 mm 的爆裂区域。

6）抗风化性能　抗风化性能是指在干湿变化、温度变化、冻融变化等物理因素作用下,材料不破坏并长期保持其原有性质的能力。风化指数是指日气温从正温降低至负温或负温升至正温的每年平均天数与每年从霜冻之日起至消失霜冻之日止这一期间降雨量（以 mm 计）的平均值的乘积。当风化指数大于等于 12 700 为严重风化区,风化指数小于 12 700 为非严重风化区,风化区的划分如表 7-2 所示。用于非严重风化区和严重风化区的烧结普通砖,其 5 h 沸煮吸水率和饱和系数如表 7-3 所示。

严重风化区中的 1、2、3、4、5 地区的砖,必须进行冻融试验,其余地区的砖的抗风化性能符合表 7-3 规定时可不做冻融试验,否则,必须进行冻融试验。冻融试验后,每块砖样不允许出现裂纹、分层、掉皮、缺棱和掉角等冻坏现象,质量损失不得大于 2%。

表 7-2　风化区的划分

严重风化区		非严重风化区	
黑龙江省 吉林省 辽宁省 内蒙古自治区 新疆维吾尔自治区 宁夏回族自治区 甘肃省 青海省 陕西省 山西省	河北省 北京市 天津市	山东省 河南省 安徽省 江苏省 湖北省 江西省 浙江省 四川省 贵州省 湖南省	福建省 台湾 广东省 广西壮族自治区 海南省 云南省 西藏自治区 上海市 重庆市

表 7-3　砖抗风化性能

砖种类	严重风化区				非严重风化区			
	5 h 沸煮吸水率/%		饱和系数		5 h 沸煮吸水率/%		饱和系数	
	平均值	单块最大值	平均值	单块最大值	平均值	单块最大值	平均值	单块最大值
黏土砖	≤18	≤20	≤0.85	≤0.87	≤19	≤20	≤0.88	≤0.90
粉煤灰砖	≤21	≤23			≤23	≤25		
页岩砖	≤16	≤18	≤0.74	≤0.77	≤18	≤20	≤0.78	≤0.80
煤矸石砖								

注：粉煤灰掺入量(体积比)小于 30%时，抗风化性能指标按黏土砖规定判定

　　饱和系数是指常温 24 h 吸水量与沸煮 5 h 吸水率之比。

　　7）放射性　放射性物质应符合《建筑材料放射性核素限量》(GB 6566—2010)的规定。

　　(2)烧结普通砖的应用　烧结普通砖具有良好的绝热性、透性气、耐久性和热稳定性等特点,在建筑工程中主要用作墙体材料,其中中等泛霜的砖不得用于潮湿部位。烧结普通砖可用于砌筑柱、拱、烟囱、窑身、沟道及基础等;可与轻混凝土、加气混凝土等隔热材料复合使用,砌成两面为砖,中间填充轻质材料的复合墙体;在砌体中配置适当钢筋和钢筋网成为配筋砖砌体,可代替钢筋混凝土柱、过梁等。由于砖砌体的强度不仅取决于砖的强度,而且受砂浆性质的影响很大。故在砌筑前砖应进行浇水湿润,同是应充分考虑砂浆的和易性及铺砌砂浆的饱满度。

　　值得指出的是,在众多墙体材料中,由于黏土砖可就地取材,使用方便,在过去相当长一段时间内是各国墙体材料的主要品种,但黏土砖的生产对土地资源以及能源消耗巨大,自重大、尺寸小、施工效率低、抗震能力差,黏土砖已逐步限制使用,并最终淘汰,代之以多孔砖、空心砖、工业废渣砖、砌块及轻质板材等。与烧结普通砖相比,生产多孔砖和空心砖可节省黏土 20%~30%,节约燃料 10%~20%,且砖坯焙烧均匀,烧成率高。采用多孔砖或空心砖砌筑墙体,可减轻自重 1/3 左右,工效提高 40%左右,同时能有效改善墙体热工性能和降低建筑物使用能耗。因此推广应用多孔砖和空心砖是加快我国墙体材料改革的重要措施之一。烧结多孔砖和空心砖的原料及生产工艺与烧结普通砖基本相同,但对原料的可塑性要求较高。

7.1.1.2　烧结多孔砖

　　烧结多孔砖是以黏土、页岩、煤矸石为主要原料,经焙烧而成的,孔洞率大于或等于 28%、孔的尺寸小而数量多、常用于承重部位的砖。烧结多孔砖为大面有孔洞的砖,孔多而小,表观密度为 1 400 kg/m³ 左右,强度较高。使用时孔洞垂直于承压面,主要用于砌筑六层以下承重墙。根据《烧结多孔砖和多孔砌块》(GB 13544—2011)的规定砖规格尺寸:290 mm、240 mm、190 mm、180 mm、140 mm、115 mm、90 mm。型号有 KM1、KP1 和 KP2 三种。P 型多孔砖一般是指 KP1,它的尺寸接近原来的标准砖,现在还在广泛的应用。M 型多孔砖由主砖及少量配砖构成砌墙不砍砖基本墙厚为 190 mm,墙厚可根据结构抗震和热工要求按半模变化这无疑在节省墙体材料上比实心砖和 P 型多孔砖更加合理,但给施工带来不便,目前是两种砖并存,如图 7-1 所示。多孔砖的尺寸允许偏差应符合表 7-4 要求。

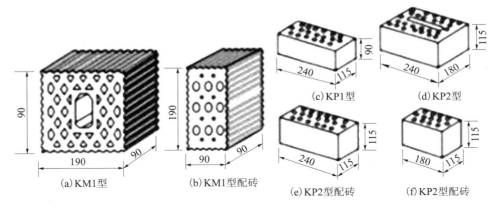

图 7-1　多孔砖类型

表 7-4　烧结多孔砖尺寸允许偏差

尺寸/mm	样本平均偏差/mm	样本极差/mm
>400	±3.0	≤10.0
300~400	±2.5	≤9.0
200~300	±2.5	≤8.0
100~200	±2.0	≤7.0
<100	±1.5	≤6.0

（1）强度等级　多孔砖的强度等级同烧结普通砖一样根据抗压强度,烧结多孔砖分为 MU30、MU25、MU15、MU20、MU10 五个强度等级,评定方法与烧结普通砖略有不同,其强度等级要求与烧结普通砖表 7-1 一致。

（2）密度等级　多孔砖的密度等级分为 1 000、1 100、1 200、1 300 四个等级,其具体指标参见表 7-5。

表 7-5　烧结多孔砖密度等级

密度等级/（kg/m³）		3 块砖或砌块干燥表观密度平均值/（kg/m³）
多孔砖	多孔砌块	
—	900	≤900
1 000	1 000	900~1 000
1 100	1 100	1 000~1 100
1 200	1 200	1 100~1 200
1 300	—	1 200~1 300

（3）外观质量　烧结多孔砖的外观质量应符合表7-6的规定。

表7-6　烧结多孔砖外观质量

项目		指标
1.完整面	不得少于	一条面和一顶面
2.缺棱掉角的三个破坏尺寸	不得同时大于	30 mm
3.裂纹长度		
(1)大面（有孔面）上深入孔壁15 mm以上宽度方向及其延伸到条面的长度	不大于	80 mm
(2)大面（有孔面）上深入孔壁15 mm以上长度方向及其延伸到条面的长度	不大于	100 mm
(3)条顶面上的水平裂纹		100 mm
4.杂质在砖或砌块面上造成的凸出高度	不大于	5 mm

注：凡有下列缺陷之一者，不能称为完整面：①缺陷在条面或顶面上造成的破坏面尺寸同时大于20 mm×30 mm；②条面或顶面上裂纹宽度大于1 mm，其长度超过70 mm；③压陷、粘底、焦花在条面或顶面上的凹陷或凸出超过2 mm，区域尺寸同时大于20 mm×30 mm

（4）孔型孔洞率及孔洞排列　烧结多孔砖的孔型孔洞率及孔洞排列应符合表7-7的规定。

表7-7　多孔砖的孔型孔洞率及孔洞排列

孔型	孔洞尺寸/mm		最小外壁厚/mm	最小肋厚/mm	孔洞率/%		孔洞排列
	孔宽度尺寸b	孔长度尺寸L			砖	砌块	
矩形条孔或矩形孔	≤13	≤40	≥12	≥5	≥28	≥33	所有孔宽应相等。孔采用单向或双向交错排列；孔洞排列上下，左右应对称，分布均匀，手抓孔的长度方向尺寸必须平行于砖的条面

注：①矩形孔的孔长L，孔宽b满足式$L \geq 3b$，为矩形条孔；②孔四个角应做成过渡圆角，不得做成直尖角；③如何砌筑砂浆槽，则砌筑砂浆槽不计算在孔洞率内；④规格大的砖和砌块应设置手抓孔，手抓孔的尺寸为(30~40)mm×(75~85)mm

烧结多孔砖的技术要求还包括泛霜、石灰爆裂和抗风化性能。具体指标的规定与烧结普通砖相同。

多孔砖具有烧结普通砖和砼小砌块的特点，外形特征属于烧结多孔砖，材料与砼小砌块类同，其可直接替代烧结普通砖用于各类承重、保温承重和框架填充等不同建筑墙体结构中，有助于减少和杜绝烧结黏土砖的生产使用，对于改善环境，保护土地资源和推进墙体材料革新与建筑节能工作的深入开展具有十分重要的社会和经济意义。

7.1.1.3　烧结空心砖

烧结空心砖是以黏土、页岩、煤矸石为主要原料，经焙烧而成的，孔洞率大于或等于

40%、孔的尺寸大而数量少、常用于非承重部位的砖。空心砖为顶面有孔的砖,孔大而少,表观密度在800~1 100 kg/m³,强度低,使用时孔洞平行于受力面,用于砌筑非承重墙。根据《烧结空心砖和空心砌块》(GB 13545—2014)的规定,长度规格尺寸390 mm、290 mm、240 mm、190 mm、180(175) mm、140 mm,宽度规格尺寸190/180(175) mm、140/115 mm,高度规格尺寸180(175) mm、140 mm、115 mm、90 mm,孔型采用矩形条孔或其他孔型。空心砖的尺寸允许偏差应符合表7-8要求。

表7-8　烧结空心砖尺寸允许偏差

尺寸/mm	样本平均偏差/mm	样本极差/mm
>300	±3.0	≤7.0
200~300	±2.5	≤6.0
100~200	±2.0	≤5.0
<100	±1.7	≤4.0

(1)强度等级　烧结空心砖的强度等级根据抗压强度,MU10、MU7.5、MU5.0、MU3.5四个强度等级,其具体指标参见表7-9。

表7-9　烧结空心砖的强度等级

强度等级	抗压强度平均值 f	变异系数 $\delta \leq 0.21$	变异系数 $\delta > 0.21$
		强度标准值 f_k	单块最小抗压强度值 f_{min}
MU10	≥10.0	≥7.0	≥8.0
MU7.5	≥7.5	≥5.0	≥5.8
MU5	≥5.0	≥3.5	≥4.0
MU3.5	≥3.5	≥2.5	≥2.8

(2)密度等级　空心砖的密度等级分为800、900、1 000、1 100四个等级,其具体指标参见表7-10。

表7-10　烧结空心砖密度等级

密度等级	5块体积密度平均值
800	≤800
900	801~900
1 000	901~1 000
1 100	1 001~1 100

(3)外观质量　烧结空心砖的外观质量应符合表7-11的规定。

表 7-11　烧结空心砖外观质量

项目		指标
1.弯曲	不大于	4 mm
2.缺棱掉角的三个破坏尺寸	不得同时大于	30 mm
3.垂直度差	不大于	4 mm
4.未贯穿裂缝长度		
（1）大面上宽度方向及其延伸到条面的长度	不大于	100 mm
（2）大面上长度方向及其延伸到条面的长度	不大于	120 mm
5.贯穿裂缝长度		
（1）大面上宽度方向及其延伸到条面的长度	不大于	40 mm
（2）肋、壁沿长度方向、宽度方向及其水平方向的长度	不大于	40 mm
6.肋、壁内残缺长度	不大于	40 mm
7.完整面	不少于	一条面或一大面

注：凡有下列缺陷之一者，不能称为完整面：①缺陷在条面或顶面上造成的破坏面尺寸同时大于 20 mm×30 mm；②条面或顶面上裂纹宽度大于 1 mm，其长度超过 70 mm；③压陷、粘底、焦花在条面或顶面上的凹陷或凸出超过 2 mm，区域尺寸同时大于 20 mm×30 mm

（4）孔型孔洞率及孔洞排列　烧结空心砖的孔型孔洞率及孔洞排列应符合表 7-12 的规定。

表 7-12　空心砖的孔型孔洞率及孔洞排列

孔洞排列	孔洞排数/排		孔洞率/%	孔型
	宽度方向	高度方向		
有序或交错排列	$b \geq 200$ mm　≥4 $b < 200$ mm　≥3	≥2	≥40	矩形孔

烧结空心砖的技术要求还包括泛霜、石灰爆裂和抗风化性能。具体指标的规定与烧结普通砖相同。

烧结空心砖自重较轻，强度较低，主要用作非承重墙，如多层建筑的内隔墙或框架结构的填充墙。

7.1.2　非烧结砖

不经焙烧而制成的砖均为非烧结砖，如碳化砖、免烧免蒸砖、蒸压蒸养砖等。目前应用较广的是蒸压蒸养砖。蒸压蒸养砖（又称硅酸盐砖）是以硅质材料和石灰为主要原料，必要时加入骨料和适量石膏，经压制成型，湿热处理制成的建筑用砖。根据所用硅质材料不同有灰砂砖、粉煤灰砖、煤渣砖、矿渣砖和尾矿砖等。

7.1.2.1　蒸压灰砂砖

蒸压灰砂砖（简称灰砂砖）是以石灰和砂为主要原料，经坯料制备、压制成型、蒸压养护而成的实心砖。根据国家标准《蒸压灰砂砖》(GB 11945—1999)规定,蒸压灰砂砖根据灰砂砖的颜色分为彩色的(Co)和本色的(N);根据抗压强度和抗折强度分为 MU25、MU20、MU15、MU10 四级;根据尺寸偏差和外观质量分为优等品(A)、一等品(B)和合格品(C)。尺寸为 240 mm×115 mm×53 mm。各等级砖的抗压强度和抗折强度值及抗冻性指标应符合表 7-13 的要求。

表 7-13　灰砂砖的强度指标和抗冻性指标

强度等级	抗压强度/MPa		抗折强度/MPa		抗冻性	
	平均值	单块值	平均值	单块值	抗压强度/MPa 平均值	单块砖干质量损失/%
MU25	≥25.0	≥20.0	≥5.0	≥4.0	≥20.0	≤2.0
MU20	≥20.0	≥16.0	≥4.0	≥3.2	≥16.0	≤2.0
MU15	≥15.0	≥12.0	≥3.3	≥2.6	≥12.0	≤2.0
MU10	≥10.0	≥8.0	≥2.5	≥2.0	≥8.0	≤2.0

注:优等品的强度等级不得低于 MU15

灰砂砖呈灰青色,表观密度为 1 800~1 900 kg/m³,导热系数约为 0.61 W/(m·K),MU15、MU20、MU25 的砖可用于基础及其他建筑,MU10 的砖仅可用于防潮层以上的建筑。灰砂砖不得用于长期受热 200℃ 以上、受急冷急热和有酸性介质侵蚀的建筑部位。

灰砂砖的耐水性良好,在长期潮湿环境中,其强度变化不显著,但其抗流水冲刷的能力较弱,因此不能用于流水冲刷部位,如落水管出水处和水龙头下面等。

7.1.2.2　蒸压(养)粉煤灰砖

蒸压(养)粉煤灰砖以粉煤灰、石灰为主要原料,掺加适量石膏和骨料经坯料制备、压制成型、高压或常压蒸汽养护而成的实心砖。根据行业标准《粉煤灰砖》(JC/T 239—2014)规定,粉煤灰砖根据抗压强度和抗折强度分为 MU10、MU15、MU20、MU25、MU30 五个强度级别。尺寸为 240 mm×115 mm×53 mm。各等级砖的抗压强度和抗折强度值及抗冻性指标应符合表 7-14、表 7-15 的要求。

表 7-14　粉煤灰砖的强度指标

强度等级	抗压强度/MPa		抗折强度/MPa	
	10 块平均值	单块值	10 块平均值	单块值
MU30	≥30.0	≥24	≥4.8	≥3.8
MU25	≥25.0	≥20	≥4.5	≥3.6
MU20	≥20.0	≥16	≥4.0	≥3.2
MU15	≥15.0	≥12	≥3.7	≥3.0
MU10	≥10.0	≥8	≥2.5	≥2.0

注:强度等级以蒸汽养护后 1 d 的强度为准

表 7-15　粉煤灰砖的抗冻性指标

使用地区	抗冻指标	质量损失率/%	抗压强度损失率/%
夏热冬暖	D15	≤5	≤25
夏热冬冷	D25		
寒冷地区	D35		
严寒地区	D50		

蒸压(养)粉煤灰砖呈深灰色,表观密度 1 400~1 500 kg/m³,导热系数约为 0.65 W/(m·K)。干燥收缩大,干燥收缩率应不大于 0.5 mm/m。粉煤灰砖可用于工业于民用建筑的墙体和基础,但用于基础或用于易受冻融和干湿交替作用的建筑部位,必须使用一等品和优等品。粉煤灰砖不得用于长期受热(200 ℃)及受急冷急热交替作用或有酸性介质侵蚀的建筑部位,为避免或减少收缩裂缝的产生,用粉煤灰砖砌筑的建筑物,应适当增设圈梁及伸缩缝。

7.1.2.3　煤渣砖

煤渣砖是以煤渣为主要原料,掺入适量石灰、石膏,经混合、压制成型,蒸养或蒸压而成的实心砖。根据行业标准《煤渣砖》(JC 525—2007)规定,煤渣砖根据抗压强度和抗折强度分为 MU25、MU20、15 三个强度级别。各等级砖的抗压强度和抗折强度值应符合表 7-16 的要求,抗冻性及碳化性能应符合表 7-17 的要求,尺寸为 240 mm×115 mm×53 mm。

表 7-16　煤渣砖的强度指标

强度等级	抗压强度平均值 $\bar{f}$	变异系数 $\delta \leqslant 0.21$	变异系数 $\delta > 0.21$
		强度标准值 f_k	单块最小抗压强度值 f_{min}
MU25	≥25.0	≥19.0	≥22.0
MU20	≥20.0	≥14.0	≥16.0
MU15	≥15.0	≥10.0	≥12.0

表 7-17　煤渣砖的抗冻性及碳化性能

强度等级	抗冻性		碳化性能
	冻后抗压强度平均值 /MPa,不小于	单块砖的干质量损失 /%,不大于	碳化后强度平均值 /MPa,不小于
MU25	22.0	2.0	22.0
MU20	16.0	2.0	16.0
MU15	12.0	2.0	12.0

煤渣砖有一定的放射性,其放射性应符合《掺工业废渣建筑材料产品放射性物质控制标准》(GB 9196—1988)的规定。煤渣砖呈黑灰色,表观密度为 1 500~2 000 kg/m³,导热系数约为 0.75 W/(m·K),煤渣砖可用于工业与民用建筑的墙体和基础,但用于基础或用于易受冻融和干湿交替作用的建筑部位必须使用 15 级与 15 级以上的砖。煤渣砖不得用于长期受热 200 ℃以上、受急冷急热和有酸性介质侵蚀的建筑部位。

【7-1】工程实例分析

外墙裂缝

　　现象：某住宅小区住宅楼，地下一层，地上十六层，建筑高度 48 m。工程设计为二类建筑；抗震设防烈度为 7 度，抗震等级二级；框架结构形式，外墙填充墙材料采用混凝土砌块砌筑填充。工程交付使用两年后，外墙表面出现不规则且不均匀裂缝，裂缝呈龟背形，裂缝明显。局部出现脱落、裂缝较严重，已出现空鼓、裂缝、漏水现象。在一定程度上降低了小区的整体质量和影响使用功能。现场裂缝图片如图 7-2 所示。

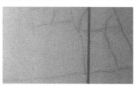

图 7-2　现场裂缝

　　原因分析：根据裂缝现象，墙面出现空鼓、起皮、龟背形不规则裂缝等现象，其原因如下：墙面基层未处理好，砂浆与墙面的黏结力不够，出现空鼓、裂缝现象；填充墙与钢筋混凝土构件交界处，未设置镀锌钢丝网片或耐碱玻璃网格布加强处理，或搭接长度不够；抹灰一次成活，或抹灰层过厚未采取加强措施（抹灰层超过 35mm 需加钢丝网片加强）；抹灰操作时用力太轻，底层抹灰没有带有一定压力，导致黏结不牢。

　　思考：维修措施。

7.2　砌块

　　砌块是利用混凝土，工业废料（炉渣、粉煤灰等）或地方材料制成的人造块材，外形尺寸比砖大，具有设备简单、砌筑速度快的优点，符合了建筑工业化发展中墙体改革的要求。砌块是砌筑用的人造块材，是一种新型墙体材料，外形多为直角六面体，也有各种异型体砌块。砌块系列中主要规格的长度、宽度或高度有一项或一项以上分别超过 365 mm、240 mm 或 115 mm，但砌块高度一般不大于长度或宽度的 6 倍，长度不超过高度的 3 倍。

　　砌块按尺寸和质量的大小不同分为小型砌块、中型砌块和大型砌块。砌块系列中主规格的高度大于 115 mm 而小于 380 mm 的称作小型砌块、高度为 380~980 mm 称为中型砌块、高度大于 980 mm 的称为大型砌块，使用中以中小型砌块居多。砌块按外观形状可以分为实心砌块和空心砌块。空心率小于 25% 或无孔洞的砌块为实心砌块；空心率大于或等于 25% 的砌块为空心砌块。空心砌块有单排方孔、单排圆孔和多排扁孔三种形式，其中多排扁孔对保温较有利。按砌块在组砌中的位置与作用可以分为主砌块和各种辅助砌块。根据材料不同，常用的砌块有普通混凝土与装饰混凝土小型空心砌块、轻骨料混凝土小型空心砌块、粉煤灰小型空心砌块、蒸压加气混凝土砌块、免蒸加气混凝土砌块（又称环保轻质混凝土砌块）和石膏砌块。

7.2.1 混凝土砌块

7.2.1.1 普通混凝土小型砌块

普通混凝土小型空心砌块是以水泥、砂、石子制成,空心率25%~50%,适宜于人工砌筑的混凝土建筑砌块系列制品。其主规格尺寸长度为390 mm,宽度为90 mm、120 mm、140 mm、190 mm、290 mm,高度为90 mm、140 mm、190 mm,如图7-3所示,其他规格尺寸可由供需双方协商。

图7-3　普通混凝土小型砌块

根据国家标准《混凝土小型空心砌块》(GB/T 8239—2014)的规定,混凝土小型空心砌块根据抗压强度分为 MU5.0、MU7.5、MU10.0、MU15.0、MU20.0、MU25、MU30、MU5、MU40 九个等级。普通混凝土小型空心砌块的强度等级应符合表7-18规定;抗冻性应符合表7-19的规定。

表7-18　混凝土小型空心砌块强度等级

强度等级	砌块抗压强度/MPa		强度等级	砌块抗压强度/MPa	
	平均值	单块最小值		平均值	单块最小值
MU5	≥5.0	≥4.0	MU25	≥25.0	≥20.0
MU7	≥7.5	≥6.0	MU30	≥30.0	≥24.0
MU10	≥10.0	≥8.0	MU35	≥35.0	≥28.0
MU15	≥15.0	≥12.0	MU40	≥40.0	≥32.0
MU20	≥20.0	≥16.0			

表7-19　混凝土小型空心砌块抗冻性

使用地区	抗冻指标	质量损失率/%	抗压强度损失率/%
夏热冬暖	D15	平均值≤5 单块最大值≤10	平均值≤20 单块最大值≤30
夏热冬冷	D25		
寒冷地区	D35		
严寒地区	D50		

普通混凝土小型空心砌块具有强度较高、自重较轻、耐久性好、外表尺寸规整等优点,部分类型的混凝土砌块还具有美观的饰面以及良好的保温隔热性能,适用于建造各种居住、公共、工业、教育、国防和安全性质的建筑,包括高层与大跨度的建筑,以及围墙、挡土墙、桥梁、花坛等市政设施,应用范围十分广泛。混凝土砌块施工方法与普通烧结砖相近,

在产品生产方面还具有原材料来源广泛、不毁坏良田、能利用工业废渣、生产能耗较低、对环境的污染程较小、产品质量容易控制等优点。

混凝土砌块在 19 世纪末起源于美国,经历了手工成型、机械成型、自动振动成型等阶段。混凝土砌块有空心和实心之分,有多种块型,在世界各国得到广泛应用,许多发达国家已经普及了砌块建筑。我国从 20 世纪 60 年代开始对混凝土砌块的生产和应用进行探索。1974 年,国家建材局开始把混凝土砌块列为积极推广的一种新型建筑材料。20 世纪 80 年代,我国开始研制和生产各种砌块生产设备,有关混凝土砌块的技术立法工作也不断取得进展,并在此基础上建造了许多建筑。在三十几年的时间中,我国混凝土砌块的生产和应用虽然取得了一些成绩,但仍然存在许多问题,比如,空心砌块存在强度不高、块体较重、易产生收缩变形、保温性能差、易破损、不便砍削加工等缺点,这些问题亟待解决。

7.2.1.2 轻骨料混凝土小型空心砌块

用轻骨料混凝土制成,空心率等于或大于 25% 的小型砌块称为轻骨料混凝土小型空心砌块。按其孔的排数分为单排孔、双排孔、三排孔和四排孔 4 类。主规格尺寸长×宽×高为 390 mm×190 mm×190 mm,其他规格尺寸由供需双方商定。

根据国家标准《轻骨料混凝土小型空心砌块》(GB/T 15229—2011)的规定,混凝土小型空心砌块根据抗压强度分为 MU2.5、MU3.5、MU5.0、MU7.5、MU10.0 五个等级;根据体积密度分 700、800、900、1 000、1 100、1 200、1 300、1 400 八个等级。

轻骨料混凝土小型空心砌块的密度等级应符合表 7-20 要求;强度等级符合表 7-21 要求者;吸水率不应大于 18%;干缩率不应大于 0.065%;相对含水率应符合表 7-22 要求;抗冻性应符合表 7-15 的要求;加入粉煤灰等火山灰质掺合料的小砌块,其碳化系数不应小于 0.8,软化系数不应小于 0.8;放射性性能应符合《建筑材料放射性核素限量》(GB 6566—2010)的规定。

表 7-20 轻骨料混凝土小型空心砌块密度等级

密度等级	砌块干燥表观密度的范围/(kg/m³)	密度等级	砌块干燥表观密度的范围/(kg/m³)
700	610~700	1 100	1 010~1 100
800	710~800	1 200	1 110~1 200
900	810~900	1 300	1 210~1 300
1 000	910~1 000	1 400	1 3100~1 400

表 7-21　轻骨料混凝土小型空心砌块强度等级

强度等级	砌块抗压强度/MPa		密度等级范围
	平均值	最小值	
2.5	≥2.5	≥2.0	≤800
3.5	≥3.5	≥2.8	≤1 000
5.0	≥5.0	≥4.0	≤1 200
7.5	≥7.5	≥6.0	≤1 200 a、1 200 b
10.0	≥10.0	≥8.0	≤1 200 a、1 400 b

注:当砌块的抗压强度同时满足 2 个强度等级个以上强度等级要求时,应以满足的最高强度等级为准。
　　a.除自燃煤矸石掺量不小于砌块质量 35%以外的其他砌块;
　　b.自燃煤矸石掺量不小于砌块质量 35%以外的其他砌块

表 7-22　轻骨料混凝土小型空心砌块干缩率和相对含水率

干缩率/%	相对含水率不应大于/%		
	潮湿地区	中等湿度地区	干燥地区
<0.03	45	40	35
0.03~0.045	40	35	30
0.045~0.065	35	30	25

注:潮湿地区指年平均湿度大于 75%的地区;中等湿度地区指年平均湿度 50%~75%的地区;干燥地区指年平均湿度小于 50%的地区

　　我国自 20 世纪 70 年代末开始利用浮石、火山渣、煤渣等研制并批量生产轻骨料混凝土小砌块。进入 20 世纪 80 年代以来,轻骨料混凝土小砌块的品种和应用发展很快,有天然轻骨料(如浮石、火山渣)混凝土小型砌块;工业废渣轻骨料(如煤渣、自燃煤矸石)混凝土小砌块;人造轻骨料(如黏土陶粒、页岩陶粒和粉煤灰陶粒等)混凝土小砌块。轻骨料混凝土小砌块以其轻质、高强、保温隔热性能好和抗震性能好等特点,在各种建筑的墙体中得到广泛应用,特别是在保温隔热要求较高的维护结构上的应用。

7.2.2　加气混凝土砌块

　　蒸压加气混凝土砌块以水泥、矿渣、砂或水泥、石灰、粉煤灰为基本原料,以铝粉为发气剂,经过经搅拌、发气、切割和蒸压养护等工艺加工而成,如图 7-4 所示。

　　根据国家《蒸压加气混凝土砌块》(GB/T 11968—2006)规定,蒸压加气混凝土砌块根据抗压强度分为 A1.0、A2.0、A2.5、A3.5、A5.0、A7.5、A10.0 七个等级;根据体积密度分 B03、B04、B05、B06、B07、B08 六个等级;

图 7-4　加气混凝土砌块

按尺寸偏差与外观质量、干密度、抗压强度和抗冻性分为优等品(A),合格品(B)。

　　蒸压加气混凝土砌块的主规格尺寸长为 600 mm,宽为 100 mm、120 mm、125 mm、150 mm、180 mm、200 mm、240 mm、250 mm、300 mm,高为 200 mm、240 mm、250 mm、300 mm,其他规格尺寸由供需双方商定。蒸压加气混凝土砌块抗压强度应符合表 7-24 的规定;体积密度、强度级别及物理性能应符合表 7-24 的规定;掺用工业废渣为原料时,放射性性能应符合《建筑材料放射性核素限量》(GB 6566—2010)的规定。

表 7-23　蒸压加气混凝土砌块抗压强度

强度级别	立方体抗压强度/MPa	
	平均值	单块最小值
A1.0	≥1.0	≥0.8
A2.0	≥2.0	≥1.6
A2.5	≥2.5	≥2.0
A3.5	≥3.5	≥2.8
A5.0	≥5.0	≥4.0
A7.5	≥7.5	≥6.0
A10.0	≥10.0	≥8.0

表 7-24　蒸压加气混凝土砌块的干密度、强度级别及物理性能

体积密度级别		B03	B04	B05	B06	B07	B08
干密度	优等品	≤300	≤400	≤500	≤600	≤700	≤800
	合格品	≤325	≤425	≤525	≤625	≤725	≤825
强度级别	优等品	A1.0	A2.0	A3.5	A5.0	A7.5	A10.0
	合格品			A2.5	A3.5	A5.0	A7.5
干燥收缩值 mm/m	标准法	≤0.50					
	快速法	≤0.80					
抗冻性	质量损失/%	≤5.0					
	冻后强度/MPa 优等品	≥0.8	≥1.6	≥2.8	≥4.0	≥6.0	≥8.0
	合格品			≥2.0	≥2.8	≥4.0	≥6.0
导热系数(干态)/[W/(m·K)]		≤0.10	≤0.12	≤0.14	≤0.16	≤0.18	≤0.20

　　我国从 1958 年开始进行加气混凝土研究。20 世纪 60 年代开始工业性试验和应用,并从国外引进全套技术和装备进行生产。20 世纪 70 年代对引进技术和设备进行消化吸收,并建立了独立的工业体系。目前,中国加气混凝土工业的整体水平还很低,在已有的 200 条生产线中,年生产能力不足 5 万 m³、工艺设备简陋的生产线占 70%以上,整个产品的合格率也不高,生产管理水平低,整个行业需要加强技术改进。加气混凝土砌块具有轻质、保温、防火、可锯和可刨加工等特点,可制成建筑砌块,适用于民用工业建筑物的内外墙体材料和保温材料。

7.2.3 粉煤灰砌块

粉煤灰是从煤燃烧后的烟气中收捕下来的细灰,粉煤灰是燃煤电厂排出的主要固体废物。我国火电厂粉煤灰的主要氧化物组成为 SiO_2、Al_2O_3、FeO、Fe_2O_3、CaO、TiO_2 等。粉煤灰是我国当前排量较大的工业废渣之一,随着电力工业的发展,燃煤电厂的粉煤灰排放量逐年增加。大量的粉煤灰不加处理,就会产生扬尘,污染大气;若排入水系会造成河流淤塞,而其中的有毒化学物质还会对人体和生物造成危害。另外粉煤灰可作为混凝土的掺合料。粉煤灰是我国当前排量较大的工业废渣之一,现阶段我国年排渣量已达 3 000 万 t。随着电力工业的发展,燃煤电厂的粉煤灰排放量逐年增加,粉煤灰的处理和利用问题引起人们广泛的注意。

《粉煤灰砌块》[JC 238—1991(96)]规定其主规格尺寸有 880 mm×380 mm×240 mm 和 880 mm×420 mm×240 mm 两种,按立方体抗压强度分为 MU10、MU13 两个等级,按外观质量、尺寸偏差分为一等品和合格品。各等级的抗压强度、碳化后强度、抗冻性和密度、干缩性能应符合表 7-25 规定。

表 7-25　粉煤灰砌块抗压强度、碳化后强度、抗冻性和密度、干缩性能

项目		指标	
		MU10	MU13
立方体抗压强度/MPa	3 块平均值	≥10.0	≥13.0
	单块最小值	≥8.0	≥10.5
碳化后强度		≥6.0	≥7.5
干缩值 mm/m	合格品	≤0.90	
	一等品	≤0.70	
密度		不超过设计值的 10%	
抗冻性		冻融循环后无明显疏松、剥落、裂缝,强度损失不大于20%	

粉煤灰砌块主要利用粉煤灰、炉渣、砂子等废弃资源为原材料,经过创新工艺生产而成,具有容重小(能浮于水面)、保温、隔热、节能、隔音效果优良,可加工性好等优点,是一种新型的节能墙体材料,可以替代空心砌块及墙板作为非承重墙体材料使用,隔热保温是它最大的优势,保温效果是黏土砖的 4 倍,节约电耗 30%~50%。

粉煤灰砌块节能环保,推广使用后可以大大改善各地居民的生活质量,而且还可以把本地区的粉煤灰、冶金废渣及尾矿等工业固体废弃物再生利用,真正实现经济循环,促进经济和环境和谐发展。

【7-2】工程实例分析

砌块墙体裂缝产生的原因

现象:常规砌块墙体裂缝。

原因分析:原材料原因:一是由于砌块本身的性能即它的收缩性引起的裂缝。砼小型空心砌块收缩率比黏土砖大,在自然收缩过程中,随着含水量的降低,材料会产生较大的干缩变形,引起不同程度的裂缝。二是由于砌块单体体积大,灰缝面积小,砌体的抗拉、抗剪度低,仅为黏土砖的 1/2,容易沿灰缝方向产生裂缝。三是填充墙自身收缩而产生裂缝,这主要是由于砂浆具有流动性,在重力作用下引起的收缩。再者,是由于砌筑砂浆凝结硬化时会产生收缩。四是砌块强度达不到要求产生的裂缝。由于非承重填充墙主要承受自重受压荷载作用,因此这种裂缝多为垂直裂缝。五是因不同材料差异变形引起的墙体裂缝。如框架柱、梁与填充墙之间、填充墙与剪力墙之间的裂缝。这种裂缝实际上是由温度变化引起的,由于填充墙和钢筋砼的线膨胀系数不同,使得温度变化时两种材料的收缩量也不一样,这就造成了在两种材料结合处的裂缝。设计原因;施工原因;温度原因;沉降原因;使用方面原因。

思考:后五个原因具体包括哪些内容?

7.3 砌筑石材

凡由天然岩石开采的,经加工或未加工的石材,统称为天然石材。砌筑石材是用于建筑基础或墙体等的天然石材。人类对天然石材的使用有着悠久的历史,古埃及的金字塔、太阳神神庙,中国隋唐时代的石窟、石塔,赵州永济桥,明、清故宫宫殿的汉白玉、大理石基座、栏杆,都是具有历史代表性的石材建筑。在现代建筑中,北京人民英雄纪念碑、毛主席纪念堂、人民大会堂、北京火车站等,都是使用石材的典范,石材被公认为是一种优良的土木工程材料,被广泛应用于土木工程中。天然石材具有以下优点:①蕴藏量丰富,分布广,便于就地取材;②石材结构致密,抗压强度高,大部分石材的抗压强度可达到 100 MPa 以上;③耐久性好,使用年限一般可达到百年以上;④装饰性好,石材具有纹理自然、质感稳重、肃穆和雄伟的艺术效果;⑤耐水性好;⑥耐磨性好。

但石材也有自身不易克服的缺点,主要缺点是自重大,质地坚硬,加工困难,开采和运输不方便。

7.3.1 岩石的形成与分类

石材由岩石加工而成。岩石由造岩矿物组成,不同的造岩矿物在不同的地质条件下,形成不同性能的岩石。而造岩矿物是具有一定化学成分和一定结构特征的天然固态化合物或单质体。各种造岩矿物各具不同颜色和特征,如云母、角闪石、石英、方解石、黄铁矿等。目前,已发现的矿物有 3 300 多种,绝大多数是固态无机物,主要造岩矿物有 30 多种。天然岩石按矿物组成不同可分为单矿岩和多矿岩(或复矿岩)。凡是由单一的矿物组成的岩石叫单矿岩,如石灰岩就是由 95% 以上的方解石组成的单矿岩。凡是由两种或两种以上的矿物组成的岩石叫多矿岩(复矿岩),如主要由长石、石英、云母组成的花岗岩。天然岩石按形成的原因不同可分为岩浆岩、沉积岩、变质岩等三大类。

(1)岩浆岩　岩浆岩又称火成岩,是由地壳内部熔融岩浆上升过程中在地下或喷出地面后冷凝结晶而成的岩石,它是组成地壳的主要岩石,占地壳总质量的 89%。根据岩浆冷凝情况的不同,岩浆岩又分为以下三种。

1)深成岩　深成岩是地壳深处的岩浆在受上部覆盖层压力的作用下,经缓慢冷凝而形成的岩石。深成岩结晶完整,晶粒粗大,结构致密而没有层理,具有抗压强度高、孔隙率及吸水率小、表观密度大、抗冻性好等特点。工程上常用的深成岩有花岗岩(图7-5)、正长岩、橄榄岩、闪长岩等。

2)喷出岩　喷出岩是岩浆冲破覆盖层喷出地表时,在压力骤减和迅速冷却的条件下而形成的岩石。由于其大部分岩浆喷出后还来不及完全结晶即凝固,因而常呈隐晶质(细小的结晶)或玻璃质结构。当喷出的岩浆形成较厚的岩层时,其岩石的结构和性质与深成岩相似;当形成较薄的岩层时,由于冷却速度快及气压作用而易形成多孔结构的岩石,其性质近似于火山岩。工程上常用喷出岩有玄武岩(图7-6)、辉绿岩和安山岩等。

3)火山岩　火山岩又称火山碎屑岩,是火山爆发时,岩浆被喷到空中而急速冷却后形成的岩石,呈多孔结构,且表观密度小。工程上常用的火山岩有火山灰、浮石、火山凝灰岩(图7-7)等。

图7-5　花岗岩

图7-6　玄武岩

图7-7　火山凝灰岩

(2)沉积岩　沉积岩又称为水成岩。它是由露出地表的各种岩石经自然界的风化、搬运、沉积并重新成岩而形成的岩石,主要存在于地表及不太深的地下。沉积岩为层状结构,各层的成分、结构、颜色和层厚均不相同,与岩浆岩相比,其特点是结构致密性较差,表观密度小,孔隙率和吸水率大,强度较低,耐久性相对较差,但分布较广,约占地表面积的75%,且藏地不深,开采、加工容易,在工程上应用较广。根据沉积岩生成条件,可分为以下三种。

1)机械沉积岩　它是由自然风化逐渐破碎松散的岩石及砂等,经风、雨、冰川和沉积等机械力的作用而重新压实或胶结而成的岩石,如砂岩(图7-8)和页岩等。

2)化学沉积岩　由溶解于水中的矿物质经聚积、沉积、重结晶和化学反应等过程而形成的岩石,如石膏(图7-9)、白云石等。

3)有机沉积岩　由各种有机体的残骸沉积而成的岩石,如石灰岩(图7-10)和硅藻土等。

(3)变质岩　变质岩是地壳中原有岩浆岩或沉积岩在地层的压力或温度作用下,在固体状态下发生再结晶作用,使其矿物成分、结构构造乃至化学成分发生部分或全部改变而形成的新岩石。其性质取决于变质前的岩石成分和变质过程。沉积岩形成变质岩后,其建筑性能有所提高,如石灰岩和白云岩变质后得到的大理岩,比原来的岩石坚固耐久,如图7-11所示。而岩浆岩经变质后产生片状构造,性能反而下降,如花岗岩变质后成为片麻岩则易于分层剥落,耐久性差。

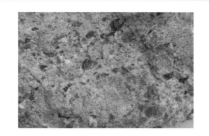

图 7-8　砂岩

图 7-9　石膏

图 7-10　石灰岩

图 7-11　大理石

7.3.2　砌筑石材的技术性质

天然石材的技术性质可分为物理性质、力学性质和工艺性质。天然石材因生成条件不同,常含有不同种类的杂质,矿物成分也会有所变化,所以,即使是同一类岩石,它们有可能有很大差别,因此在使用前都必顺进行检验和鉴定,以保证工程质量。

7.3.2.1　石材的物理性质

(1)表观密度　岩石的表观密度由其矿物质组成及致密所决定。表观密度的大小常间接的反映石材的致密和孔隙多少,一般情况下,同种石材表观密度越大,则抗压强度越高,吸水率越小,耐久性、导热性越好。天然岩石按表观密度大小可分为轻质石材(表观密度<1 800 kg/m³)和重质石材(表观密度>1 800 kg/m³),重石可用于建筑的基础、贴面、地面、不采暖房屋外墙、桥梁及水工构筑物等;轻石主要用于保温房屋外墙。

(2)吸水性　天然石材的吸水率一般较小,但由于形成条件、密实程度与胶结情况的不同,石材的吸水率波动也较大,如花岗岩和致密的石灰岩,吸水率通常小于1%,而多孔的石灰岩,吸水率可达15%。石材吸水后强度降低,抗冻性、耐久性下降。石材根据吸水率的大小分为低吸水性岩石(吸水率<1.5%)、中吸水性岩石(吸水率为 1.5%~3%)和高吸水性岩石(吸水率>3%)。

(3)耐水性　石材的耐水性用软化系数表示。当石材含有较多的黏土或易溶物质时,软化系数较小,其耐水性较差。根据各种石材软化系数大小,可将石材分为高耐水性石材(软化系数小于0.90)、中耐水性石材(软化系数为0.75~0.90)和低耐水性石材(软化系数为0.60~0.75)。当石材软化系数<0.6 时,则不允许用于重要建筑物中。

(4)抗冻性　抗冻性是指石材抵抗冻融破坏的能力,可用在水饱和状态下能经受的冻融循环次数(强度降低值不超过 25%、质量损失不超过 5%,无贯穿裂缝)来表示。抗冻

性是衡量石材耐久性的一个重要指标,能经受的冻融次数越多,则抗冻性越好。石材抗冻性与吸水性有着密切的关系,吸水性大的石材其抗冻性也差。根据经验,吸水率<0.5%的石材,则认为是抗冻的,可不进行抗冻试验。

(5)耐热性　石材的耐热性与其化学成分及矿物组成有关。石材经高温后,由于热胀冷缩,体积变化而产生内应力或因组成矿物发生分解和变异等导致结构破坏。如含有石膏的石材,在 100 ℃以上开始破坏;含有碳酸镁的石材,温度高于 725 ℃时会发生破坏;含有碳酸钙的石材,温度达 827 ℃时开始破坏。由石英与其他矿物所组成的结晶石材如花岗岩等,当温度达到 700 ℃以上时,由于石英受热发生膨胀,强度会迅速下降。

(6)导热性　主要与其致密程度有关,重质石材的热导率可达 2.91~3.49 W/(m·K),而轻质石材的热导率则为 0.23~0.7 W/(m·K),具有封闭孔隙的石材,热导率更低。

7.3.2.2　石材的力学性质

(1)抗压强度　石材的抗压强度是以 3 个边长为 70 mm 的立方体试块的抗压破坏强度的平均值表示的,砌体所用石材根据抗压强度分成 9 个强度等级:MU100、MU80、MU60、MU50、MU40、MU30、MU20、MU15、MU10。抗压试件边长可采用表 7-26 所列各种边长尺寸的立方体,但应对其测定结果乘以相应的换算系数。

表 7-26　石材强度等级的换算系数

立方体边长/mm	200	150	100	70	50
换算系数	1.43	1.28	1.14	1	0.86

石材的抗压强度与其矿物组成、结构与构造特征等有密切的关系。如:组成花岗岩的主要矿物成分中石英是很坚强的矿物,其含量越多,则花岗岩的强度也越高,而云母为片状矿物,易于分裂成柔软薄片。因此,若云母含量越多,则其强度越低。另外,结晶质石材的强度较玻璃质的高,等粒状结构的强度较斑状结构的高,构造致密的强度较疏松多孔的高。

(2)冲击韧性　石材的冲击韧性取决于岩石的矿物组成与构造。石英岩、硅质砂岩脆性较大,含暗色矿物较多的辉长岩、辉绿岩等具有较高的韧性。一般来说,晶体结构的岩石较非晶体结构的岩石具有较高的韧性。

(3)硬度　石材的硬度取决于石材的矿物组成与构造,凡由致密、坚硬矿物组成的石材,其硬度就高。岩石的硬度以莫氏矿度表示。

(4)耐磨性　耐磨性是石材抵抗摩擦、边缘剪切以及撞击等复杂作用的能力。石材的耐磨性包括耐磨损(石材受摩擦作用)和耐磨耗性,以单位摩擦质量所产生的质量损失的大小来表示。石材的耐磨性质与石材内部组成矿物的硬度、结构和构造有关。石材的组成矿物越坚硬,构造越致密以及其抗压强度和冲击韧性越高,则石材的耐磨性越好。

7.3.2.3　石材的工艺性质

石材的工艺性质主要指其开采和加工过程的难易程度及可能性,包括以下几个方面。

(1)加工性　石材的加工性是指对岩石开采、据解、切割、凿琢、磨光和抛光等加工工艺的难易程度。凡强度、硬度、韧性较高的石材,不易加工;质脆而粗糙,有颗粒交错,含有层状或片粒结构以及已风化的岩石,都难以满足加工要求。

（2）磨光性　磨光性指石材能否磨成平整光滑表面的性质。致密、均匀、细粒的岩石，一般都有良好的磨光性，可以磨成光滑亮洁的表面；疏松多孔有鳞片状构造的岩石，磨光性不好。

（3）易钻性　抗钻性指石材钻孔难易程度的性质。影响抗钻性的因素很复杂，一般与岩石的强度、硬度等性质有关。当石材的强度越高，硬度越大时，越不易钻孔。

7.3.3　石材的应用

由于天然石材具有抗压强度高、耐久性、耐磨性及装饰性好等优点，因此，目前在建筑工程的使用仍然相当普遍。建筑石材可以分为3类：毛石（分为乱毛石和平毛石）、料石（分为毛料石、粗料石、半细料石、细料石）、饰面石材，其中前两者均可作砌筑石材用。

（1）花岗岩

1）花岗岩的组成和特性　花岗岩为典型的深成岩，是岩浆岩中分布最广的一种岩石。主要由长石、石英和少量暗色矿物及云母（或角闪石等）组成，其中长石含量为40%~60%，石英含量为20%~40%。

花岗岩表观密度为 2 600~2 800 kg/m³，孔隙率小（0.04%~2.8%），吸水率极低（0.11%~0.7%），抗压强度高达 120~250 MPa，材质坚硬，肖氏硬度 80~100，具有优异的耐磨性，对酸具有高度的抗腐性，对碱类侵蚀也有较强的抵抗力，耐久性很高，一般使用年限达 75~200 年，细粒花岗岩的使用年限甚至可达到 500~1 000 年之久。但花岗岩的耐火性较差，当温度达 800 ℃以上，花岗岩中的二氧化硅晶体产生晶形转化，使体积膨胀，故发生火灾时，花岗岩会发生严重开裂而破坏。

花岗岩为全晶质结构的岩石，按结晶颗粒的大小，通常分为细粒、中粒和斑粒等几种。颜色一般为灰白、微黄、淡红和蔷薇等色，以深青花岗岩比较名贵，国际市场上以纯黑、红色及绿色最受欢迎。

2）花岗岩的应用　花岗岩是公认的高级建筑结构材料和装饰材料。花岗岩石材常制作成块状石材和板状饰面石材，块状石材用于重要的大型建筑物的基础、勒脚、柱子、栏杆、踏步等部位以及桥梁、堤坝等工程中，是建造永久性工程，纪念性建筑的良好材料。如毛主席纪念堂的台基为红色花岗岩，象征着红色江山坚如磐石。板材石材质感坚实，华丽庄重，是室内外高级装饰装修板材。根据在建筑物中使用部位的不同，对其表面的加工要求也就不同，通常可分为以下四种。

剁斧板：表面粗糙，呈规则的条纹斧状。

机刨板：用刨石机刨成较为平整的表面，呈相互平行的刨纹。

粗磨板：表面经过粗磨，光滑而无光泽。

磨光板：经过打磨后表面光亮，色泽鲜明，晶体裸露。再经抛光处理后，即成为镜面花岗岩板材。

剁斧板多用于室外地面、台阶、基座等处；机刨板一般用于地面、台阶、基座、踏步、檐口等处；粗磨板常用于墙面、柱面、台阶、基座、纪念碑、墓碑、铭牌等处；磨光板因具有色彩绚丽的花纹和光泽，故多用于室内外墙面、地面、柱面的装饰，以及用作旱冰场地面、纪念碑、奠基碑、铭牌等处。

　　天然花岗岩板材可分为普通型板材(即正方形或长方形的板材,代号 N)、异形板材(其他形状的板材,代号 S)。按其表面加工程度分为细面板材(RB)、镜面板材(PL)、粗面板材(RU);按其尺寸、平面度、角度偏差、外观质量等分为优等品(A)、一等品(B)、合格品(C)三个等级。板材正面的外观缺陷应符合(JC 205—1992)的规定,如表 7-27所示。

表 7-27　天然花岗岩板材的外观质量要求

名称	规定内容	优等品	一等品	合格品
缺棱	长度不超过 10 mm(长度小于 5 mm 不计),周边每米长(个)	不允许	1	2
缺角	面积不超过 5 mm×2 mm(面积小于 2 mm×2 mm 不计),每块板(个)	不允许	1	2
裂纹	长度不超过两端顺延至板边总长度的 1/10(长度小于 20 mm 的不计)每块板(条)	不允许	1	2
色斑	面积不超过 20 mm×30 mm(面积小于 15 mm×15 mm 不计),每块板(个)	不允许	1	2
色线	长度不超过两端顺延至板边总长度的 1/10(长度小于 40 mm 的不计),每块板(条)	不允许	2	3
坑窝	粗面板材的正面出现坑窝		不明显	出现,但不影响使用

　　值得指出的是,花岗岩的化学成分随产地不同而有所区别,某些花岗岩含有放射性元素,对这类花岗岩应避免应用于室内。

　　(2) 大理石

　　1) 大理石的组成和特性　大理石因最早产于云南大理而得名,全世界的同类石材均以"大理"来命名。建筑上所说的大理石是指具有装饰功能,并可磨光、抛光的各种沉积岩和变质岩。大理岩、石英岩、蛇纹岩、砂岩、白云岩等均可加工成大理石。

　　大理石表观密度为 2 600~2 700 kg/m³,抗压强度为 100~150 MPa,但硬度不大(肖氏硬度 50 左右),较易进行锯解、雕琢和磨光等加工。吸水率一般不超过 1%,耐久性好,一般使用年限为 40~100 年。装饰性好,因通常含多种矿物而呈多姿多彩的花纹。但其抗风化性能差,大多数大理石的主要化学成分是碳酸盐类,易被酸侵蚀。

　　2) 大理石的应用　大理石因一般均含多种矿物质,常呈多种色彩组成的花纹。抛光后的大理石光洁细腻,如脂似玉,色彩绚丽,纹理自然,十分诱人。例如毛主席纪念堂内的十四种大理石花盆,每个花盆正面图案都具有深刻的含义,画面中有韶山、井冈山、娄山关、赤水河、金沙江、大渡河、雪山、草地和延安等,它们或是红军长征经过的地方,或是毛主席工作、生活过的场所,或是毛主席诗词中歌颂过的壮丽景色。纯净的大理石为白色,称汉白玉,纯白或纯黑的大理石属名贵品种。大理石荒料经锯切、研磨和抛光等加工工艺可制作大理石板材,主要用于建筑物室内饰面,如墙面、地面、柱面、台面、栏杆和踏步等。

天然大理石板材可分为普通型板材(即正方形或长方形的板材,代号 N)、异形板材(其他形状的板材,代号 S)。按其外观质量、镜面光泽度等分为优等品(A)、一等品(B)、合格品(C)三个等级。板材正面的外观缺陷应符合(JC 205—1992)的规定,如表 7-28 所示。

表 7-28　天然大理石板材的外观质量要求

缺陷名称	优等品	一等品	合格品
翘曲	不允许	不明显	有,但不影响使用
裂纹			
砂眼			
凹陷			
色斑			
污点			
正面棱缺陷长≤8 mm,宽≤3 mm			1 处
正面角缺陷长≤3 mm,宽≤3 mm			1 处

值得指出的是,大理石抗风化能力差,易受空气中酸性氧化物(如 SO_2 等)的侵蚀而失去光泽,变色并逐步破损,从而降低装饰性能。因此,大理石一般不宜做室外装修,只有汉白玉和艾叶青等少数几种致密、质纯的品种可用于室外。

用大理石边角料加工而成的正方体、长方体、多边体(此称冰裂块料),或不加工而制作成的"碎拼大理石"墙面、地面、庭院走廊,格调优美,乱中有序,且造价低廉。用天然大理石或花岗石等残碎料加工而成的石渣,具有多种颜色和装饰效果,可作为人造大理石、水磨石、水刷石、斩假石、干粘石及其他饰面的骨料之用。

(3)石灰岩　石灰岩俗称"青石",是沉积岩的一种。主要化学成分为 $CaCO_3$,主要矿物成分为方解石,但常含有白云石、菱镁矿、石英、含铁矿物、黏土矿等,表观密度为 2 600~2 800 kg/m^3,抗压强度为 80~160 MPa,吸水率为 2%~10%。若岩石中黏土含量不超过 3%~4% 时,也有较好的耐水性和抗冻性,但也有松散状的或多孔状的石灰岩。

石灰岩来源广,硬度低,易劈裂,便于开采,具有一定的强度和耐久性,因而广泛用于建筑工程中。其块石可作为建筑物的基础、墙身、阶石及路面等,其碎石是常用的混凝骨料。此外,它也是生产水泥和石灰的主要原料。由石灰岩加工而成的"青石板"造价不高,表面能保持劈裂后的自然形状,加之多种色彩的搭配,作为墙面装饰板材,具有独特的自然风格。

(4)砂岩　砂岩属沉积岩,它是由石英砂或石灰岩等的细小碎屑(直径 0.1~0.2 mm)经沉积并重新胶结而形成的岩石。砂岩的主要矿物为石英、云母及黏土等。根据胶结物的不同,砂岩可分为硅质砂岩、钙质砂岩、铁质砂岩、黏土质砂岩。硅质砂岩由氧化硅胶结而成,常呈淡灰色;钙质砂岩由碳酸钙胶结而成,呈白色;铁质砂岩由氧化铁胶结而成,常呈红色;黏土质砂岩由黏土胶结而成,常呈黄灰色。各种砂岩因胶结物质和构造的不同,其抗压强度(5~200 MPa)、表观密度(2 200~2 500 kg/m^3)、孔隙率(1.6%~28.3%)、吸水率(0.2%~7.0%)、软化系数(0.44~0.97)等性质差异很大。建筑工程中,砂岩常用于基

础、墙身、人行道和踏步等,也可破碎成散粒状用作混凝土集料。纯白色砂岩俗称白玉石,可用作雕刻及装饰材料。

(5)玄武岩、辉绿岩　玄武岩是喷出岩中最普通的一种,颜色较深,常呈玻璃质或隐晶质结构,有时也呈多孔状或斑形构造。硬度高,脆性大,抗风化能力强,表观密度为 2 900~3 500 kg/m³,抗压强度为 100~500 MPa。常用作高强混凝土的骨料,也用作铺筑道路路面等。

辉绿岩主要由铁、铝硅酸盐组成,具有较高的耐酸性,可用作耐酸混凝土的骨料。其熔点为 1 400~1 500 ℃,可用作铸石的原料。铸石的结构均匀致密且耐酸性好,因此,是化工设备耐酸衬里的良好材料。

(6)石英岩　石英岩是由硅质砂岩变质而成的晶体结构。岩体均匀致密,抗压强度大(250~400 MPa),耐久性好,但硬度大,加工困难。常用作重要建筑物的贴面石,耐磨耐酸的贴面材料,其碎块可用于道路或用作混凝土的骨料。

(7)片麻岩　片麻岩由花岗岩变质而成,其矿物成分与花岗岩相似,而结构多呈片状构造,因而各个方向的物理力学性质不同。在垂直于解理(片层)方向有较高的抗压强度,可达 120~200 MPa。沿解理方向易于开采加工,但在冻融循环过程中易剥落分离成片状。故抗冻性差,易于风化,只能用于不重要的工程,也常用作碎石、块石及人行道石板等。

(8)火山灰、沸石、火山凝灰岩　火山灰是颗粒粒径小于 5 mm 的粉状火山岩。它具有火山灰活性,即在常温和有水的情况下可与石灰(CaO)反应生成具有水硬性胶凝能力的水化物。因此,可用作水泥的混合材料及混凝土的掺合料。

沸石是粒径大于 5 mm 并具有多孔构造(海绵状或泡沫状火山玻璃)的火山岩。其表观密度小,一般为 300~600 kg/m³,可用作轻质混凝土的骨料。

火山凝灰岩是凝聚并胶结成大块的火山岩。具有多孔构造,表观密度小,抗压强度为 5~20 MPa,可用作砌墙材料和轻混凝土的骨料。

【7-3】工程实例分析

两种石材性能对比

现象:同一栋楼外墙所用的两种不同材质的装饰石材,使用时间相同。大理石石材颜色已变暗且出现裂缝,而花岗岩石材完好如新。请从材料的组成结构分析二者性能差异的原因。

原因分析:大理石主要成分是方解石(碳酸钙和碳酸镁),呈弱碱性。在酸雨等腐蚀介质的作用下,发生化学反应,颜色变暗淡,板材的结构逐步疏松,并发展为裂缝。而花岗岩主要为石英(结晶二氧化硅)、长石(架状铝硅酸盐)及少量云母(片状铝硅酸盐),为酸性石材,结构致密具有高抗酸腐蚀能力。

思考:两种石材哪个适用于室内,哪个适用于室外。

7.4 墙用板材

7.4.1 水泥类墙板

水泥类墙用板材作为墙用板材建筑材料水泥类墙用板材具有较好的力学性能和耐久性,生产技术成熟,产品质量可靠,可用于承重墙、外墙和复合墙板的外层面。其主要缺点是体积密度大,抗拉强度低(大板在起吊过程中易受损)。生产中可制作预应力空心板材,以减轻自重和改善隔音隔热性能,也可制作以纤维等增强的薄型板材,还可以在水泥类板材上制作具有装饰效果的表面层(如花纹线条装饰、露骨料装饰、着色装饰等)。

(1)预应力混凝土空心墙板 预应力混凝土空心墙板的长度为1 000~1 900 mm,宽度为600~1 200 mm,总厚度为200~480 mm,在使用时可按要求配以保温层、外饰面层和防水层等。可用于承重或非承重外墙板、内墙板、楼板、屋面板和阳台板等,如图7-12所示。

(2)玻璃纤维增强水泥(GRC)空心轻质墙板 玻璃纤维增强水泥空心轻质墙板以低碱水泥为胶结料,抗碱玻璃纤维或其网格布为增强材料,膨胀珍珠岩为骨料(也可用炉渣、粉煤灰等),并配以发泡剂和防水剂等,经配料、搅拌、浇注、振动成型、脱水、养护而成。GRC空心轻质墙板的优点是质轻、强度高、隔热、隔声、不燃、加工方便等。可用于工业和民用建筑的内隔墙及复合墙体的外墙面。如图7-13所示。

图7-12 预应力混凝土空心内墙板

图7-13 GRC空心轻质墙板

(3)纤维增强水泥平板(TK板) 纤维增强水泥平板是以低碱水泥、耐碱玻璃纤维为主要原料,加水混合成浆,经圆网机抄取制胚、压制、蒸养而成的薄型平板。其长度为1 200~3 000 mm,宽度为800~900 mm,厚度为4 mm、5 mm、6 mm和8 mm。TK板质量轻,强度高,防潮,防火,不易变形,可加工性(锯、钻、钉及其表面装饰等)好。适用于各类建筑物的复合外墙和内隔墙,特别是高层建筑有防火、防潮要求的隔墙,如图7-14所示。

(4)水泥木丝板 水泥木丝板是以木材下脚料经机械刨切成均匀木丝,加入水泥、水玻璃等经成型、冷压、养护、干燥而成的薄型建筑平板。它具有自重轻、强度高、防火、防水、防蛀、保温、隔声等性能,可进行锯、钻、钉、装饰等加工,主要用于建筑物的内外墙、天花板、壁橱板等,如图 7-15 所示。

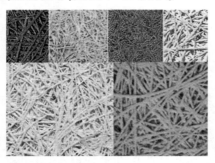

图 7-14　纤维增强水泥平板

图 7-15　水泥木丝板

(5)水泥刨花板　水泥刨花板是以水泥和木材加工的下脚料——刨花为主要原料,加入适量水和化学助剂,经搅拌、成型、加压、养护而成。体积密度为 1 000~1 400 kg/m³。其性能和用途同水泥木丝板。

(6)其他水泥类板材　除上述水泥类墙板外,还有钢丝网水泥板、水泥木屑板、纤维增强硅酸钙板、玻璃纤维增强水泥轻质多孔隔墙条板、维纶纤维增强水泥平板等。它们均可用于墙体或复合墙板的组合板材。

7.4.2　石膏类墙板

石膏制品有许多优点,比如质轻、耐火、隔音、绝热等,石膏类墙用板材在轻质墙体材料中占有很大比例,主要有纸面石膏板、无面纸的石膏纤维板、石膏空心板和石膏刨花板等。

(1)纸面石膏板　该板材是以石膏芯材及与其牢固结合在一起的护面纸组成,分为普通型、耐水性和耐火型三种。以建筑石膏及适量纤维类增强材料和外加剂为芯材,与具有一定强度的护面纸组成的石膏板为普通纸面石膏板;若在芯材配料中加入防水、防潮外加剂,并用耐水护面纸,即可制成耐水纸面石膏板;若在配料中加入无机耐火纤维和阻燃剂等,即可制成耐火纸面石膏板。纸面石膏板常用规格如下。

长度:1 800 mm、2 100 mm、2 400 mm、2 700 mm、3 300 mm 和 3 600 mm。

宽度:900 mm 和 1 200 mm。

厚度:普通纸面石膏板为 9 mm、12 mm、15 mm 和 18 mm。

耐水纸面石膏板为 9 mm、12 mm 和 15 mm。

耐火纸面石膏板为 9 mm、12 mm、15 mm、18 mm、21 mm 和 25 mm。

纸面石膏板的体积密度为 800~950 kg/m³,导热系数低[约 0.20 W/(m·K)],隔声系数为 35~50 dB,抗折荷载为 400~800 N,表面平整、尺寸稳定。具有自重轻、保温隔热、隔声、防火、抗震,可调节室内湿度,加工性好,施工简便等优点。但用纸量较大,成本较高。

普通纸面石膏板可作为室内隔墙板、复合外墙板的内壁版、天花板等。耐水型板可用

于相对湿度较大(≥75%)的环境,如厕所等。耐火型纸面石膏板主要用于对防火要求较高的房屋建筑中。

(2)石膏纤维板 石膏纤维板是以纤维增强石膏为基础的无面纸石膏板。用无机纤维或有机纤维与建筑石膏、缓凝剂等经打浆、铺装、脱水、成型、烘干而制成。可节省护面纸,具有质轻、高强、耐火、隔声、韧性高的性能,可加工性好。其尺寸规格和用途与纸面石膏板相同。

(3)石膏空心板 石膏空心板外形与生产方式类似水泥混凝土空心板。它是以熟石膏为胶凝材料,适量加入各种轻质骨料(如膨胀珍珠岩、膨胀蛭石等)和改性材料(如矿渣、粉煤灰、石灰、外加剂等),经搅拌、振动成型、抽芯模、干燥而成。其长度为 2 500~3 000 mm,宽度为 500~600 mm,厚度为 60~90 mm。该板生产时不用纸,不用胶,安装墙体时不用龙骨,设备简单,较易投产。石膏空心板的体积密度为 600~900 kg/m³,抗折强度为 2~3 MPa,导热系数约为 0.22 W/(m·K),隔声指数大于 30 dB,耐火极限为 1~2.25 h。具有轻质、比强度高、隔热、隔声、防火、可加工性好等优点,且安装方便。适用于各类建筑的非承重内隔墙,但若用于相对湿度大于 75%的环境中,则板材表面应作防水等相应处理。

(4)石膏刨花板 石膏刨花板是以熟石膏为胶凝材料,木质刨花为增强材料,天剑所需的辅助材料,经配合、搅拌、铺装、压制而成。具有上述石膏板材的优点,适用于非承重内隔墙和做装饰板材的基材板。

7.4.3 复合墙板

由于材料本身的局限性,以单一材料制成的板材的性能不能适应于土木工程多方面的要求。如质量较轻和隔热隔声效果较好的石膏板,加气混凝土板等,因其耐水性差或强度较低,通常只能用于非承重的内隔墙。而水泥混凝土类板材虽有足够的强度和耐久性,但是其自重大,隔声保温性能较差。工程中,可以用不同材料组合成多功能的复合墙体以满足需要。

将两种或两种以上不同功能的材料组合而成的墙板称为复合墙板。常用的复合墙板主要由承受或传递外力的结构层(多为普通混凝土或金属板)和保温层(矿棉、泡沫塑料、加气混凝土等)及面层(各类具有可装饰性的轻质薄板)组成。复合墙板使承重材料和轻质保温材料的功能都得到合理利用,适应了土木工程对材料的多种要求,如图 7-16、图 7-17 所示。

(1)混凝土夹芯板 混凝土夹心板是以 20~30 mm 厚的钢筋混凝土板作为内外表面层,中间填充以矿渣毡或岩棉毡、泡沫混凝土等保温材料,夹层厚度视热工计算而定。内外两层面板以钢筋件连接。其用于内墙和外墙。

(2)泰柏板 泰柏板是一种新型建筑材料,选用强化钢丝焊接而成的三维笼为构架,阻燃 EPS 泡沫塑料芯材组成,是目前取代轻质墙体最理想的材料。是以阻燃聚苯泡沫板或岩棉板为板芯,两侧配以直径为 2 mm 冷拔钢丝网片,钢丝网目 50 mm×50 mm,腹丝斜插过芯板焊接而成。具有较高节能,重量轻、强度高、防火、抗震、隔热、隔音、抗风化、耐腐蚀的优良性能,并有组合性强、易于搬运、适用面广、施工简便等特点。主要用于建筑业、装饰业内隔墙,围护墙,保温复合外墙和双轻体系(轻板,轻框架)的承重墙;可用于楼面、

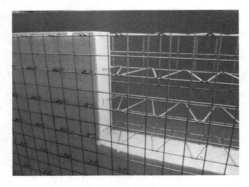
图7-16 岩棉夹芯板

图7-17 泰柏板

屋面、吊顶、新旧楼房加层和卫生间隔墙等;面层可作任何贴面装修。

（3）轻型夹心板 轻型夹心板是用轻质高强的薄板为外层,中间以轻质的保温隔热材料为心材组成的复合板材。用于外墙面的外层薄板有不锈钢板、彩色镀锌钢板、铝合金板、纤维增强水泥薄板等。心材有岩棉毡、玻璃棉毡、阻燃型发泡聚苯乙烯、发泡聚氨酯等。用于内侧的外墙薄板可根据需要选用石膏类板、植物纤维类板、塑料类板等。该类复合墙板和适用范围与泰柏板基本相同。

7.5 屋面材料

随着建筑物多种功能的需要和材料技术的发展,屋面材料已由过去较单一的烧结瓦,向多种材质的大型水泥类瓦材和高分子复合类瓦材的发展。随着大跨度建筑的兴建,屋面承重结构也由过去主要为预应力钢筋混凝土大型屋面板的形式,向承重、保温、防水三合一的轻型钢板结构转变。

7.5.1 烧结类瓦材

（1）黏土瓦 黏土瓦是以黏土（包括页岩、煤矸石等粉料）为主要原料,经泥料处理、成型、干燥和焙烧而制成。中国瓦的生产比砖早。西周时期就形成了独立的制陶业,西汉时期工艺上又取得明显的进步,瓦的质量也有较大提高,因称"秦砖汉瓦"。黏土瓦的生产工艺与黏土砖相似,但对黏土的质量要求较高,如含杂质少,塑性高,泥料均化程度高等。中国生产的黏土瓦有小青瓦、脊瓦和平瓦。黏土平瓦是用于屋面作为防水覆盖材料的瓦,包括压制平瓦和挤出平瓦（简称平瓦）;黏土脊瓦是用于房屋屋脊作为防水覆盖材料的瓦,包括压制脊瓦、挤出脊瓦和手工脊瓦,如图7-18所示。

黏土瓦只能应用于较大坡度的屋面。由于材质脆、自重大、片小,施工效率低,且需要大量木材等缺点,在现代建筑屋面材料中的比例已逐渐下降。但是随着欧式别墅在中国的流行,陶土瓦大行其道,高档陶土瓦突出了业主彰显个性、回归自然的心态。利用现代化的机械设备和技术手段,黏土瓦在降低污染和能耗的同时,在美化我们的生活的中扮演越来越重要的角色。

（2）琉璃瓦 琉璃瓦是采用优质矿石原料,经过筛选粉碎、高压成型、高温烧制而成。

具有强度高、平整度好、吸水率低、抗折、抗冻、耐酸、耐碱、永不褪色、永不风化等显著优点。广泛适用于厂房、住宅、宾馆、别墅等工业和民用建筑,并以其造型多样,釉色质朴,多彩,环保,耐用,深得建筑大师们的推崇,如图 7-19 所示。

图 7-18　黏土瓦

图 7-19　琉璃瓦

　　从原始的草屋手工作坊开始进行着艰苦的创业,"晴天做砖瓦,雨天捏脊兽,丰年在家干",在陕西、山西、甘肃、山东、湖北当砖瓦匠人,手艺传遍中原大地。窑厂经历几百年沧桑多变自然灾害和战乱,砖瓦业随着时代的步伐进行过数百次的改进,几十代人用辛勤的劳动精心的创作积累了砖瓦业界丰富的技术和经验,日寇侵略十年浩劫砖瓦厂只剩残垣,对古老的窑厂进行技术改造,从原来的手工制造转化为半机械化生产,从传统的土窑更新为推板窑,产品质量得到跨越性提高。琉璃瓦经过历代发展,已形成品种丰富、型制讲究、装配性强的系列产品,常用的普通瓦件有筒瓦、板瓦、勾头瓦、滴水瓦、罗锅瓦、折腰瓦、走兽、挑角、正吻、合角吻、垂兽、戗兽、宝顶等。从传统琉璃瓦演变发展而来的西式琉璃瓦最先在日本和西班牙、意大利等欧洲一些国家得到应用,它将筒瓦、板瓦型制合二为一,结构合理,挂装简便,有效覆盖面积大,屋顶承重小。釉色丰富达百种以上,同时,它没有铅釉瓦釉面反铅影响装饰效果的现象。因此,西式瓦、琉璃瓦在现代建筑上越来越得到广泛应用。

　　西式琉璃瓦相对于传统琉璃瓦来说,有以下特点。

　　1)防水性:由于西式琉璃瓦表面涂有光亮的釉层,使之不渗水,不积水。

　　2)强度高:西式琉璃瓦是在高温下烧制的,达到国家标准,能承受超过人体的体重,并能长时间经得起风吹日晒。

　　3)对各种气候的适应性:由于西式琉璃瓦独特的低吸水率的特性,使之不仅可以在南部地区使用,同时也适用于我国北方寒冷的气候,并且长时间的阳光照射下保持颜色不变。

　　4)适应宁静:由于西式琉璃瓦独特的工艺设计,使之具有良好的适应与降低噪声的性质,并且不长苔藓,无须人工护理。

　　5)丰富的异性配件:为了使屋顶结构完整美观,西式琉璃瓦带有 14 种不用的主瓦配件,使建筑更具艺术气息。

　　6)颜色选择:西式琉璃瓦的釉面颜色,经过精心配制,可做出各种颜色。并且色泽鲜明,分有光、亚光、无光三种。

7.5.2　水泥类瓦材

（1）混凝土瓦　混凝土瓦是以水泥、集料和水为主要原料，经拌和、挤压或其他成型方法制成的。混凝土瓦包括面瓦（即主瓦）、脊瓦和各种配件瓦。目前面瓦虽然种类繁多，但主要可分为三大类，即波形瓦、S形优和平板瓦。

波形瓦它是一种圆弧拱波形瓦，瓦与瓦之间配合紧密，对称性好，上下层瓦面不仅可以直线铺盖，也可以交错铺盖。波形瓦由于波形不高，不仅可用于屋顶作面瓦，还可用于接近90°的墙面作装饰，风格别致。S形瓦在欧洲叫西班牙瓦，其拱波很大，截面呈标准S形，盖于屋面较远观赏，波形也很清晰，立体感远强于波形瓦。选用不同色彩工艺处理的S形瓦加以不同的铺盖方法，不仅可以体现出现代建筑的风格，也可以体现出中国古典建筑的风华，如使用黑色S形瓦在明代或清代住宅风格的屋顶上，清新古朴。平板瓦近10年来在美国最为流行，是沥青瓦的更新换代产品。它多彩平整，远看和沥青瓦的效果一样，近看则更显立体感和艺术性，如每一排瓦可以很整齐地排列铺盖，也可以有规律地高低错开排列铺盖，从而产生不同的艺术风格。与沥青瓦相比，它坚固厚重，不怕大风吹，不惧冰雹打，不易老化。

混凝土主要用于多层和低层建筑。适用于防水等级为Ⅱ级（一至两道防水设防，并设防水垫层）、Ⅲ级（一道防水设防，并设防水垫层）、Ⅳ（一道防水设防，不设防水垫层）的屋面防水。防水垫层铺设于防水层下，也可作为一道防水层，用于保护屋面，延长屋面使用寿命。不宜使用防水涂料作为防水层或防水垫层。

（2）纤维增强水泥瓦　纤维增强水泥瓦是以增强纤维和水泥为主要原料，经配料、打浆、成型、养护而成。该瓦具有防水、防潮、防腐、绝缘等性能。目前市售的主要有石棉水泥瓦等，分大波、中波、小波三种类型。石棉水泥瓦主要用于工业建筑，如厂房、库房、堆货棚、凉棚等。

（3）钢丝网水泥大波瓦　钢丝网水泥大波瓦是用普通硅酸盐水泥、砂子，按一定比例配合，中间加一层低碳冷拔钢丝网加工而成的。此种瓦用于工厂散热车间、仓库或临时性的屋面及围护结构等处。大波瓦的规格有两种：一种长1 700 mm、宽830 mm、厚14 mm，波高80 mm，每张瓦约50 kg；另一种长1 700 mm、宽830 mm、厚12 mm、波高68 mm，每张为39～49 kg，脊瓦每块为15～16 kg。要求瓦的初裂荷载每块2 200 N。在100 mm的静水压力下，24 h后瓦背而无严重印水现象。此种瓦适用于工厂散热车间、仓库或临时性的屋面及围护结构等处。

7.5.3　高分子类复合瓦材

（1）玻璃钢波形瓦　纤维增强塑料波形瓦亦称玻璃钢波形瓦，是采用不饱和聚酯树脂和玻璃纤维为原料，经人工糊制而成。其长度为1 800～3 000 mm，宽度为700～800 mm，厚度为0.5～1.5 mm。特点是质量轻、强度高、耐冲击、耐腐蚀、透光率高、制作简单等，是一种良好的建筑材料。它适用于各种建筑的遮阳及车站月台、售货亭、凉棚等的屋面。

（2）塑料瓦楞板　聚氯乙烯波形瓦亦称塑料瓦楞板，是以聚氯乙烯树脂为主体加入其他配合剂，经塑化、挤压或压延、压波等而制成的一种新型建筑瓦材。其尺寸规格为 2 100 mm×（1 100～1 300）mm×（1.5～2）mm。它具有质轻、高强、防水、耐化学腐蚀、透光率高、色彩鲜艳等特点，适用于凉棚、果棚、遮阳板和简易建筑的屋面等处。

（3）木质纤维波形瓦　该瓦是利用废木料制成的木纤维与适量的酚醛树脂防水剂配制后，经高温高压成型、养护而成的。长 1 700 mm、宽 750 mm、厚 5.5 mm，波高 40 mm，每张为 7～9 kg。该种瓦的横向跨度集中破坏荷载为 2 000～4 000 N（支距 1 500 mm）。冲击性能应满足用 1 N 的重锤在 2 mm 高同一部位连续自由下落 7 次才被破坏的要求。吸水率不应大于 20%。导热系数为 0.09～0.16 W/（m·K）。在没水耐热及耐寒实验中，经 25 次循环无翘曲、分层、裂纹现象。它使用与活动房屋及轻结构房屋额屋面及车间、仓库、料棚或临时设施等的屋面。

（4）玻璃纤维沥青瓦　该瓦是以玻璃纤维薄毡为胎料，以改性沥青涂敷而成的片状屋面瓦材。其表面可撒各种彩色的矿物粒料，形成彩色沥青瓦。该瓦质量轻，互相黏结的能力强，抗风化能力好，施工方便，适用于一般民用建筑的坡形屋面。

7.5.4　轻型复合板材

在大跨度结构中，长期习惯使用的钢筋混凝土大板屋盖自重达 300 kg/m² 以上，且不保温，须另设防水层。随着我国彩色涂层钢板、超细玻璃纤维、自熄性泡沫塑料的出现，使轻型保温的大跨度屋盖得以迅速发展。

（1）EPS 轻型板　该板是以 0.5～0.75 mm 厚的彩色涂层钢板为表面材，自熄聚苯乙烯为芯材，用热固化胶在连续成型机内加热加压复合而成的超轻型建筑板材。其质量为混凝土屋面的 1/20～1/30，保温隔热性好，导热系数为 0.034 W/（m·K），施工简便（无湿作业，不需二次装修），是集承重、保温、防水、装修与一体的新型维护结构材料。可制成平面型或曲面形板材，适合多种屋面形式，可用于大跨度屋面结构，如体育馆、展览厅、冷库等。

（2）硬质聚氨酯夹心板　该板由镀锌彩色压型钢板（面层）与硬质聚氨酯泡沫（芯材）复合而成。压型钢板厚度为 0.5 mm、0.75 mm、1.0 mm。彩色涂层为聚酯型、硅钙性聚酯型、氟氯乙烯塑料型，这些涂层均具有极强的耐气候性。复合板材的导热系数约为 0.022 W/（m·K），体积密度为 40 kg/m³，当厚度为 40 mm 时，其平均隔音量为 25 dB。具有质量轻、强度高、保温、隔音效果好、色彩丰富、施工简便的特点，是承重、保温、防水三合一的屋面板材。可用于大型工业厂房、仓库、公共设施等大跨度建筑和高层建筑的屋面结构。

由于屋面材料种类繁多，为便于对比总结，如表 7-29 所示。

表 7-29　常用屋面材料的主要组成、特性和用途

	品种	主要组成材料	主要特性	主要用途
烧结类瓦材	黏土瓦	黏土、页岩	按颜色分为红瓦和青瓦;按形状分为平瓦和脊瓦等	民用建筑坡形屋面防水
	琉璃瓦	难熔黏土	表面光滑、质地坚密、色彩美丽	高级屋面防水与装饰
水泥类	混凝土瓦	水泥、砂或无机硬质细骨料	成本低、耐久性好,但质量大	民用建筑波形屋面防水
	纤维增强水泥瓦	水泥、增强纤维	防水、防潮、防腐、绝缘	厂房、库房、堆货棚、凉棚
	钢丝网水泥大波瓦	水泥、砂、钢丝网	尺寸和质量大	工厂散热车间、仓库、临时性围护结构
高分子复合类瓦材	玻璃钢波形瓦	不饱和聚酯树脂、玻璃纤维	轻质、高强、耐冲击、耐热、耐蚀、透光率高、制作简单	遮阳、车站站台、售货亭、凉棚等屋面
	塑料瓦楞板	聚氯乙烯树脂、配合剂	轻质、高强、防水、耐蚀、透光率高、色彩鲜艳	凉棚、遮阳板、简易建筑屋面
	木质纤维波形瓦	木纤维、酚醛树脂防水剂	防水、耐热、耐寒	活动房屋、轻结构房屋屋面、车间、仓库、临时设施等屋面
	玻璃纤维沥青瓦	玻璃纤维薄毡、改性沥青	轻质、黏结性强、抗风化、施工方便	民用建筑波形屋面
轻型复合板材	EPS 轻型板	彩色涂层钢板、自熄聚苯乙烯、热固化胶	集承重、保温、隔热、防水为一体,且施工方便	体育馆、展览厅、冷库等大跨度屋面结构
	硬质聚氨酯夹芯板	镀锌彩色压型钢板、硬质聚氨酯泡沫塑料	集承重、保温、防水为一体,且耐候性极强	大型工业厂房、仓库、公共设施等大跨度屋面结构和高层建筑屋面结构

【创新与能力培养】

新型墙体材料

随着社会发展,国家实行墙体改革政策,以实现保护土地、节约能源的目的。近几年在社会上出现的新型墙体材料种类越来越多,其中应用较多的,有石膏或水泥轻质隔墙板、彩钢板、加气混凝土砌块、钢丝网架泡沫板、小型混凝土空心砌块、石膏板、石膏砌块、陶粒砌块、烧结多孔砖、页岩砖、实心混凝土砖、PC 大板、水平孔混凝土墙板、活性炭墙体、新型隔墙板等。

新型墙体材料的发展对建筑技术产生巨大的影响,并可能改变建筑物的形态或结构。新型墙体材

料包括新出现的原料和制品,也包括原有材料的新制品。新型墙体材料具有轻质、高强度、保温、节能、节土、装饰等优良特性。采用新型墙体材料不但使房屋功能大大改善,还可以使建筑物内外更具现代气息,满足人们的审美要求;有的新型墙体材料可以显著减轻建筑物自重,为推广轻型建筑结构创造了条件,推动了建筑施工技术现代化,大大加快了建房速度。

通常这些新型墙体材料以粉煤灰、煤矸石、石粉、炉渣、竹炭等为主要原料。具有质轻、隔热、隔音、保温、无甲醛、无苯、无污染等特点。部分新型复合节能墙体材料集防火、防水、防潮、隔音、隔热、保温等功能于一体,装配简单快捷,使墙体变薄,具有更大的使用空间。常见类型一些是空心的,一些则是实心的。空心的更轻质、造价低,实心的加上硅酸钙板做面板,具有更好的物理性能,如开孔、开槽、打钉、悬重,抗冲击性强等。还有一些与其他类型的面板结合,直接成型,安装墙体后,只需对接缝妥善处理,省去刮灰、上涂料或贴瓷砖等许多工序。

无机活性墙体保温隔热材料是以天然优质耐高温轻质材料为骨料,天然植物蛋白纤维,优化组合多种无机改性材料和固化材料,依据保温隔热材料柔性渐变及材质相溶性原理,同时采用国际领先的无机黏结和抗裂技术全部经过工厂化生产配制,真正提供一个单组分的、完整的产品并具有保温、隔热、防火、抗水、轻质、隔音、抗开裂、抗空鼓、抗脱落、使用寿命同墙体等各种性能融为一体的 A 级不燃绿色环保墙体保温隔热相变节能材料,冬季可提高室内温度 6~10 ℃,夏季可降低室内温度 6~8 ℃。满足国家 50%~65% 的节能要求。A 级不燃无机活性墙体隔热保温材料直接用于各类基层墙体,达到黏结牢固、不开裂、不渗水、使用寿命与墙体一致,由界面层隔热保温材料层和饰面层构成,起保温隔热节能和装饰作用的构造系统。产品性能包括以下几个方面。

不燃材料:安全、防火、使用寿命长,A 级不燃绿色节能产品属 A 级不燃保温材料,安全性能非常高。完全达到公安部与住房和城乡建设部联合下发的公通字[2009]46 号文件所规定的保温材料 A 级防火标准。保温层与基层墙面黏结牢固,抗开裂、抗空鼓、抗脱落、抗风压、抗冲击、耐候性能佳。墙体不会因为夏季高温膨胀而产生开裂、空鼓现象;也不会因为冬季寒冷收缩受应力影响而产生开裂、脱落现象。

隔热节能:让房屋冬暖夏凉 A 级不燃绿色节能产品,导热系数小,蓄热系数大,黏结强度高,用于建筑隔热保温,既节能环保又安全适用。

施工期短:A 级不燃绿色节能产品是工厂化生产的单组分成品。袋装运置工地,不需添加任何物品,只需加水搅拌 3~5 min 均匀后,便可直接用于各种墙体,不需加设网格布或钢丝网、更不需做抗裂砂浆或抹面砂浆,一次性可以达到抹平、抹白、保温、隔热的效果,更可替代常用的抹水泥砂浆。工人施工快,工费低,施工工期比任何其他保温系统缩短一半以上甚至 2/3 的时间,降低成本开支,提高综合收益,产品施工简单,深受欢迎。

抗水抗裂:A 级不燃绿色节能墙体保温技术系统,经过多年研发,突破了墙体隔热保温材料容易渗水和开裂的技术难题。不但解决了墙体保温材料的开裂问题,而且完全解决了传统墙体材料常见的龟裂问题,使用寿命与墙体一致;经耐候性实验,即经过 80 次高温-淋水循环和 30 次加热-冷冻循环后,未出现饰面层起泡、空鼓和脱落现象,未产生渗水裂缝,抗冲击性能达到 3 J,饰面砖黏结强度为 0.5 MPa,产品性能优于国家标准。

环保舒适:A 级不燃绿色节能产品精选无味、无污染的天然绿色环保优质无机材料。保温层具有一定的透气性、相变性和蓄热性,人居其中,冬季不会产生闷气感,夏季不会产生烘烤感,房屋通过保温隔热达到"冬暖夏凉,绿色健康,舒适宜"。

A 级不燃绿色环保墙体是以"高舒适度,低能耗,低成本、适用技术"为核心的建筑节能技术体系,体现了国际先进的科技开发理念。与传统有机保温系统及无机保温砂浆相比,创新和发展了墙体保温材料的替代性,同时综合成本可节约 10%~30%,体现出优越性价比。

本章习题

一.选择题

1.红砖砌筑前,一定要浇水湿润,其目的是(　　)。

A.把砖冲洗干净　　　　　　　B.保证砌筑砂浆的稠度

C.增加砂浆对砖的胶结力　　　D.减小砌筑砂浆的用水量

2.砌筑有绝热要求的六层以下建筑物的承重墙应选用(　　)。

A.烧结黏土砖　　　B.烧结多孔砖　　　C.烧结空心砖　　　D.烧结粉煤灰砖

3.砌筑有保温要求的非承重墙时宜选用(　　)。

A.烧结黏土砖　　　B.烧结多孔砖　　　C.烧结空心砖　　　D.烧结粉煤灰砖

二、填空题

1.烧结普通砖的尺寸为＿＿＿＿＿＿＿＿＿,每立方米砌体用砖量为＿＿＿＿＿＿。

2.烧结普通砖按抗压强度分为＿＿＿＿＿＿＿＿＿＿＿五个强度等级。

3.烧结多孔砖的主要用于＿＿＿＿＿＿＿,烧结空心砖主要用于＿＿＿＿＿＿。

4.泛霜的原因是＿＿＿＿＿＿＿＿＿＿＿＿＿＿＿＿＿＿＿＿＿。

三、判断题

1.多孔砖和空心砖都具有自重较小、绝热性较好的优点,故它们均适合用来砌筑建筑物的内外墙体。

（　　）

2.烧结空心砖可以用于六层以下的承重墙。　　　　　　　　　　　　　　（　　）

四、综合分析题

1.烧结砖的泛霜和石灰爆裂对工程质量的影响。

2.简述烧结多孔砖和空心砖的优点和用途。

3.欠火砖与过火砖有何特征? 红砖和青砖有何差别?

4.某工地的备用红砖,在储存 2 个月后,尚未砌筑施工就发现有部分砖自裂成碎块,试解释原因。

5.试计算砌筑 4 000 m^2 的 240 mm 厚砖墙,需标准烧结普通砖多少块(考虑2%的材料损耗)。

第8章 沥 青

学习提要

    本章的学习目的:掌握沥青材料的基本组成、工程性质及测定方法;了解沥青的改性和掺配,了解主要沥青制品及其用途。掌握沥青混合料配合比,包括矿质材料配合比的设计和配制;了解其在工程中的使用要点。本章的难点是沥青混合料配合比设计。可在弄懂理论知识和课后习题的基础上,通过试验实践来掌握设计和应用。

    沥青是一种暗褐色至黑色的有机胶凝材料,它是由一些复杂的碳氢化合物及其非金属衍生物组成的混合物,能溶于苯或二硫化碳等溶剂,在常温下呈固体、半固体或液体。

    沥青是一种憎水性的有机胶凝材料,且它与混凝土、石料、钢材、木材等材料之间具有良好的黏结性,同时又具有良好的塑性、耐化学腐蚀性,在建设工程中主要用于建筑物和构筑物的防水、防潮、防腐蚀材料类以及各种类别的道路工程。

认识沥青

    沥青按来源可分为地沥青、焦油沥青两大类。地沥青又包括天然沥青和石油沥青,天然沥青是石油在自然条件下,长时间经受各种地球物理作用而形成,在自然界中主要以沥青脉、沥青湖及浸泡在多孔岩石或沙土中而存在;石油沥青是石油在精制加工其他油品后残留物,或将残留物加工后得到的产品。焦油沥青包括煤沥青和页岩沥青,煤沥青是煤焦油蒸馏后的残留物加工而得,页岩沥青是页岩炼油工业的副产品。

8.1 石油沥青

    石油沥青是原油加工过程的一种产品,在常温下是黑色或黑褐色的黏稠的液体、半固体或固体,主要含有可溶于三氯乙烯的烃类及非烃类衍生物,其性质和组成随原油来源和生产方法的不同而变化。

    石油沥青按生产方法分为直馏沥青、溶剂脱油沥青、氧化沥青、调和沥青、乳化沥青、改性沥青等。

    石油沥青按外观形态分为液体沥青、固体沥青、稀释液、乳化液、改性体等。

    石油按用途分为道路沥青、建筑沥青、防水防潮沥青、以用途或功能命名的各种专用沥青等。

8.1.1 石油沥青的组成和结构

8.1.1.1 沥青的基本组成

石油沥青是由多种碳氢化合物及其非金属(氧、硫、氮)衍生物组成的混合物,主要组分为碳(占80%~87%)、氢(占10%~15%),其余为氧、硫、氮(占3%以上)等非金属元素,此外还含有微量金属元素。化学组成十分复杂,对其进行化学成分分析十分困难,同时化学组成还不能反映沥青物理性质的差异。因此从工程使用角度,将沥青中化学成分和物理性质相近,并且具有某些共同特征的部分,划分为若干组,这些组即称为组分。

对石油沥青化学组分分析,许多研究者曾提出不同的分析方法。我国现行《公路工程沥青及沥青混合料试验规程》(JTG E20—2011)中规定了三组分和四组分两种分析方法。

(1)三组分分析法　三组分分析法利用沥青不同组分对抽提溶剂的选择性溶解和吸附剂的选择性吸附(又称溶解–吸附分析法),将沥青分成沥青质、胶质与油分三个组分,其组分性状见表8–1。

表8–1　石油沥青三组分分析法的各组分性状

性状	外观特征	平均分子量	碳氢比(原子比)	物化特征
油分	淡黄色透明液体	200~700	0.5~0.7	溶于大部分有机溶剂
树脂	褐色黏稠状物质	800~3 000	0.7~0.8	温度敏感性高
沥青质	深褐色固体微粒	1 000~5 000	0.8~1.0	加热不熔化

油分赋予沥青以流动性,油分含量的多少直接影响沥青的柔软性、抗裂性及施工难度。油分在一定条件下可以转化为树脂甚至沥青质。油分在沥青中含量为45%~60%。

树脂主要使沥青具有塑性和黏性。它分为中性树脂和酸性。中性树脂使沥青具有一定塑性和黏结性,其含量增加,沥青的黏聚力和延伸性增加。沥青树脂中还含有少量的酸性树脂,它是沥青中活性最大的部分,能改善沥青对矿质材料的浸润性,特别是提高与碳酸盐类岩石的黏附性,增加沥青的可乳化性。树脂在沥青中含量为15%~30%。

沥青质决定着沥青的黏结力、黏度和温度稳定性,以及沥青的硬度、软化点等。沥青质含量增加时,沥青的黏度和黏结力增加,硬度和温度稳定性提高。其含量为5%~30%。

除三个主要组分外,还有蜡、沥青碳和似碳物。蜡在在45 ℃左右就会转变为液体,破坏沥青的胶体结构,降低沥青的延度和黏结力,其含量一般在2%~4%。沥青碳和似碳物是沥青受到高温影响脱氢而生成,会降低沥青的黏结力,其含量一般在2%~3%。

三组分分析的优点是组分界线很明确,组分含量能在一定程度上说明它的工程性能,但是它的主要缺点是分析流程复杂,分析时间很长。

(2)四组分分析法　我国现行的四组分分析法(又称SARA分析)是用规定的溶剂及吸附剂,采用溶剂沉淀及色谱柱法将沥青试样分成沥青质(As)、胶质(R)、饱和分(S)及芳香分(Ar)。SARA分析是按沥青中各化合物的化学组成结构来进行分组的,所以它与沥青的使用性能更为密切,其组分性状见表8–2。

表 8-2　石油沥青四组分分析法的各组分性状

性状	外观特征	平均比重	平均分子量	主要化学结构
饱和分	无液体	0.89	625	烷烃、环烷烃
芳香分	黄色至红色液体	0.99	730	芳香烃、含 S 衍生物
胶质	棕色黏稠液体	1.09	970	多环结构、含 S、O、N 衍生物
沥青质	深棕色至黑色固体	1.15	3 400	缩合环结构、含 S、O、N 衍生物

　　研究结果表明,沥青的性质与各组分的含量比例有密切关系。沥青质含量高,则沥青的黏度增大,温度敏感性降低;饱和分增大则使沥青黏度降低;胶质含量增加可使沥青延度增大。

　　还需要说明的是,研究表明,不同形态的蜡对沥青性能的影响不尽相同。蜡组分对沥青性能有重要而复杂的影响,蜡组分较复杂,从饱和分中分离得到的是饱和蜡,主要为环烷烃及正、异构烷烃,呈细小结构的针状晶体;而从芳香分中分离得到的芳香蜡主要是由带侧链的芳构物组成,晶粒更细小,呈雪花状。蜡对沥青性能的影响不仅取决于其含量,还取决于其形态。

8.1.1.2　石油沥青的胶体结构

　　石油沥青是一种典型的胶体结构,石油沥青的性质不仅取决于沥青的化学组成,而且取决于沥青的胶体结构。现代胶体理论认为沥青是以固态超细微粒的沥青质为分散相,成为核心,并吸附了极性极强无数的半固体胶质形成胶团,无数胶团分散在油分中而形成胶体结构。根据沥青中各组分的化学组成和相对含量的不同,可以形成溶胶型、凝胶型和溶胶-凝胶型三种类型,如图 8-1 所示。

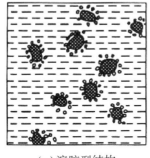　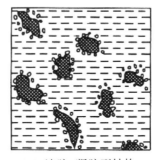　

（a）溶胶型结构　　　　　　（b）溶胶-凝胶型结构　　　　　　（c）凝胶型结构

图 8-1　沥青胶体结构示意图

　　（1）溶胶结构　当沥青质含量较少时,油分和树脂含量较高相对较高,胶团外膜厚,胶团间完全没有引力或引力很小,胶团之间相对运动较自由,这时沥青形成溶胶结构。具有溶胶结构的石油沥青,黏性小,流动性大,开裂后自行愈合能力较强,低温时变形能力较强,温度稳定性较差。

　　（2）溶胶-凝胶结构　介于溶胶与凝胶之间,并有较多数量芳香度较高的胶质,这样它们形成的胶团数量较多,胶体中胶团浓度增加,胶团间有一定吸引力。溶胶-凝胶型沥青的特点是高温时具有较低的感温性,低温时又具有较强的变形能力。常用于修筑现代

高级沥青路面。通常,环烷基稠油的直馏沥青或半氧化沥青,以及按要求重新调和的调和沥青等,均属于溶胶-凝胶型沥青。

(3)凝胶结构　当沥青质含量较多油分和树脂较少时,胶团外膜较薄,胶团靠近聚集,胶团间有引力形成立体网状,沥青质分散在网格之间,在外力作用下弹性效应明显,具有凝胶结构的石油沥青弹性和黏结性较高,温度稳定性较好,但低温变形能力差。深度氧化的沥青多属于凝胶结构。

沥青的胶体结构与沥青的技术性质有密切的关系,可采用针入度指数(PI)评价沥青的胶体结构类型,当针入度指数 PI<-2 时,为溶胶结构;针入度指数 PI>2 时,为凝胶结构;介于二者之间为溶胶-凝胶结构。

其性能可作如下对比:①具有溶胶结构的石油沥青黏性小而流动性大,温度稳定件较差;②具有凝胶结构的石油沥青弹性和黏结性较高,温度稳定性较好,但塑性较差;③溶胶-凝胶型石油沥青的性质介于溶胶型和凝胶型两者之间。

8.1.2　石油沥青的技术性质

沥青常用于道路工程和建筑防水,为了保证工程质量,正确选用材料,必须掌握沥青的主要技术性质,并了解其测试方法。其中,针入度、延度、软化点是评价黏稠石油沥青牌号的三大指标。

8.1.2.1　黏滞性

黏滞性(简称黏性)是指沥青材料在外力作用下沥青粒子产生相互位移时抵抗变形的能力。沥青的黏性不但与沥青的组分有关,而且受温度的影响较大,一般随沥青质含量增加而增大,随温度升高而降低。沥青的黏性通常用黏度表示,黏度是沥青等级(称为牌号或标号)划分的主要依据。沥青的黏性受温度影响较大,在一定温度范围内,温度升高,黏度降低,反之,黏度增大。

沥青的黏性

沥青黏度的测定方法可分为两大类:一类为"绝对黏度法",如用毛细管法测定运动黏度,用真空减压毛细管法测定动力黏度,其测定方法比较复杂;另一类为"相对黏度法",如针入度法和标准黏度法。这里重点介绍针入度法和标准黏度法。

(1)针入度法　我国石油沥青采用的是针入度分级的标准体系,按针入度划分石油沥青牌号。针入度是在规定的温度时间内用针入度标准针贯入规定温度的沥青试样中,附加一定质量的标准针垂直贯入沥青的深度以 0.1 mm 计,针入度是采用针入度仪测定。《沥青针入度测定法》(GB/T 4509—2010)规定,针入度试验是在规定温度(25 ℃ ± 0.1 ℃)的条件下,以规定质量(100 g±0.05 g)的标准针,经规定时间(5 s)贯入试样中的深度,以 0.1 mm 为单位表示,用 $P_{T,m,t}$ 表示(T 为试验温度,℃,m 为标准针、连杆及砝码的总质量,g,t 为贯入时间,s)。针入度仪测定示意图如图 8-2 所示。针入度值越小,表明沥青抵抗变形能力越大,黏性越大。

(2)标准黏度计法　对于液体石油沥青、乳化石油沥青和煤沥青等的相对黏度,可用标准黏度计法测定(图 8-3),它是测定在规定的温度下,通过规定孔径(3 mm、5 mm 或 10 mm)测定流出 50 mL 沥青所需的时间(s),用符号 $C_{T,d}$ 表示(T 为试验温度,℃;d 为孔径,mm)。显然,试验条件相同时,流出时间越长,标准黏度值越大,表明沥青的黏性越大。

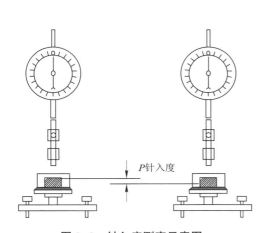

图 8-2 针入度测定示意图

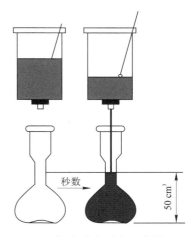

图 8-3 标准黏度测定示意图

8.1.2.2 延展性

沥青的其他
技术性质

沥青的延展性通常用延度作为条件延性指标来表征,是以规定形态的沥青试样在规定温度下[(25±0.5)℃]以一定速度受[(5±0.25)cm/min]拉伸至断开时的长度,以 cm 计。《沥青延度测定法》(GB/T 4508—2010)规定,规定沥青延度是把沥青试样制成∞字形标准试摸(中间最小截面积约为 1 cm²),然后移到延度仪中进行试验。在规定温度下以规定拉伸速度拉断试件时的伸长值(以 cm 计)如图 8-4 所示。沥青的延度越大,其塑性越好。沥青的延度决定了沥青的胶体结构和流变性质。沥青中含蜡量增加,会使其延度降低。

沥青延度

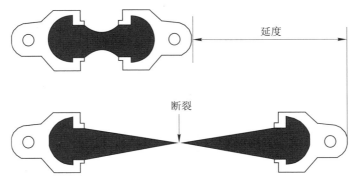

图 8-4 延度测定示意图

沥青的延度与其组分含量、流变特性、胶体结构、环境温度等因素有关。研究表明,沥青树脂的含量较多,其他组分也适当时,其延续较好;当沥青化学组分不协调,胶体结构不均匀,含蜡量增加时,都会使沥青的延度相对降低。一般来说,在常温下,延性较好的沥青在产生裂缝时,自行愈合能力较强。而在低温时延度越大,则沥青的抗裂行越好。

8.1.2.3 温度敏感性

沥青是复杂的胶体结构,是一种混合物,其物理力学特性随温度而变化,在不同温度条件下表现为完全不同的性状即为沥青的温度敏感性,是沥青材料最具特色的而又重要的性质。沥青的敏感性主要表现为稠度的变化,在沥青路面的设计、施工和使用中对工程质量起着重要作用。石油沥青的温度敏感性指石油沥青的黏滞性和塑性随温度升降而变化的性能。变化程度大,则沥青温度敏感性大,反之则温度敏感性差。常用指数为针入度指数、针入度黏度指数(PVN)、黏度–温度敏感性指数(VTS)等。和脆点分别反映沥青在高温时的稳定性和低温时的抗裂性。工程上常用软化点指标。

沥青软化点

(1)软化点　沥青是一种高分子非晶态物质,它没有敏锐的熔点,从固态转变为液态有很宽的温度间隔,故选取该温度间隔中的一个条件温度作为软化点,沥青软化点是沥青试样在规定尺寸的金属环内,上置规定质量和尺寸的钢球,放于水或甘油中,以规定速度加热,至钢球下沉大规定距离时的温度,单位℃。沥青软化点是反映沥青敏感性的重要指标。

《沥青软化点测定法 环球法》(GT/T 4507—2014)规定,其测定的软化点范围为30~157 ℃,适用的沥青包括石油沥青、煤焦油沥青、乳化沥青改性乳化沥青残留物,改性沥青在加热及不改变性质的情况下可以融化为天然沥青、特种沥青及沥青混合料回收得到的沥青材料。

沥青软化点试验采用环球法测定(图 8–5)。环球法是把沥青试样注入内径为18.9 mm的铜环内,环上置一直径9.53 mm,重3.5 g的钢球。浸入水或甘油中,按规定升温速度(5 ℃/min)从0 ℃开始升温,使沥青软化下垂。当沥青下到规定距离25.4 mm时的温度,即为沥青软化点(单位为℃)。软化点越高,沥青的温度敏感性越小。

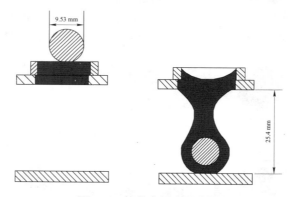

图 8–5　软化点测定示意图

研究认为,不同沥青在软化点时的黏度大致是相同的,为1 200~1 300 Pa·s,或相当于针入度值为800(0.10 mm)。理论上软化点是一种"等粘温度"。由此可见,针入度是在规定温度下测定沥青的条件黏度,而软化点则是沥青达到规定条件黏度时的温度。所以软化点既是反映沥青温度敏感性的一个指标,也是表征沥青黏性的一种量度。

软化点是沥青性能随着温度变化过程中重要的标志点。但它是人为确定的温度标志点,单凭软化点这一性质来反映沥青性能随温度变化的规律,并不全面,针入度指数也是反映沥青温度敏感性的一个重要参数。

(2)针入度指数　针入度指数(PI)用以描述沥青的温度敏感性,通常在15 ℃、25 ℃、30 ℃等3个或3个以上温度条件下测定针入度后按规定的方法计算得到,无量纲。若30 ℃时的针入度值过大,可用5 ℃代替。针入度指数反映针入度随温度变化而变化的程度;针入度值的大小与其针入度指数的大小是不同的。针入度是表示稠度的指标;针入度指数是反映沥青温度敏感性的指标。

根据大量的试验结果,沥青的黏度随着温度的变化而变化;针入度值的对数($\lg P$)与温度(T)具有线性关系。针入度指数是根据一定温度变化范围内沥青性能的变化来计算出来的。针入度指数是来反映沥青性能随温度的变化规律,同时也可根据沥青的针入度指数判定沥青的胶体结构类型。当针入度指数 PI<-2 时,为溶胶结构;针入度指数 PI>2 时,为凝胶结构;介于二者之间为溶胶-凝胶结构。

(3)脆点 沥青的脆点是反映温度敏感性的另一个指标,它是指沥青从高弹态转到玻璃态过程中的某一规定状态的相应温度,该指标主要反映沥青的低温变形能力。寒冷地区应用的沥青应考虑沥青的脆点。沥青的软化点越高,脆点越低,则沥青的温度敏感性越小。

沥青材料随温度的降低,其塑性逐渐降低,脆性逐渐增加。低温时沥青受到瞬时荷载作用常表现为脆性破坏。弗拉斯脆点的测定是将一定量的沥青试样在一个标准的金属薄片上摊成光滑的薄膜,置于有冷却设备的脆点仪内。随着冷却设备中制冷剂温度降低,沥青薄膜的温度亦逐渐降低,当降至某一温度时,沥青薄膜在规定弯曲条件下产生裂缝,该温度即为沥青的弗拉斯脆点。弗拉斯脆点反映了沥青丧失其塑性的温度,因此它也是表征沥青材料塑性的一种量度。

8.1.2.4　沥青的大气稳定性

沥青在自然因素(热、氧、光和水)等因素长期综合作用下,抵抗老化变形的性能,称为沥青的大气稳定性。沥青在使用过程中受到加热、拌和、摊铺以及自然因素的作用,沥青会发生一系列的物理化学变化,导致其性能劣化的过程,通常称之为"老化"。沥青在老化过程中,其组分会发生明显变化,表现为饱和分变化不大,但芳香分明显转变为胶质,而胶质又转变为沥青质,由于芳香分转变为胶质的量不足以补偿胶质转变为沥青质的量,所以最终是胶质显著减少,而沥青质显著增加。因此,沥青老化后,其塑性降低,脆性增大,黏附性减弱,性能变差。影响沥青的老化因素包括温度、光和水的作用等。其中温度是影响老化的主要因素,温度越高,老化变形越快。可采用加热老化的方法来评定,即测定沥青加热前后质量、针入度等技术指标的变化,变化越小,表明耐候性越好,沥青的大气温度性越好。

8.1.2.5　其他性质

为全面评定石油沥青的品质和保证施工安全,还应了解石油沥青的溶解度、闪点和燃点。

溶解度是指石油沥青在三氯乙烯、四氯化碳或苯中溶解的百分率。不溶解的物质会降低石油沥青的性能(如黏性等)。因而溶解度可以表示石油沥青中有效物质含量,纯净度,那些不溶物会影响沥青质的性能,需加以限制,按照《公路沥青及沥青混合料试验规程》中《沥青溶解度试验》(T 0611—2011)的规定。

闪点(也称闪火点)是指沥青加热挥发出可燃气体,与火焰接触初次发生一瞬即灭的火焰时的温度。燃点(也称着火点)是指沥青加热挥发出的可燃气体和空气混合,与火焰接触能持续燃烧时的最低温度。闪点和燃点的高低表明沥青引起火灾或爆炸的可能性的大小,它关系到运输、储存和加热使用等方面的安全。例如,建筑石油沥青闪点约 230 ℃。在熬制时一般温度为 185~200 ℃,为安全起见,沥青还应与火焰隔离。

黏稠石油沥青、煤沥青用克利夫兰开口杯法测定闪点和燃点，液体石油沥青用泰格式开口杯法测定其闪点。

石油沥青还具有良好防水性。因为沥青是憎水性材料，几乎完全不溶于水；构造致密；与矿物材料表面有很好的黏结力，能紧密黏附于矿物材料表面；具有一定的塑性，能适应材料或构件的变形，故广泛用作土木工程的防潮、防水材料。

8.1.3　石油沥青的技术标准及选用

石油沥青的
应用

在土木工程中使用的主要是建筑石油沥青和道路石油沥青。

8.1.3.1　建筑石油沥青的技术要求与应用

建筑石油沥青按针入度值划分，有 40 号、30 号和 10 号三个牌号。牌号越小，沥青越硬；牌号越大，沥青越软。同时随着牌号增加，沥青的黏性减小（针入度增加），塑性增加（延度增大），而温度敏感性增大（软化点降低）。建筑石油沥青的技术性能应符合《建筑石油沥青》（GB/T 494—2010）的规定，如表 8-3 所示。

表 8-3　建筑石油沥青技术标准

项目	质量指标		
	10 号	30 号	40 号
针入度（25 ℃，100 g，5 s）/（1/10 mm）	10~25	26~35	36~50
针入度（25 ℃，100 g，5 s）/（1/10 mm）	报告[①]	报告	报告
针入度（0 ℃，200 g，5 s）/（1/10 mm），不小于	3	6	6
延度（5 cm/min，25 ℃）/cm，不小于	1.5	2.5	3.5
软化点（环球法）/℃，不低于	95	75	60
溶解度（三氯乙烯）/%，不小于	99.0		
蒸发后质量变化（163 ℃，5 h）/%，不大于	1		
蒸发后 25 ℃针入度比[②]/%不小于	65		
闪点（开口杯法）/℃，不低于	260		

注：①报告应为实测值；
　　②测定蒸发损失后样品的 25 ℃针入度与原针入度之比乘以 100 后所得的百分比，称为蒸发后针入度之比

建筑石油沥青黏性大，耐热性较好，但塑性较差，多用来制作防水卷材、防水涂料、沥青胶和沥青嵌缝膏。主要用于建筑屋面和地下防水、沟槽防水防腐以及管道防腐等工程，还可用于制作油毡、油纸、防水涂料和沥青玛蹄脂等建筑材料。

屋面防水主要考虑沥青的高温稳定性，选用软化点较高的沥青，地下防水主要考虑沥青的耐久性，选用软化点低的沥青。一般屋面用沥青软化点应比当地屋面可能达到的最高温度高出 25~30 ℃，亦即比当地最高气温高出 20 ℃以上。一般地区可采用 30 号石油沥青；夏季炎热地区亦采用 10 号石油沥青。

8.1.3.2　道路石油沥青的技术要求与应用

道路石油沥青塑性好，黏性较小，主要用于各类道路路面或车间地面等工程，还可以用于地下防水工程，其技术指标按照石油化工行业标准《道路石油沥青》（NB/SH/T 0522—2010），

如表 8-4 所示,按针入度值分为 200 号、180 号、140 号、100 号、60 号五个牌号。

表 8-4 道路石油沥青的技术标准

项目		质量指标				
		200 号	180 号	140 号	100 号	60 号
针入度(25 ℃,100 g,5 s)/(1/10 mm)		200~300	150~200	110~150	80~110	50~80
延度(5 cm/min,25 ℃)/cm,不小于		20	100	100	90	70
软化点/℃		30~48	35~48	38~51	42~55	45~58
溶解度(三氯乙烯)%,不小于		99.0				
闪点(开口杯法)/℃		180	200	230		
密度(25 ℃)/(g·cm³)		报告				
蜡含量/% 不大于		4.5				
薄膜烘箱试验 (163 ℃,5 h)	质量变化/%,不大于	1.3	1.3	1.3	1.2	1.0
	针入度比/%	报告				
	延度(25 ℃)/cm	报告				

注:如 25 ℃延度达不到,15 ℃延度达到时,也认为合格,指标要求与 25 ℃延度一致

冬季寒冷地区或交通量较少的地区,宜选用稠度小、低温延度大的沥青,减少低温开裂。对于日温差大、年温差大的地区宜选用针入度指数大的沥青。对于夏季温度高、高温持续时间长的地区,重载交通路段,山区上坡路段宜选用稠度大黏度大的沥青,以保证夏季路面有足够的稳定性。

《重交通道路石油沥青》(GB/T 15180—2010)技术指标(表 8-5)规定其按针入度范围分为 AH-30、AH-50、AH-70、AH-90、AH-110、AH-130 六个牌号。对比表 8-4 与表 8-5 可知,重交通石油沥青总体技术要求高,如其蜡含量不大于 3.0%,而道路石油沥青的含蜡量不大于 4.5%。蜡含量增加会影响沥青路面的抗滑性,从而影响高速公路的性能。重要交通道路石油沥青适用于修筑高速公路、一级公路、机场道路、城市快速路、主干路等重交通道路,也适用于各等级公路、城市道路。

表 8-5 重交通道路石油沥青的技术要求

项目		质量指标					
		AH-130	AH-110	AH-90	AH-70	AH-50	AH-30
针入度(25 ℃,100 g,5 s)/(1/10 mm)		120~140	100~120	80~100	60~80	40~60	20~40
延度(5 cm/min,25 ℃)/cm		≥100	≥100	≥100	≥100	≥80	报告
软化点/℃		30~48	35~48	38~51	42~55	45~58	50~65
溶解度(三氯乙烯)/%		≥99.0					
闪点(开口杯法)/℃		230					260
密度(25 ℃)/(g/cm³)		报告					
蜡含量/%		≤3.0					
薄膜烘箱试验 (163 ℃,5 h)	质量变化/%	≤1.3	≤1.2	≤1.0	≤0.8	≤0.6	≤0.5
	针入度比/%	≥45	≥48	≥50	≥55	≥58	≥60
	延度(25 ℃)/cm	100	50	40	30	报告	报告

8.1.3.3 石油沥青的选用

石油沥青应根据工程性质与要求(房屋、防腐、道路)、使用部位、环境条件等因素选

用。在满足使用条件的前提下,应选用牌号较大的石油沥青,以保证使用寿命较长。

建筑石油沥青的黏性较大、湿度稳定性较好、塑性较小,主要用作制造油毡、油纸、防水涂料和沥青胶。它们绝大部分用于屋面及地下防水沟槽防水、防腐蚀及管道防腐等工程。对于屋面防水工程,需考虑沥青的高温稳定性,选用软化点比较高的沥青。

道路石油沥青沥青牌号较多,多用于配制沥青砂浆、沥青混凝土,用于道路路面、车间地面等。建筑工程中,一般拌制成沥青混凝土、沥青拌和料或沥青砂浆等使用,有时使用60号沥青与其他建筑石油沥青掺配使用。

8.1.3.4 沥青的掺配

某一种牌号的石油沥青往往不能满足工程技术要求,因此需要不同牌号沥青进行掺配。为了不使掺配后的沥青胶体结构破坏,应选用表面张力相近和化学性质相似的沥青。试验证明同产源的沥青容易保证掺配后的沥青胶体结构的均匀性。所谓同产源是指同属石油沥青或同属煤沥青(或煤沥青)。

两种沥青掺配的比例为

$$Q_1 = \frac{T_2 - T}{T_2 - T_1} \times 100\% \qquad (8-1)$$
$$Q_2 = 100 - Q_1$$

式中:Q_1——较软沥青用量,%;

$\quad Q_2$——较硬沥青用量,%;

$\quad T$——掺配后沥青软化点,℃;

$\quad T_1$——较软沥青软化点,℃;

$\quad T_2$——较硬沥青软化点,℃。

以估算的掺配比例和其邻近的比例(5%~10%)进行试配(混合熬制均匀),测定掺配后沥青的软化点,然后绘制"掺配比-软化点"关系曲线,即可从曲线上确定出所要求的掺配比例。掺配后如果过稠,可采用石油产品系统的轻质油类,如汽油、煤油、柴油等进行稀释,如果过稀可加入沥青。

【例8-1】 某建筑工程屋面防水,需用软化点为75℃的石油沥青,但工地仅有软化点为95℃和25℃的两种石油沥青,问应如何掺配?

解:掺配时,较软石油沥青(软化点为25℃)用量百分比(%)为

$$Q_1 = \frac{T_2 - T}{T_2 - T_1} \times 100\% = \frac{95 - 75}{95 - 25} = 28.6\%$$

较硬石油沥青(软化点为95℃)用量百分比为

$$Q_2 = 100 - Q_1 = 100 - 28.6\% = 71.4\%$$

以估算的掺配比例和其邻近的比例(5%~10%)进行试配(混合熬制均匀),测定掺配后沥青的软化点,然后绘制"掺配比-软化点"关系曲线,即可从曲线上确定出所要求的掺配比例。

【8-1】工程实例分析

沥青路面破损实例概述

现象:某小区沥青路面事故现场,可谓是一片狼藉。业主为了搞好小区绿化从别处运

进了大量黄泥。大量的潮湿的黄泥在没有采取任何措施的情况下直接堆放在新筑的沥青路面上,运输车辆来回辗压使潮湿的黄泥实实地黏附在沥青表面。在太阳光及风的作用下潮湿的黄泥干燥收缩变形,随之造成与之黏附的沥青表面层矿料大片的剥落。在黄泥块边沿黏附的沥青混合料与结构层脱离,并随黄泥层一起剥落,造成沥青路面极大的损坏。

原因分析:潮湿的黄泥直接堆放在新筑的沥青路面是引起此事故最直接的原因;干燥的空气及较高地表温度,使黄泥快速干燥变形产生不可小视的拉力加载在沥青路表面;早期沥青路面由于沥青中不稳定芳香分的存在,在路表温度高达 40 ℃以上,接近甚至超过沥青软化点时沥青表面结构层易软化,其抗剪切、抗拉能力比较差。

思考:如何避免在上述使用环境中出现类似现象?

8.2 其他沥青

8.2.1 煤沥青

煤沥青是炼焦厂或煤气厂的副产品。烟煤在干馏过程中的挥发物质经冷凝而成黑色黏性液体称为煤焦油,煤焦油经分馏加工提取轻油、中油、重油、蒽油以后,所得残渣即为煤沥青,也称煤焦油沥青或柏油。

8.2.1.1 煤沥青的基本组成

由于煤沥青是由复杂化合物组成的混合物,分离为单体组成十分困难,故目前煤沥青化学组分的研究与前述石油沥青方法相同,也是采用选择性溶解等方法,将煤沥青分为几个化学性质相近,且与路面性能有一定联系的组分。常将煤沥青分离为游离碳、油分、软树脂和硬树脂四个组分。

(1)游离碳 游离碳又称自由碳,是高分子的有机化合物的固态碳质微粒,不溶于有机溶剂,加热不熔,但高温分解。提高黏度和温度稳定性,增加低温脆性。

(2)油分 油分是液态碳氢化合物。与其他组分比较是最简单结构的物质。

(3)树脂 树脂包含硬树脂和软树脂。硬树脂,类似石油沥青中的沥青质,提高沥青温度稳定性;软树脂,赤褐色黏塑性物质,溶于氯仿,增加沥青的延性。

8.2.1.2 煤沥青的技术性质

煤沥青与石油沥青比较,煤沥青有如下特点:

(1)煤沥青密度比石油沥青大,一般为 $1.10 \sim 1.26$ g/cm³。

(2)塑性差。煤沥青中含有较多的自由碳和固体树脂,受力后产生变形易开裂,尤其在低温条件下易变得脆硬。

(3)温度稳定性差。煤沥青中可溶性树脂含量较高,受热后软化溶于油分中,使煤沥青温度稳定性差。

(4)大气稳定性差。低温煤沥青中易挥发的油分多,且化学不稳定的成分(不饱和的芳香烃)含量多,在光、热和氧的综合作用下,老化过程较快。

（5）有毒、有臭味，防腐能力强。煤沥青中含有酚、蒽等易挥发的有毒成分，施工时对人体有害。但将其用于木材防腐中，有较好的效果。

（6）与矿物质材料表面黏附力较强。煤沥青中含表面活性物质较多，能与矿物质材料表面很好地黏附，可提高煤沥青与矿物质材料的黏结强度。

使用煤沥青应严格控制加热温度和时间，以免降低其质量，同时采取防毒安全措施。煤沥青与石油沥青外观相似，使用时注意区分二者，防止用错。鉴别二者的方法见表 8-6。

表 8-6　煤沥青与石油沥青简易鉴别方法

鉴别方法	石油沥青	煤沥青
密度法	密度近似于 1.0 g/cm³	大于 1.10 g/cm³
锤击法	声哑，有弹性、韧性感	声脆，韧性差
燃烧法	烟无色，基本无刺激性臭味	烟呈黄色，有刺激性臭味
溶液比色法	用 30~50 倍汽油或煤油溶解后，将溶液滴于滤纸上，斑点呈棕	溶解方法同左。斑点有两圈，内黑外棕

煤沥青的抗腐蚀性能较好，适用于地下防水工程及防腐工程，还可以浸渍油毡。煤沥青多用于较次要的工程。但若以煤沥青配制沥青混合料，用于铺筑停车场时，可以不被滴漏的燃料油、润滑油等溶解侵蚀，有较高的耐久性。

8.2.2　乳化沥青

乳化沥青是将沥青热融，经过机械的作用，使其以细小的微滴状态分散于含有乳化剂的水溶液之中，形成水包油状的沥青乳液。乳化沥青呈茶褐色，具有高流动度，可以冷态使用，在与基底材料和矿质材料结合时有良好的黏附性。

8.2.2.1　乳化沥青的组成材料

乳化沥青主要由沥青、水、乳化剂、稳定剂等材料组成。

（1）沥青　沥青是乳化沥青的主要组成材料，占乳化沥青的 55%~70%。各种标号的沥青均可配制乳化沥青，稠度较小的沥青（针入度为 100~250）更易乳化。

（2）水　水质应相当纯净，不含杂质。一般说来，水质硬度不宜太大，尤其阴离子乳化沥青，对水质要求较严，每升水中氧化钙含量不得超过 80 mg。

（3）乳化剂　乳化剂是乳化沥青形成的关键材料。沥青乳化剂是一种表面活性剂，它具有表面活性剂的基本特性。它是一种"两亲性"分子，分子的一部分具有亲水性质，而另一部分具有亲油性质。它能使互不相溶的两相物质（沥青和水）形成均匀的分散体系，它的性能在很大程度上影响着乳化沥青的性能。

（4）稳定剂　使沥青乳液具有良好的稳定性，加入起稳定作用的溶胶称为乳化沥青的稳定剂。常用的有机稳定剂有聚乙烯醇、聚丙烯酰胺、羧甲基纤维素钠、糊精、MF 废液等。常用无机稳定剂有氯化钙、氯化镁、氯化铵和氯化铬等。

8.2.2.2 乳化沥青的特点

乳化沥青的优点主要有以下几点。

（1）冷态施工,节约能源。乳化沥青可以冷态施工,现场无须加热设备和能源消耗、扣除制备乳化沥青所消耗的能源后,仍然可以节约大量能源。

（2）便利施工,节约沥青。由于乳化沥青黏度低、和易性好,施工方便,可节约劳力。此外,由于乳化沥青在集料表面形成的沥青膜较薄,不仅提高沥青与集料的黏附性,而且可以节约沥青用量。

（3）保护环境,保障健康。乳化沥青施工不需加热,故不污染环境;同时,避免了劳动操作人员受沥青挥发物的毒害。

（4）提高到了质量。例如做粘层时,撒布更均匀;做贯入式路面时,增大贯入深度。

（5）延长施工的季节时间,特别是在沥青道路病害较多的季节施工。在阴湿天气可采用阳离子乳化沥青筑路或修补。

乳化沥青也存在储存期限短,一般储存温度 0 ℃以上不超过半年;修筑道路的成型期长,初期还需控制车辆的车速。

8.2.2.3 乳化沥青的应用

乳化沥青主要用于新建道路的透层、粘层、封层;道路养护的雾封层、稀浆封层、微表处、碎石封层、超薄磨耗层、修补坑槽;路面再生(冷再生)。

《公路沥青路面施工技术规程》(JTG F40)提出的乳化沥青品种及适用范围如表 8-7 所示。

表 8-7 乳化沥青品种及适用范围

分类	品种及代号	适用范围
阳离子乳化沥青	PC-1	表处、贯入式路面、下封层
	PC-2	透层油及基层养生用
	PC-3	粘层油用
	BC-1	稀浆封层或冷拌沥青混合料用
阴离子乳化沥青	PA-1	表处、贯入式路面、下封层
	PA-2	透层油及基层养生用
	PA-3	粘层油用
	BA-1	稀浆封层或冷拌沥青混合料用
非离子乳化沥青	PN-2	透层油用
	BN-1	与水泥稳定集料同时使用(基层路拌或再生)

8.2.3 改性沥青

建筑上使用的石油沥青必需具有一定的物理性质。如要求在低温条件下应有弹性和塑性;在高温条件下要有足够的强度和稳定性;在加工和使用过程中具有抗老化能力;还

应与各种矿料和结构表面有较强的黏附力;以及对构件变形的适应性和耐疲劳性。一般沥青不能全面满足工程上的多项使用要求。因而,常用橡胶、树脂和矿物填料等材料改善沥青性能。橡胶、树脂和矿物填料等通称为石油沥青的改性材料。

8.2.3.1　橡胶改性沥青

橡胶是一类重要的石油改性材料。它与沥青有较好的混溶性,并能使沥青具有橡胶的很多优点,如高温变形小,低温柔性好等。沥青中掺入一定量橡胶后,可改善其耐热性、耐候性等。

常用于沥青改性的橡胶有氯丁橡胶、丁基橡胶、再生橡胶等。氯丁橡胶改性沥青,可使其气密性、低温柔性、耐化学腐蚀性、耐光性、耐臭氧性、耐气候性和耐燃烧性得到大大改善。丁基橡胶改性沥青具有优异的耐分解性,并有较好的低温抗裂性和耐热性能,多用于道路路面工程和制作密封材料和涂料。

8.2.3.2　树脂改性沥青

树脂改性沥青可以改进沥青的耐寒性、耐热性、黏结性和不透气性。由于石油沥青中含芳香性化合物较少,因而树脂和石油沥青的相溶性较差,而且用于改性沥青的树脂品种也较少,常用品种有古马隆树脂、聚乙烯、无规聚丙烯 APP、酚醛树脂及天然松香等。无硅聚丙烯 APP 改性沥青克服单纯沥青冷脆热流缺点,具有较好的耐高温性,特别适合于炎热地区。APP 改性沥青主要用于生产防水卷材和防水涂料。

8.2.3.3　橡胶和树脂改性沥青

橡胶和树脂同时用于沥青改性,可使沥青同时具有橡胶和树脂的特性。如耐寒性,且树脂比橡胶便宜,橡胶和树脂间有较好的混溶性,故效果较好。橡胶和树脂改性沥青可用于生产卷材、片材、密封材料和防水涂料等。

8.2.3.4　矿物填充料改性沥青

矿物填充料改性沥青可提高沥青的黏结能力、耐热性,减小沥青的温度敏感性。常用的矿物填充料大多是粉状或纤维状矿物,主要有滑石粉、石灰石粉、硅藻土、石棉和云母粉等。矿物改性沥青的机制:沥青中掺矿物填充料后,由于沥青对矿物填充料有良好的润湿和吸附作用,在矿物颗粒表面形成一层稳定、牢固的沥青薄膜,带有沥青薄膜的矿物颗粒具有良好的黏性和耐热性。矿物填充料的掺入量要恰当,以形成恰当的沥青薄膜层。

8.3　沥青混合料

8.3.1　概述

8.3.1.1　沥青混合料的定义

沥青混合料是将粗集料石子、细集料砂(5~0.15 mm)和填料矿粉(<0.15 mm)经人工合理选择级配组成的矿质混合料与适量的沥青材料经拌和而成的均匀混合料,包括沥青混凝土(压实后剩余空隙率≤10%)和沥青碎石(压实后剩余空隙不小于10%),还有开级配或间断级配沥青混合料。沥青混合料主要用于道路路面,也可用于水工建筑物表面或

内部的防渗层。

8.3.1.2　沥青混合料的分类

沥青混合料是由矿料与沥青结合料拌和而成的混合料的总称。沥青混合料的分类方法很多,可按施工温度、矿质集料的最大粒径和沥青混合料级配来分类。

(1)按施工温度分类

1)热拌热铺沥青混合料　沥青与矿料在热态下拌和、热态下铺筑施工的沥青混合料。

2)常温沥青混合料　采用乳化沥青或稀释沥青与矿料在常温状态下拌和、施工的沥青混合料。

(2)按矿质集料的最大粒径分类

1)砂粒式沥青混合料　最大集料粒径等于或小于 4.75 mm 的沥青混合料,也称为沥青石屑或沥青砂。

2)细粒式沥青混合料　最大集料粒径为 9.5 mm 或 13.2 mm 的沥青混合料。

3)中粒式沥青混合料　最大集料粒径为 16 mm 或 19 mm 的沥青混合料。

4)粗粒式沥青混合料　最大集料粒径为 26.5 mm 或 31.5 mm 的沥青混合料。

5)特粗式沥青碎石混合料　最大集料粒径等于或大于 37.5 mm 的沥青碎石混合料。

(3)按沥青混合料级配分类

1)沥青混凝土混合料　由适当比例的粗集料、细集料及填料组成的符合规定级配的矿料,与沥青结合料拌和而制成的符合技术标准的沥青混合料(以 AC 表示,采用圆孔筛时用 LH 表示)和密实式沥青稳定碎石混合料(以 ATB 表示)。

2)密级配沥青混凝土混合料　各种粒径的颗粒级配连续、相互嵌挤密实的矿料与沥青拌和而成,压实后剩余空隙率小于 10% 的沥青混合料。剩余空隙率 3%~6%(行人道路为 2%~6%)的为 Ⅰ 型密实式沥青混凝土混合料,剩余空隙率 4%~10% 的为 Ⅱ 型半密实式沥青混凝土混合料。

3)半开级配沥青混合料　适当比例的粗集料、细集料及少量填料(或不加填料)与沥青拌和而成,压实后剩余空隙率在 10% 以上的半开式沥青混合料,也称为沥青碎石混合料(以 AM 表示,采用圆孔筛时用 LS 表示)。

4)开级配沥青混合料　矿料级配主要由粗集料组成,细集料较少,矿料相互拨开,压实后空隙率于 15% 的开式沥青混合料。

5)间断级配沥青混合料　矿料级配组成中缺少一个或若干个档次而形成的间断级配的沥青混合料。

8.3.1.3　沥青混合料的优点

沥青混合料作为高等级公路最主要的路面材料,其优越性具体表现在以下几个方面。

(1)沥青混合料是一种弹塑性黏性材料,因而它具有一定的高温稳定性和低温抗裂性。它不需设置施工缝和伸缩缝,路面平整且有弹性,行车比较舒适,噪声低。

(2)沥青混合料路面有一定的粗糙度,雨天具有良好的抗滑性。路面又能保证一定的平整性,如高速公路路面,其平整度可达 1.0 mm 以下。而且沥青混合料路面为黑色,无

强烈反光,行车比较安全。

（3）施工方便,速度快,不需要较长的养护期,能及时开放交通。

（4）沥青混合料路面可分期改造和再生利用。随着道路交通量的增大,可以对原有的路面拓宽和加厚。对旧有的沥青混合料,可以运用现代技术,再生利用,以节约原材料。

在各种沥青混合料中,热拌沥青混合料是最典型的品种,热拌沥青混合料是经人工组配的矿质混合料与黏稠沥青在专门设备中加热拌和而成的。热拌沥青混合料用保温运输工具运送至施工现场,并在热态下进行摊铺和压实。

8.3.2　沥青混合料的组成材料和组成结构

8.3.2.1　沥青混合料的组成材料

沥青混合料的组成材料主要有沥青和矿料。矿料指用于沥青混合料的粗集料、细集料和填料总称。为了保证混合料的技术性质,首先要正确选择符合质量要求的组成材料。

（1）矿料　矿料是指沥青混合料采用的碎石、轧制砾石、筛选砾石、石屑、砂以及矿粉等的总称。

1）粗集料　粗集料是经加工(轧碎、筛分)而成的粒径大于 2.36 mm 的碎石、破碎砾石(由砾石经碎石机破碎加工而成的具有一个以上破碎面的石料)、筛选砾石、矿渣等集料。沥青混合料所用粗集料应洁净、干燥、无风化、不含杂质。我国《公路沥青路面施工技术规范》(JTG F40—2004)对粗集料的技术要求如表 8-8 所示。

表 8-8　沥青混合料用粗集料质量技术要求

指标	高速公路、一级公路		其他等级公路	试验方法
	表面层	其他层次		
石料压碎值/%	≤26	≤28	≤30	T 0316
洛杉矶磨耗损失/%	≤28	≤30	≤35	T 0317
表观相对密度/(t/m³)	≥2.60	≥2.50	≥2.45	T 0304
吸水率/%	≤2.0	≤3.0	≤3.0	T 0304
坚固性/%	≤12	≤12	—	T 0314
针片状颗粒含量(混合料)/%	≤15	≤18	≤20	T 0312
对于粒径大于 9.5 mm/%	≤12	≤15	—	
对于粒径小于 9.5 mm/%	≤18	≤20		
水洗法<0.075 mm 颗粒含量/%	≤1	≤1	≤1	T 0310
软石(风化石)含量/%	≤3	≤5	≤5	T 0320

注:①坚固性试验可根据需要进行;②用于高速公路、一级公路时,多孔玄武岩的表观密度可放宽至 2.45 t/m³,吸水率可放宽至 3%,但必须得到建设单位的批准,且不得用于 SMAC 路面;③对 S14 规格的粗集料,针片状颗粒含量可不予要求,<0.075 mm 含量可放宽至 3%

粗集料应具有良好的颗粒形状,用于道路沥青面层的碎石不宜采用颚式破碎机加工。路面抗滑表层粗集料应选用坚硬、耐磨、抗冲击性好的碎石或破碎砾石,不得使用砾石、矿渣及软质集料。用于高速公路、一级公路沥青路面表面层及各类公路抗滑表面层的粗集料还应符合磨光值与黏附性的要求,如表 8-9 所示。

表 8-9　粗集料与沥青的黏附性、磨光值的技术要求

雨量气候区		潮湿区	湿润区	半干区	干旱区
年降雨量/mm		>1 000	1 000~500	500~250	<250
粗集料磨光值(PSV)	高速公路、一级公路表面层	≥42	≥40	≥38	≥36
粗集料与沥青黏附性	高速公路、一级公路表面层	≥5	≥4	≥4	≥3
	高速公路、一级公路的其他层次及其他等级公路的各个层次	≥4	≥4	≥3	≥3

筛选砾石仅适用于三级及三级以下公路的沥青表面层或拌和法施工的沥青面层的下面层,不得用于贯入式路面及拌和法施工的沥青面层的中、上面层。

钢渣只能适用于三级或三级以下的公路。刚出炉的钢渣可能存在活性,为避免路面在使用过程中发生遇水膨胀的鼓包破坏现象,钢渣须在破碎后存放 6 个月以上方可使用。

沥青混合料的粗集料一般是用碱性石料加工制得的,因为碱性石料与沥青具有良好的黏结性。在缺少碱性石料的情况下,也可采用酸性石料代替。经检验属于酸性岩石的石料如花岗岩、石英岩等用于高速公路、一级公路、城市快速路、主干路时,宜使用针入度较小的沥青,并采用下列抗剥离措施,使其对沥青的黏附性符合《公路沥青路面施工技术规范》(JTGF 40—2004)要求,粗集料的粒径规格应按表 8-10 的要求选用。

2)细集料　用于拌制沥青混合料的细集料,可以采用天然砂、人工砂或石屑。细集料应洁净、干燥、无风化、不含杂质,并有适当的级配范围。对用于高速公路、一级公路、城市快速路、主干路的细集科,视密度不应小于 $2.50 \times 10^3/m^3$,坚固性试验的质量损失不应大于 12%(颗粒大于 0.3 mm 部分),砂当量不小于 60。而用于其他公路与城市道路时,视密度不应小于 $2.45 \times 10^3/m^3$,砂当量不小于 50。

热拌沥青混合料的细集料宜采用优质的天然砂或人工砂。在缺砂地区,也可使用石屑,但用于高速公路、一级公路、城市快速路、主干路沥青混凝土面层及抗滑表层的石屑用量宜不超过砂的用量。

细集料应与沥青有良好的黏结能力,故有时对某些岩类也应采用前述粗集料的抗剥离措施。我国交通行业标准《公路沥青路面施工技术规范》(JTGF 40—2004)规定,细集料应洁净、干燥、无风化、无杂质,并有适当的颗粒级配,质量要求如表 8-11 所示。

表 8-10　沥青混合料矿料级配及沥青用量范围

级配类型		通过下列筛孔(方孔筛,mm)的质量百分率/%															供参考的沥青用量/%
		53.0	37.5	31.5	26.5	19.0	16.0	13.2	9.5	4.75	2.36	1.18	0.6	0.3	0.15	0.075	
沥青混凝土 粗粒	AC~30 I								43~63	32~52	25~42	18~32	13~25	8~18	5~13	3~7	4.0~6.0
	AC~30 II							52~72	30~50	18~38	12~28	8~20	4~14	3~11	2~7	1~5	3.0~5.0
	AC~25 I						59~77	53~73	43~63	32~52	25~42	18~32	13~25	8~18	5~13	3~7	4.0~6.0
	AC~25 II					66~82	45~65	38~58	32~52	20~40	13~30	9~23	6~16	4~12	3~8	2~5	3.0~5.0
中粒	AC~20 I				100	90~100	79~92	62~80	52~72	38~58	28~46	20~34	15~27	10~20	6~14	4~8	4.0~6.0
	AC~20 II				100	90~100	65~85	52~70	40~60	26~45	16~33	11~25	7~18	4~13	3~9	2~5	3.5~5.5
	AC~16 I					100	95~100	75~90	58~78	42~63	32~50	22~37	16~28	11~21	7~15	4~8	4.0~6.0
	AC~16 II					100	90~100	65~85	50~70	30~50	18~35	12~26	7~19	4~14	3~9	2~5	3.5~5.5
细粒	AC~13 I						100	95~100	70~88	48~68	36~53	24~41	18~30	12~22	8~16	4~8	4.5~6.5
	AC~13 II						100	95~100	60~80	34~52	22~38	14~28	8~20	5~14	3~10	2~6	4.0~6.0
	AC~10 I							100	95~100	55~70	38~58	26~43	17~33	10~24	6~16	4~9	5.0~7.0
	AC~10 II							100	90~100	40~60	24~42	15~30	9~22	6~15	4~10	2~6	4.5~6.5
砂粒	AC~5 I								100	95~100	55~75	35~55	20~40	12~28	7~18	5~10	6.0~8.0
沥青碎石 特粗	AM~40	100	90~100		40~65	30~54	25~30	20~45	13~38	5~25	2~15	0~10	0~8	0~6	0~5	0~4	2.5~3.5
粗粒	AM~30		100	90~100	50~80	38~65	32~57	25~50	17~42	8~30	2~20	0~15	0~10	0~8	0~5	0~4	3.0~4.0
	AM~25		90~100	50~80	40~65	38~65	43~73	38~65	25~55	10~32	2~20	0~14	0~10	0~8	0~6	0~5	3.0~4.5
中粒	AM~20				100	90~100	60~85	50~75	40~65	15~40	5~22	2~16	1~12	0~10	0~8	0~5	3.0~4.5
	AM~16					100	90~100	60~85	45~68	18~42	6~25	3~18	1~14	1~10	0~8	0~8	3.0~4.5
细粒	AM~13						100	90~100	50~80	20~45	8~28	4~20	2~16	1~10	0~8	0~6	3.0~4.5
	AM~10							100	85~100	35~65	10~35	5~22	2~16	0~12	0~9	0~6	3.0~4.5
抗滑表层	AK~13A						100	90~100	60~80	30~53	20~40	15~30	10~23	7~18	5~12	4~8	3.5~5.5
	AK~13B						100	85~100	50~70	18~40	10~30	8~22	5~7	3~12	3~9	2~6	3.5~5.5
	AK~16					100	90~100	60~82	45~70	25~45	15~35	10~25	8~18	6~13	4~10	3~7	3.5~5.5

表 8-11　沥青混合料用细集料质量要求

指标	高速公路、一级公路	其他等级公路	试验方法
表观相对密度/(t/m³)	≥2.50	≥2.45	T 0328
坚固性(>0.3 mm部分)/%	≥12	—	T 0340
含泥量(<0.075 mm)/%	≤3	≤5	T 0333
砂当量/%	≥60	≥50	T 0334
亚甲蓝值/g/kg	≤25	—	T 0346
棱角性(流动时间)/s	≥30	—	T 0345

注:坚固性试验可根据需要进行

3)填料　在沥青混合料中起填充作用的粒径小于 0.075 mm 的矿质粉末称为填料。填料宜采用石灰岩或岩浆岩中的强基性岩石(憎水性石料)经磨细得到的矿粉,原石料中的泥土杂质应除净。矿粉要求干燥、洁净,能自由地从矿粉仓中流出。拌和机的粉尘可作为矿粉的一部分回收使用。当采用水泥、石灰、粉煤灰作填料时,其用量不宜超过矿料总量的 2%。且粉煤灰作为填料使用时,用量不得超过填料总理的 25%,粉煤灰的烧失量应小于 12%,与矿粉混合后的塑性指数应小于 4%,其余质量要求同矿粉,如表 8-12 所示。高速公路、一级公路的沥青面层不宜采用粉煤灰做填料。

表 8-12　沥青混合料用矿粉质量技术要求

指标		高速公路、一级公路、城市快速路、主干路	其他公路与城市道路
表观相对密度/(t/m³)		≥2.5	≥2.45
含水量/%		≤1	≤1
粒度范围	小于 0.6 mm/%	100	100
	小于 0.15 mm/%	90~100	90~100
	小于 0.075 mm/%	75~100	70~100
外观		干燥、洁净、无团粒结块	

(2)沥青　沥青材料的技术性质随气候条件、交通性质、沥青混合料的类型和施工条件等因素而异。通常较热的地区,较繁重的交通段,细粒式或砂粒式的混合料则应采用稠度较高的沥青;反之,则采用稠度较低的沥青。在其他配料条件相同的情况下,较黏稠的沥青配制的混合料具有较高的力学强度和稳定性,但如稠度过高,则沥青混合料的低温变形能力较差,沥青路面容易产生裂缝。反之,在其他配料条件相同的条件下,采用稠度较低的沥青,虽然配制的混合料在低温时具有较好的变形能力,但在夏季高温时往往稳定性不足而使路面产生推挤现象。

对沥青混合料用沥青应符合规范对沥青材料的要求。煤沥青不宜用于热拌沥青混合料路面的表面层。沥青面层所用的沥青标号宜根据地区气候条件、施工季节气温、路面类型、施工方法等按表 8-13 选用。

表 8-13   沥青的选用

气候分区	最低月平均气温/℃	沥青种类	沥青标号	
			沥青碎石	沥青混凝土
寒区	低于-10	石油沥青	AH-90,AH-110,AH-130, A-100,A-140	AH-90,AH-110,AH-130, A-100,A-140
		煤沥青	T-6,T-8	T-7,T-8
温区	0~-10	石油沥青	AH-90,AH-110,A-100, A-140	AH-70,AH-90,A-50,A-100
		煤沥青	T-7,T-8	T-7,T-8
热区	高于0	石油沥青	AH-50,AH-70,AH-90, A-100,A-60	AH-50,AH-70,A-60,A-100
		煤沥青	T-7,T-8	T-8,T-9

8.3.2.2　沥青混合料的组成结构

沥青混合料是由矿料骨架和沥青胶结料所组成的,具有空间网络结构的一种分散系统。由沥青混合料修筑的路面有两种不同的强度理论。

表面理论认为,沥青混合料是由粗、细集料和矿粉,大小不同粒径组成密实矿质混合料的骨架,利用沥青胶结料的黏聚力,在加热状态下施工,使沥青包裹在矿料的表面,经过压实固结后,将松散的矿质颗粒胶结成具有一定强度的整体。

胶浆理论认为,沥青混合料是一种具有空间网络状结构的多级分散体系。它是以粗集料为分散相,沥青砂浆为分散介质的粗分散系;沥青砂浆又以细浆料为分散相,沥青胶结物为分散介质的细分散系;而沥青胶结物又以矿粉为分散相,沥青为分散介质的微分散系。

两种理论的主要区别:表面理论重点突出矿质骨料的骨架作用,强度的关键首先是矿质骨料的强度和密实度;而胶浆理论则突出沥青胶结构在混合料中的作用,以及沥青与填充料之间的关系,这对沥青混合料的高温稳定性和低温抗裂性的影响尤为重要,沥青混合料按矿质骨架的结构状况,可将其组成结构分为下述三个类型,见图 8-6。

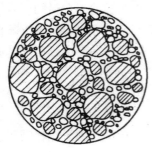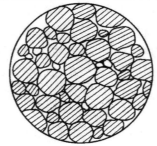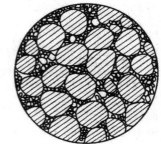

(a)悬浮密实结构　　　　　　(b)骨架空隙结构　　　　　　(c)骨架密实结构

图 8-6　沥青混合料的组成结构

（1）悬浮密实结构　当采用连续密级配的沥青混合料时，材料从大到小连续存在，由于粗集料的数量较小而细集料的数量较多，粗集料被细集料挤开，而以悬浮状态存在于细集料之间。这种结构的沥青混合料密实度及强度较高，而稳定性较差。一般的沥青混凝土路面都采用这种连续级配型的结构。

（2）骨架空隙结构　当采用连续密级配的沥青混合料时，粗集料较多，彼此紧密相接，细集料的数量较少，形成较多空隙。这种结构的沥青混合料，骨料之间的嵌挤力和内摩阻力起重要作用，因此这种沥青混合料受沥青材料性质的变化影响较小，因而热稳定性较好，但沥青与矿料黏结力小，空隙率大，耐久性差。

（3）骨架密实结构　采用间断级配的沥青混合料，综合以上两种结构之长，既有一定数量的粗骨料形成骨架，又根据粗集料空隙的多少加入细集料，形成较高的密实度。这种结构的沥青混合料的密实度、强度和稳定性都较好，是较理想的结构类型。

8.3.3　沥青混合料的技术性质

沥青混合料在路面中，承受汽车荷载的反复作用，同时还受到各种自然因素的影响，为了保证安全、舒适、快速、耐久等要求，沥青混合料应具有抗高温变形、抗低温脆裂、抗滑、耐久性等技术性质以及施工和易性。

8.3.3.1　高温稳定性

沥青混合料是一种流变性材料，它的强度和劲度模量随着温度的升高而降低，沥青路在夏季高温时最常见的病害是出现车辙。

沥青混合料的高温稳定性是指在夏季高温（通常取 60 ℃）条件下，沥青混合料承受多次重复荷载作用而不发生过大的累积塑性变形的能力。沥青混合料路面在车轮作用下受到垂直力和水平力的综合作用，能抵抗高温而不产生车辙和波浪等破坏现象的性能。

影响混合料高温稳定性因素：混合料的类型、级配，沥青的性质、用量，集料的粒径、形状、级配、粗集料含量，矿粉的含量、洁净程度、施工条件、沥青混合料的摊铺面积，气候，荷载等，要增强沥青混合料的高温稳定性，就要提高沥青混合料的抗剪强度和减少塑性变形。

因此适当减少沥青用量，选取黏度大、劲度高、黏附性好的沥青，采用合适的集料级配，选取破碎坚硬粗糙的集料更有利于提高混合料的高温稳定性能，矿粉要求洁净，用量宜适宜，施工适当增加压实功，减小混合料空隙率等，提高沥青的黏度，增加混合料的黏聚力和内摩擦力，增加沥青混合料的抗剪变形能力。

目前，评价沥青混合料高温稳定性的方法：三轴试验、马歇尔稳定度（Marshall stability）等方法。但是由于三轴试验较为复杂，所以马歇尔稳定度已成为国际上通用的方法。

我国现行规定，采用马歇尔稳定度试验来评价沥青混合料的高温稳定性，对高速公路、一级公路和城市快速路、主干路沥青路面的上面层和中面层的沥青混合料还应通过动稳定度试验检验其抗车辙能力。

（1）马歇尔稳定度试验　主要测定马歇尔稳定度（MS）、流值（FL）、马歇尔模数（T）。稳定度是指标准尺寸试件在规定温度和加荷速度下，在马歇尔试验仪中最大的破坏荷载

(kN),流值是达到最大破坏荷载时试件的垂直变形(以 0.1 mm 计);马歇尔模数为稳定度除以流值的商,即

沥青混合料
马歇尔稳定度

$$T = \frac{10MS}{FL} \qquad (8-2)$$

式中:T——马歇尔模数,kN/mm;

MS——稳定度,kN;

FL——流值,0.1 mm。

具体试验方法是将选定级配组成的矿质混合料,加入适量的沥青,在规定条件下拌制成均匀混合料,击实成直径 101.6 mm、高 63.5 mm 的圆柱形试件,按规定条件保温,然后把试件迅速卧放在弧形加荷头内,以 50.5 mm/min 的速度加压。当试件达到破坏时的最大荷载即为稳定度(kN),此时对应的压缩变形量称为流值(0.1 mm)。除测定稳定度和流值外,还要测定沥青混合料的密度、空隙率和饱和度,用这 5 个指标共同控制混合料的技术性质。

沥青混合料
车辙

(2)车辙试验　目前的方法是用标准成型方法,制成 300 mm×300 mm×50 mm 的沥青混合料试件,在 60 ℃(根据需要,如在寒冷地区也可采用 45 ℃ 其他温度,但应在报告中注明)的温度条件下,以一定荷载的橡胶轮(轮压为 0.7 MPa)在同一轨迹上作一定时间的反复行走,测定其在变形稳定期每增加变形 1 mm 的碾压次数,即动稳定度,以次/mm 表示。

$$DS = \frac{(t_2 - t_1) \cdot N \cdot C_1 \cdot C_2}{d_2 - d_1} \qquad (8-3)$$

式中:DS——沥青混合料动稳定度,次/mm;

d_1,d_2——时间 t_1,t_2 的变形量,mm;

N——往返碾压速度,通常为 42 次/mm;

C_1,C_2——试验机和试验修正系数。

提高沥青混合料的方法:通常使用黏度较高的沥青,适当减少沥青用量;选用形状好,富有棱角的集料;采用骨架密室结构。

8.3.3.2　低温抗裂性

沥青混合料为弹性-黏性-塑性材料,其物理性质随温度而有很大变化。沥青混合料在低温下抵抗断裂破坏的能力,称为低温抗裂性能。

当温度较低时,沥青混合料表现为弹性性质,变形能力大大降低。在外部荷载产生的应力和温度下降引起的材料收缩应力联合作用下,沥青路面可能发生断裂,产生低温裂缝。沥青混合料的低温开裂是由混合料的低温脆化、低温收缩和温度疲劳引起的。

目前普遍采用的测定方法:混合料的低温脆化一般用不同温度下的弯拉破坏试验来评定;低温收缩可采用低温收缩试验评定;而温度疲劳则可以用低频疲劳试验来评定。

8.3.3.3　耐久性

沥青混合料的耐久性是指其在外界各种因素(如车辆荷载、阳光、空气和雨水等)的长期作用下不破坏的性能。

影响沥青混合料耐久性的因素主要有沥青的化学性质、矿料的性质,沥青混合料的组成与结构(沥青的用量、混合料压实度)等。

从耐久性的角度出发,空隙率也是重要因素之一。沥青混合料空隙率减少,可防止水的渗入和日光紫外线对沥青的老化作用,但是一般沥青混合料中应残留一定量的空隙,以备夏季沥青混合料的膨胀,一般沥青混凝土应留有 3%~10% 的空隙。沥青用量较正常沥青用量减少时,沥青膜变薄,混合料的延伸能力降低,脆性增加,如沥青用量偏少,将使混合料空隙率增大,沥青膜暴露较多,加速沥青老化。同时增加了渗水率,加强了水对沥青的剥落作用。研究认为,沥青用量较最佳用量少 0.5% 的混合料路面的使用寿命可减少一半。

沥青混合料的耐久性可用浸水马歇尔试验或真空饱和水马歇尔试验来评价。提高耐久性的方法:选用耐老化性能好的沥青;适当增加沥青用量;采用密实结构。

8.3.3.4 抗滑性

随着公路等级的提高和车辆行驶速度的加快,对沥青混凝土路面的抗滑性提出了更高的要求。路面的抗滑能力与沥青混合料的粗糙度、级配组成、沥青用量和矿质集料的微表面性质等因素有关。面层集料应选用质地坚硬具有棱角的碎石,通常采用玄武岩。采取适当增大集料粒径,适当减少一些沥青用量及严格控制沥青的含蜡量等措施,均可提高路面的抗滑性。

沥青用量对抗滑性的影响非常敏感,沥青用量较最佳沥青用量增加 0.5%,系数明显降低。沥青含蜡量对沥青路面抗滑性也有明显的影响。采取适当增大集料粒径,适当减少一些沥青用量及严格控制沥青的含蜡量等措施,均可提高路面的抗滑性。

路面抗滑性能评价常用的测试方法有摆式仪法、SCRM 摩擦系数测定车法及测试构造深度的灌砂法。构造深度、路面抗滑值和摩擦系数越大,说明路面的抗滑性越好。

8.3.3.5 施工和易性

沥青混合料的施工和易性指使混合料易于拌和、摊铺和碾压施工的性质。影响沥青混合料施工和易性的因素很多,如当地气温、施工条件以及混合料性质等。单纯从混合料材料性质而言,影响施工难易性的首先是混合料的级配情况。此外,当沥青用量过少,或矿粉用量过多时,混合料容易产生疏松,不易压实;反之,如沥青用量过多,或矿粉质量不好,则容易使混合料黏结成块,不易摊铺。间断级配混合料的施工和易性就较差。

8.3.4 沥青混合料的配合比设计

沥青混合料配合比设计包括试验室配合比设计、生产配合比设计和试拌试铺配合比调控等三个阶段。其主要任务就是确定粗集料、细集料、矿粉和沥青材料相互配合的最佳组成比例,使之既能满足沥青混合料的技术要求(如强度、稳定性、耐久性和平整度等)又符合经济的原则。

沥青混凝土配合比设计通常按下列两步进行,首先选择矿质混合料的配合比例,使矿质混合料的级配符合规范的要求,即石料、砂、矿粉应有适当的配合比例;然后确定矿料与沥青的用量比例,即最佳沥青用量。在混合料中,沥青用量波动 0.5% 可使沥青混合料的

热稳定性等技术性质变化很大。在确定矿料间配合比例后，通过稳定度、流值、空隙率、饱和度等试验数值选择出最佳沥青用量。

8.3.4.1 选样矿质混合料配合比例

根据沥青混合料使用的公路等级、路面类型、结构层次、气候条件及其他要求，选择沥青混合料的类型按表8-14选用，并参照《公路沥青路面施工技术规范》推荐的级配作为沥青混合料的设计级配；测定矿料的密度、吸水率、筛分情况和沥青的密度；采用图解法或数解法求出已知级配的粗集料、细集料和矿粉之间的比例关系。

表8-14　沥青混合料类型

结构层次	高速公路、一级公路、城市快速道路、主干道		其他等级公路		一般城市道路及其他道路工程	
	三层式沥青混凝土路面	两层式沥青混凝土路面	沥青混凝土路面	沥青碎石路面	沥青混凝土路面	沥青碎石路面
上面层	AC-13 AC-16 AC-20	AC-13 AC-16	AC-13 AC-16	AC-13 —	AC-5 ACI-10 AC-13	AM-5 AM-10
中面层	AC-20 AC-25	—	—	—	—	—
下面层	AC-25 AC-30	AC-20 AC-25 AC-30	AC-20 AC-25 AC-30 AM-25 AM-30	AM-25 AM-30	AC-20 AC-30 AM-25 AM-30	AC-25 AM-30 AM-40

沥青混合料的矿料级配应符合工程规定的设计级配范围。密级配沥青混合料宜根据公路等级、气候及交通条件按表8-15选择采用粗型（C型）或细型（F型）的混合料，并应在表8-16范围内确定工程设计级配范围，通常情况下工程设计级配范围不宜超出表8-16的要求。

表8-15　粗型和细型密级配沥青混凝土的关键性筛孔通过率

混合料类型	公称最大粒径/mm	用以分类的关键性筛孔/mm	粗型密级配		细型密级配	
			名称	关键性筛孔通过率/%	名称	关键性筛孔通过率/%
AC-25	26.5	4.75	AC-25C	<40	AC-25F	>40
AC-20	19	4.75	AC-20C	<45	AC-20F	>45
AC-16	16	2.36	AC-16C	<38	AC-16F	>38
AC-13	13.2	2.36	AC-13C	<40	AC-13F	>40
AC-10	9.5	2.36	AC-10C	<45	AC-10F	>45

表 8-16　密级配沥青混凝土混合料矿物级配范围

级配类型		通过下列筛孔（mm）的质量百分率/%														
		31.5	26.5	19	16	13.2	9.5	4.75	2.36	1.18	0.6	0.3	0.15	0.075
粗粒式	AC-25	100	90~100	75~90	65~83	57~76	45~65	24~52	16~42	12~33	8~24	5~17	4~13	3~7
中粒式	AC-20		100	90~100	78~92	62~80	50~72	26~56	16~44	12~33	8~24	5~17	4~13	3~7
	AC-16			100	90~100	76~92	60~80	34~62	20~48	13~36	9~26	7~18	5~14	4~8
细粒式	AC-13				100	90~100	68~85	38~68	24~50	15~38	10~28	7~20	5~15	4~8
	AC-10					100	90~100	45~75	30~58	20~44	13~32	9~23	6~16	4~8
砂粒式	AC-5						100	90~100	55~75	35~55	20~40	12~28	7~18	5~10

其他类型的混合料根据设计要求宜按《公路沥青路面施工技术规范》规定确定。对夏季温度高、高温持续时间长、重载交通多的路段,宜选用粗型密级配沥青混合料(AC-C型),并取较高的设计空隙率。对冬季温度低、低温持续时间长的地区,或者重载交通较少的路段,宜选用细型密级配沥青混合料(AC-F型),并取较低的设计空隙率。确定各层的工程设计级配范围内应考虑不同层次的功能需要,经组合设计的沥青路面应能满足耐久、稳定、密水、抗滑等要求。沥青混合料的配合比设计应充分考虑施工性能,使沥青混合料容易铺摊和压实,避免造成严重的离析。

矿料配合比的设计:高速公路和一级公路沥青路面矿料配合比设计宜借助电子计算机的电子表格用试配法进行,其他等级路面也可参照进行。对于高级公路和一级公路,宜在工程设计级配范围内计算 1~3 组粗细不同的级配比,绘制设计级配曲线,分别位于工程设计级配范围的上方、中指和下方。设计合成级配不得有太多的锯齿形交错,且在 0.3~0.6 范围内不出现"驼峰"。当反复调整不能满意时,宜更换材料设计。

8.3.4.2　确定沥青最佳用量

采用马歇尔试验法来确定沥青最佳用量,按所设计的矿料配合比配制五组矿质混合料,每组按规范推荐的沥青用量范围加入适量沥青,并按 0.5% 的间隔递增、拌和均匀制成马歇尔试件。进行试验,测出试件的密实度、稳定度和流值等,并确定出最佳沥青用量。

(1)矿料配合比计算　根据各组成材料的筛析实验资料,采用图解法或试算,计算符合要求级配范围的各组成材料用量比例。各组成级配应符合下列要求。

1)应使包括 0.075 mm、2.36 mm、4.75 mm 筛孔在内的较多筛孔通过而接近设计级配范围的中限。

2)对交通量大、轴载重的公路宜偏向级配范围的下限,对中小交通量或人行道路等宜偏向级配范围的上限。

3)合成的级配曲线应接近连续或有合理的间断级配,不得有过多的犬牙交错;当经过调整,仍有 2 个以上的筛孔超出级配范围时,必须对原材料进行调整或更换原材料重新设计。

(2)确定沥青混合料的最佳沥青用量　沥青混合料的最佳沥青用量可采用马歇尔试验方法来确定。

1)试件的制备　①按确定的矿质混合料配合比,计算各种矿质材料的用量;②按表 8-10 推荐的沥青用量范围及实践经验,估计适宜的沥青用量(或油石比);③以估计的沥青用量为中值,按 0.5% 间隔变化,取 5 个不同的沥青用量,用小型拌和机与矿料拌和。试件是直径为 101.6 mm、高为 63.5 mm 的圆柱体。

2)测试物理指标　为确定沥青混合料的沥青最佳用量,需测定沥青混合料的下列物理指标。

①视密度　采用水中重法、表干法、体积法及蜡封法等方法测定沥青混合料压实试件的视密度。对于密级配沥青混合料,通常采用水中重法,按下式计算,即

$$\rho_s = \frac{m_a}{m_a - m_w} \cdot \rho_w \tag{8-4}$$

式中:ρ_s——试件的表观密度,g/cm^3;

m_a——干燥试件的空中质量,g;

m_w——试件的水中质量,g;

ρ_w——常温水的密度,取 1 g/cm³。

②理论密度 指压实沥青混合料试件全部为矿料(包括矿料内部的孔隙)和沥青(空隙率为零)组成的最大密度,按下式计算

按油石比计算

$$\rho_t = \frac{\rho_w(100+P_a)}{P_1/\gamma_1+P_2/\gamma_2+\cdots+P_n/\gamma_n+P_a/\gamma_a} \tag{8-5}$$

按沥青用量计算

$$\rho_t = \frac{100\rho_w}{Q_1/\gamma_1+Q_2/\gamma_2+\cdots+Q_n/\gamma_n+Q_b/\gamma_b} \tag{8-6}$$

式中:ρ_t——理论密度,g/cm³;

$P_1,P_2,\cdots,P_n$——分别为各种矿料的配合比(矿料总和为 100);

$Q_1,Q_2,\cdots,Q_n$——分别为各种矿料的配合比(矿料与沥青之和为 100);

$\gamma_1,\gamma_2,\cdots,\gamma_n$——分别为各种矿料与水的相对表观密度;

P_a——油石比,%;

P_b——沥青含量,%;

γ_b——沥青的相对密度(25 ℃/25 ℃)。

③空隙率 沥青混合料的空隙率按下式计算,即

$$VV = \left(1-\frac{\rho_a}{\rho_t}\right) \tag{8-7}$$

式中:VV——试件的空隙率,%;

ρ_t——沥青的理论密度,g/cm³;

ρ_a——试件的视密度,g/cm³。

④沥青体积百分率(VA) 沥青混合料的沥青体积百分率,按下式计算,即

$$VA = \frac{P_b \cdot \rho_a}{\rho_b} \tag{8-8}$$

$$VA = \frac{100P_a\rho_a}{(100+P_a)\rho_b} \tag{8-9}$$

式中:ρ_b——沥青的密度,g/cm³。

⑤矿料间隙率 压实沥青混合料试件内矿料部分以外体积占试件总体积的百分率,称为矿料间隙率,即试件空隙率与沥青体积百分率之和。

$$VMA = VA+VV \tag{8-10}$$

式中:VMA——矿料间隙率,%。

⑥沥青饱和度 沥青混合料中沥青体积占矿料间隙体积的百分率,也称为沥青填隙率。

$$VFA = \frac{100VA}{VMA} = \frac{100VA}{VA+VV} \tag{8-11}$$

式中:VFA——沥青饱和度,%。

3)测定力学指标　根据试验计算马歇尔稳定度(MS)、流值(FL)和马歇尔模数(T)。

4)马歇尔试验结果分析

①绘制沥青用量与物理–力学指标关系图。以沥青用量为横坐标,以表现密度、空隙率、饱和率、稳定度和流值为纵坐标,将实验结果绘制成沥青用量和各项指标的关系曲线。

②确定沥青用量。根据稳定度、密度和空隙率确定最佳沥青用量 a_1,相应于表现密度最大值的沥青用量 a_2,相应于规定空隙率范围的中值的沥青用量 a_3,计算三者的平均值作为沥青用量的初始值 OAC_1,即

$$OAC_1 = \frac{a_1 + a_2 + a_3}{3} \tag{8-12}$$

③根据符合各项技术指标的沥青用量范围确定最佳沥青用量的初始值(OAC_2)。求出各项指标符合沥青混合料技术标准的沥青用量范围 $OAC_{min} \sim OAC_{max}$,其中值为 OAC_2,即

$$OAC_2 = \frac{OAC_{min} + OAC_{max}}{2} \tag{8-13}$$

④根据 OAC_1 和 OAC_2 综合确定沥青最佳用量 OAC。按最佳沥青用量的初始值 OAC_1,在图中求取相应的各项指标值,检查其是否符合马歇尔试验技术指标,同时检验矿料间隙率是否符合要求,如符合,由 OAC_1 及 OAC_2 综合确定最佳沥青用量 OAC;如不符合,则应调整级配,重新进行配合比设计和马歇尔试验,直至各项指标均能符合要求。

⑤根据气候条件和交通特性调整最佳沥青用量。由于 OAC_1 和 OAC_2 综合确定 OAC 时,还需根据实践经验和道路等级、气候条件,考虑下列情况进行调整:a.对炎热区道路以及车辆规划交通的高速公路、一级公路、城市快速路、主干道,预计有可能造成较大车辙的情况下,可以在中限值 OAC_2 与下限 OAC_{min} 范围内决定,但一般不小于中限值 OAC_2 的 0.5%;b.对寒冷区道路以及一般公路,最佳沥青用量可以在中限值 OAC_2 与上限 OAC_{max} 范围内决定,但一般不大于中限值 OAC_2 的 0.3%。

5)水稳定性检验　按最佳沥青用量 OAC 制作马歇尔试件,进行浸水马歇尔试验或真空饱水后的浸水马歇尔试验。当残留稳定度不符合规定时,应重新进行配合比设计,或采取抗剥离措施,重新试验。

当 OAC 与 2 个初始值 OAC_1 和 OAC_2 相差甚大时,宜按 OAC 与 OAC_1 或 OAC_2 分别制作试件,进行残留稳定度试验,根据试验结果对 OAC 适当调整。

残留稳定度试验方法是标准试件在规定温度下浸水 48 h(或真空饱水后,再浸水 48 h),测定其浸水残留稳定度,按下式计算,即

$$MS_0 = \frac{MS_1}{MS} \times 100\% \tag{8-14}$$

式中:MS_0——试件的浸水残留稳定度,%;

　　MS_1——试件浸水 48 h 后的稳定度,kN;

　　MS——试件按标准试验方法的稳定度,kN。

6)高温稳定性检验　按最佳沥青用量 OAC 制作车辙试验试件,在 60 ℃条件下用车

辙实验机对设计的沥青用量检验其高温抗车辙能力(即动稳定度)。当动稳定度不符合规范要时,应重新进行配合比设计。当 OAC 与两个初始值 OAC_1 和 OAC_2 相差甚大时,宜按 OAC 与 OAC_1 或 OAC_2 分别制作试件,进行残留稳定度试验,根据试验结果对 OAC 适当调整。

　　以上决定的矿料级配及最佳沥青用量为目标配合比设计,对间歇式拌和机,必须从 2 次筛分后进入各料仓的材料比例,供拌和机控制室使用。同时反复调整冷料仓进料比例以达到供料均衡,并取目标配合比设计的最佳沥青用量。对最佳沥青用量±0.3%等 3 个沥青用量进行马歇尔试验,确定生产配合比的最佳沥青用量。

8.3.4.3　确定生产用的配合比

　　拌和机采用生产配合比进行试拌,铺筑试验段,并用拌和的沥青混合料及路上钻取的芯样进行马歇尔试验检验,确定生产用的配合比。标准配合比应作为生产上控制的依据和质量检验的标准。标准配合比的矿料级配至少应包括 $0.075~mm^3$、$2.36~mm^3$、$4.75~mm^3$ 档的筛孔通过率接近要求级配的中值。

8.3.5　沥青混合料的配合比设计实例

　　某路线修筑沥青混凝土高速公路路面层。试用"图解法"计算矿质混合料的组成,用马歇尔试验法确定最佳沥青用量。

8.3.5.1　设计原始资料

　　(1)路面结构　高速公路沥青混凝土面层。

　　(2)气候条件　属于温和地区。

　　(3)路面型式　三层式沥青混凝土路面上面层。

　　(4)混合料制备条件及施工设备　工厂拌和摊铺机铺筑,压路机碾压。

　　(5)材料的技术性能

　　1)沥青材料　沥青采用进口优质沥青,符合 AH—70 指标,其技术指标如表 8-17。

表 8-17　沥青技术指标

15 ℃时密度/(g·cm⁻³)	针入度/0.1 mm(25 ℃,100 g,5 s)	延度/cm(5 cm/min,15 ℃)	软化点/℃
1.003	73.6	>100	46.2

　　2)矿质材料　粗集料:采用玄武岩,1 号料料(19.0~13.2 mm)密度 2.918 g/cm^3,2 号料(13.2~4.75 mm)密度 2.864 g/cm^3,与沥青的黏附情况评定为 5 级。其他各项技术指标见表 8-18。

表 8-18　粗集料技术指标

压碎值/%	磨耗值/%(洛杉矶法)	针片状颗粒含量/%	磨光值(PSV)	吸水率/%
14.7	18.8	12.3	46.3	1.3

　　细集料:石屑采用玄武岩,其密度为 2.812 g/cm^3,砂子视密度为 2.63 g/cm^3。矿粉:视密度为 2.67 g/cm^3,含水量为 0.7%。

　　矿质集料的级配情况见表 8-19。

8-19   矿质集料筛分结果

原材料	通过下列筛孔(mm)的质量/%										
	19.0	16.0	13.2	9.5	4.75	2.36	1.18	0.6	0.3	0.15	0.075
1号碎石	100	87.2	43.6	3.4	0.4	0.3	0				
2号碎石			100	90.1	21.0	5.8	3.0	2.2	1.6	1.2	0
石屑				100	99.2	74.5	48.1	34.8	20.0	13.1	8.7
砂				100	98.3	91.2	74.5	55.8	18.3	5.8	0.5
矿粉								100	99.2	95.9	80.8

8.3.5.2   设计要求

（1）确定各种矿质集料的用量比例。

（2）用马歇尔试验确定最佳沥青用量。

1）矿质混合料级配组成的确定

①由原始资料可知，沥青混合料用于高速公路三层式沥青混凝土上面层。依据有关标准，沥青混合料类型可选用 AC—16 型。参照表 8-16 的要求，中粒式 AC—16 型沥青混凝土的矿质混合料级配范围如表 8-20。

表 8-20   矿质混合料要求的级配范围

级配类型	通过下列筛孔(mm)的质量/%										
	19.0	16.0	13.2	9.5	4.75	2.36	1.18	0.6	0.3	0.15	0.075
AC—16	100	90~100	76~92	60~80	34~62	20~48	13~36	9~26	7~18	5~14	4~8

②测出集料和沥青的各项指标以及矿质集料的筛分结果，列于表 8-21。采用图解法或试算（电算）法求出矿质集料的比例关系，并进行调整，使合成级配尽量接近要求级配范围中值。经调整后的矿料合成级配计算列于表 8-21。

表 8-21   矿质混合料合成级配计算表

计算混合料配合比	通过下列筛孔(mm)的质量/%										
	19.0	16.0	13.2	9.5	4.75	2.36	1.18	0.6	0.3	0.15	0.075
1号碎石 33%	33	28.7	14.4	1.1	0.1	0					
2号碎石 24%	24	24	24	21.6	5	1.4	0.7	0.5	0.4	0.3	0
石屑 23%	23	23	23	23	22.8	17.1	11.1	8	4.6	3.0	2.0
砂 14%	14	14	14	14	13.8	12.8	10.4	7.8	2.6	0.8	0.1
矿粉 6%	6	6	6	6	6	6	6	6	6	5.8	4.8
合成级配	100	95.7	81.4	65.7	47.7	37.4	28.2	22.3	13.6	10.3	6.9
要求级配	100	95~100	75~90	58~78	42~63	32~50	22~37	16~28	11~21	7~15	4~8
级配中值	100	97.5	82.5	68	52.5	41	29.5	22	16	11	6

由此可得出矿质混合料的组成：1号碎石 33%、2号碎石 24%、石屑 23%、砂 14%、矿

粉 6%。

2)沥青最佳用量(或油石比)的确定

①按上述计算所得的矿质集料级配和经验确定的沥青用量范围,中粒式沥青混凝土(AC—16)的沥青用量为 4.0%~6.0%,采用 0.5% 的间隔变化,配制 5 组马歇尔试件。

试件拌制温度为 140 ℃,试件成型温度为 130 ℃,击实次数两面各夯击 75 次。成型试件经 24 h 后,测定其各项指标,以沥青用量为横坐标,以实测密度、空隙率、饱和度、稳定度、流值为纵坐标,画出沥青用量和它们之间的关系曲线,如图 8-7 所示。

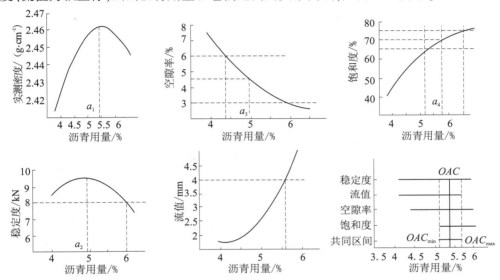

图 8-7 马歇尔试验各项指标与沥青用量关系图

②从图 8-7 中取相应于密度最大值的沥青用量 a_1,相应于稳定度最大值的沥青用量为 a_2,相应于规定空隙率范围中值的沥青用量 a_3,沥青饱和度范围的中值 a_4,以四者平均值作为最佳沥青用量的初始值 OAC_1。

从图 8-7 中可看出,$a_1 = 54\%$,$a_2 = 4.95\%$,$a_3 = 4.95\%$,$a_4 = 5.65\%$。则

$$OAC_1 = (a_1 + a_2 + a_3 + a_4)/4 = 5.2\%$$

根据热拌沥青混合料马歇尔试验技术指标(JFG 40—2004),对高速公路用密级配沥青混合料,稳定度≥8 kN,流值在 1.5~4 mm,空隙率 3%~6%,饱和度 65%~75%,分别确定各关系两线上沥青用量的范围,取其共同部分,可得

$$OAC_{min} = 5.15\%, OAC_{max} = 5.65\%$$

以各项指标均符合沥青用量范围 $OAC_{min} \sim OAC_{max}$ 的中值作为 OAC_2。

$$OAC_2 = (OAC_{min} + OAC_{max})/2 = 5.40\%$$

考虑到气候条件属温和地区,以及高速公路,为防止车辙,则沥青的最佳用量 OAC 的取值在 OAC_2 与 OAC_1 的范围内决定,结合工程经验取 $OAC = 5.3\%$。

③按最佳沥青用量 5.3%,制作马歇尔试件,进行浸水马歇尔试验,测得试验结果为:密度 2.547 g/cm³,空隙率 3.8%,矿料间隙率 14.5%(宜不小于 13%),饱和度 72.0%。马歇尔稳定度 9.6 kN,浸水马歇尔稳定度 7.8 kN,残留稳定度 81%,符合规定要求(>75%)。

④按最佳沥青用量5.3%制作车辙试验试件,测定其动稳定度,其结果大于800次/mm,符合规定要求。

通过上述试验和计算,最后确定沥青用量为5.3%。

8.3.5.3　配比验证试验,确定试验室配比

对初步选定的配比,再根据设计规定的各项技术指标要求,如水稳定系数、热稳定系数、渗透系数以及低温抗裂性、强度、柔性等全面进行检验,如各项技术指标均能满足设计要求,则该配合比即为试验室配合比。

8.3.5.4　现场铺筑试验,确定施工配比

实验室配比必须经过现场铺筑试验加以检验,必要时做出相应的调整。最后选出技术性能符合设计要求,又能保证施工质量的配合比即为施工配比。

【8-2】工程实例分析

粗集料的性状对沥青混合料的影响

现象:某段高速公路在铺沥青混合料时,拌制的沥青混合料的粗集料性状针片状含量较高(约20%),在满足沥青混合料马歇尔技术指标的情况下,沥青用量增加了约10%。在该路段投入使用后,发现出现了裂缝、坑槽、局部沉陷现象。

原因分析:沥青混合料是由矿料骨架和沥青构成的,具有空间网络结构。矿料针片状含量过高,针片状矿料互相搭架形成空洞较多,虽可通过增加沥青用量略加弥补,但过分增加沥青用量不仅在经济上不合算,而且还影响了沥青混合料的强度及性能。

思考:如何选择粗集料的性状?

【创新与能力培养】

城市生态沥青路面

城市道路生态沥青路面是指满足中等及以上交通荷载作用的,路面各层均具有较大的空隙率,雨水可通过沥青面层、基层、直至土基的路面。

生态沥青路面因其良好的透水性使得路面不积水再加上透水沥青路面本身所具有的较大的构造深度,提高了路面的摩擦力,有效降低行车噪声污染,提高了行车的安全性;生态沥青路面在天气升高时,路面结构内部的水转化为水蒸气排出路面表层并带走路面一部分热能,让路面冬暖夏凉降低路面的热岛效应,同时也让在炎热天气下行车增加了安全性;生态沥青路面还减少了城市地表径流和城市污水排放减轻暴雨过后污水处理厂的压力;通透"地气",使地面冬暖夏凉,雨季透水,冬季化雪"不结冰",有效缩短积雪融化时间。另外,它还使地下水位回升,起到涵养地下水资源的作用;归纳起来生态沥青路面的概念是强调适应交通荷载,且安全、安静、美观、用户满意与环境和谐。随着我国经济的发展,居民素质的提高,城市环境的改善,生态城市的建设,为城市道路生态沥青路面的使用提供了良好的条件。

本章习题

一、选择题

1.石油沥青的黏性是以(　　)表示的。

A.针入度　　　　　B.延度　　　　　C.软化点　　　　　D.溶解度

2.黏稠沥青的黏性用针入度值表示,当针入度值越大时,(　　)。

A. 黏性越小;塑性越大;牌号增大　　　　B. 黏性越大;塑性越差;牌号减小

C. 黏性不变;塑性不变;牌号不变　　　　D.性质均不变

3.石油沥青的塑性用延度的大小来表示,当沥青的延度值越小时,(　　)。

A. 塑性越大　　　B. 塑性越差　　　C. 塑性不变　　　D.延性不变

4.石油沥青的温度稳定性用软化点来表示,当沥青的软化点越高时,(　　)。

A. 温度稳定性越好　　　　　　　　B. 温度稳定性越差

C. 温度稳定性不变　　　　　　　　D.无影响

5.沥青混合料中的沥青,选用哪种结构的沥青较好(　　)。

A. 溶胶结构　　　B. 凝胶结构　　　C. 溶凝胶结构　　　D.不确定

二、填空题

1.石油沥青的三大技术指标是_____、_____ 和 _____,它们分别表示沥青的 _____、_____ 和 _____。石油沥青的牌号是以其中的 _____ 指标来表示的。

2.石油沥青的牌号越大,则沥青的大气稳定性 _____。

3.在沥青中掺入填料的主要目的是提高沥青的黏结性、耐热性和 _____。

4.与石油沥青相比,煤沥青的温度感应性更_____,与矿质材料的黏结性更_____。

5.用于沥青改性的材料主要有矿质材料、树脂和 _____。

6.沥青混合料的组成结构形态有_____结构、_____结构和 _____ 结构。

7.沥青混合料的主要技术性质有_____、_____、_____、_____。

三、判断题

1.炎热地区屋面防水可以选用 100 号石油沥青。　　　　　　　　　　(　　)

2.沥青的选用必须考虑工程性质,使用部位及环境条件等。　　　　　(　　)

3.在石油沥青中当油分含量减少时,则黏滞性增大。　　　　　　　　(　　)

4.针入度反映了石油沥青抵抗剪切变形的能力,针入度值越小,表明沥青黏度越小。

　　　　　　　　　　　　　　　　　　　　　　　　　　　　　　(　　)

5.软化点小的沥青,其抗老化能力较好。　　　　　　　　　　　　　(　　)

6.在同一品种石油沥青材料中随着牌号增加,沥青黏性增加,塑性增加,而温度敏感性减小。　　　　　　　　　　　　　　　　　　　　　　　　　　(　　)

四、综合分析题

1.石油沥青的组分是什么？各对其性质有什么影响？

2.石油沥青的牌号是根据什么划分的？牌号大小与沥青主要性能的关系如何？

3.某防水工程需石油沥青 30 t，要求软化点不低于 80 ℃，现有 60 号和 10 号石油沥青，测得他们的软化点分别是 49 ℃和 98 ℃，问这两种牌号的石油沥青如何掺配？

4.何谓沥青的老化？如何防止沥青老化？

第9章 木 材

学习提要

本章主要内容：木材的构造、物理力学性质、木材的腐朽虫害及防护措施以及木材产品的种类和应用。通过本章学习，了解木材产品的种类和应用，熟悉木材的物理力学性能。

木材是人类最早使用的建筑材料之一，在建筑工程中，木材和水泥、钢材居于同等重要的地位，成为三大建筑材料之一，木材在建筑上的应用已有悠久历史。从人类原始社会"穴居巢处"到出现"版筑建筑"都有着木材使用的印迹，在我国古代有许多典型的木结构的建筑代表，如世界闻名的天坛祈年殿（图9-1）、山西应县木塔（图9-2）等。近年来，虽然出现了很多新型建筑材料，但由于木材具有其独特优点，至今仍广泛应用。在建筑工程中，木材可用作桁架、梁、柱、门窗、地板、脚手架及混凝土模板、室内装修等。

图9-1 天坛祈年殿　　　　　　　图9-2 山西应县木塔

作为建筑材料，木材具有如下优良性能：轻质高强，即比强度高；弹性和韧性较高，耐冲击和振动；木质轻软，易于加工，大部分木材都具有美丽的纹理，易于着色和油漆，是建筑装修和制作家具的理想材料；对热、声、电的绝缘性好；如长期保持干燥或长期置于水中，耐久性较高。基于以上优点，木材被誉为世界上最成功的纤维复合材料。但木材也存在如下缺点：内部构造不均匀，导致各向异性；含水量易随周围环境湿度变化而改变，即易湿胀干缩；易腐朽及虫蛀易燃烧；天然疵病较多；尺寸受到限制等。但是经过一定的加工和处理，这些缺点可以得到相当程度的减轻。

9.1 市材的分类与构造

9.1.1 木材的分类

自然界的树木种类很多,通常按照树种分为针叶树和阔叶树两大类。

(1)针叶树 针叶树树叶常呈现为针状(如松树)或鳞片状(如侧柏),树干通直高大,枝杈较小,分布较密,纹理顺直,材质均匀,易得大材。木质较轻软而易于加工,又称软材;强度较高;胀缩变形较小;耐腐性强。建筑中常用于承重构件和门窗、地面材及装饰材。常见的有红松、落叶松、冷杉、雪杉、柏树等也包括宫扇形叶的银杏。

(2)阔叶树 阔叶树材大多为落叶树,树叶多数宽大,叶脉成网状;树干通直部分较短,树杈较大,数量较少。材质重硬而较难加工,又称硬材;强度高;胀缩变形大,易翘曲开裂。建筑上常用作尺寸较小的构件,不宜作承重构件。有些树种纹理美观,常用于内部装修、家具及胶合板等。常用树种有榆木、水曲柳、柞木、青岗木、栎木、杨木、桦木、槐木等。

9.1.2 木材的构造

木材的性质主要是由其改造决定的,树种及生长环境的不同,故其性质有差异。木材的构造是决定木材性能的重要因素。因此研究木材的构造能掌握木材性质,从而决定合理地使用木材。研究木材的构造通常从宏观和微观两方面进行。

9.1.2.1 木材的宏观构造

木材的宏观构造是指用肉眼和放大镜就能观察到的木材组织。由于木材改造的不均匀性,由于木材构造的不均匀性,研究木材各种性能时,必须从不同方向观察其宏观结构。通常从树干的横向、径向、弦向三个切面进行研究,如图9-3所示。

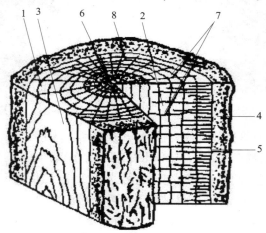

图9-3 木材的宏观构造

1-横切面;2-径切面;3-弦向切面;4-树皮;5-木质部;6-髓心;7-髓线;8-年轮

横切面:指与树干主轴或木纹相垂直的切面。可观察到各种轴向分子的横断面和木射线的宽度。

径切面:指顺着树干轴线、通过髓心与木射线平行的切面。可观察到轴向细胞的长度和宽度以及木射线的高度和长度。年轮在径切面上呈互相平行的带状。

弦切面:顺着木材纹理、不通过髓心而与年轮相切的切面。在弦切面上年轮呈"V"字形。

由横切面可知,树木由树皮、木质部、髓心三部分组成。其中树皮是指木材外表面的整个组织,覆盖在木质部外面,起保护树木作用,建筑上用途不大。木质部是髓心与树皮之间的部分,木质部是木材作为建筑材料使用的主要部分,研究木材的构造主要是指木质部的构造。许多树种的木质部接近树干中心颜色较深的部分,称为芯材。芯材是由树干中心部分较老的细胞,随着树龄的增加而逐渐失去生活机能所形成的,仅起支持树干的力学作用。芯材内部储有较多的树脂(针叶树材)和单宁等物质,其他液体不易浸透,含水量较少,所以湿胀干缩较小,抗腐蚀性也较强。靠近横切面的外部,颜色较浅的部分称为边材。材色较浅,具有生理功能,能运输和储藏水分、矿物质和营养物;心材比边材的利用价值大。

9.1.2.2　木材的显微构造

木材的显微结构是指借用显微镜才能看清的木材组织。在显微镜下可以观察到,木材是由无数管状细胞结合而成的。有纵向的(占大部分),有横向的(少数)。每个细胞有细胞壁和细胞腔。细胞壁是由若干层细纤维组成的,其间微小的孔隙能吸收和渗透水分。细纤维在纵向联结牢固,横向松弱。木材的细胞壁越厚,细胞腔越小,木材越致密,体积密度和强度也越大,但胀缩也越大。春材细胞壁薄腔大,夏材则壁厚腔小。木材的细胞壁越厚,细胞腔越小,木材越致密,体积密度和强度也越大,但胀缩也大。

针叶树:简单而规则,主要由管胞、木薄壁组织、木射线、树脂道组成。阔叶树材:较复杂,其细胞主要有导管、阔叶树材管胞、木纤维、木射线和木薄壁组织、树胶道等。阔叶树材组成的细胞种类比针叶树材较多,且比较进化。最显著的是针叶树材组成的主要分子——管胞既有疏导功能,又对树体的支持机能;而阔叶树材则不然,导管起输导作用,木纤维则起支持树体的机能。针叶树材与阔叶树材的最大差异(除极少数树种例外)是前者无导管,而后者具有导管,有无导管是区分绝大多数阔叶材和针叶材的重要标志。此外,阔叶树材比针叶树材的木射线宽、列数也多;薄壁组织类型丰富且含量多。

【9-1】工程实例分析

客厅木地板所选用的树种

现象:某客厅采用白松实木地板装修,使用一段时间后多处磨损。

原因分析:白松属针叶树材。其木质软,硬度低,耐磨性差。虽受潮后不易变形,但用于走动频繁的客厅则不妥。

思考:客厅应选用何种材质的木地板装修?

9.2　木材性质和应用

　　木材的物理力学性质主要有含水率、湿胀干缩、强度等性能，其中含水率对木材的湿胀干缩和强度影响很大。

9.2.1　木材的性质

9.2.1.1　密度与表观密度

　　木材的密度是指构成木材细胞壁物质的密度。密度具有变异性，即从髓到树皮或早材与晚材及树根部到树梢的密度变化规律随木材种类不同有较大的不同。密度基本相等，平均为 1.55 g/cm³。但表观密度差别分大，小的能到 280 kg/m³（泡桐），高的能到 1 128 kg/m³（蚬木），大多数木材的表观密度都在 400~600 kg/m³。

9.2.1.2　吸湿性与含水率

　　木材中所含水的质量占木材下燥质量的百分比，即含水率。木材所含水分包括存在于细胞壁内的吸附水和细胞腔内的自由水，以及木材中的化学结合水。

　　吸附水存在于细胞壁内各木纤维中，这部分水对木材的干湿变形和力学强度有明显的影响。当干燥的木材从大气中吸收水分时，通常先由细胞壁吸收成为吸附水；达到饱和后，水分进入细胞腔和细胞间隙，成为自由水。自由水是存在于细胞腔和细胞间隙中的水分，对木细胞的吸附能力很差。自由水的变化只影响木材的表现密度、导热性、抗腐朽能力和燃烧性等，而对变形和强度影响不大。化学结合水是木纤维中有机高分子形成过程中所吸收的水分，是构成木材的必不可少的组分，正常状态下木材中的结合水应是饱和的，在常温下对木材没有太大影响。

　　木树干燥时首先是自由水蒸发，而后是吸附水蒸发；木材吸潮时，先是细胞壁吸水，细胞壁中吸水达饱和后，自由水才开始吸入。当细胞腔和细胞间隙中无自由水，而细胞壁吸附水达饱和时的含水率，称为木材的纤维饱和点。其值一般为 25%~35%，平均值约为 30%。纤维饱和点是木材物理力学性质变化的转折点。

　　木材的含水率随环境温度、湿度的改变而变化。当木村长时间处于一定温度和湿度的空气中时，就会达到相对稳定的含水率，即水分的蒸发和吸收趋于平衡，此时木树的含水率称为平衡含水率。它是木材进行干燥时的重要指标。平衡含水率随空气湿度的变大和温度的升高而增大，反之减少。我国北方木材的平衡含水率为 12% 左右，南方约为 18%，长江流域一般为 15% 左右。

9.2.1.3　湿胀干缩

　　木材具有显著的湿胀干缩性，主要是由木材的纤维细胞组织构造决定的。当木材从潮湿状态干燥至纤维饱和点时，其体积和尺寸不变化，仅仅是自由水蒸发，重量减少。继续干燥，含水率低于纤维饱和点而细胞壁中吸附水蒸发时，则发生体积收缩。反之，干燥木材吸湿时，将发生体积膨胀，直至含水量达到纤维饱和点时为止，此后继续吸湿，也不再膨胀。

　　由于木材构造不均匀，各方向的胀缩也不同。同一木材，弦向胀缩最大，径向次之，而顺纤维的纵向最小。

　　木树湿胀干缩程度随树种而异。一般,表现密度大的,夏材含量多的,胀缩较大。木材的湿胀干缩对木材的使用有严重的影响,湿胀会造成木树凸起,干缩会导致木结构构件连接处产生隙缝而松动。如长期受到湿胀干缩的交替作用(图9-4),会使木树产生翘曲开裂。为了避免这种情况,潮湿的木材在加工或使用之前应预先进行干燥处理,使木材内的含水率与将来使用的环境湿度相适应。因此,木材应预先干燥至平衡含水率后才能加工使用。

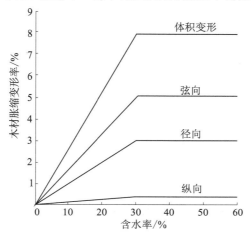

图 9-4　木材含水率与胀缩变形的关系

9.2.1.4　其他物理性质

　　木材的导热系数随其表现密度增大而增大。顺纹方向的导热系数大于横纹方向。木材具有较好的吸声性能,故常用软木板、木丝板、穿孔板等作为吸声材料。木材具有良好的电绝缘性。当木材的含水量提高或湿度升高时,木树的电阻会降低,电绝缘性变差。

9.2.1.5　力学性质

　　木材是一种天然的非匀质的各向异性材料,由于木材构造的不均质性,致使木材的各种力学强度都具有明显的方向性。木材的强度主要有抗压、抗拉、抗剪及抗弯强度,而抗压、抗拉、抗剪强度又有顺纹、横纹之分。所谓顺纹,是指作用力方向与纤维方向平行;横纹是指作用力方向与纤维方向垂直。木材的顺纹与横纹强度有很大差别。在顺纹方向,木材的抗压和抗拉强度都比横纹方向高得多,而横纹方向,弦向又不同于径向。木材的含水率、疵病及试件尺寸对木材强度都有显著影响。

　　木材的抗压强度分为顺纹抗压强度和横纹抗压强度。顺纹抗压强度为作用力方向与木材纤维方向一致时的强度,这种受压破坏是细胞壁失去稳定而非纤维的断裂。横纹抗压为作用力方向与木材纤维垂直时的强度,这种受压破坏是木材横向受力压紧产生显著变形而造成的破坏。横纹抗压强度又分弦向与径向两种。顺纹抗压强度比横纹弦向抗压强度大,而横纹径向抗压强度最小。木材的横纹抗压强度与顺纹抗压强度的比值因树种不同而异,一般针叶树横纹抗压强度约为顺纹的10%,阔叶树则为15%～20%。顺纹抗压

强度是木材各种力学性质中的基本指标,是确定木材强度等级的依据。广泛用于受压构件中,如柱、桩、斜撑、桁架中承压杆件等。

木材抗拉强度有顺纹和横纹两种。但横纹抗拉强度值很小,因此使用时应尽量避免木材受横纹拉力,而顺纹抗拉强度则是木材所有强度中最大的。顺纹受拉破坏时,往往不是纤维被拉断而是纤维间被撕裂。木材的疵病如木节、斜纹、裂缝等都会使顺纹抗拉强度显著降低。同时,木材受拉杆件连接处应力复杂,这是顺纹抗拉强度充分利用的原因。

木材受剪时,根据剪力与木材纤维之间的作用方向可分为顺纹剪切、横纹剪切和横纹剪断三种强度,木材在不同剪力作用下,木纤维的破坏方式不同,因而表现为横纹剪断强度最大,顺纹剪切次之,横纹剪切最小。横纹切断强度大于顺纹剪切强度,顺纹剪切强度又大于横纹的剪切强度,用于建筑工程中的木构件受剪情况比受压、受弯和受拉少得多。

木材具有较高的抗弯强度,木材受弯曲时会产生压、拉、剪等复杂的应力。受弯构件上部为顺纹抗压,下部为顺纹抗拉,而在水平部位则产生剪切力。木材受弯破坏时,受压区首先达到强度极限,产生大量变形,但构件仍能继续承载,随着外力增大,当下部受拉区也达到强度极限时,纤维本身及纤维间连接断裂,最后导致破坏。

一般抗弯强度高于顺纹抗压强度 1.5～2.0 倍。木材种类不同,其抗弯强度也不同。因此在建筑中广泛用作受弯构件,如梁、桁架、脚手架、瓦条、桥梁及地板等。

木材因各向异性,各种强度差异很大,为便于比较,以顺纹抗压强度 100 时,木材无缺陷时各强度大小之间比例关系见表 9-1。

表 9-1　木材无缺陷时各强度大小关系

抗拉		抗压		抗剪		抗弯
顺纹	横纹	顺纹	横纹	顺纹	横纹	
100	10～30	200～300	5～30	15～30	50～100	150～200

木材强度是由木材纤维组织决定的,木材受力时,主要靠细胞壁承受外力,细胞纤维组织越均匀密实,强度就越高。如夏材比春材的结构密实、坚硬,当夏材含量(夏材率)高时,木材强度较高。

木材的含水率对强度影响很大。当木材含水率在纤维饱和点以下变化时,含水率增大,强度降低,这是因为细胞壁的水分增加后使细胞壁及其中的亲水肢体受软的缘故;反之,则强度增大。但是,含水率在纤维饱和点以上变化时,木材强度不变,因为此时仅仅是自由水发生变化。

环境温度对木材的强度有直接影响。当木材温度升高时,组成细胞壁的成分会逐渐软化,强度随之降低。在通常的气候条件下,温度升高不会引起木材化学成分的改变,温度降低时,木材还将恢复原来的强度。但当木材长期处于 40～60 ℃时,木材会发生缓慢碳化;当木材长期处于 60～100 ℃时,会引起木材水分和所含挥发物的蒸发;当温度在 100 ℃以上时,木材开始分解为组成它的化学元素。所以,如果环境温度可能长期超过 50 ℃时,则不应采用木结构。当环境温度降至 0 ℃以下时,木材中的水分结冰,强度将增大,但木质变得较脆,一旦解冻,木材各项强度都将低于未冻时的强度。

木材的负荷时间对木材的强度的影响,木材的长期承载能力远低于暂时承载能力。木材在外力长期作用下,即使未达强度极限也会破坏,只有当其应力远低于强度极限的某一定范围以下时,才可避免木材因长期负荷而破坏。这是由于在长期受荷载情况下,木材会发生纤维等速糯滑,累积后产生较大变形而降低了承载能力。抵抗短时间外力破坏的能力用木材极限强度表示。抵抗长期荷载作用所能承受的最大强度,用持久强度表示。木材的持久强度比其极限强度小得多,一般为极限强度的50%～60%。一切木结构都处于某一种负荷的长期作用下,因此在设计木结构时,应考虑负荷时间对木材强度的影响。

一般木材或多或少都存在一些疵病(木材在生长、采伐、保存及加工过程中,会产生内部和外部的缺陷,这些缺陷统称为疵病),使木材的物理力学性质受到影响,但同一疵病对木材不同强度的影响不尽相同。裂纹、腐朽和虫害等疵病会造成木材构造的不连续性或破坏其组织,因此严重影响木材的力学性质,有时甚至能使木材完全失去使用价值。各种构造缺陷,均会影响木材的力学性能。如斜纹、涡纹,会降低木材的顺纹抗拉、抗弯强度。应压木(偏宽年轮)的密度、硬度、顺纹抗压和抗弯强度均比正常木大,但抗拉强度及冲击韧性比正常木小,纵向干缩率大,因而翘曲和开裂严重。

【9-2】工程实例分析

木屋架开裂失效

某铁路俱乐部的22.5 m跨度方木屋架,下弦用三根方木单排螺栓连接,上弦由两根方木平接。使用两年后,上下弦方木因干燥收缩而产生严重裂缝,且连接螺栓通过大裂缝,使连接失效,以致成危房。

试分析开裂失效原因。

9.2.2　木材的应用

我国是森林资源贫乏的国家之一,林木生长又缓慢,这与我国高速发展的经济建设需用大量木材,形成日益突出的矛盾。因此,在土木工程中,一定要经济合理地使用木材,做到长材不短用,优材不劣用,并加强对木材的防腐、防火处理,以提高木材的耐久性,延长使用年限。同时,想方设法充分利用木材的边角碎料,生产各种人造板材,这是对木材进行综合利用的重要途径。

木材经加工成型材和制作成构件时,会留下大量的碎块废屑,将这些下脚料进行加工处理,就可制成各种人造板材(胶合板原料除外)。常用人造板材有以下几种。

9.2.2.1　胶合板

胶合板(图9-5)是由木段旋切成单板或由木方刨切成薄木,再用胶粘剂胶合而成的三层或多层的板状材料,通常用奇数层单板,并使相邻层单板的纤维方向互相垂直胶合而成。胶合板以木材为主要原料生产的胶合板,由于其结构的合理性和生产过程中的精细加工,可大体上克服木材的缺陷大大改善和提高木材的物理力学性能,胶合板生产是充分合理地利用木材、改善木材性能的一个重要方法。胶合板一般是 3~13 层的奇数,最高层数可达 15 层,并以层数取名,如三合板、五合板等。胶合板厚度为 2.7 mm、3 mm、3.5 mm、4 mm、5 mm、5.5 mm、6 mm,自 6 mm 起,按 1 mm 递增。厚度自 4 mm 以下为薄胶合板,3 mm、3.5 mm、4 mm 厚的胶合板为常用规格。土木建筑工程中常用的是三合板和五合板。我国胶合板目前主要采用水曲柳、椴木、桦木、马尾松及部分进口原木制成。

图 9-5　胶合板

　　胶合板大大提高了木材的利用率,其主要特点:材质均匀,强度高,无疵病.幅面大,使用方便,板面具有美丽的木纹,装饰性灯,并吸湿变形小,不翘曲开裂。胶合板具有真实、立体和天然的美感,广泛用作建筑物室内隔墙板、护壁板、顶棚板、门面板以及各种家具及装修。

9.2.2.2　纤维板

　　纤维板(图 9-6)是以植物纤维为原料,经过纤维分离、施胶、干燥、铺装成型、热压、锯边和检验等工序制成的板材,生产纤维板可使木材的利用率达 90% 以上,是人造板主导产品之一。按密度的不同分为硬质纤维板、高密度纤维板、中密度纤维板和软质纤维板,其性质与原料种类、制造工艺的不同有很大差异。纤维板使木材达到充分利用,其特点是材质构造均匀,各向强度一致,抗弯强度高(可达 55 MPa),耐磨,绝热性好,不易胀缩和翘曲变形,不腐朽,无木节、虫眼等缺陷。

　　表现密度大于 800 kg/m³ 的硬质纤维板,强度高,在建筑中应用最广,它可代替木板,主要用作室内壁板、门板、地板、家具和装修等。通常在板表面施以仿木纹油漆处理,可获得以假乱真的效果。半硬质纤维板表观密度为 400~800 kg/m³,常制成带有一定孔型的盲孔板,板表面常施以白色涂料,这种板兼具吸声和装饰作用,

图 9-6　纤维板

多用作宾馆等室内顶棚材料。软质纤维板表现密度小于 400 kg/m³,适合作保温隔热材料。

9.2.2.3　刨花板、木丝板、细木工板

　　(1)刨花板　刨花板是用木材碎料为主要原料,再渗加胶水,添加剂经压制而成的薄型板材(图 9-7)。此类板材主要优点是价格极其便宜;有良好的吸音和隔音性能;刨花板绝热、吸声;内部为交叉错落结构的颗粒状,各部方向的性能基本相同,结构比较均匀,因此握钉力好,横向承重力好;防潮性能较强,吸收水分后膨胀系数较小,被普遍用于橱柜、浴室柜等环境潮湿的柜类产品原材料;刨花板表面平整,纹理逼真,容重均匀,厚度误差小,耐污染,耐老化,美观,可进行油漆和各种贴面;刨花板在生产过程中,用胶量较小,环保系数相对较高。其缺点也很明显:强度极差。内部为颗粒状结构,不易于铣型;在裁板时容易造成暴齿的现象,所以部分工艺对加工设备要求较高,不宜现场制作。可用作隔墙板、顶棚板等,一般不适宜制作较大型或者有力学要求的家具。

　　(2)木丝板　木丝板是利用木材的短残料刨成木丝,再与水泥、水玻璃等搅拌在一起,加压凝固成型。较常用的为水泥木丝板(图 9-8),属于环保型绿色建材,水泥木丝板

用次等圆木、间伐材或制材板皮为原料。它实用性广,性能优异,有着耐腐、耐热、耐蚁蚀、易加工、与水泥、石灰、石膏配合性好、绿色环保等多种优点。水泥木丝板的用途主要用作吸音材料、保温材料、装饰材料、混凝土模板材料,主要在建筑与交通部门使用。在建筑中的应用对于工业厂房、公用建筑的剧院、车站、饭馆、候机室、办公室以及民用住宅建筑,水泥木丝板主要用作框架建筑结构墙体保温层,天花板,屋面板各种预制房屋,活动房屋及农用建筑,防火隔热、防火门、潮湿房间的内衬板,电、气装置的底板等。可做永久模板,替代钢模板进行混凝土浇筑,而不用拆模,特别是作为外墙外保温材料,除了可起到保温、隔热作用外,还具有极好的防火作用。在交通方面,主要用于高速公路的隔音墙及铁路隧道的内衬板,电梯竖井壁板及管道护板,起到了较好的隔音、防潮、防火的多种功能。在混凝土施工中,木丝板与混凝土浇筑成一体,既当模板又不再拆除并起装饰作用,真是一举两得。

(3)细木工板 细木工板俗称大芯板(图9-9),是由两片单板中间胶压拼接木板而成。中间木板是由优质天然的木板方经热处理(即烘干室烘干)以后,加工成一定规格的木条,由拼板机拼接而成。细木工板最外层的单板叫表板,内层单板称中板,板芯层称木芯板,组成木芯的小木条称为芯条,规定芯条的木纹方向为板材的纵向。拼接后的木板两面各覆盖两层优质单板,再经冷、热压机胶压后制成。具有质轻、强度高、易加工、握钉力好、不变形、吸声、绝热等特点,而且含水率不高,在 10%~13%,加工简便,用途最为广泛。细木工板可代替实木板应用,现普遍用作建筑室内门、隔墙、隔断、橱柜等的装修。与刨花板、中密度纤维板相比,其天然木材特性更顺应人类自然的要求,是室内装修和高档家具制作的理想材料。细木工板比实木板材稳定性强,但怕潮湿,施工中应注意避免用在厨卫建筑中。

图 9-7 刨花板　　　　　图 9-8 水泥木丝板　　　　图 9-9 细木工板

9.2.2.4 复合地板

目前家居装修中广泛采用的复合地板(图9-10),是一种多层叠压木地板,板材 80% 为木质。复合地板一般都是由四层材料复合组成的:底层、基材层、装饰层和耐磨层组成。其中耐磨层的转数决定了复合地板的寿命。底层,由聚酯材料制成,起防潮作用;基层,一般由密度板制成,视密度板密度的不同,也分低密度板、中密度板和高密度板;装饰层,是将印有特定图案(仿真实纹理为主)的特殊纸放入三聚氢氨溶液中浸泡后,经过化学处理,利用三聚氢氨加热反应后化学性质稳定,不再发生化学反应的特性,使这种纸成为

一种美观耐用的装饰层；耐磨层，是在强化地板的表层上均匀压制一层三氧化二铝组成的耐磨剂。

复合地板的优点：耐磨，为普通漆饰地板的 10~30 倍以上；美观，可用电脑仿真出各种木纹和图案、颜色；稳定，彻底打散了原来木材的组织，破坏了各向异性及湿胀干缩的特性，尺寸稳定，尤其适用于地暖系统的房间。此外，还有抗冲击、抗静电、耐污染、耐光照、耐香烟灼烧、安装方便、保养简单等。复合地板的缺点：水泡损坏后不可修复，脚感较差。

图 9-10　复合地板

复合地板规格一般为 1 200 mm×200 mm 的条板，板厚 8~12 mm，其表面光滑美观，坚实耐磨，不变形和干裂，不沾污及褪色，不需打蜡，耐久性较好，且易清洁，铺设方便。因板材薄，故铺设在室内原有地面上时，不需对门作任何更动。复合地板适用于客厅、起居室、卧室等地面铺装。

9.3　木材的防护

木材作为土木工程材料，最大缺点是容易腐朽，民间谚语称木材："干千年，湿千年，干干湿湿两三年"。意思是说，木材只要一直保持通风干燥或完全浸于水中，就不会腐朽破坏，但是如果木材干干湿湿则极易腐朽。另外木材容易被虫蛀和燃烧，因此大大地缩短了木材的使用寿命，并限制了它的应用范围。采取措施来提高木材的耐久性，对木材的合理使用具有十分重要的意义。

9.3.1　木材的腐蚀与防止

木材在潮湿环境条件下受到真菌侵害，木质结构逐渐疏松、变色、变脆，强度和耐久性降低的现象称为木材的腐朽。

引起木材变质腐朽的真菌有三种，即霉菌、变色菌和腐朽菌。霉菌只寄生在木材的表面，通常叫发霉，对木材不起破坏作用。变色菌是以细胞腔内含物如淀粉、糖类等为养料，不破坏细胞壁，所以对木材破坏作用很小。腐朽菌寄生在木材的细胞壁中，它能分泌出一种酵素，把细胞壁物质分解成简单的养分，供自身摄取生存，从而致使木材产生腐朽，并遭彻底破坏。图 9-11 严重腐朽木桩。

木材防腐有两种方法：一种是创造条件，使木材不适于真菌的寄生和繁殖；另一种是把木材变成有毒的物质，使其不能作真菌的养料。

（1）破坏真菌生存的条件　将木材保持在很高的含水率，木材由于缺乏空气而破坏了真菌生存所需

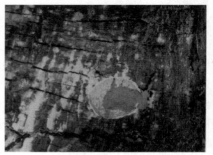

图 9-11　被腐蚀的木桩

的条件,从而达到防腐的目的。如湿存保管法和水存保管法。或者将木材进行干燥,使其含水率降至 20%以下(即干法保管法)。在储存和使用木材时要注意通风和排湿。对木材构件表面应刷以油漆,使木材隔绝空气和水汽。

(2)注入化学防腐剂　将化学防腐剂注入木材内,把木材变成对真菌有毒的物质,使真菌无法生存。这是木材的化学保管法。注入防腐剂的方法很多,通常有表面涂刷法、表面喷涂法、浸渍法、冷热槽浸透法、压力渗透法等,其中以冷热槽浸透法和压力渗透法效果最好。

9.3.2　木材的防虫

木材腐朽除真菌外,还会遭受昆虫的蛀蚀,常见的蛀虫有天牛、白蚁等。木材在贮运和使用中,经常会受到昆虫的危害。因其而造成的木材缺陷称为虫眼。浅的虫眼或小的虫眼对木材强度无影响,大而深的虫眼或深而密集的小虫眼,均破坏木材的完整性,并降低木材强度,同时是引起边材变色及边材真菌腐朽的重要通道。木材害虫对木材含水率敏感,不同的含水率可能会遭受不同的虫害。防治方法:生态防治,从建筑上改善透光、通风和防潮条件,以创造出不利于害虫的环境条件。生物防治,就是保护害虫的天敌。物理防治,用灯光诱捕虫娥或用水封杀。化学防治,用化学药物杀灭害虫,是当前木材防虫害的主要方法。

9.3.3　木材的防火

木材的燃烧应具备以下条件,有焰燃烧:可燃物、氧气、热量供给及热解连锁反应;无焰燃烧:可燃物、热量供给和氧气。如果破坏其中的一个条件,燃烧状态将得到改变或停止。

木材防火主要对木材及其制品进行表面覆盖、涂抹、深层浸渍阻燃剂方法阻燃来实现防火的目的。

对木材及其制品的化学阻燃方法有浸渍、添加阻燃剂和覆盖三种方法。

(1)浸渍　浸渍按工艺可分为常压浸渍、热浸渍和加压浸渍三种。

(2)添加阻燃剂　在生产纤维板、胶合板、刨花板、木屑板的过程中可添加适量的阻燃剂。添加阻燃剂应与胶粘剂及其他添加剂能很好地相溶。

(3)覆盖　覆盖就是在需要进行阻燃处理的木材表面覆盖防火材料。这种防火涂料,除了要求具有好的阻燃剂以外,还要求具有较好的着色性、透明度、黏着力、防水、防腐蚀等普通涂料所具有的性能。

木材是天然资源,其生长期长,产量受自然条件的制约,而建筑工程中对木材的需求量又很大,因此,加速林木资源的发展,同时深入掌握其性能,合理利用,节约木材,并积极采用新技术、新工艺,扩大和寻求木材综合利用的新途径,是一项长期的重要任务。

【9-3】工程实例分析

木地板腐蚀原因分析

现象:某办公楼为现浇钢筋混凝土楼板,进行装修时其上铺炉渣混凝土 50 mm,在铺

木地板,完工后未投入使用,门窗关闭一年,以后投入使用时发现木板大部分腐蚀,人踩即断。

原因分析:炉渣混凝土中的水分封闭于木地板内部,慢慢渗透到未做防腐防潮处理的木格栅和木地板中,门窗关闭使木材含水率较高,此环境正好适合真菌的生长,导致木材腐蚀。

思考:如何避免在使用木地板装修时出现类似现象?

【创新与能力培养】一种新型木质复合材料

木塑复合板

木塑复合板材是一种主要由木材(木纤维素、植物纤维素)为基础材料与热塑性高分子材料(塑料)和加工助剂等,混合均匀后再经模具设备加热挤出成型而制成的高科技绿色环保新型装饰材料,兼有木材和塑料的性能与特征,是能替代木材和塑料的新型复合材料。

上海世博会中国馆周围采用了红木色的木塑复合板,这些木塑板不仅有木材的质感,还有木料的纹理。上海世博会的芬兰馆外墙使用的鳞状材料也属于木塑复合板,它是由废纸和塑料复合制成的。

本章习题

一、选择题

1.工程中适用的木材主要是树木的( )。

A.树根 B.树冠 C.树干 D.树皮

2.可造成木材腐朽的真菌为( )。

A.霉菌 B.腐朽菌 C.变色菌 D.白蚁

二、填空题

1.木材的强度中,在理论上最大的是_____强度。

2.木材防腐处理的措施一般有_____和_____。

三、判断题

1.木材的木节会降低其抗压和抗拉强度。 ( )

2.随含水率增大,木材的体积膨胀,强度降低。 ( )

四、综合分析题

1.何谓木材纤维饱和点及平衡含水率?

2.有不少住宅的木地板使用一段时间后出现接缝不严,但亦有一些木地板出现起拱。请分析原因。

3.某工地购得一批混凝土模板用胶合板,使用一定时间后发现其质量明显下降。经送检,发现该胶合板是使用脲醛树脂作胶粘剂。请分析原因。

第 10 章　高分子合成材料

学习提要

　　本章主要内容:合成高分子材料的定义、分类、主要性能、发展趋势;常用合成高分子材料的种类——塑料、纤维、橡胶等材料的技术性质;合成高分子材料在工程实际中的应用;胶粘剂、涂料、功能高分子材料的主要品种、组成、技术性质及应用。通过本章学习,重点掌握合成高分子材料的技术性质和应用,并熟悉常用高分子合成材料的种类。

10.1　高分子合成材料概述

　　在有机化合物中,一般将分子量在 10^4 以上的化合物称为高分子化合物,有时分子量达 10^3 的也叫高分子化合物;即低分子化合物和高分子化合物之间并没有严格的界限。高分子化合物有天然的和合成的两大类,以高分子化合物为主要成分的材料称为高分子材料,高分子材料也分为天然高分子材料和合成高分子材料,如棉织品、木材、天然橡胶等都是天然高分子材料。天然高分子材料的产量和性能远远不能满足工程需要。随着有机高分子科学的发展,合成高分子材料的产量和品种迅速增加,用途日益广泛。现代生活中的塑料、橡胶、化学纤维以及某些胶粘剂、涂料等,都是以高分子化合物为基础材料制成的,这些高分子化合物绝大多数是人工合成的,故称为合成高分子材料。

　　合成高分子材料不仅可用于保温、装饰、吸声等材料,还可用作结构材料代替钢材和木材。据预计,21 世纪初合成高分子材料将占土木工程材料用量的 25% 以上。

10.1.1　高分子材料的分类

　　(1)按照聚合物的来源分类　按照聚合物的来源,可将高分子材料分为天然高分子材料,如由棉、毛构成的织物,由木材、麻制备的纸;改性的天然高分子材料,如由纤维素制备的硝基纤维素;合成高分子合成材料,如由小分子原料经化学反应和聚合方法合成的 PE、PVC、PP 等;改性合成高分子材料,即聚合物再经化学、物理方法改性而得到的材料。

　　(2)按照聚合物的主链结构分类　按照聚合物的主链结构,可将高分子材料分为碳链聚合物材料,聚合物主链完全由碳原子组成,如 PVC、PS、PE 等;杂链聚合物材料,聚合

物主链中除碳外,还有氧、氮、硫等杂原子,如 PA 等;元素有机物聚合物材料,聚合物主链中没有碳原子,主要由硅、硼等原子组成,侧链为有机基团,如有机硅等。

（3）按照用途分类　按照用途,可将高分子材料分为塑料、橡胶、纤维、符合材料、胶粘剂、涂料等。

10.1.2　高分子材料的合成

（1）加聚反应　单体（低分子碳氢化合物）在引发剂、光、热等作用下,聚合形成大分子的反应,被称为加聚反应。加聚反应合成的高分子材料命名方法包括以下两种。

1）一种单体加聚反应生成均聚物,其命名方法为在单体名称前冠以"聚"字,如由乙烯加聚而得的称为聚乙烯,由氯乙烯加聚而得的称为聚氯乙烯。

2）两种或两种以上单体加聚反应生成共聚物,如由乙烯、丙烯、二烯炔共聚而得的称为乙烯、丙烯、二烯炔共聚物（又称三元乙丙橡胶）,由丁二烯、苯乙烯共聚而得的称为丁二烯、苯乙烯共聚物（又称丁苯橡胶）。

（2）缩聚反应　由两种或两种以上具有可反应官能团的单体,在催化剂作用下结合成大分子,并同时放出低分子副产物如水、甲醛及氯等的反应,被称为缩聚反应。淀粉、纤维素等是自然界常见的缩合聚合物,而尼龙、尿素甲醛树脂等则为常见的缩合聚合物的例子。

大多数缩聚反应都是可逆反应和逐步反应,分子量随反应时间的延长而逐渐增大,但单体的转化率却几乎与时间无关。根据反应条件的不同,可分为熔融缩聚反应、溶液缩聚反应、界面缩聚反应和固相缩聚反应 4 种。根据所用原料的不同,可分为均缩聚反应、混缩聚反应和共缩聚反应 3 种。同种分子的缩聚（如氨基酸）反应称为均缩聚;不同种分子的缩聚称为共缩聚;相同官能团的同系物的共缩聚则被称为混缩聚反应。根据产物结构的不同,又可分为二向缩聚或线型缩聚反应和三向缩聚或体型缩聚反应两种。

一般缩聚物的命名方法为在单体名称后面加"树脂",如由苯酚和甲醛缩合而得的称为酚醛树脂。

10.1.3　合成高分子材料的分子特点

高分子化合物按其链节在空间排列的几何形状可分为线型聚合物和体型聚合物两类。

10.1.3.1　线型聚合物

线型聚合物各链节连接成一个长链［图 10-1（a）］,或有支链［图 10-1（b）］。这种聚合物可以溶解在一定溶剂中,可以软化,甚至熔化。属于线型无支链结构的聚合物有聚苯乙烯（PS）、用低压法制造的高密度聚乙烯（HDPE）和聚酯纤维素分子等。属于线型带支链结构的聚合物有低密度聚乙烯（LDPE）和聚醋酸乙烯（PVAC）等。

10.1.3.2　体型聚合物

体型聚合物是线型大分子间相互交联形成网状的三维聚合物［图 10-1（c）］。这种聚合物制备成型后再加热时不软化,也不能流动。属于体型高分子（网状结构）的聚合物

有酚醛树脂(PF)、不饱和聚酯(UP)、环氧树脂(EP)、脲醛树脂(UF)等。

　　(a)线型无支链结构　　　　　　(b)线型带支链结构　　　　　(c)网状体型结构

图 10-1　高分子化合物结构示意图

10.1.4　合成高分子材料的性能特点

10.1.4.1　高分子材料的力学性能特点

　　高分子材料的力学性能特点主要包括以下几个。

　　(1)刚度小,强度低,比强度高。高分析材料的拉伸强度≤100 MPa,但密度很小,其平均密度仅为 1.45 g/cm³ 左右,通常只是钢材的 1/8~1/4,金属铝的 1/2。因此,高分子材料的比强度接近或超过钢材,是一种优质的轻质高强材料。但在塑料中加入纤维增强材料,其强度可大大提高,甚至可超过钢材。

　　(2)高弹性,弹性模量低。很多高分子材料如橡胶,是典型的额高分子材料。弹性变形率为 100%~1 000%,而弹性模量小于 1 MPa。

　　(3)高耐磨性。高分子材料如塑料,摩擦系数小,而且有些塑料甚至具有自润滑性能。

　　(4)黏弹性。高分子材料在受歪理作用时,同时发生高弹变形和黏性流动。高分子材料的黏弹性包括静态黏弹性和动态黏弹性。静态黏弹性又包括蠕变和应力松弛。当应力一定时,随着时间的延长,变形逐渐增加,称为蠕变;而当应力一定时,应力随着时间的延长逐渐减小,称为应力松弛。动态黏弹性主要指内耗,即应变滞后于应力的变化。

10.1.4.2　高分子材料的物理化学性能特点

　　高分子材料的物理化学性能特点如下:

　　(1)高绝缘性。高分子材料具有高电阻率,同时还可以积累大量静电荷。它的电绝缘性可以与陶瓷材料相媲美。

　　(2)低耐热性,易燃。高分子材料的耐热性是指温度升高时其性能不明显降低的能力。热固性塑料的耐热性比热塑性塑料高。一般情况下,通用高分子材料的耐热温度 <200 ℃。高分子材料不仅可燃,而且很多高分子材料在燃烧时会产生大量的烟,含有有毒气体。

　　(3)低导热性。高分子材料的导热能力低下,导热系数一般只有金属材料的 1/600~1/500。泡沫塑料的导热系数甚至只有 0.02~0.046 W/(m·K),约为金属材料的 1/1 500。

　　(4)高热膨胀性。高分子材料的热膨胀能力很强,通常其膨胀系数比金属大 3~10 倍。

（5）高化学稳定性。高分子材料不易和其他物质发生化学反应,对一般的酸、碱、盐及油脂有较好的耐腐蚀能力。

（6）耐磨性好。有些高分子材料在无润滑和少润滑的摩擦条件下,它们的耐磨、减摩擦性能是金属材料无法比拟的。

（7）较易老化。在光、空气、热及环境介质的作用下,高分子材料的分子结构会产生变异,导致机械性能变差,寿命缩短。

【10-1】工程实例分析

美国米高梅旅馆火灾

现象:美国米高梅旅馆大楼高 26 层,设备豪华,装饰精致。1980 年"戴丽"餐厅发生火灾,使用水枪扑救未能成功。因餐厅内有大量塑料、纸制品和装饰品,火势迅速蔓延,且塑料制品、胶合板等燃烧时放出有毒烟气。着火后,旅馆内空调系统没有关闭,烟气通过空调管道扩散,在短时间内整个旅馆大楼充满烟雾。火灾造成损失巨大,死亡 84 人,烧伤679 人。

原因分析:大量使用易燃的塑料、木质及纸制品是造成火灾的重要原因之一。它们不仅燃烧速度快,而且产生大量有毒气体。故在工程中需注意塑料制品等的可燃性及其燃烧气体的毒性,尽量使用通过改进配方制成的自熄和难燃甚至不燃产品。

10.2　土木工程常用的高分子材料

10.2.1　建筑塑料

塑料是以合成树脂为主要成分,在一定条件（温度、压力等）下,可塑成一定形状并在常温下保持其形状的高分子材料。塑料按组成成分分为单一组分塑料和多组分塑料。单一组分塑料基本上为合成树脂,只含少量助剂（如染料、润滑剂等）,如聚乙烯、聚丙烯、聚苯乙烯塑料等。多组分塑料除含有合成树脂外,还含有较多的助剂（如填料、增塑剂、稳定剂等）,如聚氯乙烯、酚醛塑料等。根据用途,塑料可分为通用塑料和工程塑料。根据其受热后性能的不同,塑料还可分为热固性塑料和热塑性塑料。

塑料由于其质轻、比强度高、化学稳定性好、导热系数小、装饰性和加工性能好及耗能较低的特点,已广泛应用于土木工程中,作为结构材料和功能材料。

10.2.1.1　塑料的基本组成

塑料是由合成树脂和各种添加剂所组成的。合成树脂是塑料的主要成分,其质量占塑料的40%以上。塑料的性质主要取决于所采用的合成树脂的种类、性质和数量,因此,塑料常以所用合成树脂命名,如聚乙烯（PE）塑料、聚氯乙烯（PVC）塑料。

（1）合成树脂　合成树脂的种类很多,而且随着有机合成工业的发展和新聚合方法的不断出现,合成树脂的品种还在继续增加。工程中获得广泛应用的合成树脂大约

20 种。合成树脂按其可否进行二次加工可分为热塑性树脂和热固性树脂,热塑性树脂可反复加热软化、冷却硬化,热固性树脂初次加热时软化,但固化后再加热时不会软化。根据加入树脂性能的不同,常将塑料分为热固性塑料和热塑性塑料。

(2)填料　填料又称为填充料、填充剂或体质颜料,其种类很多。按外观形态,可分为粉状、纤维状和片状三类。一般来说,粉状填料有助于提高塑料的热稳定性,降低可燃性,而片状和纤维状填料则可明显提高塑料的抗拉强度、抗磨强度和大气稳定性等。

填料一般都比合成树脂便宜,它不仅能提高塑料的强度、硬度和耐热性,还能减少收缩和降低成本。常用的填料主要有木粉、滑石粉、硅藻土、石灰石粉、铝粉、炭黑及玻璃纤维等。

(3)增塑剂　增塑剂是能使聚合物塑性增加的物质。它可降低树脂的黏流温度,使树脂具有较大可塑性,以利于塑料的加工,少量的增塑剂还可降低塑料的硬度和脆性,使塑料具有较好的柔韧性。增塑剂主要为酯类及酮类。

(4)稳定剂　稳定剂是指抑制或减缓老化的破坏作用的物质。塑料在加工和使用过程中,由于受热、光、氧的作用,可能发生降解、氧化断链及交联等,使塑料老化。为了提高塑料的耐老化性能,延长使用寿命,通常要加入各种稳定剂,如抗氧剂、光屏蔽剂、紫外光吸收剂及热稳定剂等。

(5)固化剂　固化剂又称为硬化剂,主要作用是使某些合成树脂的线型结构交联成体型结构,从而使树脂具有热固性,不同品种的树脂应采用不同品种的固化剂。

(6)着色剂　着色剂是使塑料制品具有特定的色彩和光泽的物质,常用的着色剂是一些有机和无机颜料,颜料不仅对塑料具有着色性,同时也兼有填料和稳定剂的作用。

此外,根据建筑塑料使用及成型加工的需要,有时还加入润滑剂、抗静电剂、发泡剂、阻燃剂及防霉剂等。

10.2.1.2　土木工程常用的塑料制品

(1)塑料管　塑料管是以合成高分子树脂为主要原料,经挤出、注塑、焊接等工艺成型的管材和管件。与传统的钢管和铁管相比,塑料管具有耐腐蚀、不生锈、不结垢、质量轻、施工方便和供水效率高等优点,已成为当今土木工程中取代铸铁、陶瓷和钢管的主要材料。

按所用的聚合物划分,常用的塑料管包括硬质聚氯乙烯管(PVC)、聚乙烯管(PE)、聚丙烯管(PP)、聚丁烯管(PB)、玻璃钢管(FRP)以及铝塑等复合塑料管。

(2)装饰装修制品　塑料的装饰性和加工性能好,常用来生产装饰装修材料,主要有以下几种。

1)塑料面砖　塑料面砖以 PS、PVC、PP 等为原料制造,模仿传统陶瓷面砖,具有美观适用、厚度小、重量轻、施工方便的特点,是一种较为理想的超薄型墙面装饰材料。可用于室内墙面、柱面装饰。

2)塑料壁纸　塑料壁纸是用纸或玻璃纤维布做基材,以聚氯乙烯为主要成分,加入添加剂和颜料等,经涂塑、压花或印花、发泡等工艺制成的塑料卷材。塑料壁纸的花色品种多,可制成仿丝绸、仿织锦缎、仿木纹等花纹图案。塑料壁纸具有美观、耐用、易清洗、施

工方便的特点,发泡塑料壁纸还具有较好的吸声性能,因而广泛地应用于室内墙面、顶棚等的装饰。塑料壁纸的缺点是透气性较差。

3)塑料地面卷材　塑料地面卷材是经混炼、热压或压延等工艺制成的卷材。主要为聚氯乙烯(PVC)塑料地面卷材,有无基层卷材和有基层卷材两种。

无基层卷材质地柔软,有一定弹性,适合于家庭地面装饰。有基层卷材一般由两层或多层复合而成,常见的是三层结构。基层为无纺布、玻璃纤维布,中层为印花的不透明聚氯乙烯塑料,面层为透明的聚氯乙烯塑料。若中层为聚氯乙烯泡沫塑料,则称为发泡塑料地面卷材。塑料地面卷材具有脚感舒适、耐磨、耐腐蚀、隔声和保温等特点。

4)塑料地板　塑料地板采用聚氯乙烯、重质碳酸钙和添加剂为原料,经混炼、热压或压延等工艺制成。有硬质、半硬质和软质三种;塑料地板制作的图案丰富,颜色多样,并具有耐磨、耐燃、尺寸稳定、价格低等优点,适合于人流不大的办公室、家庭等的地面装饰。

(3)隔热保温材料

1)泡沫塑料　泡沫塑料是在聚合物中加入发泡剂,经发泡、固化或冷却等工序而制成的多孔塑料制品。泡沫塑料的孔隙率高达95%~98%,且孔隙尺寸小,因而具有优良的隔热保温性能,常用的有聚苯乙烯泡沫塑料、聚氯乙烯泡沫塑料、聚氨酯泡沫塑料、脲醛泡沫塑料等。

聚苯乙烯泡沫塑料是应用最广的泡沫塑料,其体积密度为10~20 kg/m^3,导热系数为0.031~0.045 W/(m·K),使用温度范围为−100~+70 ℃。主要用作墙体和屋面、地面、楼板等的隔热保温,也可与纤维增强水泥、纤维增强塑料或铝合金板等制成复合墙板。

建筑上使用的聚氯乙烯泡沫塑料体积密度为60~200 kg/m^3,导热系数为0.035~0.052 W/(m·K),使用温度范围为−60~+60 ℃。聚氯乙烯泡沫主要用作吸声材料、装饰构件,也可作墙体、屋面等的保温材料,也可作为夹层板的芯材。

聚氨酯泡沫塑料,以硬质型应用较多。其体积密度为20~200 kg/m^3,使用温度范围为−160~+150 ℃。与其他泡沫塑料相比,其耐热性好,强度较高。此外,这种泡沫塑料还可采用现场发泡的方法形成整体的泡沫绝热层,绝热效果好。

脲醛塑料是最轻的泡沫塑料之一,建筑中应用的脲醛泡沫塑料的体积密度为10~20 kg/m^3,导热系数为0.030~0.035 W/(m·K),使用温度范围为−200~+100 ℃,但强度低,吸湿性大,应用时需注意防潮。脲醛塑料价格低廉,主要用作空心墙和夹层墙板的芯材。也可在现场发泡成为整体泡沫塑料。

2)蜂窝塑料板　蜂窝塑料板是在蜂窝状的芯材上黏合面板的多孔板材,其孔隙较大(5~20 mm),孔隙率很高。蜂窝状的芯材是由浸渍聚合物(酚醛树脂等)的片状材料(牛皮纸、玻璃布、木纤维板)经加工黏合成的形状似蜂窝的六角形空心板材。蜂窝塑料板的抗压强度的抗折强度高,导热系数低,一般为0.046~0.056 W/(m·K)。主要用作隔热保温和隔声材料。

(4)塑料门窗　塑料门窗是改性后的硬质聚氯乙烯(PVC),加入适量的添加剂,经混炼、挤出等工艺制成的异形材加工而成。改性后的硬质聚氯乙烯具有较好的可加工性、稳定性、耐热性和抗冲击性。制成的塑料门窗外观平整美观,色泽鲜艳,经久不褪,装饰性

好,并具有良好的耐水性、耐腐蚀性、隔热保温性、隔声和气密性,使用寿命可达 30 年以上。

(5)纤维增强塑料　纤维增强塑料是一种树脂基复合材料。添加纤维的目的是为了提高塑料的弹性模量和强度。常用纤维材料除玻璃纤维、碳纤维外,还有石棉纤维、天然植物纤维、合成纤维和钢纤维等,目前用得最多的是玻璃纤维和碳纤维。常用的合成树脂有酚醛树脂、不饱和聚酯树脂、环氧树脂等,用量最大的为不饱和聚酯树脂。

纤维增强塑料的性能主要取决于合成树脂和纤维的性能、相对含量以及它们之间的黏结情况。合成树脂及纤维的强度越高,特别是纤维的强度越高,则纤维增强塑料的强度越高。

玻璃纤维增强塑料(GRP),俗称玻璃钢,是由合成树脂胶结玻璃纤维或玻璃纤维布(带、束等)而成的。玻璃纤维增强塑料在性能上的主要优点是轻质高强、耐腐蚀,主要缺点是弹性模量小,变形较大。在土木工程中主要用于结构加固、防腐和管道等。

碳纤维增强塑料是由合成树脂胶结碳纤维而成。具有强度和弹性模量高、耐疲劳性能好、耐腐蚀性好的特点。在土木工程中,碳纤维增强塑料主要用于结构加固,制作碳纤维筋或索用于有腐蚀的结构。

10.2.2　建筑涂料

涂料是涂布在物体表面,能形成具有保护和装饰作用膜层的材料。涂料除了具有保护和装饰功能外,还能具有一些特殊作用,如用作色彩标志、润滑、防滑、绝缘、导电、隔热、防潮等。

10.2.2.1　涂料的基本组成

涂料的基本组成包括成膜物质、颜料、溶剂(分散介质)以及辅料(助剂)。

(1)成膜物质　成膜物质也称基料,是涂料最主要的成分,其性质对涂料的性能起主要作用。成膜物质分为两大类:一类是转化型(或反应型)成膜物质,另一类是非转化型(或挥发型)成膜物质。前者在成膜过程中伴有化学反应,形成网状交联结构,因此,此类成膜物质相当于热固型聚合物,如环氧树脂、醇酸树脂等;后者在成膜过程未发生任何化学反应,仅靠溶剂挥发成膜,成膜物质为热塑性聚合物,如纤维素衍生物、氯丁橡胶、热塑性丙烯酸树脂等。

建筑涂料常用树脂有聚乙烯醇、聚乙烯醇缩甲醛、丙烯酸树脂、环氧树脂、醋酸乙烯-丙烯酸酯共聚物(乙-丙乳液)、聚苯乙烯-丙烯酸酯共聚物(苯-丙乳液)、聚氨酯树脂等。

(2)颜料　颜料主要起遮盖和着色作用,有的颜料还有增强、改善流变性能、降低成本的作用。按所起作用不同,颜料又分为着色颜料和体质颜料(又称填料)两类。

建筑涂料中使用的着色颜料一般为无机矿物颜料。常用的有氧化铁红、氧化铁黄、氧化铁绿、氧化铁棕、氧化铬绿、钛白、锌钡白、群青蓝等。

体质颜料,即填料,主要起到改善涂膜的机械性能,增加涂膜的厚度,降低涂料的成本等作用,常用的填料为重晶石粉、轻质碳酸钙、重质碳酸钙、高岭土及各种彩色小砂粒等。

（3）溶剂　溶剂通常是用以溶解成膜物质的易挥发性有机液体。涂料涂敷于物体表面后，溶剂基本上应挥发尽，不是一种永久性的组分，但溶剂对成膜物质的溶解力决定了所形成的树脂溶液的均匀性、黏度和贮存稳定性，溶剂的挥发性影响涂膜的干燥速度、涂膜结构和涂膜外观。常用的溶剂有甲苯、二甲苯、丁醇、丁酮、醋酸乙酯等。溶剂的挥发会对环境造成污染，选择溶剂时，还应考虑溶剂的安全性和对人体的毒性。

涂料按溶剂及其对成膜物质作用的不同分为溶剂型涂料、水溶性涂料和水乳型涂料。其中，水溶性涂料和水乳型涂料称为水性涂料。

（4）辅料　辅料（又称助剂或添加剂）是为了进一步改善或增加涂料的某些性能，而加入的少量物质。通常使用的有增白剂、防污剂、分散剂、乳化剂、稳定剂、润湿剂、增稠剂、消泡剂、流平剂、固化剂、催干剂等。

10.2.2.2　常用的土木工程涂料

土木工程涂料的品种繁多，性能各异，按用途有建筑涂料和公路涂料，建筑涂料包括外墙、内墙及地面涂料。

（1）建筑外墙涂料

1）苯乙烯-丙烯酸酯乳液涂料　苯乙烯-丙烯酸酯乳液涂料是以苯-丙乳液为基料的乳液型涂料，简称苯-丙乳液涂料。苯-丙乳液涂料具有优良的耐水性、耐碱性、耐湿擦洗性，外观细腻，色彩艳丽，质感好，与水泥混凝土等大多数建筑材料的黏附力强，并具有高耐光性和耐候性。

2）丙烯酸酯涂料　丙烯酸酯涂料是以热塑性丙烯酸酯树脂为基料的外墙涂料，分为溶剂型和乳液型。丙烯酸酯涂料的耐水性、耐高低温性和耐候性良好，不易变色、粉化或脱落，具有多种颜色，可以刷涂、喷涂或滚涂。丙烯酸酯涂料的装饰性好，寿命可达 10 年以上，是目前国内外应用最多的外墙涂料。丙烯酸酯涂料主要用于外墙复合涂层的罩面涂料。溶剂型涂料在施工时需注意防火、防爆。丙烯酸酯涂料主要用于商店、办公楼等公用建筑。

3）聚氨酯涂料　聚氨酯涂料是以聚氨酯树脂或聚氨酯与其他树脂复合物为主要成膜物质，加入填料、助剂组成的优质溶剂涂料。该涂料的弹性和抗疲劳性好，并具有极好的耐水、耐碱、耐酸性能。其涂层表面光洁度高，呈陶瓷质感，耐候性、耐腐蚀性能好，使用寿命可达 15 年以上。聚氨酯涂料价格较贵，主要用于办公楼、商店等公用建筑。

4）砂壁状涂料　砂壁状涂料是以合成树脂乳液为成膜物质，加入彩色骨料以及其他助剂配制而成的粗面厚质涂料，又称彩砂涂料。彩色骨料可用粒径小于 2 mm 的高温烧结彩色砂粒、彩色陶粒或天然带色石屑。彩砂涂料采用喷涂法施工，涂层具有丰富的色彩和良好质感，保色性、耐热性、耐水性及耐化学腐蚀性能良好，使用寿命可达 10 年以上。砂壁状涂料主要用于办公楼、商店等公用建筑的外墙面等。

（2）建筑内墙涂料

1）聚醋酸乙烯涂料　聚醋酸乙烯涂料是以聚醋酸乙烯乳液为基料的乳液型内墙涂料。该涂料无毒、不燃、涂膜细腻、平滑、色彩鲜艳、装饰效果良好、价格适中、施工方便。但是，耐水性及耐候性较差。

2) 醋酸乙烯-丙烯酸酯涂料　醋酸乙烯-丙烯酸酯涂料是以乙-丙共聚乳液为基料的乳液型内墙涂料。该涂料的耐水性、耐候性和耐碱性优于聚醋酸乙烯乳液涂料，并且有光泽，是一种中高档的内墙装饰涂料。

3) 多彩涂料　多彩涂料是以合成树脂及颜料等为分散相，以含有乳化剂和稳定剂的水为分散介质的乳液型涂料，按其介质特性分为水中油型和油中水型。以水中油型的贮存稳定性最好，通常所用的多彩涂料均为水中油型。

多彩涂料具有良好的耐水性、耐油性、耐化学药品性、耐刷洗性，并具有较好的透气性。多彩涂料对基层的适应性强，可在各种建筑材料上涂刷使用。

(3) 建筑地面涂料

1) 聚氨酯地面涂料　聚氨酯地面涂料是以聚氨酯为基料的双组分常温固化型橡胶类涂料。其整体性好，色彩多样，装饰性好，并具有良好的耐油性、耐水性、耐酸碱性和耐磨性，有一定的弹性，脚感舒适。该涂料主要适用于水泥砂浆或水泥混凝土地面。

2) 环氧树脂厚质地面涂料　环氧树脂厚质地面涂料是以环氧树脂为基料的双组分常温固化涂料。环氧树脂厚质地面涂料与水泥混凝土等基层材料的黏结性能优良，涂膜坚韧、耐磨，具有良好的耐化学腐蚀、耐油、耐水等性能，以及优良的耐老化和耐候性，装饰性良好。

(4) 公路涂料　公路涂料包括路面、桥梁、隧道使用的防水涂料和交通设施使用的反光涂料等。

1) 合成高分子防水涂料　合成高分子防水涂料是以合成橡胶或合成树脂为主要成膜物质制成的单组分或多组分的防水涂料。这类涂料具有高弹性、高耐久性及优良的耐高、低温性能，品种有聚氨酯防水涂料、丙烯酸酯防水涂料和有机硅防水涂料等。通常是一种流态或半流态物质，涂布在基层表面，经溶剂或水分挥发或各组分间的化学反应，形成有一定弹性和一定厚度的连续薄膜，使基层表面与水隔绝，起到防水、防潮作用。

防水涂料固化成膜后的防水涂膜具有良好的防水性能，特别适合于各种复杂不规则部位的防水，能形成无接缝的完整防水膜。它大多采用冷施工，便于施工操作，施工进度较快，还可减少环境污染，改善劳动条件。防水涂料既是防水层的主体，又是黏结剂，因而施工质量容易保证，维修也较简单。防水涂料既可采用刷子、刮板等逐层涂刷(刮)，也可采用机械喷涂。

防水涂料要满足防水工程的要求，应具有良好的施工性能，成膜后必须具有良好的防水性、机械力学性能、温度稳定性、大气稳定性、柔韧性和黏结力等性能。

2) 反光涂料　反光涂料是运用微棱镜晶体回归反射原理，在其他远距离的光源照射下也能产生强烈的反光效果并反射回发光处，无须外加电源，就达到了在黑暗中如同灯光的功效。汽车牌照以及道路指示牌采用高折射率玻璃微珠后半表面镀铝作为后向反射器，具有极强的逆向回归反射性能，能将85%的光线直接反射回光源处，回归反射所造成的反光亮度，可使驾驶人员和带光源的夜间或视野不佳的情况下清楚地看见行人或障碍目标，确保双方安全。

道路反光涂料，是由高分子合成树脂、碳五树脂、酞白粉、填充料、玻璃珠、助剂等组

成。它具有施工方便、白度好、抗冲击、柔韧性好等特点,是高速公路及高等级公路最理想的路标涂料。

反光涂料包括道路标志反光涂料、回归反光涂料。传统的标志材料(热熔漆、冷喷漆)不仅需要调拨大量人工投入工作,且容易产生掉漆现象,不具备反光性能,在雾雨天隐逝于地面,需灯光强烈照射才勉强可辨,而回归反光涂料是指在普通涂料表面喷覆一层玻璃微珠,它的使用不仅克服了上述缺陷,而且司机安全行车有了保障。

回归反光涂料具有以下主要特征:①高强度的反光性,夜间经车灯的照射,在 200 m 以外即可发现前车反光放大号,100 m 以外即可清楚辨认;②用途广泛,可大面积施工涂敷在复杂的曲面物体上,如交通岗亭、安全岛、指挥台、路口标志、水泥护栏、车体广告等不宜用反光膜粘贴的物体;③粘贴强度高,可与各种厢体黏结,可保持 2 年以上;④目视回归反光角性好,即在±45°范围内都能保持良好的反光效果,极易引起人们的注意;⑤成本低廉,操作简洁,操作与普通油漆喷制放大号施工方法相同。

10.2.3 建筑胶粘剂

10.2.3.1 胶粘剂的基本概念

胶粘剂又称胶粘剂,是通过黏附作用使被黏物结合在一起的物质。胶粘剂一般由基料和多种辅助成分组成。基料是胶粘剂的主要成分,起黏结作用,要求有良好的黏附性和润湿性。合成树脂、合成橡胶、天然高分子以及无机化合物等都可做基料。辅助成分主要包括固化剂、溶剂、增塑剂、填料、偶联剂、引发剂、促进剂、防老剂、稳定剂等。固化剂用以使胶粘剂交联固化,提高胶粘剂的黏合强度、化学稳定性、耐热性等,是以热固性树脂为主要成分的胶粘剂所必不可少的成分;溶剂溶解主料以及调节黏度便于施工;填料具有降低固化时的收缩率、提高尺寸稳定性、耐热性和力学强度、降低成本等作用;增塑剂用于提高韧性。

按受力情况胶粘剂分为结构胶粘剂和非结构胶粘剂。结构胶粘剂用于能承受荷载或受力结构件的黏结,黏合接头具有较高的黏结强度。非结构胶粘剂用于不受力或受力不大的各种应用场合。

胶粘剂能够将材料牢固地黏结在一起,是因为胶粘剂与材料间存在有黏附力以及胶粘剂本身具有内聚力。黏附力和内聚力的大小,直接影响胶粘剂的黏结强度。当黏附力大于内聚力时,黏结强度主要取决于内聚力;当内聚力高于黏附力时,黏结强度主要取决于黏附力。一般认为黏附力主要来源于以下几个方面。

(1)机械黏结力胶粘剂渗入材料表面的凹陷处和孔隙内,在固化后如同镶嵌在材料内部,靠机械锚固力将材料黏结在一起。对非极性多孔材料,机械黏结力常起主要作用。

(2)物理吸附力胶粘剂和被粘材料靠分子间的物理吸附力产生黏结。

(3)化学键力胶粘剂与材料间能发生化学反应,靠化学键力将材料黏结为一个整体。

不同的胶粘剂和被粘材料,黏附力的主要来源不同,当机械黏附力、物理吸附力和化学键力共同作用时,可获得很高的黏结强度。

就实际应用而言,一般认为影响黏结强度的主要因素:胶粘剂性质,被粘材料的性质,

被粘材料的表面粗糙度,被粘材料的表面处理方法,胶粘剂对被粘材料物表面的浸润程度,被粘材料的表面含水状况,黏结层厚度,黏结工艺等。

10.2.3.2　土木工程常用的胶粘剂

（1）结构胶粘剂

1）环氧树脂胶粘剂　环氧树脂胶粘剂是当前应用最广泛的胶粘剂,因环氧树脂胶粘剂中含有环氧基、羟基、氨基和其他极性基团,对大部分材料有良好的黏结能力,有万能胶之称。其抗拉强度和抗剪切强度高,固化收缩率小,耐油和多种溶剂、耐潮湿,抗蠕变性好,是较好的结构胶粘剂。环氧树脂胶粘剂根据固化剂类型的不同可室温固化或高温固化,固化时间有明显的温度依赖性。环氧树脂胶粘剂在土木工程中的应用很多,主要用于裂缝修补、结构加固和表面防护等。

2）不饱和聚酯树脂胶粘剂　不饱和聚酯树脂胶粘剂的特点是黏结强度高,抗老化性及耐热性较好,可在室温和常压下固化,固化速度快,但固化时的收缩大,耐碱性较差。适于黏结陶瓷、玻璃、木材、混凝土和金属结构构件。

（2）非结构胶粘剂

1）聚醋酸乙烯胶粘剂　聚醋酸乙烯胶粘剂是由醋酸乙烯单体聚合而成的,俗称白乳胶。其特性是使用方便、价格便宜、润湿能力强,有较好的黏附力,适用于多种黏结工艺。但其耐热性、对溶剂作用的稳定性及耐水性较差,只能作为室温下使用的非结构胶。

2）聚氨酯胶粘剂　聚氨酯胶粘剂是分子链中含有异氰酸酯基（—NCO）及氨基甲酸酯基（—NH—COO—）具有很强的极性和活泼性的一类黏合剂。其品种很多,有单组分和双组分两类。聚氨酯胶粘剂有良好的黏结强度,可用于金属、玻璃、陶瓷、橡胶、塑料、织物、木材、纸张等各种材料的黏合;有良好的耐超低温性能,而且黏结强度随着温度的降低而提高,是超低温环境下理想的黏结材料和密封材料;具有良好的耐磨、耐油、耐溶剂、耐老化等性能;可通过调节分子链中软段和硬段比例结构,制成满足各种行业、各种性能要求的高性能胶粘剂。但是,在高温和高湿条件下,易水解,会降低黏结强度。

3）氯丁橡胶胶粘剂　氯丁橡胶胶粘剂是以氯丁橡胶为主要组成的,加入氧化锌、氧化镁、填料、抗老化剂和抗氧化剂等制成,是目前应用最广的一种橡胶型胶粘剂。氯丁橡胶胶粘剂对水、油、弱酸、弱碱、醇和脂肪烃有良好的抵抗力,可在−50～+80 ℃的温度下工作,但是徐变较大,且容易老化。

10.2.4　合成橡胶

合成橡胶在室温下呈高弹状态,是一种以单体分子通过聚合或缩合反应合成的具有不同化学组成及结构的高分子化合物,以煤、石油、天然气为主要原料。橡胶经硫化作用后可制成橡皮,橡皮可制成各种橡皮止水材料、橡皮管及轮胎等;橡胶也可作为橡胶涂料的成膜物质,主要用于化工设备防腐及水工钢结构的防护涂料;合成橡胶的胶乳可作为混凝土的一种改性外加剂,以改善混凝土的变形性。

10.2.4.1　橡胶的组成

合成橡胶是以生胶为主要成分,添加各种配合剂和增强材料制成的橡胶。生胶是指

无配合剂、未经硫化的橡胶。按原料来源可分为天然橡胶和合成橡胶。

配合剂是用来改善橡胶的某些性能的添加剂。通常配合剂有硫化剂、硫化促进剂、活化剂、填充剂、增塑剂、防老化剂等。其中,硫化剂的作用是使生胶结构由线型装变为交联体型结构。常用硫化剂包括硫黄和含硫化合物、有机过氧化物、胺类化合物、树脂类化合物、金属氧化物等。硫化促进剂的作用是缩短硫化时间,降低硫化温度,改善橡胶性能,常用促进剂包括二硫化氨基甲酸盐、黄原酸盐类、噻唑类等。活化剂的作用是提高促进剂的活性,常用活化剂包括氧化锌、氧化镁、硬脂酸等。填充剂的作用是提高橡胶强度,改善工艺性能和降低成本,提高强度的填充剂包括炭黑、白炭黑、氧化锌、氧化镁等;降低成本的填充剂包括滑石粉、硫酸钡。增塑剂的作用是增加橡胶的塑性和柔韧性,常用增塑剂包括石油系列、煤油系列和松焦油系列增塑剂。防老化剂的作用是防止或延缓橡胶老化,根据作用机制又分为物理防老化剂,如石蜡;化学防老化剂,如胺类和酚类物质。

10.2.4.2　合成橡胶的生产及加工工艺

合成橡胶最常用的生产工艺是乳液聚合,其次是溶液聚合(包括淤浆聚合),而本体聚合基本不用。工艺过程更包括单体准备与精制、反应介质及辅助剂等的准备、聚合、单体和溶剂的回收、橡胶的分离、橡胶后处理(洗胶、脱水、干燥)、成型和包装。

其中,单体准备阶段对单体及溶剂的纯度有较高的要求。聚合物反应阶段需控制单体转化率,一般随单体转化率的增加,聚合物浓度增大,链转移增加,支化和交联的概率大大提高,并产生凝胶,橡胶大分子链中存在的双键(第二个双键)将更有可能参加支化和交联反应;随着单体浓度的降低,聚合速度降低,生产效率减低。如乳聚丁苯橡胶的转化率控制在60%左右,氯丁橡胶的转化率控制在65%~70%。丁腈橡胶的转化率控制在70%~75%。在橡胶分离阶段,凝聚工程包括从乳液中分离的电解质凝聚法和冷冻凝聚法,以及从溶液中分离的直接干燥法和水析凝聚法。

合成橡胶的加工主要包括塑炼、混炼、压延、压出、成型、硫化等工艺阶段。塑炼阶段是使生胶由弹性状态转变为具有可塑状态的工艺过程,依靠机械力、热和氧的作用,使橡胶的大分子断裂,以降低分子量、黏度、弹性,获得可塑性、流动性和可加工性。混炼阶段是将生胶或塑炼生胶与配合剂炼成混炼胶。压延阶段是利用压延机辊筒之间的挤压作用,使物料发生塑性流动变形,制成具有一定端面尺寸规格和规定断面几何形状的片状或薄膜状材料;或者将聚合物覆盖并附着于纺织物表面,如胶布。压出阶段是将胶料通过压出机或螺杆挤出机制成各种断面形状复杂的半成品的工艺过程,制品包括胶条、胶管、门窗密封条等。成型阶段是把构成制品的各部件通过粘贴、压合等方法组成具有一定形状的整体制品。硫化阶段是胶料在一定的压力和温度下,橡胶大分子由线型结构变为网状结构的交联过程。

10.2.4.3　合成橡胶的性能特点

合成橡胶的主要性能特点包括以下几个。

(1)弹性。合成橡胶的弹性模量小,伸长变形即使达到100%。仍具有可恢复变形的特性。

(2)黏弹性。合成橡胶是黏弹性体,在外力作用下产生的变形行为受时间、温度等条件的支配,具有明显的应力松弛和蠕变现象。

（3）缓冲减震性能。合成橡胶具有柔软性、弹性、黏弹性等,这些性能的结合对声音及振动的传播具有缓冲作用,可用来防除噪声和振动荷载。

（4）温度依赖性。合成橡胶由于其黏弹性显著受温度影响,如在低温时处于玻璃态进而发生脆化,在高温时发生软化、热氧化、热分解以至燃烧,所以合成橡胶的性能对温度的依赖性较大。

（5）电绝缘性。合成橡胶是高分子电介质,是电绝缘材料,也可加入某些助剂来降低绝缘性,制备导电橡胶。

（6）老化。类似于木材的腐朽、岩石的风化,合成橡胶的性能也会因环境条件的变化而变化,这是合成高分子材料的通病。

10.2.4.4　合成橡胶的分类

合成橡胶分类的方法有很多种,其中主要的分类方式包括以下几种。

（1）按成品状态分类,可分为液体橡胶、固体橡胶、乳胶和粉末橡胶等。

（2）按橡胶制品形成过程分类,可分为热塑性橡胶(如可反复加工成型的三嵌段热塑性丁苯橡胶)、硫化型橡胶(需经硫化才得以成制品,大多数合成橡胶属于此类)。

（3）按生胶充填的其他非橡胶成分分类,可分为充油母胶、充炭黑母胶和充木质素母胶。

（4）按使用特性分类,可分为通用型橡胶和特种橡胶两大类。通用型橡胶主要指可以部分或全部代替天然橡胶使用的合成橡胶,如丁苯橡胶、异戊橡胶、顺丁橡胶等。它主要用于制造各种轮胎及一般工业橡胶制品。通用橡胶的需求量大,是合成橡胶的主要品种。特种橡胶主要具有耐高温、耐油、耐臭氧、耐老化和高气密性等特点,常用的有硅橡胶、各种氟橡胶、聚硫橡胶、丁腈橡胶、聚丙酸酯橡胶、聚氨酯橡胶和丁基橡胶等,主要用于有特殊要求的工程。

10.2.5　土工合成材料

土工合成材料是土木工程应用的合成材料的总称。作为一种新型的土木工程材料,它以人工合成的聚合物,如塑料、化纤、合成橡胶等为原料,制成各种类型的产品,置于土体内部、表面或各种土体之间,发挥加强或保护土体的作用。

10.2.5.1　土工合成材料种类

关于土工合成材料的分类,至今尚无统一准则。《土工合成材料应用技术规范》(GB 50290—98)将土工合成材料分为土工织物、土工膜、特种土工合成材料和复合型土工合成材料等类型。特种土工合成材料包括土工格栅、土工网、土工垫、土工格室、土工泡沫塑料等。复合型土工合成材料是由上述各种材料复合而成的,如复合土工膜、土工复合排水材料等。目前这些材料已广泛地用于水利、水电、公路、建筑、海港、采矿、军工等工程的各个领域。

（1）土工织物　土工织物为透水性土工合成材料。土工织物的制造一般要经过两个步骤:首先把聚合物原料加工成丝、短纤维、纱或条带,然后再制成平面结构的土工织物。

许多不同的高分子聚合物已经用于不同土工织物产品的原料。按制造方法分为针织型、无纺或非织造型和机织或有纺型三类土工织物。针织型目前已很少应用。有纺土工织物由两组平行的呈正交或斜交的经线和纬线交织而成。其主要缺点是沿经线和纬线的强度高,而与经纬线斜交方向的强度低。无纺土工织物是把纤维作定向的或随意的排列,再经过加工而成。按照联结纤维的方法不同,可分为化学(黏结剂)联结、热力联结和机械联结三种。其主要优点是强度没有显著的方向性,对变形的适应性较大。当前世界上80%的土工织物属于这种类型。

土工织物突出的优点:重量轻,整体连续性好(可做成较大面积的整体),施工方便,抗拉强度较高,耐腐蚀和抗微生物侵蚀性好。缺点:未经特殊处理,则抗紫外线能力低,如暴露受到紫外线直接照射容易衰化,但如不直接暴露,抗老化及耐久性能仍是较高的。土工织物的性能与其聚合物原料、土工织物的种类及加工制造方法密切相关。

(2)土工膜　土工膜一般分为沥青和聚合物(合成高聚物)两大类。也有采用天然橡胶制作的。为了适应工程应用中不同强度和变形的需要,两类中又各有不加筋和加筋或组合的类型。土工膜的制造方法一般分为工厂制成的和现场制成的两种。

沥青土工膜目前主要为复合性的(含编织型或无纺型的土工织物),沥青作为浸润黏结剂。聚合物土工膜根据不同的主材料分为塑性土工膜、弹性土工膜和组合型土工膜。

土工膜的一般特性包括物理性能、力学性能、化学性能、热学性能和耐久性等。工程应用中更重视其防水(渗透性和透气性)、抗老化的能力及耐久性。大量工程实践表明,土工膜有很好的不透水性,很好的弹性和适应变形的能力,能承受不同的施工条件和工作应力,具有良好的耐老化能力(处于水下和土中的土工膜的耐久性尤为突出)。总之可以认为土工膜具有突出的防渗和防水性能。土工膜的特性随其类别、制作方法、产品类型的不同而变化较大。

(3)特种土工合成材料

1)土工格栅　土工格栅是一种主要的土工合成材料,与其他土工合成材料相比,它具有独特的性能与功效。土工格栅常用作加筋土结构的筋材或土工复合材料的筋材等,国内外工程中大量采用土工格栅加筋路基路面。分为两类土工格栅:塑料类和玻璃纤维类。

塑料类土工格栅是经过拉伸形成的具有方形或矩形格栅的聚合物网材,按其制造时拉伸方向分为单向拉伸和双向拉伸两种。它是在经挤压制出的聚合物板材(原料目前多为聚丙烯或高密度聚乙烯)上冲孔,孔的形状、大小及布置按最终制成的土工格栅产品确定。然后在加热条件下施行定向拉伸。单向拉伸格栅只沿板材长度方向拉伸制成,双向拉伸格栅则是继续将单向拉伸的格栅再在与其长度垂直的方向拉伸制成。由于这种格栅制造中聚合物的高分子随加热延伸过程而重新排列定向,加强了分子链间的联结力,从而达到提高其强度的目的,但其延伸率却只有原板材的10%~15%。土工格栅的强度随温度的升高而降低,变形增大;反之则相反。由于土工格栅中加入了炭黑等抗老化材料,使它具备了较好的耐酸、耐碱、耐腐蚀和抗老化等耐久性能。

玻璃纤维类土工格栅是以高强度玻璃纤维为材质,有的配合自粘感压胶和表面沥青浸渍处理,使得格栅可和沥青路面紧密结合成一体。如加拿大贝密斯有限公司生产的自粘式玻璃纤维增强网栅具有易建性、符合环保要求、熔点高和耐腐蚀等优点。由于土石料在格栅网格内互锁力增高,它们之间的摩擦系数显著增大(可达 0.8~1.0),土工格栅埋入土中的抗拔力由于格栅与土体间的摩擦咬合力较强而显著增大,因此它是一种很好的路用加筋材料。同时土工格栅是一种重量轻,具有一定柔性的塑料平面网材。易于现场裁剪和连接,也可重叠搭接,施工简便,不需要特殊的施工机械和专业技术人员。

2)土工膜袋　土工膜袋是一种双层聚合化纤织物制成的连续(或单独)袋状材料。它可以代替模板用高压泵把混凝土或砂浆灌入膜袋中,最后形成板状或其他形状结构。用于护坡或其他地基处理工程。膜袋根据其材质和加工工艺的不同,分为机制和简易膜袋两大类。机制膜袋按其有无反滤排水点和充胀后的形状又可分为反滤排水点膜袋、无反滤排水点膜袋、无排水点混凝土膜袋、铰链块型膜袋及框格型膜袋。反滤点的作用是为了排除土中渗水,而又不让充填的砂浆侵入。

3)土工网　土工网是合成材料条带、粗股条编织或合成树脂压制的具有较大孔眼、刚度较大的平面结构或三维结构的网状土工合成材料,用于软基加固垫层、坡面防护、植草以及制造组合土工材料的基材。

土工网特性随网孔形状、大小、厚度以及制造方法的不同差别很大,特别是力学性能。国内及国外许多土工网产品的抗拉强度和模量较低,特别是延伸率较大,作为加筋用时应慎重考虑。

4)土工垫和土工格室　土工垫和土工格室都是合成材料特制的三维结构。前者多为长丝结合而成的三维透水聚合物网垫,后者由土工织物、土工格栅或土工膜、条带聚合物构成的蜂窝状或网格状三维结构,常用作防冲蚀和保土工程,刚度大的、侧限能力高的多用于地基加筋垫层或支挡结构中。

(4)复合型土工合成材料　土工织物、土工膜和某些特种土工合成材料,以其两种或两种以上的材料互相组合起来,成为复合型的土工合成材料。复合型土工合成材料可将不同构成材料的性质结合起来,更好地满足具体工程的需要,能起到多种功能的作用。如复合土工膜,将土工膜和土工织物按要求制成土工膜-土工织物组合物,称复合土工膜。土工膜主要用来防渗,土工织物起加筋、排水和增加土工膜与土面之间的摩擦力的作用。又如土工复合排水材,它是以无纺土工织物和土工网、土工膜或不同形状的合成材料芯材组成的排水材料,用于软基排水固结处理、路基纵向横向排水、建筑地下排水管道、集水井、支挡建筑物的墙后排水、隧道排水、堤坝排水设施等。道路工程中常用的塑料排水板就是一种土工复合排水材。

10.2.5.2　土工合成材料的主要用途

在公路工程中,土工合成材料的主要用途可以概括为工程过滤、工程排水、工程隔离、工程加筋、工程防渗和防护。

(1)工程过滤　把土工织物置于土体表面或相邻土层之间,可以有效地阻止土颗粒通过,从而防止由于土粒的过量流失而造成土体的破坏。同时允许土中的水或气体通过织物自由排出,以免由于孔隙水压力的升高而造成土体的失稳等不利后果。

土工织物可适用于:土石坝黏土心墙或黏土斜墙的滤层,土石坝或堤坝内的各种排水体的滤层,储灰坝或尾矿坝的初期坝上游坝面的滤层,堤、坝、河、渠及海岸块石或混凝土护坡的滤层,水闸下游护坡下部的滤层,挡土墙回填土中排水系统的滤层,排水暗道周边或碎石排水暗沟周边的滤层,水利工程中水井、减压井或测压管的滤层等。

(2)工程排水　有些土工合成材料可以在土体中形成排水通道,把土中的水分汇集起来,沿着材料的平面排出体外。较厚的针刺型无纺织物和某些具有较多孔隙的复合型土工合成材料都可以起排水作用。

它们可适用于:土坝内垂直或水平排水,土坝或土堤中的防渗土工膜后面或混凝土护面下部的排水,埋入土体中消散孔隙水压力,软基处理中垂直排水,挡土墙后面的排水,各种建筑物后面的排水,排除隧洞周边渗水,减轻周边所承受的外水压力,人工填土地基或运动场地基的排水等。

(3)工程隔离　有些土工合成材料能够把两种不同粒径的土、砂、石料或把土、砂、石料与地基或其他建筑物隔离开来,以免相互混杂,失去各种材料和结构的完整性,或发生土粒流失现象。土工织物和土工膜都可以起隔离作用。可用于:道路基层与路基之间或路基与地基之间的隔离层,在土石混合坝中隔离不同的筑坝材料,用作坝体与地基之间的隔离体,堆场与地基间的隔离层等。

(4)工程加筋　很多土工合成材料埋在土体中,可以分布土体的应力,增加土体的模量,传递拉应力,限制土体侧向位移;还增加土体和其他材料之间的摩阻力,提高土体及有关建筑物的稳定性。土工织物、土工格栅、土工网及一些特种或复合型的土工合成材料,都具有加筋作用。可用于:加强软弱地基,加强边坡稳定性,用作挡土墙回填土中的加筋,或锚固挡土墙的面板,修筑包裹式挡土墙或桥台,加固柔性路面防止反射裂缝的发展等。

(5)工程防渗　土工膜和复合型土工合成材料,可以防止液体的渗漏、气体的挥发,保护环境或建筑物的安全。可用于土石坝和库区的防渗,渠道防渗,隧道和涵管周围防渗,防止各类大型液体容器或水池的渗漏和蒸发,屋顶防漏,用于修筑施工围堰等。

(6)工程防护　多种土工合成材料对土体或水面,可起防护作用。主要用于:防止河岸或海岸被冲刷,防止垃圾、废料或废液污染地下水或散发臭味,防止水面蒸发或空气中灰尘污染水面,防止土体冻害等。

【10-2】工程实例分析

UPVC下水管破裂

现象:广东某企业生产硬聚氯乙烯(UPVC)下水管,在广东省许多建筑工程中使用,由于其质量优良而受到广泛的好评,当该产品外销到北方时,施工队反映在冬季进行下水管安装时,经常发生水管破裂的现象。

原因分析:经技术专家现场分析,认为主要是由于水管的配方所致,因为该水管主要用于南方建筑工程,由于广东常年的温度都比较高,该UPVC的抗冲击强度可以满足实际使用要求,但到北方的冬天,地下的温度仍然相当低,这时UPVC材料变硬、变脆,抗冲击

强度已达不到要求。北方市场的 UPVC 下水管需重新进行配方,生产厂家经改进配方,在 UPVC 配方中多加抗冲击改性剂,解决了水管易破裂的问题。

【创新与能力培养】

玻璃钢在土木工程中的应用

玻璃钢英文即 FRP,别名玻璃纤维增强复合塑料,是用玻璃纤维增强剂和不饱和聚酯、环氧树脂与酚醛树脂黏合剂为基本组成。由于所使用的树脂品种不同,因此有聚酯玻璃钢、环氧玻璃钢、酚醛玻璃钢之称。玻璃钢的特点是质轻而硬,不导电,机械强度高,回收利用少,耐腐蚀,可以代替钢材制作各种机器零件、汽车、船舶外壳等。玻璃纤维直径很小,一般在 10 μm 以下,缺陷较少又较小,断裂应变约为千分之三十以内,是脆性材料,易损伤、断裂和受到腐蚀。基体相对于纤维来说,强度、模量都要低很多,但可以经受住大的应变,往往具有黏弹性和弹塑性,是韧性材料。

玻璃钢是近五十多年来发展迅速的一种复合材料。玻璃纤维产量的 70% 都是用来制造玻璃钢。玻璃钢硬度高,比钢材轻多。喷气式飞机上用它作油箱和管道,可减轻飞机的重量。登上月球的宇航员们,他们身上背着的微型氧气瓶,也是用玻璃钢制成的。玻璃钢加工容易,不锈不烂,不需油漆。我国已广泛采用玻璃钢制造各种小型汽艇、救生艇、游艇,以及汽车制造业等,节约了不少钢材。由于玻璃钢是一种复合材料,其性能的适应范围非常广泛,因此它的市场开发前景十分广阔。据有关统计资料,世界各国开发的玻璃钢产品的种类已达 4 万种左右。虽然各国均根据本国的经济发展情况,开发的方向各有侧重,但基本上均已涉及各个工业部门。我国玻璃钢工业经过四十多年来的发展,也已在国民经济各个领域中取得了成功的应用,在经济建设中发挥了重要的作用。

玻璃钢的研究在理论上已经趋于成熟,并在工程实践上广泛应用。鉴于以上特点,玻璃钢在建筑工程、桥梁工程、隧道工程、岩土工程中应用很广。

(1)玻璃钢产品在建筑工程中的应用　建筑物的采光材料(玻璃钢波纹采光板)、围护材料(玻璃钢门窗)、采暖通风材料、玻璃钢模板、给排水工程材料、装饰装修材料、结构加固补强材料等都大量使用了玻璃钢。

1)玻璃钢波纹采光板　玻璃钢波纹板隔热保温、防水、透光、装饰效果好,具有抗腐蚀、耐老化的优良特性,主要用于大型工业厂房、大型超市、体育场馆、大型集贸市场,属于可持续发展的绿色建筑材料。

2)玻璃钢门窗　玻璃钢门窗兼有钢、铝门窗的坚固性和塑钢门窗的耐腐蚀、耐潮湿、保温节能性好的特点。玻璃纤维的抗折、抗弯性能好,热膨胀系数低,与墙体的热膨胀系数接近,玻璃钢门窗在炎热的环境下下不会膨胀,严寒环境下不会收缩,在温度变化时窗框不会与墙体产生缝隙,密封性能好,寿命长,可以节省更换门窗的费用。其综合性能优于其他类门窗。

3)玻璃钢模板　玻璃钢模板容易加工成各种复杂的曲面形状,自重轻,仅为钢模板的 1/3 左右,无须太过复杂的支撑,安装拆卸比较容易,提高了施工效率。模板表面光洁、

接缝少、密封性好、平整度高、易脱模、成型的构件质量好,拆模后便于清理,维修方便,破损率低,可重复使用,周转效率高。玻璃钢模板具有透光性能,可以直接观察到混凝土的浇灌情况,保证了施工质量,以上这些优点是木模和钢模所无法比拟的。

(2)玻璃钢产品在结构加固中的应用　玻璃纤维强度高、重量轻、耐腐蚀性强,可以抑制混凝土劣化和钢筋锈蚀、提高结构的延性,不需要大型机械,便于施工。在建筑物、桥梁、特种结构等维修改造、加固工程中发挥重要作用。用玻璃钢代替钢板加固混凝土结构作用机制是利用树脂类材料将玻璃纤维粘贴在混凝土构件表面,由于玻璃钢的线膨胀系数与混凝土的线膨胀系数相近,二者得以共同工作。加固后提高了混凝土的抗压强度、极限压应变,进而提高了被加固构件的抗弯、剪、扭、拉承载力和抗震能力,达到不改变结构形式又不影响结构外观的效果。在湖南溆浦大江口桥、上海宝山飞云桥、广东官汕线郭屋楼桥、韶关地区风村桥以及南京长江大桥引桥等处,都采用环氧树脂粘贴玻璃布进行了加固。

(3)玻璃钢产品在道路桥梁工程中的应用　玻璃钢人孔在高等级公路建设中的应用,缩短了工期,提高了效率,具有良好的经济效益,是高等级公路人孔的理想产品。1986年建成的重庆交院桥,采用 GFRP 箱梁,建造成本比钢桥省了 50%。玻璃钢材料制作的泄水管具有耐腐蚀、较易运输存放、市场无回收价值,不易被破坏、不易被杂物堵塞,可根据实际情况设计成任意形状以满足排水,使用寿命长,比铸铁泄水管造价低等优点,在桥梁工程中得到了充分利用。

(4)玻璃钢产品在隧道工程中的应用　玻璃钢可加工成与钢筋一样的形式与尺寸。与钢筋相比,其抗拉强度高,抗剪强度低,可切割性、抗腐蚀性能好,电传导能力低,加入一定配方后的玻璃纤维筋与金属碰撞不会发生明火,安全性能好。在地铁施工中可以利用玻璃钢的这些优点来替代盾构穿越影响范围内围护桩内的钢筋。盾构机可以直接切割玻璃纤维筋,避免人工拆除围护桩及钢筋发生的人身伤害,减少对地面环境的干扰,提高了施工效率;省去了洞口处钢筋及凿除混凝土桩的费用,经济效益及社会效益明显。如天津地铁 2 号线沙柳路站、深圳地铁 5 号线大学城站、南宁轨道交通 1 号线广西大学站。

(5)玻璃钢产品在岩土工程中的应用　玻璃钢可设计性强、耐腐蚀性好、自重轻,便于施工,用玻璃钢加强筋来替换普通钢筋,广泛应用于干湿环境下的土钉墙、挡土墙、锚杆、连续墙等工程中。黄新民发现由树脂和玻璃纤维复合组成的玻璃纤维筋作为土钉材料,可以显著减少钢筋生产所带来的能源消耗,减少环境污染,符合国家节能减排的政策要求。玻璃钢锚杆具有轻质高强,耐腐蚀性,抗静电,容易切割且摩擦不会产生火花,防爆性能好,不受煤层瓦斯等级限制。刘汉东通过试验证实 GFRP 锚杆强度高,与混凝土变形协调性好等力学性能,如果替代钢材锚杆应用在边坡永久加固中,能够解决钢筋材料腐蚀问题,具有广阔的应用前景。

本章习题

一、选择题

1.线形结构的高分子材料不具备( )特点。

A.不能反复使用　　　　　　　　B.可塑性好,易加工

C.能溶于有机溶剂　　　　　　　D.弹性较低,易热熔

2.橡胶再生处理的目的主要是( )。

A.综合利废　　　　B.使橡胶硫化　　　　C.脱硫　　　　D.加速硫化

3.关于塑料的特性,以下不正确的是( )。

A.密度小,材质轻　　B.耐热性高,耐火性强　C.耐腐蚀性好　　D.电绝缘性好

4.下列制品中不属于塑料制品的是( )。

A.有机玻璃　　　　　B.PVC 管材　　　　C.玻璃钢　　　　D.镜面玻璃

5.土木建筑工程中所用的胶粘剂不必具备下列( )性质。

A.足够的流动性,黏结强度高　　　　　　B.老化现象少,胀缩小

C.硬化速度及黏结性等容易调整　　　　　D.防火性能好

二、填空题

1.塑料按受热时发生的变化不同可分为_____、_____两大类。

2.聚合物结构分为_____、_____和_____结构。

3.聚合反应分为_____、_____两大类。

4.塑料中的主要添加剂有_____、_____、_____、_____。

5.建筑中常用的聚氯乙烯、聚苯乙烯、聚丙烯均属于_____性塑料,而酚醛塑料、尿醛塑料、有机硅塑料为_____性塑料。

三、简述题

1.简述塑料的优缺点。

2.简述热固型塑料与热塑型塑料的区别。

3.简述塑料添加剂的类型及其作用。

4.简述聚氯乙烯(PVC)用于建筑工程的主要制品及其性能。

第 11 章 建筑功能材料

学习提要

　　本章主要内容:防水堵漏材料、绝热材料、吸声材料、隔声材料、建筑装饰材料。通过本章学习,掌握防水材料的种类、性能、技术标准、施工工艺及施工要点;了解绝热材料、吸声材料、隔声材料、建筑装饰材料的种类、性能及应用。

　　建筑功能材料是以满足建筑物某一特殊功能要求为主要目的的一类建筑材料,包括建筑防水堵漏材料、建筑绝热材料、建筑声学材料与建筑装饰材料等几大系列,涉及面广,用途广泛。随着现代建筑空间和建筑用途的不断扩展,对建筑物的使用功能提出了更多、更新、更严的要求,而建筑物的使用功能在很大程度上要靠建筑功能材料来实现,因此,建筑功能材料已成为土木工程材料中越来越重要的一个组成部分。

11.1　防水堵漏材料

　　建筑防水堵漏材料是指用于满足建筑物或构筑物防水、防渗、防潮功能的材料。建筑防水是保证建筑物发挥其正常功能和寿命的一项重要措施,是建筑功能材料中较为重要的材料体系之一。目前,建筑防水材料主要包括刚性防水材料、柔性防水材料、屋面瓦材和板材以及堵漏止水材料。

11.1.1　刚性防水材料

　　刚性防水材料是以水泥、砂、石为原料或掺入少量外加剂、高分子聚合物等材料,通过合理调整配合比,抑制孔隙率,改善孔结构,增加各原材料界面间的密实性等方法,配制而成的具有一定抗渗能力的水泥砂浆或混凝土类材料。或通过补偿收缩,提高混凝土的抗裂防渗能力等方法,使混凝土构筑物达到防水抗渗的要求。

　　在建筑防水工程中刚性防水材料占有较大的比重,与其他防水材料相比具有很多优点:刚性防水材料既具有抗渗能力又具有较高的抗压强度,因此,既可防水又可兼作承重结构或围护结构,能节约材料,加快施工速度;材料来源广泛,造价较低;施工简便,工艺成熟,基层潮湿条件下仍可施工;在结构和造型复杂的情况下,可灵活选用施工方法,易于施

工;抗冻、抗老化性能好,能满足建筑物、构筑物耐久性的要求,其耐久年限一般可达 20 年以上;渗漏水时易于检查,便于修补;大多数原材料为无机材料,不易燃烧,无毒无味,有一定的透气性,使劳动条件相对改善。

防水混凝土也存在一定缺点:主要是抗拉强度低,极限抗应变小,常因干缩、地基沉降、地基振动变形、温差等造成裂缝。另外,自重大,造成层面载荷增加。

常见的刚性防水材料有防水混凝土和防水砂浆两大类。

11.1.1.1 防水混凝土

防水混凝土是以调整混凝土的配合比、掺外加剂(如掺入少量的减水剂、引气剂、密实剂、膨胀剂)或使用特种水泥等方法来提高自身的密度性、憎水性和抗渗性,使其抗渗等级大于或等于 P6(抗渗压力 0.6 MPa)的混凝土。常用的防水混凝土按其组成不同,可分为普通防水混凝土、掺外加剂防水混凝土和膨胀水泥防水混凝土三大类。

11.1.1.2 水泥防水砂浆

水泥防水砂浆是以水泥为胶结材料,加入细骨料和水,并通过严格的操作技术或掺入适量的防水剂、高分子聚合物等材料,以提高砂浆的密实性,从而达到抗渗防水目的的一种刚性防水材料。

目前,常用的水泥防水砂浆可分为多层抹面水泥砂浆、外加剂防水砂浆、膨胀水泥与无收缩性水泥配制的防水砂浆等三大类。其中外加剂防水砂浆可分为掺入无机质防水剂的防水砂浆和掺入聚合物的聚合物水泥防水砂浆。上述三类防水砂浆应用时常用作法及各自特点归纳如表 11-1。

表 11-1 水泥砂浆防水层分类

分类	常用作法或名称	特点
刚性多层普通水泥砂浆防水	五层或四层抹面作法	价廉,施工简单,工期短,抗裂抗震性较差
聚合物水泥砂浆防水	氯丁胶乳水泥砂浆	施工方便,抗折、抗压、抗震、抗冲击性能较好,收缩性大
掺外加剂水泥砂浆防水	明矾石膨胀剂水泥砂浆、氯化铁水泥砂浆	抗裂、抗渗性好,后期强度稳定,抗渗性能好,有增强、早强作用,抗油浸性能好

11.1.2 柔性防水材料

在建筑物基层上铺贴防水卷材或涂布防水涂料,使之形成防水隔离层,这就是通常所说的柔性防水。其特点是在施工和正常使用过程中,该材料可产生明显的弹性或塑性变形,以适应主体结构或基层变形的需要,并保持其材料本身的结构连续性而不开裂。如选材合理,且采用复合柔性防水技术,使用耐久年限可达到 20 年以上。

11.1.2.1　高分子防水卷材

高分子防水卷材是以原纸、纤维毡、纤维布或纺织物等材料中的一种或数种复合为胎基,浸涂石油沥青、煤沥青、高聚物改性沥青制成,或以合成高分子材料为基料加入助剂、填充剂,经过多种工艺加工而成的一类片状可卷曲的防水材料。

高分子防水卷材是土木工程中应用最多的防水材料之一,为了满足防水工程的要求,必须具备以下性能:耐水性,即在水的作用和被水浸润后其性能基本不变,并具有抵抗一定水压力而不透水的能力;温度稳定性,即在高温下不流淌、不起泡、不滑动;低温下不脆裂。也可认为是在一定的温度变化下保持原有性能的能力;机械强度、延伸性和抗断裂性即在承受建筑结构允许范围内的荷载应力和应变条件下不断裂的性能;柔韧性,是指卷材在常温或低温下保持较高的弹性与塑性,且施工中容易产生弹性与塑性变形的性能;大气稳定性即在阳光、热、氧气及其他化学侵蚀介质、微生物侵蚀介质等因素的长期综合作用下抗老化和抗侵蚀的能力。

按照材料的组成不同,常用的高分子防水卷材可分为沥青防水卷材、高聚物改性沥青防水卷材和合成高分子防水卷材。

(1)沥青防水卷材　沥青防水卷材是用原纸、纤维织物、纤维毡等胎体浸涂沥青,表面撒布粉状、粒状或片状材料制成的可卷曲的片状防水材料。根据卷材选用的胎基不同,可分为沥青纸胎防水卷材,沥青玻璃布胎防水卷材、沥青玻璃纤维胎防水卷材、沥青石棉布胎防水卷材、沥青麻布胎防水卷材和沥青聚乙烯胎防水卷材等。

1)石油沥青纸胎防水卷材　石油沥青纸胎防水卷材包括石油沥青纸胎油毡和油纸。

石油沥青纸胎油毡是采用低软化点石油沥青浸渍原纸,然后用高软化点石油沥青涂盖油纸两面,再涂或撒隔离材料所制成的一种纸胎防水卷材。幅宽分 915 mm 和 1 000 mm 两种规格,每卷面积 20 m² ± 0.3 m²。按原纸 1 m² 的质量克数,分为 200 号、350 号、500 号三个标号。每一标号的油毡按物理性能分为优等品、一等品和合格品三个等级。其中,200 号油毡适用于简易防水、临时性建筑防水、建筑防潮及包装;350 号油毡适用于屋面、地下、水利等工程的多层防水。

石油沥青油纸是采用低软化点石油沥青浸渍原纸所制成的一种无涂盖层的纸胎防水卷材。其幅宽和面积规格均与石油沥青纸胎油毡相同。按原纸 1 m² 的质量克数,油纸分为 200 号、350 号两种标号。油纸适用于建筑防潮和包装,也可用于多层防水层的下层。

总体而言,石油沥青纸胎防水卷材低温柔性差,胎体易腐烂,耐用年限较短,因此,目前大部分发达国家已淘汰了纸胎,以玻璃布胎体、玻璃纤维胎体以及其他胎体为主。

2)石油沥青玻璃布胎防水卷材　石油沥青玻璃布胎防水卷材简称玻璃布油毡,它是以玻璃纤维布为胎基,浸涂石油沥青,并在两面涂撒矿物隔离材料所制成的可卷曲片状防水材料。玻璃布油毡幅宽 1 000 mm,每卷面积 10 m²±0.3 m²。按物理性能可分为一等品和合格品。

玻璃布油毡与纸胎油毡相比,其拉伸强度、低温柔度、耐腐蚀性等均得到了明显提高,适用于地下工程作防水、防腐层,并用于屋面做防水层及金属管道(热管道除外)作防腐保护层。

3)石油沥青玻璃纤维毡胎防水卷材　石油沥青玻璃纤维毡胎防水卷材简称玻纤胎

油毡,它是采用玻璃纤维薄毡为胎基,浸涂石油沥青,在其表面涂撒以矿物粉料或覆盖聚乙烯膜等隔离材料而制成的可卷曲的片状防水材料。油毡幅宽为 1 000 mm。其品种按油毡上表面材料分为膜面、粉面和砂面三个品种。按每 10 m² 标称质量(kg)分为 15 号、25 号、35 号三个标号。按物理性能分为优等品(A)、一等品(B)和合格品(C)三个等级。

沥青玻纤胎油毡的耐腐蚀性和柔性好,耐久性也比纸胎沥青油毡高。适用于地下和屋面防水工程,使用中可产生较大的变形以适应基层变形,尤其适用于形状复杂(如阴阳角部位)的防水面施工,且容易粘贴牢固。

(2)高聚物改性沥青防水卷材　高聚物改性沥青防水卷材是以玻纤毡、聚酯毡、黄麻布、聚乙烯膜、聚酯无纺布、金属箔或两种材料复合为胎基,以掺量不少于 10% 的聚合物改性沥青、氧化沥青为浸涂材料,以片岩、彩色砂、矿物砂、合成膜或铝箔等为覆面材料制成的防水卷材。

高聚物改性沥青防水卷材包括弹性体、塑性体和橡塑共混体改性沥青防水卷材等三类。其中,弹性体(SBS)改性沥青防水卷材和塑性体(APP)改性沥青防水卷材应用较多。

1) SBS 改性沥青防水卷材　SBS 改性沥青防水卷材是用沥青或 SBS 改性沥青(又称"弹性体沥青")浸渍胎基,两面涂以 SBS 改性沥青涂盖层,上表面撒以细砂、矿物粒(片)料或覆盖聚乙烯膜,下表面撒以细砂或覆盖聚乙烯膜所制成的防水卷材。属中、高档防水材料,是弹性体沥青防水卷材中有代表性的品种。

该卷材中加入 10%~15% 的 SBS 热塑性弹性体(苯乙烯-丁二烯-苯乙烯嵌段共聚物),使之兼有橡胶和塑性的双重特性。在常温下,具有熔融流动特性,是塑料、沥青等脆性材料的增韧剂,经过 SBS 这种热塑性弹性体材料改性后的沥青作防水卷材的浸渍涂盖层,从而提高了卷材的弹性和耐疲劳性,延长了卷材的使用寿命,增强了卷材的综合性能。将卷材加热到 90 ℃,2 h 后观察,卷材的表面仍不起泡,不流淌,当温度降低到-75 ℃时,卷材仍然具有一定程度的柔软性,-50 ℃以下仍然有防水功能,所以其优异的耐高、低温性能特别适宜于在严寒的地区使用,也可用于高温地区。

SBS 改性沥青防水卷材具有拉伸强度高、伸长率大、自重轻,既可以用热熔施工,又可用冷黏结施工等特点。其最大优点是具有良好的耐高温、耐低温以及耐老化性能。适用于工业与民间建筑的屋面、地下及卫生间等的防水防潮,以及游泳池、隧道、蓄水池等的防水工程。

2) APP 改性沥青防水卷材　APP 改性沥青防水卷材是用 APP 改性沥青浸渍胎基(玻纤毡,聚酯毡),并涂盖两面,上表面撒以细砂、矿物粒(片)料或覆盖聚乙烯膜,下表面撒以砂或覆盖聚乙烯膜的一类防水卷材。属中、高档防水卷材,是塑性体沥青防水卷材的一种。

该卷材中加入量为 30%~35% 的 APP(无规聚丙烯)是生产聚丙烯的副产品,它在改性沥青中呈网状结构,与石油沥青有良好的互溶性,将沥青包在网中。APP 分子结构为饱和态,所以,有很好的稳定性,受高温、阳光照射后,分子结构不会重新排列,老化期长。一般情况下,APP 改性沥青的老化期在 20 年以上。该卷材温度适应范围为-15~130 ℃,特别是耐紫外线的能力较其他改性沥青防水卷材都强,适宜在有强烈阳光照射的炎热地区使用。APP 改性沥青复合在具有良好物理性能的聚酯毡或玻纤毡上,使制成的卷材具有良好的拉伸强度和伸长率。该卷材具有良好的憎水性和黏结性,既可冷粘施工,又可热

熔施工,无污染,可在混凝土板、塑料板、木板、金属板等材料上施工。

总体而言,APP改性沥青防水卷材具有分子结构稳定、老化期长,具有良好的耐热性、拉伸强度高、伸长率大、施工简便、无污染等特点。主要用于屋面、地下或水中防水工程,尤其多用于有强烈阳光照射或炎热环境中的防水工程。

(3)合成高分子防水卷材　合成高分子防水卷材亦称高分子防水片材,是以合成橡胶、合成树脂或两者的共混体为基料,加入适当化学助剂和填充料等,经过塑炼混炼、压延或挤出成型、硫化、定型等工序加工而成的无胎加筋或不加筋的弹性或塑性的片状可卷曲的一类防水材料。

目前,我国开发的合成高分子防水卷材品种繁多,主要有橡胶型、塑料型、橡塑共混型三大系列,最具代表性的有合成橡胶型的三元乙丙橡胶防水卷材、合成树脂的聚氯乙烯(PVC)防水卷材和氯化聚乙烯-橡胶共混防水卷材。

1)三元乙丙橡胶防水卷材　三元乙丙橡胶防水卷材是以三元乙丙橡胶或在三元乙丙橡胶中掺入适量的丁基橡胶为基本原料,加入硫化剂、软化剂、促进剂、补强剂等,经精确配料、塑炼、拉片、挤出或压延成型、硫化等工序加工而成的高弹性防水卷材。

三元乙丙橡胶防水卷材具有重量轻、使用温度范围宽(在-40～80 ℃可以长期使用)、耐候性能优异、抗拉强度高、延伸率大、对基层伸缩或开裂的适应性强等特点,是一种高效防水材料。另外,它采用冷施工,操作简便,能改善工人的劳动条件。

该卷材适用于屋面、厨房及卫生间、楼房地下室、地下铁道、地下停车站的防水,桥梁、隧道工程防水,排灌渠道、水库、蓄水池、污水处理池等方面的防水隔水等。

2)聚氯乙烯(PVC)防水卷材　聚氯乙烯防水卷材是以聚氯乙烯树脂(PVC)为主要材料,掺入适量的改性剂、增塑剂和填充料等添加剂,以挤出制片法或压延法制成的可卷曲的片状防水材料。

软质PVC卷材的特点是防水性能好,低温柔性好,尤其是以癸二酸二丁酯作增塑剂的卷材,冷脆点低达-60 ℃。由于PVC来源丰富,原料易得,因此在聚合物防水卷材中价格较低。PVC卷材的黏结采用热焊法或溶剂(如四氢呋喃THF等)黏结法。无底层PVC卷材收缩率较高,达1.5%～3%,因此铺设时必须在四周固定,有增强层类型的PVC卷材则无须在四周固定。

软质PVC卷材适用于大型屋面板、空心板做防水层,也可作刚性层下的防水层及旧建筑物混凝土构件屋面的修缮,以及地下室或地下工程的防水、防潮、水池、贮水槽及污水处理池的防渗,有一定耐腐蚀要求的地面工程的防水、防渗。

3)氯化聚乙烯-橡胶共混防水卷材　氯化聚乙烯-橡胶共混防水卷材是以高分子材料氯化聚乙烯与合成橡胶共混为基料,掺入各种适量化学助剂和填充料,经过混炼、压延或挤出等工序制成的防水卷材。

该卷材兼有塑料和橡胶的特点,它不但具有氯化聚乙烯所特有的高强度和优异的耐臭氧、耐老化性能,而且具有橡胶类材料的高弹性、高伸长性以及良好的低温柔韧性能。这种合成高分子聚合物的共混改性材料,在工业上被称为高分子"合金",其综合防水性能得到提高。

氯化聚乙烯-橡胶共混防水卷材最适宜用单层冷粘外露防水施工法作屋面的防水层,也适用于有保护层的屋面或楼地面、地下、游泳池、隧道、涵洞等中高档建筑防水工程。

11.1.2.2　防水涂料

防水涂料又称涂膜防水材料,一般是由沥青、合成高分子聚合物、合成高分子聚合物与沥青、合成高分子聚合物与水泥或以无机复合材料等为主要成膜物质,掺入适量的颜料、助剂、溶剂等加工制成的溶剂型、水乳型或反应型的,在常温下无固定形状的黏稠状液态或粉末状的可液化固态,经涂布能在结构物表面结成连续、无缝、坚韧的防水膜,能满足工程不同部位防水、抗渗要求的一类材料的总称。

采用防水涂料来防止建筑物的渗水和漏水是 20 世纪 50 年代末就已开始使用的一种防水方法。建筑防水涂料品种繁多,但其防水类型可分为两类:一类是通过形成完整的涂膜来阻挡水的透过或水分子的渗透来进行防水的涂膜型,另一类是利用聚合物本身具有的憎水性使水分子与涂膜之间不相容这一特性而达到防水目的的憎水型。按其成膜物质可分为沥青类、高聚物改性沥青类(又称橡胶沥青类)、合成高分子类(可再分为合成树脂类、合成橡胶类)、无机类、聚合物水泥类等五大类。

11.1.3　建筑堵水材料的种类与用途

建筑堵水材料主要用于房屋建筑、构筑物、水工建筑等在有水或潮湿环境下的防水堵漏,故需要满足带水操作的施工要求。

按施工方式,建筑堵漏止水材料分为灌浆材料、柔性嵌缝材料、刚性止水材料及刚性抹面材料。其特点和用途见表 11-2。

表 11-2　常用建筑堵水材料的特点及用途

	品种	特性及用途
灌浆注浆材料	水溶性聚氨酯注浆材料	具有弹性止水和以水止水的双重功能,并有黏度低、可灌性好、毒性低、强度高、对潮湿基面黏结力强等性能;适用于土木工程防水堵漏、大坝基础灌浆、坝体混凝土裂缝防渗补强、松软地基加固等
	硅酸盐水泥超早强外掺剂(SH 外掺剂)	具有超早强和混凝性能,早期强度高,长期强度稳定,并有微膨胀、抗渗、抗冻、抗硫酸盐、对钢筋无锈蚀等特性;适用于地铁、隧道及其他地下工程的防水、防漏
	硫铝酸盐 R 型地质勘探水泥	具有速凝、早期强度高、微膨胀、抗硫酸盐侵蚀、负温性能好等特性;适用于地质勘探工程中护孔固壁、止涌堵漏、固楔纠斜、封口止水、固结套管以及应急抢修工程等
	硫铝酸盐超早强膨胀水泥	具有速凝、快硬、早强、微膨胀等特性;使用于大型基础和预埋孔灌浆、地质钻探护孔固壁、混凝土构件板柱浆锚,以及隧道涵洞、地铁、港口、桥梁、机场跑道的加固修补和抗渗堵漏

续表 11-2

品种		特性及用途
柔性嵌缝材料	止水橡皮及橡胶止水带	具有良好的弹性、耐磨、耐老化(在-40~+40 ℃条件下)、抗撕裂和防水等性能;适用于小型水坝、贮水池、地下通道、河底隧道、游泳池及地下工程变形缝处的防水密封
	自黏性橡胶	具有良好的黏结性、延伸性、耐老化性;适用于各种不同规格的缝隙、孔槽的接缝、嵌缝的堵洞防水
	丁基不干性密封材料	具有良好的水密性、气密性、耐高低温性能;适用于混凝土、橡胶、塑料、陶瓷、木材、多种金属的黏附和密封,并可用于外墙接缝、刚性屋面伸缩缝、门窗杠缝隙和卫生间的防水密封
	塑料止水带	具有良好的耐久性和物理力学性能;适用于工业与民用建筑的地下防水,以及隧道、涵洞、坝体、沟渠等水工构筑物的变形缝防水
刚性止水材料	无机复合堵漏剂	具有快凝快硬、瞬间止水、早强高强、抗渗抗裂、无毒无害、贮存运输方便等特点,而且与新老混凝土及砖、石基层黏结牢固,可带水作业,施工简便,见效快,防水耐久,可用于各种建筑屋面、地下室、水池、管道、人防洞库、国防工事、工矿井巷等工程的防水堵漏及抢修加固
刚性抹面材料	无机铝盐防水剂	具有抗渗、抗压、抗拉、抗寒、耐高温、耐强碱、耐老化等性能;适用于建筑物、构筑物、水工工程,如隧道、坝堤、桥梁、水池等防渗
	有机硅防水砂浆	具有良好的憎水性、透气性和耐高温、耐高寒、耐燃、耐油、耐老化等性能;适用于内、外墙的粉刷层,起到单面防水、防潮、防污等作用
	无机铝盐防水剂	具有良好的防水性能;适用于建筑物墙面、屋面、地面的防水、防腐,以及高速公路、飞机跑道、建筑物裂缝的防渗、堵漏修补、嵌缝等

【11-1】工程实例分析

屋顶刚性防水层多处裂缝

现象:某农村自建两层砖混结构平屋顶住宅,屋顶采用防水混凝土做防水层。建成一年后,屋顶就出现了多处渗水。

原因分析:至屋顶查看,发现有多道细小裂缝,是由于没有设置分仓缝所致。

思考:避免刚性防水层开裂的措施有哪些?

11.2 绝热材料

在建筑材料中,习惯上把用于控制室内热量外流的材料叫作保温材料;把防止室外热

量进入室内的材料叫作隔热材料。保温隔热材料通称绝热材料。

11.2.1　绝热材料的性能要求

影响材料导热系数的主要因素有材料的化学结构、组成和聚集状态、表观密度、湿度、温度以及热流方向等。

(1)材料的化学结构、组成和聚集状态　材料的分子结构不同,其导热系数有很大差别,通常结晶构造的材料导热系数最大,微晶体构造的材料次之,玻璃体构造的材料导热系数最小。材料中有机物组分增加,其导热系数降低,通常金属材料导热系数最大,无机非金属材料次之,有机材料导热系数最小。一般的,多孔保温隔热材料的孔隙率很高,颗粒或纤维之间充满着空气,此时气体的导热系数起主要作用,固体部分的影响较小,因此导热系数较小。

(2)材料的表观密度　由于材料中固体物质的导热能力比空气的大得多,因此孔隙率较大、表观密度较小的材料,其导热系数也较小。在孔隙率相同的条件下,孔隙尺寸越大,孔隙间连通越多,导热系数越大。此外,对于表观密度很小的材料,特别是纤维状材料(如超细玻璃纤维),当表观密度低于某一极限时,导热系数反而增大,这是由于孔隙率过大,相互连通的孔隙增多,对流传热增强,从而导致导热系数增大。

(3)湿度　由于水的导热系数[0.581 5 W/(m・K)]比静态空气的导热系数[0.023 26 W/(m・K)]大 20 多倍,当材料受潮时,其导热系数必然会增大,若水结冰导热系数会进一步增大。因此,为了保证保温效果,保温材料应尽可能选用吸水性小的原材料;同时绝热材料在使用过程中,应注意防潮、防水。

(4)温度　材料的导热系数随着温度的升高而增大。但这种影响在 0~50 ℃范围内不太明显,只有在高温或负温下比较明显,应用时才需考虑。

(5)热流方向　对于各向异性材料,如木材等纤维质材料,热流方向与纤维排列方向垂直时的导热系数要小于二者平行时的导热系数。

对绝热材料的基本要求:导热系数不大于 0.23 W/(m・K),表观密度不大于600 kg/m³,抗压强度不小于 0.3 MPa。除此之外,还要根据工程的特点,了解材料在耐久性、耐火性、耐侵蚀性等方面是否符合要求。

11.2.2　绝热材料的种类及使用要点

一般建筑保温隔热材料按材质可分为两大类:一类是无机保温隔热材料,一般是用矿物质原料制成的,呈散粒状、纤维状或多孔状构造,可制成板、片、卷材或套管等形式的制品,包括石棉、岩棉、矿渣棉、玻璃棉、膨胀珍珠岩、膨胀蛭石、多孔混凝土等;另一类是有机保温隔热材料,是由有机原料制成的保温隔热材料,包括软木、纤维板、刨花板、聚苯乙烯泡沫塑料、脲醛泡沫塑料、聚氨酯泡沫塑料、聚氯乙烯泡塑料等。

11.2.2.1　常用无机绝热材料

(1)散粒状保温隔热材料　散粒状保温隔热材料主要有膨胀蛭石和膨胀珍珠岩及其制品。

1)膨胀蛭石　蛭石是一种复杂的镁、铁含水铝硅酸盐矿物,由云母类矿物经风化而

成,具有层状结构,层间有结晶水。将天然蛭石经晾干、破碎、预热后快速通过煅烧带(850~1 000 ℃)、速冷而得到膨胀蛭石。

膨胀后的蛭石薄片间可形成空气夹层,其中充满无数细小孔隙,表现密度降至80~200 kg/m³,λ = 0.047~0.07 W/(m·K)。膨胀蛭石是一种良好的无机保温隔热材料,既可直接作为松散填料,用于填充和装置在建筑维护结构中,又可与水泥、水玻璃、沥青、树脂等胶结材料配制混凝土,现浇或预制成各种规格的构件或不同形状和性能的蛭石制品。常见的有水泥蛭石制品、水玻璃蛭石制品、热(冷)压沥青蛭石板、蛭石棉制品、蛭石矿渣棉制品等。

2)膨胀珍珠岩　珍珠岩是一种白色(或灰白色)多孔粒状物料,是由地下喷出的酸性火山玻璃质熔岩(珍珠岩、松脂岩、黑曜岩等)在地表水中急冷而成的玻璃质熔岩,二氧化硅含量较高,含有结晶水,具有类似玉髓的隐晶结构。显微镜下观察基质部分,有明显的圆弧裂开,形成珍珠结构,并具有波纹构造、珍珠和油脂光泽,故称珍珠岩。

将珍珠岩原矿破碎、筛分、预热后快速通过煅烧带,可使其体积膨胀约20倍。膨胀珍珠岩的堆积密度为40~500 kg/m³,导热系数 λ 为 0.047~0.074 W/(m·K),最高使用温度可达800 ℃,最低使用温度为−200 ℃,是一种表观密度很小的白色颗粒物质,具有轻质、绝热、吸音、无毒、无味、不燃及熔点高于1 050 ℃等特点,而且其原料来源丰富、加工工艺简单、价格低廉,除了可用作填充材料外,还是建筑行业乐于采用的一种物美价廉的保温隔热材料。

(2)纤维质保温隔热材料　纤维质保温隔热材料常用的有天然纤维质材料,如石棉、人造纤维材料,如矿渣棉、火山棉及玻璃棉等。

1)石棉　石棉是天然石棉矿经过加工而成的纤维状硅酸盐矿物的总称,是常见的耐热度较高的保温隔热材料,具有优良的防火、绝热、耐酸、耐碱、保温、隔音、防腐、电绝缘性和较高的抗拉强度等特点。由于各种石棉的化学成分不同,它们的特性也有显著的差别。石棉按其成分和内部结构,可分为纤维状蛇纹石石棉和角闪石石棉两大类。平常所说的石棉,即是指蛇纹石石棉而言。该种石棉的密度为 2.2~2.4 g/cm³,导热系数约为0.069 W/(m·K)。通常松散的石棉很少单独使用,常制成石棉粉、石棉涂料、石棉板、石棉毡、石棉桶和白云石石棉制品等。

2)岩矿棉　岩矿棉是一种优良的保温隔热材料,根据生产所用的原料不同,可分为岩棉和矿渣棉。由熔融的岩石经喷吹制成的纤维材料称为岩棉,由熔融矿渣经喷吹制成的纤维材料称为矿渣棉。将岩矿棉与有机胶结剂结合可以制成矿棉板、毡、管壳等制品,其堆积密度为 45~150 kg/m³,导热系数为 0.039~0.044 W/(m·K)。由于低堆积密度的岩矿棉内空气可发生对流而导热,因而,堆积密度低的岩矿棉导热系数反而略高。最高使用温度约为600 ℃。岩矿棉也可制成粒状棉用作填充材料,其缺点是吸水性大、弹性小。

3)玻璃纤维　玻璃纤维一般分为长纤维和短纤维。连续的长纤维一般是将玻璃原料熔化后滚筒拉制,短纤维一般由喷吹法和离心法制得。短纤维(150 μm 以下)由于相互纵横交错在一起,构成了多孔结构的玻璃棉,其表观密度为 100~150 kg/m³,导热系数低于 0.035 W/(m·K)。玻璃纤维制品的导热系数主要取决于表观密度、温度和纤维的

直径。导热系数随纤维直径增大而增加,并且表观密度低的玻璃纤维制品其导热系数反而略高。以玻璃纤维为主要原料的保温隔热制品主要有沥青玻璃棉毡和酚醛玻璃棉板,以及各种玻璃毡、玻璃毯等,通常用于房屋建筑的墙体保温层。

（3）多孔保温隔热材料

1）轻质混凝土　轻质混凝土包括轻骨料混凝土和多孔混凝土。

轻骨料混凝土是以发泡多孔颗粒为骨料的混凝土。由于其采用的轻骨料有多种,如膨胀珍珠岩、膨胀蛭石、黏土陶粒等,采用的胶结材料也有多种,如各种水泥或水玻璃等,从而使其性能和应用范围变化很大。当其体积密度为 1 000 kg/m³ 时,导热系数为0.2 W/(m·K),当其体积密度为 1 400 kg/m³ 和 1 800 kg/m³ 时,导热系数相应为0.42 W/(m·K)和 0.75 W/(m·K)。通常用来拌制具有轻骨料混凝土的水泥有硅酸盐水泥、矾土水泥和纯铝酸盐水泥等。为了保证轻骨料混凝土的耐久性和防止体积密度过大及其他不利影响,1 m³混凝土的水泥用量最少不得低于 200 kg,最多不得超过 550 kg。轻质混凝土具有质量轻、保温性能好等特点,主要应用于承重的配筋构件、预应力构件和热工构筑物等。

多孔混凝土是指具有大量均匀分布、直径小于 2 mm 的封闭气孔的轻质混凝土。这种混凝土既无粗骨料也无细骨料,全由磨细的胶结材料和其他粉料加水拌成的料浆,用机械方法、化学方法使之形成许多微小的气泡后,再经硬化制成。其中气孔体积可达85%,体积密度为 300~500 kg/m³。随着表观密度减小,多孔混凝土的绝热效果增强,但强度下降。主要有泡沫混凝土和加气混凝土。

2）微孔硅酸钙　微孔硅酸钙是一种新颖的保温隔热材料,用65%的硅藻土、35%的石灰,加入两者总重 5.5~6.5 倍的水,为调节性能,还可以加入占总质量5%左右的石棉和水玻璃,经拌和、成型、蒸压处理和烘干等工艺而制成的。其主要水化产物为托贝莫来石或硬硅钙石。

微孔硅酸钙材料由于表观密度小（100~1 000 kg/m³）,强度高（抗折强度 0.2~15 MPa）,导热系数小[0.036~0.224 W/(m·K)]和使用温度高（100~1 000 ℃）以及质量稳定等特点,并具有耐水性好、防火性强、无腐蚀、经久耐用、制品可锯可刨、安装方便等优点,被广泛用作冶金、电力、化工等工业的热力管道、设备、窑炉的保温隔热材料,房屋建筑的内墙、外墙、屋顶的防火覆盖材料,各类舰船的舱室墙壁以及走道的防火隔热材料。

3）泡沫玻璃　泡沫玻璃是一种以磨细玻璃粉为主要原料,通过添加发泡剂,经熔融发泡和退火冷却加工处理后,制得的具有均匀孔隙结构的多孔轻质玻璃制品。其内部充满无数开口或闭口的小气孔,气孔占总体积的80%~95%,孔径大小一般为 0.1~5 mm,也有的小到几微米。泡沫玻璃是一种理想的绝热材料,具有不燃、耐火、隔热、耐虫蛀及耐细菌侵蚀等性能,并能抵抗大多数有机酸、无机酸及碱的侵蚀。作为隔热材料,它不仅具有良好的机械强度,而且加工方便,用一般的木工工具,即可将其锯成所需规格。

泡沫玻璃的许多优异的物理、化学性能,主要基于两点:第一它是玻璃基质,因此具有通常公认的玻璃性质;第二它是泡沫状的,并且整体充满均匀分布的微小封闭气孔。这两点使它在多种物理、化学性能上优于其他无机、有机绝缘材料,而且在保温隔热方面更是有其独到的优点。泡沫玻璃作为绝热材料在建筑上主要用于墙体、地板、天花板及屋顶保

温,也可用于寒冷地区建造低层的建筑物。

11.2.2.2　常用有机绝热材料

（1）泡沫塑料　泡沫塑料是以各种树脂为基料,加入少量的发泡剂、催化剂、稳定剂以及其他辅助材料,经加热发泡而成的一种轻质、保温、隔热、吸声、防震材料。它保持了原有树脂的性能,并且比同种塑料具有表观密度小(一般为 $20 \sim 80 \ kg/m^3$),导热系数低,隔热性能好,加工使用方便等优点,因此广泛用作建筑上的绝热隔音材料。常用的泡沫塑料有聚苯乙烯泡沫塑料、聚氨酯泡沫塑料、聚氯乙烯泡沫塑料、脲醛泡沫塑料和酚醛泡沫塑料等。

（2）硬质泡沫橡胶　硬质泡沫橡胶用化学发泡法制成。特点是导热系数小而强度大。硬质泡沫橡胶的表观密度为 $0.064 \sim 0.12 \ kg/m^3$。表观密度越小,保温性能越好,但强度越低。硬质泡沫橡胶抗碱和盐的侵蚀能力较强,但强的无机酸及有机酸对它有侵蚀作用。它不溶于醇等弱溶剂,但易被某些强有机溶剂软化溶解。硬质泡沫橡胶为热塑性材料,耐热性不好,在 $65 \ ℃$ 左右开始软化。硬质泡沫橡胶有良好的低温性能,低温下强度较高且具有较好的体积稳定性,可用于冷冻库。

（3）纤维板　凡是用植物纤维、无机纤维制成的或用水泥、石膏将植物纤维凝固成的人造板统称为纤维板,其表观密度为 $210 \sim 1 \ 150 \ kg/m^3$,导热系数为 $0.058 \sim 0.307 \ W/(m \cdot K)$。纤维板的热传导性能与表观密度及湿度有关。表观密度增大,板的热传导性也增大,当表观密度超过 $1 \ g/cm^3$ 时,其热传导性能几乎与木材相同。纤维板经防火处理后,具有良好的防火性能,但会影响它的物理力学性能。该板材在建筑上用途广泛,可用于墙壁、地板、屋顶等,也可用于包装箱、冷藏库等。

【11-2】工程实例分析

屋顶隔热效果较差

现象:某多层商品住宅楼,顶楼住户反映,屋顶隔热效果较差,夏天室内气温太高。

原因分析:经检查发现,一是屋顶绝热材料厚度较薄,没有达到规范要求;二是绝热材料受潮严重,导热系数增大,保温效果变差。

思考:屋顶隔热的措施有哪些?

11.3　吸声、隔音材料

吸声、隔音材料是一类具有实现和改善室内音质和声环境、降低噪声污染等功能的建筑功能材料。吸声材料主要应用于如剧场、电影院、音乐厅、录音室及监视厅等对音质效果有一定要求的建筑物内,创造良好的音质,满足建筑的功能要求。隔音材料主要用于建筑物的围护结构,如围墙、门、窗、楼梯及屋顶的隔音,并越来越多地应用于道路两旁以及一些需要重点隔音保护的建筑周围,成为专门的声学建筑,从而为隔音材料的研究与发展提出了更高的要求,也提供了更为广阔的发展空间。

11.3.1　吸声材料

当声波在一定空间(室内或管道内)传播,并入射至材料壁面时,就会部分声能被反射,部分声能被吸收(包括透射)。正是由于材料的这种吸声特性,使反射声能减小,从而使噪声得以降低。这种具有吸声特性的材料称为吸声材料。

11.3.1.1　吸声材料的性能要求

(1)吸声系数　声波在传播过程中除了空气的吸声之外,当入射到材料表面时,总有一部分声波被反射,一部分声波被吸收。吸声系数是指声波入射到材料表面时,其能量被吸收的百分数,即被吸收的声能(包括吸声声能和透射声能)与入射的声能之比。

吸声系数是评定材料吸声性能的主要指标,吸声系数越大,材料的吸声性能越好。一般把吸声系数 $\alpha>0.2$ 的材料称为吸声材料。吸声系数 $\alpha>0.8$ 的材料,称为强吸声材料,也常称为高效吸声材料。

(2)吸声量　吸声系数及平均吸声系数反映了吸收声能所占入射声能的百分比,它可以用来比较在相同尺寸下不同材料及不同结构的吸声能力,却不能反映不同尺寸的材料和结构的实际吸声效果。吸声量(A)可以表征某个具体吸声构件的实际吸声效果,它定义为

$$A=\alpha S \tag{11-1}$$

式中:S——围蔽结构的面积,m^2;

α——吸声系数。

11.3.1.2　吸声材料的种类及使用要点

吸声不但与材料有关,而且与结构有关,同一种材料在不同构造下的吸声性能可能会有很大区别,所以对吸声材料的介绍离不开其结构。吸声材料的吸声特性一般是材料本身所固有的,而吸声结构的吸声性能则随着结构的变化而变化。

按照材料的吸声机制可以将吸声材料(结构)分为以下三类:多孔性吸声材料、共振吸声结构和特殊吸声结构。

(1)多孔性吸声材料

1)多孔性吸声材料的分类　多孔性吸声材料,其品种规格较多,应用较为广泛,主要包括纤维材料、颗粒材料及泡沫材料。

①纤维性吸声材料　纤维性吸声材料是应用最早而且直至今天仍是使用最广和应用最多的一种吸声材料。按其化学成分一般可分有机纤维材料和无机纤维材料两大类,其中超细玻璃棉(纤维直径一般为 0.1~4 μm)应用较为广泛,其优点是质轻(密度一般为 15~25 kg/m³)、耐热、抗冻、防蛀、耐腐蚀、不燃、隔热等。经硅油处理过的超细玻璃棉,还具有防水等特点。

②泡沫吸声材料　泡沫类材料包括氨基甲酸酯、脲醛泡沫塑料、聚氨酯泡沫塑料、海绵乳胶、泡沫橡胶等。材料的特点是质轻、防潮、富有弹性、易于安装、导热系数小。缺点是塑料类材料易老化、耐火性能差,不宜用于有明火以及有酸碱等腐蚀性气体的场合。

③颗粒吸声材料　常用的颗粒吸声材料根据材质的不同,大致可分为珍珠岩吸声制品和陶瓷颗粒吸声制品;根据吸声制品的形状,又可分为吸声板和吸声砖。

颗粒状吸声材料一般为无机材料,具有不燃、耐水、不霉烂、无毒、无味、使用温度高、性能稳定、制品有一定的刚度、不需要软质纤维性吸声材料做护面层、构造简单、原材料资源丰富等特点。其中,陶瓷颗料吸声制品的强度较高,砌成墙体后不仅可以吸声,而且又是建筑的一部分。但是轻质颗粒吸声材料如珍珠岩吸声板,材质性脆,强度较低,运输施工安装过程中易破损。

2)多孔性吸声材料的吸声机制 多孔性材料吸声性能是通过其内部具有的大量内外连通的微小空隙和孔洞实现的。当声波沿着微孔或间隙进入材料内部以后,激发起微孔或间隙内的空气振动,空气与孔壁摩擦产生热传导作用,由于空气的黏滞性在微孔或间隙内产生相应的黏滞阻力,使振动空气的能量不断转化为热能而被消耗,声能减弱,从而达到吸声目的。

3)多孔性吸声材料的使用要点 多孔材料一般很疏松,整体性很差,直接用于建筑物表面既不宜固定,又不美观,因此往往需要在材料面层覆盖一层护面层。常用的护面层有网罩、纤维织物、塑料薄膜和穿孔板等。由于护面层本身具有一定的声质量和声阻作用,对材料的吸声频率影响很大。因此,在使用护面层时要合理选用并采取一定措施,尽量减小其对吸声效果的影响。

多孔材料一般都具有很强的吸湿、吸水性,当材料吸水后,其中的孔隙就会减小,随着含湿量的增加,吸声性能会大幅度下降,因此要对其表面进行处理。另外,由于多孔材料易吸湿,安装时应考虑胀缩的影响。

在对多孔材料进行防水(或为美观)而进行表面粉饰时,要防止涂料将孔隙封闭或使用硬质的涂料,宜采用水质涂料喷涂。在喷涂材料时要严格控制其厚度。较小的厚度不降低吸声系数;适当的厚度则由于薄膜吸声结构的吸声作用可以提高吸声系数;较大的厚度因为堵塞多孔结构的通道,阻塞声波进入吸声材料而被吸收,从而减弱空腔共振吸声作用,最终导致吸声系数降低乃至严重降低。

在多孔性吸声材料背后留出空腔,能够非常有效地提高中低频的吸声效果。该空腔与用同样材料填满的效果近似,因此,工程中可利用多孔吸声材料的这一特性来节省材料。

(2)共振吸声结构 共振吸声结构即利用共振原理设计的具有吸声功能的结构。

共振吸声结构大致可分为四种类型,即共振吸声器、穿孔板共振吸声结构、板式共振吸声结构和膜式共振吸声结构。各种吸声结构在工程中的应用如下。

1)共振吸声器 利用墙体安装共振吸声器,常见的有石膏共振吸声器、共振吸声砖以及利用空心砖砌筑空斗墙等。

2)穿孔板共振吸声结构 一般板穿孔率较低,后部需留空腔安装,可靠墙安装,也可做共振吸声吊顶。

3)板式共振吸声结构 建筑物内板式共振构件较多,如胶合板、中密度木纤维板、石膏板、FC板、硅酸钙板、TK板等吊顶以及后部留有空腔的护墙板均可组成板式共振吸声结构;窗玻璃、搁空木地板以及水泥砂浆抹灰顶棚也可形成板式共振吸声结构。

4)膜式共振吸声结构 多彩塑料膜可以在室内装修中做出各种复杂体形,许多建筑中已采用这种柔性材料作为装修材料。从声学的角度看,这就是膜式共振吸声结构。

（3）特殊吸声结构　特殊吸声结构主要包括吸声尖劈和空间吸声体等；主要应用在消音室等特殊场合。

11.3.2　隔音材料

隔音材料与吸声材料不同，吸声材料一般为轻质、疏松、多孔性材料，对入射其上的声波具有较强的吸收和透射，使反射的声波大大减少；而隔音材料则多为沉重、密实性材料，对入射其上的声波具有较强的反射，使透射的声波大大减少，从而起到隔音作用。通常隔音性能好的材料其吸声性能就差，同样吸声性能好的材料其隔音能力也较弱。但是，在实际工程中也可以采取一定的措施将两者结合起来应用，其吸声性能与隔音性能都得到提高。

隔音是声波传播途径中的一种降低噪声的方法，它的效果要比吸声降噪明显，所以隔音是获得安静建筑声环境的有效措施。根据声波传播方式的不同，通常把隔音分为两类：一类是空气声隔绝；另一类是撞击声隔绝，又称固体声隔绝。

11.3.2.1　空气声隔绝

一般把通过空气传播的噪声称为空气声，如飞机噪声、汽车喇叭声以及人们唱歌声等。利用墙、门、窗或屏障等隔离空气中传播的声音就叫作空气声隔绝。

空气声隔绝可分为四类，即单层均匀密实墙的空气声隔绝、双层墙的空气声隔绝、轻质墙的空气声隔绝和门窗隔音。

（1）单层均匀密实墙的空气声隔绝　其隔音性能与入射声波的频率有关，而频率特性取决于墙体本身的单位面积质量、刚度、材料的内阻尼以及墙的边界条件等因素。严格地从理论上研究单层均匀密实墙的隔音是相当复杂和困难的。

（2）双层墙的空气声隔绝　双层墙可以提高隔音能力的重要原因是空气间层的作用。由于空气间层的弹性变形具有减振作用，传递给第二层墙体的振动大为减弱，从而提高了墙体的总隔音量。

（3）轻质墙的空气声隔绝　其主要应用于高层建筑和框架式建筑。轻质墙的隔音性能较差，需通过一定的构造措施来提高其隔音效果，主要措施有多层复合、双强分立、薄板叠合、弹性连接、加填吸声材料、增加结构阻尼等。

（4）门窗隔音　一般门窗结构轻薄，而且存在较多缝隙，因此门窗的隔音能力往往比墙体低得多，形成隔音的"薄弱环节"。如果要提高门窗的隔音能力，一方面可以采用比较厚重的材料或采用多层结构制作门窗，另一方面要密封缝隙，减少缝隙透声。

11.3.2.2　撞击声隔绝

撞击声是建筑空间围蔽结构（通常是楼板）在外侧被直接撞击而激发的，楼板因受撞击而振动，并通过房屋结构的刚性连接而传播，最后振动结构向接收空间辐射声能，并形成空气声传给接受者。

撞击声的隔绝措施主要有三条：一是使振动源撞击楼板引起的振动减弱，这可以通过振动源治理和采取隔振措施来达到，也可以在楼板上铺设弹性面层来达到；二是阻隔振动在楼层结构中的传播，这通常可在楼板面层和承重结构之间设置弹性垫层来达到；三是阻隔振动结构向接受空间辐射的空气声，这通常在楼板下做隔音吊顶来解决。

【11-3】工程实例分析

建筑内廊声音嘈杂

现象：某人才市场建筑内廊声音十分嘈杂,即便两人对面谈话,也需要较高的声音彼此才能听得清楚。

原因分析：经观察发现,此建筑为钢筋混凝土框架结构,大部分房间是用透明玻璃作为隔墙围合而成,地面粘铺抛光瓷砖。内廊的上下、左右均是"光光的",几乎没有吸声材料,致使声音反射严重,形成了嘈杂的环境。

思考：如何降低室内的反射声?

11.4 装饰材料

装饰材料是铺设或涂刷在建筑物表面起装饰效果的材料,它一般不承重,但对建筑物的外观、使用性能及耐久性等均具有重要影响。

11.4.1 装饰材料的分类及基本要求

11.4.1.1 装饰材料的分类

建筑装饰材料的品种繁多,一般按如下两种方法分类:一种是按化学成分的不同,装饰材料可分为金属材料、非金属材料和复合材料三大类;另一种是根据装饰部位的不同,把装饰材料分为外墙装饰材料、内墙装饰材料、地面装饰材料和顶棚装饰材料四大类,见表11-3。

表 11-3　建筑装饰材料按装饰部位分类

外墙装饰材料	包括外墙、阳台、台阶、雨篷等建筑物全部外露部位装饰用材料	天然花岗岩、陶瓷装饰制品、玻璃制品、地面涂料、金属制品、装饰混凝土、装饰砂浆
内墙装饰材料	包括内墙面、墙裙、踢脚线、隔断、花架等内部构造所用的装饰材料	壁纸、墙布、内墙涂料、装饰织物、塑料饰面板、大理石人造石板、内墙釉面砖、人造板材、玻璃制品、隔热吸声装饰板
地面装饰材料	指地面、楼面、楼梯等结构的装饰材料	地毯、地面涂料、天然石材、人造石材、陶瓷地砖、木地板、塑料地板
顶棚装饰材料	指室内及顶棚装饰材料	石膏板、矿棉装饰吸声板、珍珠岩装饰吸声板、玻璃棉装饰吸声板、钙塑泡沫装饰吸声板、聚苯乙烯泡沫塑料吸声板、纤维板、涂料

常用的建筑装饰材料有玻璃制品、建筑陶瓷、建筑涂料、饰面石材、壁纸、织物类装饰材料、皮革类装饰材料以及室内配套设施等。

11.4.1.2　装饰材料的基本要求

建筑装饰材料的基本要求除了颜色、光泽、透明度、表面组织以及形状尺寸等美感方面外,还应根据不同的装饰目的和部位,具有一定的环保、强度、硬度、防火性、阻燃性、耐水性、抗冻性、耐污染性、耐腐蚀性等特性。对不同使用部位的建筑装饰材料,其具体要求如下:

（1）外墙装饰材料的功能及要求　使建筑物的色彩与周围环境协调统一,同时起到保护墙体结构、延长构件使用寿命的作用。

（2）内墙装饰材料的功能及要求　保护墙体和保证室内的使用条件,创造一个舒适、美观、整洁的工作和生活环境。内墙装饰的另一功能是具有反射声波、吸声、隔音等作用。由于人对内墙面的距离较近,所以质感要细腻逼真。

（3）地面装饰材料的功能及要求　地面装饰的目的是保护基底材料,并达到装饰功能。最主要的性能指标是具有良好的耐磨性。

（4）顶棚装饰材料的功能及要求　顶棚是内墙的一部分,色彩宜选用浅淡、柔和的色调,不宜采用浓艳的色调,还应与灯饰相协调。

为了加强对室内装饰装修材料污染的控制,保障人民群众的身体健康和人身安全,国家制定了《建筑材料的放射性核素限量》（GB 6566—2010）以及对于室内装饰装修材料有害物质限量等多项国家标准。

11.4.2　建筑玻璃

玻璃是一种无定形的硅酸盐制品,没有固定的熔点,在物理和力学性能上表现为各向同性的均质材料,其组成比较复杂,主要化学成分是 SiO_2（70% 左右）、Na_2O（15% 左右）、CaO（10% 左右）和少量的 MgO、Al_2O_3、K_2O 等。引入 SiO_2 的原料主要有石英砂、砂岩、石英岩,引入 Na_2O 的原料是纯碱（Na_2CO_3）,引入 CaO 的原料为石灰石、方解石、白垩等。大多数玻璃都是由以上矿物原料和化工原料经高温熔融,然后急剧冷却而形成的。在形成过程中,如加入某些辅助原料（如助熔剂、着色剂等）,可以改善玻璃的某些性能;如加入某些特殊物料或经过特殊加工,还可以得到具有特殊功能的特种玻璃。

玻璃是典型的脆性材料,在急冷急热或在冲击荷载作用下极易破碎。普通玻璃导热系数较大,绝热效果不好。但玻璃具有透明、坚硬、耐热、耐腐蚀及电学和光学方面的优良性能,能够用多种成型和加工方法制成各种形状和大小的制品,可以通过调整化学组成改变其性质,以适应不同的使用要求。

建筑中使用的玻璃制品种类很多,其中最主要有平板玻璃、饰面玻璃、安全玻璃、功能玻璃和玻璃砖等。

11.4.2.1　平板玻璃

平板玻璃是建筑玻璃中用量最大的一类,主要利用其透光透视特性,用作建筑物的门窗、橱窗及屏风等装饰。主要包括普通平板玻璃、浮法玻璃和磨砂玻璃。

（1）普通平板玻璃　凡用石英砂岩、硅砂、钾长石、纯碱、芒硝等原料,按一定比例配制,经熔窑高温熔融,通过垂直引上或平拉、延压等方法生产出来的无色、透明平板玻璃,统称为普通平板玻璃,又称白片玻璃或净片玻璃。

普通平板玻璃的厚度分为 2 mm、3 mm、4 mm、5 mm 四种,其规格一般由生产厂自定或供需双方协商,形状应为矩形,尺寸一般不小于 600 mm×400 mm,最大尺寸可达 3 000 mm×2 400 mm。按外观质量分为特选品、一等品和二等品(表 11-4)。普通平板玻璃不允许有裂口,尺寸偏差、弯曲度等也应满足规范要求。

表 11-4　普通平板玻璃的可见光透射比要求

厚度/mm	2	3	4	5
可见光透射比/%	≥88	≥87	≥86	≥84

普通平板玻璃透光透视,其可见光透射比大于 84%,并具有一定的机械强度,但性脆、抗冲击性差。此外,它还具有太阳能总透射比高、遮蔽系数大(约 1.0)、紫外线透射比低等特性。普通平板玻璃的外观质量相对较差,特别是所含的波筋使物象产生畸变。但普通平板玻璃的价格相对较低,且可切割,因而普通平板玻璃主要用于普通建筑工程的门窗等。也可作为钢化玻璃、夹丝玻璃、中空玻璃、磨光玻璃、防火玻璃、光栅玻璃等的原片玻璃。

(2)浮法玻璃　浮法玻璃即高级平板玻璃,由于其生产方法不同于普通平板玻璃,是采用玻璃液浮在金属液上成型的"浮法"制成,所以叫作浮法玻璃。

浮法玻璃的厚度分为 3 mm、4 mm、5 mm、6 mm、8 mm、10 mm、12 mm 七类,其形状为矩形,尺寸一般不小于 1 000 mm×1 200 mm,不大于 2 500 mm×3 000 mm。按等级分为优等品、一级品和合格品三等。

浮法玻璃的表面平滑,光学畸变小,物象质量高,其他性能与普通平板玻璃相同,但强度稍低,价格较高。浮法玻璃良好的表面平整度和光学均一性,避免了普通平板玻璃易产生光学畸变的缺陷,适用于高级建筑的门窗、橱窗、指挥塔窗、夹层玻璃原片、中空玻璃原片、制镜玻璃、有机玻璃模具以及汽车、火车、船舶的风窗玻璃等。

(3)磨砂玻璃　磨砂玻璃又称毛玻璃,是用普通平板玻璃、磨光玻璃、浮法玻璃经机械喷砂,手工研磨(磨砂)或氢氟酸溶蚀(化学腐蚀)等方法将表面处理成均匀毛面制成。由于毛玻璃表面粗糙,使透过光线产生漫射,造成透光不透视,使室内光线不眩目、不刺眼。一般用于建筑物的卫生间、浴室、办公室等的门窗及隔断,也可用作黑板及灯罩等。

11.4.2.2　饰面玻璃

用作建筑装饰的玻璃,统称为饰面玻璃,主要品种有彩色玻璃、花纹玻璃、磨光玻璃、釉面玻璃、镜面玻璃和水晶玻璃等。

(1)彩色玻璃　彩色玻璃又称颜色玻璃,是通过化学热分解法,真空溅射法,溶胶、凝胶法及涂塑法等工艺在玻璃表面形成彩色膜层的玻璃,分透明、不透明和半透明(乳浊)三种。

透明彩色玻璃是在玻璃原料中加入一定量的金属氧化物作着色剂,使玻璃带有各种颜色,有离子着色、金属胶体着色和硫硒化合物着色三种着色机制。透明彩色玻璃具有很好的装饰效果。

不透明彩色玻璃是在平板玻璃的表面经喷涂色釉后热处理固色而成,具有耐腐蚀、抗冲刷、易清洗等优良性能。

半透明彩色玻璃又称乳浊玻璃,是在玻璃原料中加入乳浊剂,经过热处理,透光不透视,可以制成各种颜色的饰面砖或饰面板。

透明和半透明彩色玻璃常用于建筑内外墙、隔断、门窗及对光线有特殊要求的部位等。不透明彩色玻璃主要用于建筑内外墙面的装饰,可拼成不同的图案,表面光洁、明亮或漫射无光,具有独特的装饰效果。

(2)花纹玻璃　花纹玻璃按加工方法可分为压花玻璃、喷花玻璃和刻花玻璃三种。

压花玻璃又称滚花玻璃,用压延法生产的平板玻璃,在玻璃硬化前经过刻有花纹的滚筒,使玻璃单面或两面压有花纹图案。由于花纹凸凹不平,使光线散射失去透视性,降低光透射比(光透射比为 60%～70%),同时,其花纹图案多样,具有良好的装饰效果。

喷花玻璃则是在平板玻璃表面贴上花纹图案,抹以护面层,并经喷砂处理而成。

刻花玻璃由平板玻璃经涂漆、雕刻、围蜡、酸蚀、研磨等工序制作而成,色彩更丰富,可实现不同风格的装饰效果。

花纹玻璃常用于办公室、会议室、浴室以及公共场所的门窗和各种室内隔断。

(3)磨光玻璃　磨光玻璃又称镜面玻璃,是用普通平板玻璃经过机械磨光、抛光而成的透明玻璃。对玻璃表面进行磨光是为了消除玻璃表面不平而引起的筋缕或波纹缺陷,从而使透过玻璃的物象不变形。一般的,玻璃表面要磨掉 0.5～1.0 mm 才能消除表面的不平整,因此磨光玻璃只能用厚玻璃加工,厚度一般为 5～6 mm。小规模生产,多采用单面研磨与抛光;大规模生产可进行单面或双面连续研磨与抛光。

磨光玻璃具有表面平整光滑且有光泽、物象透过不变形、透光率大(≥84%)等特点。因此,主要用于大型高级建筑的门窗采光、橱窗或制镜。该种玻璃的缺点是加工费时且不经济,自出现浮法生产工艺后,它的用量已大大减少。

11.4.2.3　安全玻璃

安全玻璃是指具有良好安全性能的玻璃。主要特性是力学强度高,抗冲击能力好。被击碎时,碎块不会飞溅伤人,并兼有防火的功能。主要包括钢化玻璃、夹层玻璃和夹丝玻璃。

(1)钢化玻璃　钢化玻璃是安全玻璃的一种,其生产工艺有两种:一种是将玻璃加热到接近玻璃软化温度(600～650 ℃)后迅速冷却的物理方法,又称淬火法;另一种是将待处理的玻璃浸入钾盐溶液中,使玻璃表面的钠离子扩散到溶液中,而溶液中的钾离子则填充进玻璃表面钠离子的位置,这种方法即化学法,又称离子交换法。

钢化玻璃具有弹性好、抗冲击强度高(是普通平板玻璃的 4～5 倍)、抗弯强度高(是普通平板玻璃的 3 倍左右)、热稳定性好以及光洁、透明等特点。在遇超强冲击破坏时,碎片呈分散细小颗粒状,无尖锐棱角,因此不致伤人。

钢化玻璃能以薄代厚,减轻建筑物的重量,延长玻璃的使用寿命,满足现代建筑结构轻体、高强的要求,适用于建筑门窗、幕墙、船舶车辆、仪器仪表、家具、装饰等。

(2)夹层玻璃　夹层玻璃是以两片或两片以上的普通平板、磨光、浮法、钢化、吸热或其他玻璃作为原片,中间夹以透明塑料衬片,经热压黏合而成。夹层玻璃的衬片多用聚乙烯醇缩丁醛等塑料胶片。当玻璃受剧烈震动或撞击时,由于衬片的黏合作用,玻璃仅呈现

裂纹,而不落碎片。

夹层玻璃具有防弹、防震、防爆性能。适用于有特殊安全要求的门窗、隔墙、工业厂房的天窗和某些水下工程。

11.4.2.4 功能玻璃

功能玻璃是指具有吸热或反射热、吸收或反射紫外线、光控或电控变色等特性,兼备采光、调制光线,防止噪声,增加装饰效果,改善居住环境,调节热量进入或散失,节约空调能源及降低建筑物自重等多种功能的玻璃制品。多应用于高级建筑物的门窗、橱窗等的装饰,在玻璃幕墙中也多采用功能玻璃。主要品种有吸热玻璃、热反射玻璃、防紫外线玻璃、光致变色玻璃、中空玻璃等。

(1)吸热玻璃 吸热玻璃是既能吸收大量红外辐射能,又能保持良好透光率的平板玻璃。其生产方法分为本体着色法和表面喷吐法两种。吸热玻璃除常用的茶色、灰色、蓝色外,还有绿色、古铜色、青铜色、金色、粉红色等,因而除具有良好的吸热功能外还具有良好的装饰性。它广泛应用于现代建筑物的门窗和外墙,以及用作车、船的挡风玻璃等,起到采光、隔热、防眩等作用。

(2)热反射玻璃 热反射玻璃又叫镀膜玻璃,分复合和普通透明两种,具有良好的遮光性和隔热性能。由于这种玻璃表面涂敷金属或金属氧化物薄膜,有的透光率是 45% ~ 65%(对于可见光),有的甚至在 20% ~ 80% 变动,透光率低,可以达到遮光及降低室内温度的目的。但这种玻璃和普通玻璃一样是透明的。

11.4.2.5 玻璃砖

玻璃砖是块状玻璃的统称,主要包括玻璃空心砖、玻璃马赛克和泡沫玻璃砖。其中,玻璃空心砖一般是由两块压铸成凹形的玻璃经熔接或胶接成整块的空心砖。砖面可为光滑平面,也可在内、外压铸多种花纹。砖内腔可为空气,也可填充玻璃棉等。玻璃空心砖绝热、隔声、光线柔和优美,可用来砌筑透光墙壁、隔断、门厅、通道等。

11.4.3 建筑陶瓷

凡以黏土、长石、石英为基本原料,经配料、制坯、干燥、焙烧而制得的成品,统称为陶瓷制品。用于建筑工程的陶瓷制品,则称为建筑陶瓷。建筑陶瓷具有强度高、性能稳定、耐腐蚀性好、耐磨、防水、防火、易清洗以及装饰性好等优点。其品种主要有釉面砖、外墙面砖、地面砖、陶瓷锦砖、卫生陶瓷等。

11.4.3.1 釉面内墙砖

釉面内墙砖又称内墙砖、釉面砖、瓷砖、瓷片,是用一次烧成工艺制成,是适用于建筑物室内装饰的薄型精陶瓷品。它由多孔坯体和表面釉层两部分组成。表面釉层花色很多,除白色釉面砖外,还有彩色、图案、浮雕、斑点釉面砖等。常用的规格有 108 mm× 108 mm,152 mm×152 mm,200 mm×200 mm,200 mm×300 mm,300 mm×300 mm;厚度一般为 5~10 mm。

釉面内墙砖色泽柔和典雅,朴实大方,主要用于厨房、卫生间、浴室、实验室、医院等室内墙面、台面等。但不宜用于室外,因其多孔坯体层和表面釉层的吸水率、膨胀率相差较

大,在室外受到日晒雨淋及温度变化时,易开裂或剥落。

11.4.3.2 彩色釉面墙地砖

彩色釉面墙地砖与釉面砖原料基本相同,但生产工艺为二次烧成,即高温素烧,低温釉烧,其质地为炻质。

彩色釉面墙地砖有 16 种规格尺寸。用于外墙面的常见规格有 150 mm×75 mm、200 mm×100 mm 等,用于地面的常见规格有 300 mm×300 mm、400 mm×400 mm,其厚度在 8~12 mm,此釉面内墙砖厚,其表面质量要求缺釉、斑点、裂纹、磕碰等缺陷的数量和明显程度应符合相关指标规定。根据表面质量,产品分为优等品、一级品和合格品。

彩色釉面墙地砖吸水率小,强度高,耐磨,抗冻性好,化学性能稳定,主要用于外墙铺贴,有时也用于铺地。其质量标准与釉面内墙砖相比,增加了抗冻性、耐磨性和抗化学腐蚀性等指标。

11.4.3.3 陶瓷锦砖

陶瓷锦砖俗称马赛克,是由各种颜色、多种几何形状的小块瓷片(长边一般不大于 50 mm)铺贴在牛皮纸上形成色彩丰富、图案繁多的装饰砖,故又称纸皮砖。所形成的一张张的产品称为"联"。联的边长有 284.0 mm、295.0 mm、305.0 mm 和 325.0 mm 四种。

陶瓷锦砖的尺寸一般为 18.5 mm×18.5 mm、39.0 mm×39.0 mm、39.0 mm×18.5 mm 及边长为 25 mm 的六角形等,厚度一般为 5 mm,可配成各种颜色,其基本形状有正方、长方、六角等。

陶瓷锦砖质地坚实、色泽图案多样、吸水率小、耐酸、耐碱、耐磨、耐水、耐压、耐冲击、易清洗、防滑。陶瓷锦砖色泽美观稳定,可拼出风景、动物、花草及各种图案。陶瓷锦砖在室内装饰中,可用于浴厕、厨房、阳台、客厅、起居室等处的地面,也可用于墙面。在工业及公共建筑装饰工程中,陶瓷锦砖也被广泛用于内墙、地面和外墙。

11.4.3.4 卫生陶瓷

卫生陶瓷是由瓷土烧制的细炻质制品。常用的卫生陶瓷制品有浴盆(浴缸)、大便器、小便器、洗面器、水箱、洗涤槽等。

通常,虽然卫生陶瓷产品的内部结构并非致密,但其表面却致密光滑,具有良好的外观。其主要技术特点是表面光洁、吸水率小、强度较高、耐酸碱腐蚀能力强、耐冲刷和擦洗能力强。除了上述指标外,还应要求其外形和尺寸偏差、色泽均匀度、白度等外观质量,以及满足使用功能要求的技术构造指标。

11.4.3.5 琉璃制品

琉璃制品是用难熔黏土为主要原料制成坯泥,制坯成型后经干燥、素烧、施琉璃彩釉、釉烧制成,属精陶质制品。颜色有金、黄、绿、蓝、青等。品种分为三类:瓦类(板瓦、滴水瓦、筒瓦、沟头)、脊类、饰件类(吻、博古、兽)。

琉璃制品的特点是质细致密、表面光滑、不易沾污、坚实耐久、色彩绚丽、造型古朴,富有我国传统的民族特色,主要用于具有民族风格的房屋以及建筑园林中的亭、台、楼、阁。

11.4.4　其他建筑装饰材料

11.4.4.1　油漆

　　油漆早期大多以植物油为主要原料,故被叫作"油漆",如健康环保原生态的熟桐油。油漆的起源尚无定论。公元前6000年,中国已经开始用无机化合物和有机颜料混合焙烧对油漆加以改进。公元前1500年,在法国和西班牙的山洞里,油漆已用于绘画和装饰。公元前1500年,埃及人用染料如靛蓝和茜草制造蓝色和红色颜料,但这种油漆还很不完善。18世纪,由于对亚麻仁油和氧化锌的开发利用,使油漆工业迅速发展。20世纪,油漆工艺有了重大发展,出现了黏着力更大、光泽度更高、阻燃、抗腐蚀与热稳定性高的各种颜色的油漆。

　　具体来讲,油漆是一种能牢固覆盖在物体表面,起保护、装饰、标志和其他特殊用途的化学混合物涂料,属于有机化工高分子材料,所形成的漆膜属于高分子化合物类型。物体暴露在大气之中,受到氧气、水分等的侵蚀,造成金属锈蚀、木材腐朽、水泥风化等破坏现象。在物体表面涂以涂料,形成一层保护膜,能够阻止或延迟这些破坏现象的发生和发展,使各种材料的使用寿命延长。

　　在古今建筑中,油漆对构件的保护作用和艺术作用可谓同等重要。中国的古建筑往往油漆彩绘、雕梁画栋。在现代建筑中,油漆同样重要,特别是以混凝土为建材的景观建筑,其外观色彩往往与周围景观格格不入,此时,油漆的使用能够极大的改善混凝土构件的外观效果(图11-1、图11-2)。

图11-1　油漆在混凝土结构凉亭中的使用　　　　图11-2　仿木漆在混凝土结构廊架中的使用

11.4.4.2　壁纸

　　壁纸又名墙布,是以纸为基材,以聚氯乙烯塑料、纤维等为面层,经压延或涂布以及印刷、轧花或发泡等工艺而制成的一种墙体装饰材料。

　　根据面层的材质不同,壁纸可分为普通胶面壁纸、发泡胶面壁纸、纸面壁纸、针织壁纸、金属壁纸、玻璃纤维壁纸以及用黄麻等为饰面的天然纤维壁纸等。其中聚氯乙烯胶面壁纸(PVC塑料壁纸)因花色多样、价格适宜、耐刮擦性能好等优点而应用最为广泛,目前其产销量占全部壁纸产量的80%以上。不过,聚氯乙烯胶面壁纸在生产加工过程中由于原材料、工艺配方等原因而可能残留铅、钡、氯乙烯、甲醛等有毒物质。

11.4.4.3 织物类装饰材料

织物类装饰材料是利用织物对建筑物进行覆盖装饰的薄质材料。它多具有触感柔软、舒适的特殊性能,主要用于建筑物室内装饰。目前工程中较常用的装饰织物主要有墙壁布、地毯、壁挂、窗帘等。这些织物在色彩、质地、柔软度、弹性等方面的优点可使室内的景观、光线、质感及色彩等获得其他材料所不能达到的效果。有些织物类装饰材料还具有保温、隔音、防潮等作用。

织物的制作可分为纺织、编织、簇绒、无纺等不同的工艺。根据装饰织物的材质不同可分为羊毛类、棉纱类、化纤类、塑料类、混纺类、剑麻类、矿纤类等。各种服装纺织面料也可作为墙面贴布或悬挂装饰织物,如各种化纤装饰布、棉纺装饰布、锦缎、丝绒、毛呢等材料。

其中,锦缎、丝绒、毛呢等织物属高级墙面装饰织物。在墙面装饰效果、织物所独特的质感和触感等方面是其他任何材料所不能相比的。由于织物的纤维不同、织造方式和处理工艺不同,所生产的质感效果也不同,因而给人的美感也有所不同。如丝绒、锦缎色彩华丽,质感温暖、格调高雅,显示出富贵、豪华的特色;而粗毛料、仿毛化纤织物和麻类编织物粗实厚重,具有温暖感,还能从纹理上显示出厚实、古朴等特色。

11.4.4.4 皮革类装饰材料

皮革类装饰材料有两种:一种是真皮类装饰材料,一种是人造皮革类装饰材料。

真皮的种类很多,主要有猪皮、牛皮(包括黄牛皮、水牛皮、牦牛皮、犏牛皮)、羊皮(包括绵羊皮和山羊皮)、马科真皮(包括马皮、驴皮、骡皮和骆驼皮)、蛇皮、鳄鱼皮以及其他各类鱼皮等。真皮又因产地、年龄以及加工工艺不同又有不同的分类方法,其中根据加工工艺有软皮和硬皮之分,有带毛皮和不带毛皮两种。装饰工程中常用的软包真皮主要是不带毛皮的软皮,颜色和质感也多种多样。真皮类装饰材料具有柔软细腻、触感舒服、装饰雅致、耐磨损、易清洁、透气性好、保温隔热、吸声隔音等优点,由于其价格昂贵,常被用作高级宾馆、会议室、居室等墙面、门等的镶包。

人造皮革类装饰材料颜色多样、质感细腻、色泽美观,比真皮经济,其性能在有些方面甚至超过真皮,其用途与真皮相同,有时可以起到以假乱真的地步。人造皮革又以原材料不同分为再生革、合成革和人造革等多种产品。常用仿羊皮人造革制作软包、吸声门等。

总之,皮革类装饰材料具有柔软、消音、温暖和耐磨等特点,但对墙体湿度要求较高,需防止霉变。它适用于幼儿园、练功房等要求防止碰撞的房间,也可用于电话间、录音室等声学要求较高的房间,还可以用于小餐厅和会客室等,使环境更高雅,用于客厅、起居室等可使环境更舒适。

【11-4】工程实例分析

空气中的甲醛

现象: 一套刚装修竣工的居住建筑,使用空气检测仪检测发现,室内甲醛含量超标。

原因分析: 逐一检查装修材料发现,甲醛来自壁纸。

思考: 如何检测壁纸的质量?

【创新与能力培养】隔音新材料的研究

基于玻璃纤维增强隔音复合材料的层合板的隔音性能研究

目前,市场上隔音材料多种多样,其中许多都有着良好的隔音效果,但难以符合人们对住宅内隔断的多方面要求。为此,国内一些研究者,最近就以常用的住宅隔断木板为基材,以玻璃纤维隔音复合材料为芯材,制备隔音层合板,研究既能隔断又能隔音的轻薄隔音墙板,为室内隔断材料的研究提供理论和实际参考。

研究结果表明:①利用松木压制板和玻璃纤维织物增强复合隔音材料制备的层合复合板,具有良好的隔音性能,厚度为 2 cm 的隔音板,在 100~6 300 Hz 范围内,其平均隔音量大于 30 dB,能够满足一般家庭隔断的隔音需要和节省空间的需要;②层合方式对隔音性能有明显的影响,一般而言,非对称结构优于对称结构;③层合方式不同,复合板对不同波段的隔音性能不同,可以根据使用场合的需要,设计制备不同的隔音板。

本章习题

一、选择题

1.沥青材料最重要的性质是(　　　)。

A.塑性　　　　　　B.黏滞性　　　　　　C.耐热性　　　　　　D.大气稳定性

2.与沥青油毡比较,三元乙丙橡胶防水卷材(　　　)。

A.耐老化性好,拉伸强度低　　　　　　B.耐热性好,低温柔性差

C.耐老化性差,拉伸强度高　　　　　　D.耐热性好,低温柔性好

二、填空题

1.外加剂防水混凝土常用的外加剂有密实剂、减水剂、_____ 和 _____。

2.按照材料的吸声机制可以将吸声材料(结构)分为多孔性吸声材料、_____ 和 _____。

三、判断题

1.沥青胶又称冷底子油,是粘贴沥青防水卷材或高聚物沥青防水卷材的胶粘剂。

（　　　）

2.合成高分子防水卷材属于低档防水卷材。　　　　　　　　　　　　　　（　　　）

四、综合分析题

1.何谓石油沥青的老化? 在老化过程中沥青的性质发生了哪些变化? 对建筑有何影响?

2.简述绝热材料的基本原理及基本要求。在建筑中使用有何优越性?

3.试述隔绝空气传声和固体撞击传声的处理原理。

4.为什么釉面砖只能应用于室内,而不能应用于室外?

第 12 章　土木工程材料试验

> **学习提要**
>
> 　　通过本章学习,了解试验设备、操作步骤,掌握材料质量的检验方法及相关的标准和规范要求,熟悉测试原理,为今后合理使用、正确鉴别、检测材料及进行科学研究奠定基础,并通过试验加深理解和进一步巩固所学过的理论知识。

12.1　试验的基本要求

12.1.1　注意的问题

(1)取样　在进行试验之前,首先要选取试样,试样必须具有代表性,取样原则为随机取样,即在若干堆(捆,包)材料中,对任意堆放材料随机抽取试样。

(2)仪器的选择　试验仪器设备的精度要与试验规程的要求一致,并且有实际意义。试验需要称量时,称量要有一定的精确度,如试样称量精度要求为 0.1 g,则应选择感量0.1 g 的天平。对试验机量程也有选择要求,根据试件破坏荷载的大小,应使指针停在试验机读盘的第二、三象限内为好。

(3)试验　试验前一般应将取得的试样进行处理,加工或成型,以制备满足试验要求的试样或试件。试验应严格按着试验规程进行。

(4)结果计算与评定　对各次试验结果,进行数据处理,一般取 n 次平行试验结果的算术平均值作为试验结果。试验结果应满足精确度与有效数字的要求。试验结果经计算处理后应给予评定,看是否满足标准要求或评定其等级,某种情况下还应对试验结果进行分析,并得出结论。

12.1.2　试验数据处理

在工程施工中,要对大量的原材料和半成品进行试验,在取得了原始的观测数据之后,为了达到所需要的科学结论,常需要对观测数据进行一系列的分析和处理,最基本的方法是数学处理方法。

12.1.2.1　数值修约规则

在材料试验中,各种试验数据应保留的有效位数在各自的试验标准中均有规定。为了科学地评价数据资料,首先应了解数据修约规则,以便确定测试数据的可靠性与精确性。数据修约时,除另有规定者外,应按照国家标准《数值修约规则》(GB 8170—2008)给定的规则进行。

12.1.2.2　平均值,标准差,变异系数

进行观测的目的是要求得某一物理量的真值。但是,真值是无法测定的,所以要设法找出一个可以用来代表真值的最佳值。

(1)平均值　将某一未知量 x 测定 n 次,其观测值为 $x_1, x_2, x_3, \cdots, x_n$,将它们平均得平均值。算术平均值是一个经常用到的很重要的数值,当观测数值越多时,它越接近真值。平均值只能用来了解观测值的平均水平,而不能反映其波动情况。

(2)标准差　观测值与平均值之差的平方和的平均值称为方差。方差的平方根称为标准差,用 σ 表示,标准差是衡量波动性的指标。

(3)变异系数　标准差只能反映数值绝对离散的大小,也可以用来说明绝对误差的大小,而实际上更关心其相对误差的大小,即相对离散的程度,这在统计学上用变异系数 C_v 来表示。如同一规格的材料经过多次试验得出一批数据后,就可通过计算平均值、标准差与变异系数来评定其质量或性能的优劣。

12.1.3　通用计量名词及其定义

(1)测量误差　测量结果与被测量真值之差。测得值:从计量器具直接得出或经过必要计算而得出的量值。实际值:满足规定准确度的用来代替真值使用的量值。测量结果:由测量所得的被测量值。

(2)观测误差　在测量过程中由于观测者主观判断所引起的误差。

(3)系统误差　在对同一被测量的多次测量过程中,保持恒定或以可预知方式变化的测量误差的分量。

(4)随机误差　在对同一被测量的多次测量过程中,以不可预见方式变化的测量误差的分量。

(5)绝对误差　测量结果与被测量真值之差。

(6)相对误差　测量的绝对误差与被测量真值之比。

(7)允许误差　技术标准,检定规程等对计量器具所规定的允许误差极限值。

12.2　基本物理性质试验

12.2.1　密度试验

12.2.1.1　试验目的

材料的密度质材料在绝对密实状态下的质量,主要用来计算孔隙率和密实度。而材料的吸水率、强度、抗冻性及耐腐蚀性都与孔隙率的大小和孔隙特性有关,如木材、砖、石、

水泥等材料。其密度都是一项重要指标。

12.2.1.2　试验仪器

密度瓶(李氏比重瓶),筛子(孔径 0.2 mm 或 900 孔/cm²),量筒,烘箱,干燥器,天平(称量 1 kg,感量 0.01 g),温度计,小勺,漏斗,滴管等。

12.2.1.3　试验步骤

(1)试样制备:将试样研碎,通过 900 孔/cm² 的筛,除去筛余物,放在 105~110 ℃烘箱中烘至恒重,放入干燥器中备用。

(2)在李氏瓶中注入煤油或其他对试样不起反应的液体至突颈下部的零刻度线以上,将李氏比重瓶放在温度为($t\pm1$)℃的恒温水槽内(水温必须控制在李氏比重瓶标定刻度时的温度),使刻度部分浸入水中,恒温 0.5 h。记下李氏瓶第一次读数 V_1(精确至0.05 cm³,下同)。

(3)用天平称取 60~90 g试样,用小勺和漏斗小心地将试样徐徐送入比重瓶中(不能大量倾倒,因为这样会妨碍李氏瓶中的空气排出,或在咽喉部分形成气泡,妨碍粉末的继续下落),使液面上升接至 20 mL 刻度处(或略高于 20 mL 刻度处),注意勿使石粉黏附于液面以上的瓶颈内壁上。

(4)摇动李氏瓶,排出其中空气,至液体不再发生气泡为止,记下李氏瓶第二次读数 V_2。称取剩余的试样质量,算出装入比重瓶内的试样质量 $m(g)$。

12.2.1.4　记录及结果计算

$$\rho = \frac{m}{V}（精确至 0.01\ g/cm^3）\tag{12-1}$$

式中:ρ——密度,g/cm³;

　　　m——装入瓶中试样的质量,g;

　　　V——装入瓶中试样的体积,cm³。

注:按规定试验应做两次,两次结果相差不应大于 0.02 g/cm³。

12.2.2　表观密度试验

12.2.2.1　试验目的

材料的表观密度是指材料在自然状态下(包含内部孔隙)单位体积所具有的质量。测定表格密度可以估计材料的强度、吸水性及保温性,也可用来计算材料的体积和结构物的质量。

对于形状规则的材料,直接测量体积;对于形状非规则的材料,可用蜡封法封闭孔隙,然后再用排液法测量体积;对于混凝土用的砂石骨料,直接用排液法测量体积,此时的体积是实体积与闭口孔隙体积之和,即不包括与外界连通的开口孔隙体积。

12.2.2.2　试验仪器

游标卡尺(精度 0.1 mm),天平(感量 0.1 g),烘箱,干燥器,漏斗,直尺,搪瓷盘等。

12.2.2.3　试验步骤

(1)对几何形状规则的材料

1)将所测的试样放置在 105~110 ℃烘箱中烘至恒重。取出置于干燥器中冷却至室温。

2)用卡尺测量试件尺寸(每边测量三次取平均值),并计算出体积 $V_0(\text{cm}^3)$。

3)称取试样质量 $m(\text{g})$。

(2)对于不规则的材料,如砂、石等其表观体积 V_0 可用排液法测定。材料在非烘干状态下测定其表观密度时,须注明含水情况。

12.2.2.4　记录及结果计算

$$\rho_0 = \frac{m}{V_0}\text{(计算至小数点后第二位)} \tag{12-2}$$

式中:ρ_0——表观密度,g/cm^3;

　　m——试样质量,g;

　　V_0——试样体积,cm^3。

注:按规定试样表观密度取三块试样的算术平均值作为评定结果。

12.2.3　吸水率试验

12.2.3.1　试验目的

材料吸水饱和时的吸水量与干燥时的质量或体积之比即为材料的吸水率。材料的吸水率通常小于孔隙率,因为水不能进入封闭的孔隙中。材料的吸水率的大小对其堆积密度、强度、抗冻性的影响很大。

12.2.3.2　试验仪器

烘箱,天平(称量 1 000 g,感量 0.1 g),游标卡尺,水槽,容器等。

12.2.3.3　试验步骤

(1)将规则试件加工成直径和高均为 50 mm 的圆柱体或边长为 50 mm 的立方体试件;如采用不规则试件,其边长不少于 40~60 mm,每组试件至少 3 个,石质组织不均匀者,每组试件不少于 5 个。用毛刷将试件洗涤干净并编号。

(2)将试件置于烘箱中,以(100±5)℃的温度烘干至恒重。在干燥器中冷却至室温后以天平称其质量 $m_1(\text{g})$,精确至 0.01 g(下同)。

(3)将试件放在盛水容器中,在容器底部可放些垫条如玻璃管或玻璃杆使试件底面与盆底不致紧贴,使水能够自由进入。

(4)加水至试件高度的 1/4 处;以后每隔 2 h 分别加水至高度的 1/2 和 3/4 处;6 h 后将水加至高出试件顶面 20 mm 以上,并再放置 48 h 让其自由吸水。这样逐次加水能使试件孔隙中的空气逐渐逸出。

(5)取出试件,用湿纱布擦去表面水分,立即称其质量 $m_2(\text{g})$。

12.2.3.4　记录及结果计算

(1)按下列公式计算石料吸水率(精确至 0.01%)

$$W_m = \frac{m_2 - m_1}{m_1} \times 100\% \tag{12-3}$$

式中:W_m——石料吸水率,%;

　　m_1——烘干至恒重时试件的质量,g;

　　m_2——吸水至恒重时试件的质量,g。

（2）组织均匀的试件,取三个试件试验结果的平均值作为测定值;组织不均匀的,则取 5 个试件试验结果的平均值作为测定值。

问题与思考

1.密度测试时,所用液体为何不能与所测材料起反应?

2.孔隙率不同的同样材料密度是否相同?

3.密度测定时,为何要排出密度瓶中的气泡?

4.测定含孔材料密度时,磨细程度与密度测定结果之间有何关系?

12.3　水泥试验

本试验根据国家标准《水泥细度检验方法 筛析法》（GB/T 1345—2005）,《水泥标准稠度用水量、凝结时间、安定性检验方法》（GB/T 1346—2011）及《水泥胶砂强度检验方法》（GB/T 17671—1999）测定水泥有关性能和水泥胶砂强度。

水泥试验的一般规定如下。

（1）取样方法　以同一水泥厂同期到达同品种、同标号水泥为一个取样单位,散装水泥一批的总量不得超过 500 t,袋装水泥一批的总量不得超过 200 t,取样应有代表性,可连续取,也可从 20 个以上不同部位各抽取约 1 kg 水泥,总数至少 12 kg。

（2）养护条件　试验室温度应为（20±2）℃,相对湿度应大于 50%。养护箱温度为（20±1）℃,相对湿度应大于 90%。

（3）材料要求　水泥试样应充分拌匀;试验用水必须是洁净的淡水;水泥试样、标准砂、拌和用水等的温度与试验室温度相同。

12.3.1　水泥细度试验

12.3.1.1　试验目的

水泥的细度指水泥颗粒的粗细程度,由于水泥的物理力学都与水泥的细度有关,因此必须测定水泥的细度。

12.3.1.2　试验方法 1——负压筛法

（1）仪器

1）负压筛析仪（图 12-1）:由筛座、负压筛、负压源及吸尘器组成。

2）天平:最大称量为 100 g,感量 0.05 g。

（2）步骤及试验结果

1）筛析试验前,将负压筛放在筛座上,盖上筛盖,接通电源,检查控制系统,调节负压至 4~6 kPa。

2）称取试样 25 g（精确至 0.05 g）,置于洁净的负压筛中,盖上筛盖放在筛座上,开动筛析仪连续筛析 2 min,筛析期间如有试样附着在筛盖上,可轻轻敲击,使试样落下。

3）用天平称量筛余物（精确至 0.05 g）。

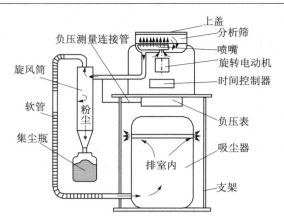

图 12-1　负压筛析仪示意图

12.3.1.3　试验方法 2——水筛法

（1）仪器

1）水筛：采用方孔边长为 0.08 mm 的铜丝网筛布。

2）筛座：用水筛架支撑，并能带动筛子转动，转速为 50 r/min。

3）喷头：直径 55 mm，面上均匀分布 90 个孔，孔径 0.5~0.7 mm，喷头底面和筛布之间的距离为 35~75 mm。

（2）步骤及试验结果

1）称取试样 50 g（精确至 0.05 g），倒入筛内，立即用洁净水冲洗至大部分细粉通过筛孔，再将筛子置于筛座上，用水压为（0.05±0.02）MPa 的喷头连续冲洗 3 min。

2）筛毕取下，将剩余物冲到一边，用少量水把筛余物全部移至蒸发皿（或烘样盘），待沉淀后，将水倒出，烘至恒重，称量，精确至 0.05 g，以其数值乘 2，即为筛余百分数（精确至 0.1%）。

12.3.1.4　试验方法 3——干筛法

（1）仪器　水泥标准筛，采用方孔边长为 0.08 mm 的铜丝网筛布。筛框有效直径 15 mm，高 50 mm，筛布应紧绷在筛框上，接缝必须严密，并附有筛盖。

（2）步骤与试验结果　称取试样 50 g（精确至 0.05 g）倒入筛内，用人工或机械筛动。将近筛完时，必须一手执筛往复摇动，一手拍打，摇动速度约 120 次/min。其间，筛子应向一定方向旋转数次，使试样分散在筛布上，直至每分钟通过不超过 0.05 g 时为止，称其筛余物，精确至 0.05 g，以其克数乘 2 即为筛余百分数（精确至 0.1%）。

12.3.1.5　记录及结果计算

筛余百分数按式（12-4）计算，结果精确至 0.1%。

$$F = \frac{R}{W} \times 100\% \qquad (12-4)$$

式中：F——水泥试样的筛余百分率，%；

　　　R——水泥筛余物的质量，g；

　　　W——水泥试样的质量，g。

普通硅酸盐水泥、矿渣硅酸盐水泥、火山灰硅酸盐水泥、粉煤灰硅酸盐水泥，0.08 mm

筛筛析法的筛余量小于等于 10% 为合格,否则为不合格(注:硅酸盐水泥用比表面积法检验,比表面积大于 300 m²/kg 为合格,否则为不合格)。水泥细度的检测方法有负压筛法、水筛法、干筛法。水泥细度以 0.08 mm 方孔筛上筛余物的质量占试样原始质量的百分率表示,并以一次的测定值作为试验结果。如果有争议,以负压筛法为准。

12.3.2　水泥标准稠度用水量测定

12.3.2.1　试验目的

水泥标准稠度用水量以水泥净浆达到规定的稀稠程度时的用水量占水泥用量的百分数表示。水泥的凝结时间和体积安定性都与用水量有关,为了消除试验条件的差异而有利于比较,水泥净浆必须有一个标准的稠度。本试验的目的是测定水泥净浆达到标准稠度的用水量,为测定水泥的凝结时间和安定性试验做好准备,使不同水泥具有可比性。

检测方法分调整水量法和固定水量法两种。发生争议时以前者为准。

12.3.2.2　试验仪器

(1)水泥标准稠度测定仪

1)代用法维卡仪:滑动部分的总质量为(300±2)g,金属空心试锥锥底直径 40 mm,高 50 mm,装净浆用锥模上部内径 60 mm,锥高 75 mm。

2)标准法维卡仪(图 12-2):标准试杆由有效长度为(50±1) mm,有效直径为(10±0.5) mm 的圆柱形耐腐蚀金属制成。试模由耐腐蚀并足够硬度的金属制成,试模为深(40±0.2) mm,顶内径为(65±0.5) mm,底内径为(75±0.5) mm 的截顶圆锥体。每只试模配一个厚≥2.5 mm 的平板玻璃片。

(2)水泥净浆搅拌机:由搅拌锅、搅拌叶片组成。

(3)量水器(最小刻度 0.1 mL,精度 1%),天平(能准确称量至 1 g)。

12.3.2.3　试验步骤

(1)代用法

1)试验前必须检查测定仪的金属棒能否自由滑动,试锥降至锥顶面位置时,指针应对准标尺零点,搅拌机应运转正常。

2)拌和用水量:采用调整水量方法时,按经验确定;采用固定水量方法时,用水量为 142.5 mm,精确至 0.5 mm。

3)水泥净浆用水泥净浆搅拌机拌和,先用湿布将水泥净浆搅拌机的搅拌锅及叶片擦湿,将称好的 500 g 水泥试样倒入搅拌锅内,将锅放到搅拌机锅座上,升至搅拌位置。

4)开动机器,同时慢慢地加水,慢速搅拌 120 s,停拌 15 s,接着快速搅拌 120 s 后停机。

5)拌和完毕,立即将净浆一次装入锥模中,用小刀插捣并振动数次,刮去多余净浆,抹平后迅速放到试锥下面的固定位置上,将试锥降至净浆表面拧紧螺丝,指针对零,然后突然放松,让试锥沉入净浆中,到停止下沉时(下沉时间约为 30 s),记录试锥下沉深度 S。整个操作应在搅拌后 1.5 min 内完成。

(2)标准法

1)试验前必须检查测定仪的金属棒能否自由滑动,试锥降至锥顶面位置时,指针应对准标尺零点,搅拌机应运转正常。

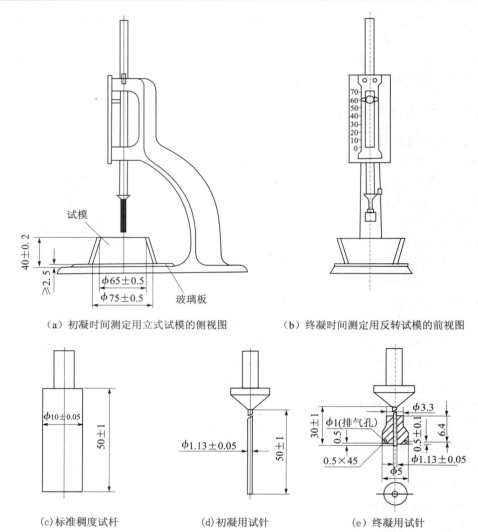

（a）初凝时间测定用立式试模的侧视图　　（b）终凝时间测定用反转试模的前视图

（c）标准稠度试杆　　　（d）初凝用试针　　　（e）终凝用试针

图 12-2　测定水泥标准稠度和凝结时间用的标准维卡仪

2）拌和用水量：采用调整水量方法时，按经验确定。

3）水泥净浆用水泥净浆搅拌机（图 12-3）拌和，先用湿布将水泥净浆搅拌机的搅拌锅及叶片擦湿，将称好的 500 g 水泥试样倒入搅拌锅内，将锅放到搅拌机锅座上，升至搅拌位置。

4）开动机器，同时慢慢地加水，慢速搅拌 120 s，停拌 15 s，接着快速搅拌 120 s 后停机。

5）搅拌结束后，立即将拌制好的水泥净浆装入已放在玻璃片上的试模中，用小刀插捣，轻轻捣数次，刮去多余的净浆；抹平后，将试模放到维卡仪上，并将中心定在试杆下，降低试杆至与水泥接触，拧紧螺丝 1~2 s 后，突然放松，使试杆自由地沉入水泥浆中。在试杆停止沉入或释放试杆 30 s 时记录试杆与板底的距离，升起试杆后，将试杆擦净，整个过程在 1.5 min 内完成。

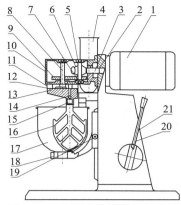

图 12-3　水泥净浆搅拌机示意图

1-电机;2-联轴器;3-蜗杆;4-砂罐;5-涡轮轴;6-涡轮;7-齿轮Ⅰ;8-主轴;9-
齿轮Ⅱ;10-传动箱;11-内齿轮;12-偏心座;13-行星齿轮;14-搅拌叶轴;15-调
节螺母;16-搅拌叶;17-搅拌锅;18-支座;19-定位螺钉;20-升降手柄;21-支柱

12.3.2.4　记录及结果计算

（1）代用法　用调整水量方法测定时,以试锥下沉深度（28±2）mm 时的拌和水量为
标准稠度用水量 P,以占水泥质量百分数计（精确至 0.1%）,按式（12-5）计算,即

$$P = \frac{A}{500} \times 100\% \qquad (12-5)$$

式中:A——拌和用水量, mL。

如超出范围,须另称试样,调整水量,重新试验,直至达到（28±2）mm 时为止。

用固定水量法测定时,根据测得的试锥下深度 S（单位:mm）,可按经验公式（12-6）
计算标准稠度用水量（也可以从仪器对应标尺上读出 P 值）,即

$$P(\%) = 33.4 - 0.185S \qquad (12-6)$$

当试锥下沉深度小于 13 mm 时,应用调整水量方法测定。

（2）标准法　试杆沉入净浆与底板距离为（6±1）mm 的水泥净浆称标准稠度净浆。
其拌和用水量为该水泥标准稠度用水量 P,按水泥质量的百分比计。

12.3.3　水泥凝结时间测定

12.3.3.1　试验目的

水泥凝结时间有初凝和终凝之分。初凝时间是指从加水到水泥净浆开始失去塑性的
时间;终凝时间是指从加水到水泥净浆完全失去塑性的时间。凝结时间不合格的水泥视
为废品。

12.3.3.2　试验仪器

凝结时间测定仪[同用标准法测定标准稠度时的测定仪相同,只是将试杆（试锥）换
成试针,装净浆的锥模换成圆模],水泥净浆搅拌机,标准养护箱。

12.3.3.3　试验步骤

（1）测定前,将圆模放在玻璃板上（在圆模内侧及玻璃板上稍稍涂上一薄层机油）,在

滑动杆下端安装好初凝试针并调整仪器使试针接触玻璃板时,指针对准标尺的零点。

(2)以标准稠度用水量,用 500 g 水泥拌制水泥净浆,方法同前,记录开始加水的时刻为凝结时间的起始时间。将拌制好的标准稠度净浆,一次装入圆模,振动数次后刮平,然后放入养护箱内。

(3)试件在养护箱养护至加水后 30 min 时进行第一次测定。测定时从养护箱中取出圆模放在试针下,使试针与圆模接触,拧紧螺丝 1~2 s 后突然放松,试针自由沉入净浆,1~2 s 后观察指针读数。

(4)初凝测试完成后,将滑动杆下端的试针更换为终凝试针继续进行终凝试验。终凝测试时,试模直径大端朝上,小端朝下,放入养护箱内养护、测试。整个测试过程中,圆模不应受震动。

注:在最初测定时应轻轻扶持试针的滑棒,使之徐徐下降,以防止试针撞弯。但初凝时间仍必须以自由降落的指针读数为准。临近初凝时,每隔 5 min 测试 1 次;临近终凝时,每隔 15 min 测试 1 次。到达初凝或终凝状态时应立即复测一次,且两次结果必须相同。每次测试不得让试针落入原针孔内,且试针贯入的位置至少要距圆模内壁 10 mm。每次测试完毕,须将盛有净浆的圆模放入养护箱,并将试针擦净。

12.3.3.4　记录及结果

(1)自加水时起到试针沉入净浆中距圆模底玻璃板为 2~3 mm 时,所经历的时间为初凝时间。

(2)自加水时起到试针沉入净浆不超过 0.5~1.0 mm 时,所经历的时间为终凝时间。

《硅酸盐水泥、普通硅酸盐水泥》(GB 175—1999)规定:硅酸盐水泥的初凝时间不得小于 45 min,终凝时间不得大于 6.5 h;其他类型的水泥初凝时间不得小于 45 min,终凝时间不得大于 10 h。

12.3.4　水泥安定性测定

12.3.4.1　试验目的

水泥体积安定性是指水泥在凝结硬化过程中体积变化的均匀性。水泥中如果含有较多 CaO、MgO、SO_3,就能使体积发生不均匀变化。

检测游离 CaO 危害性的测定方法——沸煮法,可以用饼法也可用雷氏法,有争议时以雷氏法为准。

12.3.4.2　试验仪器

雷氏夹膨胀值测量仪如图 12-4 所示(标尺最小刻度为 0.5 mm),雷氏夹,沸煮箱,水泥净浆搅拌机,标准养护箱,天平,量水器。

12.3.4.3　试验步骤

(1)试件制作

1)试饼法　称取水泥试样 400 g,以标准稠度用水量,按标准稠度测定时拌和净浆的方法制成净浆,从其中取出净浆约 150 g,分成两等分,使之成球形,放在涂过油的玻璃板上,轻轻振动玻璃板,并用湿布擦过的小刀由边缘向中央抹动,做成直径 70~80 mm、中心厚约 10 mm、边缘渐薄、表面光滑的试饼。接着将试饼放入养护箱内,自成型时起,养

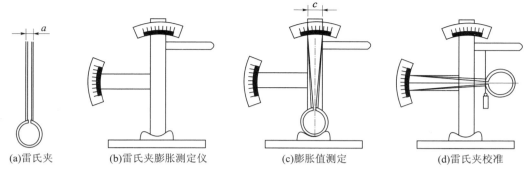

图 12-4　雷氏夹测定仪

护(24±2)h。

2)雷氏法　雷氏夹试件的制备是将预先准备好的雷氏夹放在已稍擦油的玻璃板上,并立刻将已制好的标准稠度净浆(与饼法相同)装满试模,装模时一只手轻轻扶持试模,另一只手用宽约 10 mm 的小刀插捣 15 次左右,然后抹平,盖上稍涂油的玻璃板,接着立刻将试模移至养护箱内养护(24±2) h。

(2)试件检验　去掉玻璃板并取下试件。当采用试饼时,先检查其是否完整,在试件无缺陷的情况下将试饼放在沸煮箱的水中篦板上,然后在(30±5)min 内加热至沸,并恒沸 3 h±5 min。

当用雷氏夹法时,先测量试件指针尖端间的距离(A),精确至 0.5 mm,接着将试件放入水中篦板上,指针朝上,试件之间互不交叉,然后在(30±5)min 内加热至沸,并恒沸 3 h±5 min。

沸煮结束,即放掉箱中热水,打开箱盖,待箱体冷却至室温时,取出试件进行判断。

12.3.4.4　记录及结果

(1)试饼法　目测试件有否裂缝,用直尺检查也没有弯曲的试饼为体积安定性合格,反之为不合格。当两个试饼的判别结果有矛盾时,该水泥也判为不合格。

(2)雷氏法　测量指针尖端间距(C),计算沸煮后指针间距增加值($C-A$),取两个试件的平均值为试验结果,当($C-A$)不大于 5.0 mm 时为体积安定性合格,反之为不合格。当两个试件的($C-A$)值相差超过 4 mm 时,应用同一水泥重做一次试验。

12.3.5　水泥胶砂强度试验

12.3.5.1　试验目的

本试验目的是检验水泥的强度,确定水泥的强度等级。

12.3.5.2　试验仪器

水泥胶砂搅拌机(搅拌叶和搅拌锅做相反转动),胶砂振实台[振实台的振幅为(15±0.3)m,振动频率为 1 次/s],胶砂试模(可装拆的三联模,模内腔尺寸为 40 mm×40 mm×160 mm,附有播料器),刮平直尺,电动抗折试验机如图 12-5 所示,抗压试验机和抗压夹具(抗压试验机的量程为 200~300 kN,示值相对误差不超过±1%;抗压夹具应符合 JC/T 724—2005 要求,试件受压面积为 40 mm×40 mm)。

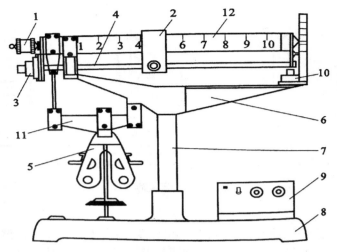

图 12-5　电动抗折试验机

1-平衡锤;2-游动砝码;3-电动机;4-传动丝杠;5-抗折夹具;6-机架;7-立柱;8-底座;
9-电气控制箱;10-启动开关;11-下杠杆;12-上杠杆

12.3.5.3　试验步骤

（1）试件制备

1）试验前,将试模擦净,模板四周与底座的接触面上应涂黄油,紧密装配,防止漏浆。内壁均匀刷一薄层机油。搅拌锅、叶片和下料漏斗（播料器）等用湿布擦干净（更换水泥品种时,必须用湿布擦干净）。

2）水泥与标准砂的质量比为 1∶3,水灰比为 0.5（5 种常用水泥品种都相同,但用火山灰水泥进行胶砂检验时用水量按水灰比 0.5 计,若流动性小于 180 mm 时,需以 0.01 的整倍数递增的方法将水灰比调至胶砂流动度不小于 180 mm）。

3）每成型三条试件需称量水泥（450±2）g,ISO 标准砂（1 350±5）g,水（225±1）g。水泥、砂、水和试验用具的温度与试验室温度相同,称量用的天平精度应为±1 g,当用自动滴管加 225 mL 水时,滴管精度应达到±1 mL。

4）先将称好的水倒入搅拌锅内,再倒入水泥,将袋装的标准砂倒入搅拌机的标准砂斗内。开动搅拌机,搅拌机先慢速搅拌 30 s 后,开始自动加入标准砂并慢速搅拌 30 s,然后自动快速搅拌 30 s 后停机 90 s,将粘在搅拌锅上部边缘的胶砂刮入锅中,搅拌机再自动开动高速下继续搅拌 60 s 停止,各个搅拌阶段,时间误差应在±1 s 内。

（2）试件成型

1）胶砂搅拌的同时,将试模漏斗卡紧在振实台中心,将搅拌好的一半胶砂均匀地装入下料漏斗中,用大播料器垂直架在横套顶部沿整个模槽来回将料层播平。开动振实台,振动 60 次停车。再装入第二层胶砂,用小播料器播平,再振实 60 次。

2）振动完毕,取下试模,用刮刀轻轻刮去高出试模的胶砂并抹平。

（3）试件养护

1）将成型好的试件连模放入标准养护箱（室）内养护,在温度为（20±1）℃、相对湿度不低于 90%的条件下养护。

2)20~24 h之后将试件从养护箱(室)中取出,编号,编号时应将每只模中3条试件编在二龄期内,同时编上成型和测试日期。然后脱模,脱模时应防止损伤试件,对于龄期为24 h的应在破型前20 min内脱模,硬化较慢的试件允许24 h以后脱模,但须记录脱模时间。

3)试件脱模后立即水平或竖直放入水槽中养护。水温为(20±1)℃,水平放置时刮平面朝上,试件之间应留有空隙,水面至少高出试件5 mm,并随时加水保持恒定水位。

注:试件龄期是从水泥加水搅拌开始时算起,至强度测定所经历的时间。不同龄期的试件,必须相应地在24 h±15 min,72 h±45 min,7 d±2 h,28 d±8 h的时间内进行强度试验。到龄期的试件应在强度试验前15 min从水中取出,揩去试件表面沉积物,并用湿布覆盖至试验开始。

(4)强度试验步骤

1)水泥抗折强度试验

①将抗折试验机夹具的圆柱表面清理干净,并调整杠杆处于平衡状态。

②湿布擦去试件表面的水分和砂粒,将试件放入夹具内,使试件成型时的侧面与夹具的圆柱面接触。调整夹具,使杠杆在试件折断时尽可能接近平衡位置。

③以(50±10)N/s的速度进行加荷,直到试件折断,记录破坏荷载。

④保持两个半截棱柱体处于潮湿状态,直至抗压试验开始。

2)水泥抗压强度试验

①立即在抗折后的6个断块(应保持潮湿状态)的侧面上进行抗压试验。抗压试验须用抗压夹具,使试件受压面积为40 mm×40 mm。试验前,应将试件受压面与抗压夹具清理干净,试件的底面应紧靠夹具上的定位销,断块露出上压板外的部分应不少于10 mm。

②在整个加荷过程中,夹具应位于压力机承压板中心,以(2.4±0.2)kN/s的速率均匀地加荷至破坏,记录破坏荷载P(单位:kN)。

12.3.5.4　记录及结果计算

(1)抗折强度计算公式　按式(12-7)计算每条试件的抗折强度(精确至0.1 MPa),即

$$R_f = \frac{1.5F_f L}{b^3} \tag{12-7}$$

式中:R_f——抗折强度,MPa(精确至0.1 MPa);

　　　F_f——破坏荷载,N;

　　　L——支撑圆柱的中心距离,100 mm;

　　　b——棱柱体正方形截面的边长,40 mm。

取3条棱柱体试件抗折强度测定值的算术平均值作为试验结果。当3个测定值中仅有1个超出平均值的±10%时,应予剔除,再以其余2个测定值的平均数作为试验结果;如果3个测定值中有2个超出平均值的±10%时,则该组结果作废。

(2)抗压强度计算公式　按式(12-8)计算每块试件的抗压强度(精确至0.1 MPa),即

$$R_c = \frac{F_c}{A} \tag{12-8}$$

式中:R_c——抗压强度,MPa(精确至0.1 MPa);

F_c——破坏荷载,N;

A——受压面积,为 40 mm×40 mm。

每组试件以 6 个抗压强度测定值的算术平均值作为试验结果。如果 6 个测定值中有 1 个超出平均值的±10%,应剔除这个结果,而以剩下 5 个的平均数作为试验结果。如果 5 个测定值中再有超过它们平均数±10%的,则此组结果作废。

根据上述测得的抗折、抗压强度的试验结果,按相应的水泥标准确定其水泥强度等级。

问题与思考

1.作水泥试验时试验室的温度和相对湿度应控制在多少?

2.检验水泥细度的目的何在?

3.水泥细度检验有哪两种方法? 使用的筛孔是什么形状? 尺寸多大?

4.水泥标准稠度是不是检验水泥质量的必要指标? 如何计算试验所得数据求得标准稠度值?

5.测定水泥的凝结时间时,每次测试后为什么须放回养护箱?

6.什么叫作水泥安定性? 国标规定用什么方法检验水泥安定性? 用水煮沸的作用何在?

7.安定性试饼的尺寸和形状要求如何?

8.安定性不合格的表现如何?

9.硅酸盐水泥胶砂强度测试为什么要作用标准砂,并与水泥有一定比例?

10.水泥胶砂强度试件的养护方法与要求如何?

12.4 混凝土用砂、石集料试验

试验根据国家标准《建筑用砂》(GB/T 14684—2011)、《建筑用卵石、碎石》(GB/T 14685—2011)进行。主要试验内容包括砂的筛分析试验、砂的表观密度试验、砂的堆积密度试验、碎石或卵石的筛分析试验、碎石或卵石的表观密度试验、碎石或卵石的堆积密度试验。

12.4.1 骨料的取样方法

12.4.1.1 细骨料的取样方法

分批方法:细骨料取样应按批取样,在料堆上取样一般以 400 t 或 600 t 为一批。

抽取试样:在料堆上取样时,应在料堆均匀分布的 8 个不同的部位,各取大致相等的试样一份,取样时先将取样部位的表层除去,于较深处铲取,由各部位大致相等的 8 份试样,组成一组试样。

取样数量:每组试样的取样数量,对于每一单项试验应不少于表 12-1 所规定的取样重量。如确能保证试样经一项试验后不致影响另一项试验结果,可用一组试样进行几项不同的试验。

表 12-1　单项试验取样数量 　　　　　　　　　　　　（单位：kg）

序号	试验项目	最少取样数量	序号	试验项目		最少取样数量
1	颗粒级配	4.4	8	硫化物与硫酸盐含量		0.6
2	含混量	4.4	9	氯化物含量		4.4
3	石粉含量	6.0	10	坚固性	天然砂	8.0
4	泥块含量	20.0			人工砂	20.0
5	云母含量	0.6	11	表观密度		2.6
6	轻物质含量	3.2	12	堆积密度与空隙率		5.0
7	有机物含量	2.0	13	碱集料反应		20.0

试样缩分：有分料器法和人工四分法两种方法。分料器法是将样品在潮湿状态下拌和均匀，然后通过分料器，将接料斗中的其中一份再次通过分料器。重复上述过程，直到把样品缩分至试验所需量为止。人工四分法是将所取的样品置于平板上，在潮湿的状态下拌和均匀，并堆成厚度约为 20 mm 的圆饼。然后沿互相垂直的两条直径把圆饼分成大致相等的 4 份，取其中对角线的两份重新拌匀，再堆成圆饼。重复上述过程，直到把样品缩分至试验所需量为止。

12.4.1.2　粗骨料取样法

分批方法：粗骨料取样应按批进行，一般以 400 t 为一批。

抽取试样：取样应自料堆的顶、中、底三个不同高度处，在均匀分布的 5 个不同部位，取大致相等的试样一份，共取 15 份，组成一组试样，取样时先将取样部位的表面铲除，于较深处铲取。从皮带运输机上取样时，应用接料器在皮带运输机机尾的出料处，定时抽取大致等量的石子 8 份，组成一组样品。从火车、汽车、货船上取样时，由不同部位和深度抽取大致等量的石子 16 份，组成一组样品。

取样数量：单项试验的最少取样数量应符合表 12-2 的规定。做几项试验时，如确能保证试样经一项试验后不致影响另一项试验的结果，可用同一试样进行几项不同的试验。

表 12-2　单项试验取样数量

试验项目	不同最大粒径（mm）下的最少取样量/kg							
	9.5	16.0	19.0	26.5	31.5	37.5	63.0	75.0
颗粒级配	9.5	16.0	19.0	25.0	31.5	37.5	63.0	80.0
表观密度	8.0	8.0	8.0	8.0	12.0	16.0	24.0	24.0
堆积密度	40.0	40.0	40.0	40.0	80.0	80.0	120.0	120.0

试样缩分：将所取样品置于平板上，在自然状态下拌和均匀，并堆成锥体，然后用前述四分法把样品缩分至试验所需量为止。堆积密度试验所用试样可不经缩分，在拌匀后直接进行试验。

若试验不合格应重新取样，对不合格项应进行加倍复检，若仍有一个试样不能满足标

准要求,按不合格处理。

12.4.2　砂的筛分析试验

12.4.2.1　试验目的

测定砂子的颗粒级配并计算细度模数,评定砂的粗细程度,为混凝土配合比设计提供依据。

12.4.2.2　试验仪器设备

天平(称量 1 kg、感量 1 g),方孔筛(孔径为 9.50 mm、4.75 mm、2.36 mm、1.18 mm、0.60 mm、0.30 mm、0.15 mm 的方孔筛,以及底盘和盖),摇筛机,烘箱(能控制温度在 105 ℃±5 ℃),搪瓷盘,毛刷等。

12.4.2.3　试验步骤

(1)样品经缩分后,先将试样筛除大于 9.50 mm 的颗粒,并算出其筛余百分率。若试样中的含泥量超过 5%,应先用水洗烘干至恒重再进行筛分。用四分法缩分至每份不少于 550 g 的砂样两份,分别倒入两个浅盘中,在(105±5)℃下烘至恒量(相邻两次称量间隔时间大于 3 h 的情况下,前后两次称量之差小于该项试验所要求的称量精度),冷却至室温后备用。

(2)称取砂样 500 g 置于按筛孔大小顺序排列的套筛的最上一只筛(即 4.75 mm 筛)上,加盖,将整套筛安装在摇筛机上,摇 10 min,取下套筛,按筛孔大小顺序在清洁的搪瓷盘上逐个用手筛,筛至每分钟通过量不超过砂样总量的 0.1%(0.5 g)时为止。通过的颗粒并入下一号筛中,并和下一号筛中的砂样一起过筛。这样顺序进行,直至各号筛全部筛完为止。如试样为特细砂,在筛分析时应增加 0.08 mm 的方孔筛一只。

(3)筛完后,将各筛上遗留的砂粒用毛刷轻轻刷净,称出每号筛上的筛余量。所有各筛的分计筛余量的总和与筛分前的试样总量相比,其差值不得超过试样总量的 1%,否则需重做试验。

12.4.2.4　记录及结果计算

(1)计算分计筛余百分率——各号筛上的筛余量除以砂样总量的百分率(精确至 0.1%)。

(2)计算累计筛余百分率——该号筛上的分计筛余百分率与大于该号筛的各号筛上的分计筛余百分率之总和(精确至 0.1%)。

(3)细度模数按式(12-9)计算,即

$$M_x = \frac{(A_2+A_3+A_4+A_5+A_6)-5A_1}{100-A_1} \tag{12-9}$$

式中:M_x——砂料细度模数;

　　A_1、A_2、A_3、A_4、A_5、A_6——分别为 4.75.0 mm、2.36 mm、1.18 mm、0.60 mm、0.30 mm、0.15 mm 各筛上的累计筛余百分率。

以两次测值的平均值作为试验结果。如各筛筛余量和底盘中粉砂量的总和与原试样量相差超过试样量的 1%时,或两次测试的细度模数相差超过 0.2 时,应重做试验。根据各号筛的累计筛余百分率测定值,查表或绘制砂的级配区图,判断砂的级配分配情况。

12.4.3　砂的表观密度试验

12.4.3.1　试验目的

测定砂的表观密度,作为混凝土用砂的技术依据。

12.4.3.2　试验仪器

天平(称量 1 000 g,感量 1 g),容量瓶(500 mL),烘箱(能使温度控制在 105 ℃ ±5 ℃),干燥器,浅盘,料勺,温度计等。

12.4.3.3　试验步骤

将缩分至约 650 g 的试样在 105 ℃±5 ℃烘箱中烘干至恒重,并在干燥器内冷却至室温备用。分为大致相等的两份 300 g。

(1)称取烘干试样 300 g(m_0),精确至 1 g,装入盛入半瓶冷开水的容量瓶中,摇转容量瓶使试样在水中充分搅动以排除气泡,塞进瓶塞。

(2)静置 24 h 后打开瓶塞,用滴管添水使水面与瓶颈刻度线平齐,塞紧瓶塞,擦干瓶外水分,称其质量 m_1(g)。

(3)倒出瓶中的水和试样,洗净瓶内外,再注入与上项水温相差不超过 2 ℃的冷开水至瓶颈刻度线,塞紧瓶塞,擦干瓶外水分,称其质量 m_2(g)。

12.4.3.4　记录及结果计算

按式(12−10)计算表观密度 ρ_0,即

$$\rho_0 = \frac{m_0}{m_0 + m_2 - m_1} \tag{12−10}$$

以两次测定结果的平均值为试验结果,如果两次测定结果的误差大于 0.02 g/cm^3,则应重新取样进行试验。

12.4.4　砂的堆积密度试验

12.4.4.1　试验目的

测定砂的堆积密度,作为混凝土用砂的技术依据。

12.4.4.2　试验仪器

案秤(称量 5 kg,感量 5 g),容量筒(金属制圆柱形筒,容积约 1 L,筒底厚 5 mm,内径 108 mm,净高 109 mm,壁厚 2 mm),烘箱(能使温度控制在 105 ℃±5 ℃),料勺,直尺,浅盘等。

12.4.4.3　试验步骤

(1)用浅盘装样品约 3 L,置于烘箱中烘至恒重,取出冷却至室温,再用 4.75 mm 筛过筛,分成大致相等的两份试样备用(若出现结块,试验前先予捏碎)。

(2)称量筒质量 m_1(g),将筒置于不受振动的桌上浅盘中,用料勺将试样徐徐装入容量筒内,料勺口距容量筒口不超过 50 mm,装至筒口上面成锥形为止;或通过标准漏斗,按上述步骤进行。

(3)用直尺将筒口上部的试样沿筒口中心线向两个相反方向刮平,称其质量 m_2(g)。

12.4.4.4　记录及结果计算

按式(12-11)计算堆积密度 ρ_0',即

$$\rho_0' = \frac{m_2 - m_1}{V} \tag{12-11}$$

以两次试验结果的算术平均值作为测定值。

12.4.5　碎石或卵石的筛分析试验

12.4.5.1　试验目的

测定粗集料的颗粒级配及粒级规格,以便于选择优质粗集料,达到节约水泥和提高混凝土强度的目的,同时为使用集料和混凝土配合比设计提供依据。

12.4.5.2　试验仪器

方孔筛(孔径规格有 2.36 mm、4.75 mm、9.50 mm、16.0 mm、19.0 mm、26.5 mm、31.5 mm、37.5 mm、53.0 mm、63.0 mm、75.0 mm、90.0 mm 各一只),托盘,台秤,烘箱,容器,浅盘等。

12.4.5.3　试验步骤

(1)按表 12-3 称取试样。

表 12-3　粗集料筛分试验取样数量

最大粒径/mm	9.5	16.0	19.0	26.5	31.5	37.5	63.0	75.0
试样质量/kg	≥1.9	≥3.2	≥3.8	≥5.0	≥6.3	≥7.5	≥12.6	≥16.0

(2)按试样的粒径选用一套筛,按孔径由大到小顺序叠置于干净、平整的地面或铁盘上,然后将试样倒入上层筛中,将套筛置于摇筛机上,摇 10 min。

(3)按孔径由大到小顺序取下各筛,分别于洁净的铁盘上摇筛,直至每分钟通过量不超过试样总量的 0.1% 为止,通过的颗粒并入下一筛中。顺序进行,直到各号筛全部完为止。当试样粒径大于 19.0 mm,筛分时,允许用手拨动试样颗粒,使其通过筛孔。

(4)称取各筛上的筛余量,精确至 1 g。在筛上的所有分计筛余量和筛底剩余的总和与筛分前测定的试样总量相比,相差不得超过 1%。否则,须重做试验。

12.4.5.4　记录及结果计算

(1)分计筛余百分率:各号筛上筛余量除以试样总质量的百分数(精确到 0.1%)。

(2)累计筛余百分率:该号筛上分计筛余百分率与大于该号筛的各号筛上的分计筛余百分率之总和(精确至 1%)。粗集料各号筛上的累计筛余百分率应满足国家规范规定的粗集料颗粒级配范围要求。

12.4.6　碎石或卵石的表观密度试验

本方法不宜用于最大粒径大于 40 mm 的碎石或卵石。

12.4.6.1　试验目的

测定石子的表观密度,作为评定石子的质量和混凝土用土的技术依据。

12.4.6.2　试验仪器

天平(称量 5 kg,感量 5 g),广口瓶(1 000 mL,磨口并带玻璃片),试验筛(孔径 4.75 mm 方孔筛)一只,烘箱(能使温度控制在 105 ℃±5 ℃),毛巾,刷子,浅盘等。

12.4.6.3　试验步骤

(1)将样品筛去 4.75 mm 以下的颗粒,用四分法缩分至不少于表 12-4 所规定的用量,洗刷干净,分成两份备用。

表 12-4　石子表观密度试验的最少试样用量

最大粒径/mm	小于 26.5	31.5	37.5	63.0	75.0
试样质量/kg	≥2.0	≥3.0	≥4.0	≥6.0	≥6.0

(2)称量并记录试样质量(kg)。

(3)将试样浸水饱和后装入广口瓶中。装试样时广口瓶应倾斜放置,然后注入饮用水并用玻璃片覆盖瓶口,上下左右摇晃以排除气泡。

(4)待气泡排尽,向瓶中添加饮用水直至水面凸出瓶口边缘,用玻璃片沿瓶口迅速滑行,使其紧贴瓶口水面。擦干瓶外水分,称取试样、水、瓶和玻璃片的质量(m_1)。

(5)将瓶中试样倒入浅盘,至于烘箱中烘至恒重后取出,放在带盖的容器中冷却至室温后称其质量(m_0)。

(6)将瓶洗净,重新注入饮用水,用玻璃片紧贴瓶口水面,擦干瓶外水分后称其质量(m_2)。

注:试验时各项称量可在 15~25 ℃ 的温度范围内进行,但从试样加水静止的最后 2 h 起,直至试验结束,其温度相差不应超过 2 ℃。

12.4.6.4　记录及结果计算

石子的表观密度 $\rho_{a,G}$ 按下式计算(精确至 0.01 g/cm³),即

$$\rho_{a,G} = \frac{m_0}{m_0 + m_2 - m_1} - a_1 \tag{12-12}$$

式中:m_0——烘干后试样质量,g;

m_1——试样、水、瓶和玻璃片的质量,g;

m_2——水、瓶和玻璃片的质量,g;

a_1——考虑称量时的水温对表观密度影响的修正系数,见表 12-5。

石子的表观密度以两份试验测定结果的算术平均值为测定值,两次试验结果值之差应小于 0.02 g/cm³,否则应重新取样试验。对颗粒材质不均匀的试样,若两次试验结果之差超过 0.02 g/cm³,可取 4 次测定结果的算术平均值为测定值。

表 12-5　不同水温下石子表观密度的温度修正系数

水温	15	16	17	18	19	20	21	22	23	24	25
a_1	0.002	0.003	0.003	0.004	0.004	0.005	0.005	0.006	0.006	0.007	0.008

12.4.7 碎石或卵石的堆积密度试验

12.4.7.1 试验目的
测定石子的堆积密度,作为混凝土配合比设计和一般使用的依据。

12.4.7.2 试验仪器
案秤(称量 50 kg,感量 50 g;称量 100 kg,感量 100 g,各一台),容量筒(金属制,规格见表 12-6),烘箱(能使温度控制在 105 ℃±5 ℃),平头铁锹,浅盘等。

表 12-6 石子堆积密度试验用容量筒规格要求

石子最大粒径/mm	容量体积/L	容量筒规格/mm		筒壁厚/mm
		内径	净高	
9.5、16.0、19.0、26.5	10	208	294	2
31.5、37.5	20	294	294	3
53.0、63.0、75.0	30	360	294	4

12.4.7.3 试验步骤
(1)从取样中按表 12-7 规定用量称取试样放入浅盘,置于烘箱烘干,也可摊在清洁地面上风干拌匀后备用。

表 12-7 石子堆积密度试验取样数量

最大粒径/mm	9.5	16.0	19.0	26.5	31.5	37.5	63.0	75.0
取样质量/kg 不少于		40.4				80.0		120.0

(2)称取容量筒质量(m_1)。

(3)取一份试样置于平整、干净的地面或铁板上,用铁锹将试样铲起,保持石子自由落入容量筒的高度约 50 mm,装满容量筒并除去凸出筒口表面的颗粒,再用合适的颗粒填入凹陷部分使其表面大致平整,称取试样和容量筒的总量(m^2)。

12.4.7.4 记录及结果计算
石子的堆积密度 $\rho_{L,G}$ 可按下式计算,即

$$\rho_{L,G} = \frac{m_2 - m_1}{V_0} \times 1\ 000 \qquad (12-13)$$

式中:m_1——容量筒质量,kg;

$\quad m_2$——试样和容量筒质量,kg;

$\quad V_0$——容量筒容量,L。

石子的堆积密度试验以两次试验测定结果的算术平均值作为测定值。

问题与思考
1.砂子表观密度,应在什么水温下进行? 为什么其测试值须用水温修正系数校正?

2.砂、石的空隙率小是不是就是质量好?

3.如果砂子和石子的级配不合格应该如何处理?

12.5　普通混凝土试验

本试验依据《普通混凝土拌和物性能试验方法标准》(GB/T 50080—2002)、《普通混凝土力学性能试验方法标准》(GB/T 50081—2002),主要内容:混凝土拌和物和易性试验、混凝土拌和物表观密度试验、立方体抗压强度试验、混凝土劈裂抗拉强度试验、混凝土抗折强度试验等。

一般规定:①拌制混凝土的原材料应符合技术要求,并与施工实际用料相同,在拌和前,材料的温度应与室温相同(应保持在 20 ℃±5 ℃),水泥如有结块现象,应用64 孔/cm² 筛过筛,筛余团块不得使用;②控制混凝土的材料用量以质量计,称量的精确度:骨料为±1%;水泥、水及混合料为±0.5%。

12.5.1　混凝土拌和物试样制备

12.5.1.1　试验目的
拌制混凝土,为普通混凝土的后续试验做好准备。

12.5.1.2　试验仪器
混凝土搅拌机(容量 50～100 L,转速 18～22 r/min)拌和钢板:(平面尺寸不小于1.5 m×2.0 m,厚 5 mm 左右),磅秤(称量 50～100 kg,感量 50 g),台秤(称量 10 kg,感量 5 g),托盘天平(称量 1 kg,感量 0.5 g),天平(称量 100 g,感量 0.01 g),盛料容器和铁铲等。

12.5.1.3　试验步骤
(1)人工拌和

1)按所定配合比备料,以饱和面干状态为准。

2)将拌板及拌铲用湿布湿润后将砂倒在拌板上,然后加入水泥,用铲自拌板一端翻拌至另一端,来回重复,直至充分混合,颜色均匀,再加上石子,翻拌至混合均匀为止。

3)将干混合物堆成堆,在中间做一凹槽,将已称量好的水倒约一半在凹槽中(勿使水流出),然后仔细翻板,并徐徐加入剩余的水,继续翻拌,每翻拌一次,用铲在拌和物上铲切一次,直到拌和均匀为止。

4)拌和时力求动作敏捷,拌和时间从加水时算起,应大致符合下列规定:拌和物体体积为 30 L 以下时,4～5 min;拌和物体积为 30～50 L 以下时,5～9 min;拌和物体积为51～75 L 以下时,9～12 min。

5)拌好后,根据试验要求,立即做坍落度测定或试件成型。从开始加水时算起,全部操作须在 30min 内完成。

(2)机械拌和

1)按所定配合比备料,以饱和面干状态为准。

2)预拌一次,即用按配合比的水泥、砂和水组成的砂浆及少量石子,在搅拌机中进行涮膛。然后倒出并刮去多余的砂浆,其目的是使水泥砂浆黏附满搅拌机的筒壁,以免正式拌和时影响拌和物的配合比。

3）开动搅拌机，向搅拌机内依次加入石子、砂、水泥，干拌均匀，再将水徐徐加入，全部加料时间不超过 2 min，水全部加入后，继续拌和 2 min。

4）将拌好的混凝土拌和物卸在钢板上，刮出黏结在搅拌机上的拌和物，再经人工拌和 1~2 min，即可做坍落度测定或试件成型。从开始加水时算起，全部操作必须在 30 min 内完成。

12.5.2 混凝土拌和物和易性试验——坍落度与坍落扩展度法试验

12.5.2.1 试验目的

测定拌和物流动性，观察其黏聚性和保水性，综合评定混凝土的和易性，作为调整配合比和控制混凝土质量的依据。

12.5.2.2 试验仪器

坍落度筒（由薄钢板或其他金属制成的圆台形筒，内壁必须光滑，无凹凸部位，地面和顶面应互相平行并与锥体的轴线垂直，在筒外 2/3 高度处安两个把守，下端应焊脚踏板），捣棒（直径 16 mm、长 600 mm，端部应磨圆），镘刀、小铲等。坍落度测定如图 12-6 所示。

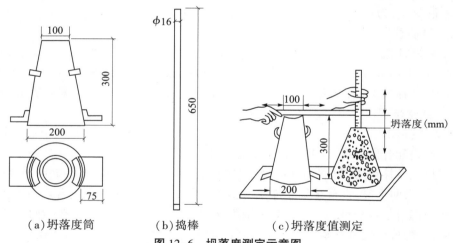

（a）坍落度筒　　　（b）捣棒　　　（c）坍落度值测定

图 12-6　坍落度测定示意图

12.5.2.3 试验步骤

（1）按"混凝土拌和物试样制备"拌制混凝土拌和物，测定时需拌和物约 15 L。

（2）润湿坍落度筒及其他用具，并把筒放在不吸水的水平钢板上，双脚踏紧踏板，使坍落度筒在装料时保持位置固定。

（3）把按要求取得的混凝土用小铲通过装料漏斗分三层装入筒内，使捣实后每层高度为筒高的 1/3 左右。每装一层，用捣棒在筒内从边缘到中心按螺旋形均匀插捣 25 次，各次插捣应在截面上均匀分布，插捣筒边混凝土时，捣棒可以稍稍倾斜。插捣深度：插捣底层时，应穿透该层；插捣第二层和顶层时，捣棒应插透本层至下一层的表面。浇灌顶层时，混凝土应灌到高出筒口。插捣过程中，如混凝土沉落到低于筒口，应随时添加。顶层插捣完毕,刮去多余的混凝土并用抹刀抹平。

（4）清除筒边钢板上的混凝土后,垂直平稳地提起坍落度筒。提离过程应在 5~10 s 内完成。从开始装料到提起坍落度筒的整个进程应不间断地进行,并应在 150 s 内完成。

（5）坍落度筒提离后,当试样不再继续坍落时,量测筒高与坍落后混凝土试体最高点之间的高差,即为该混凝土拌和物的坍落度值(以 mm 为单位,精确至 5 mm)。

（6）坍落度筒提离后,如混凝土试样发生一边坍陷或剪坏,则该试验作废,应重新取样进行测定。如第二次仍出现这种现象,则表示该拌和物和易性不好,应予记录备查。

（7）观察坍落后的混凝土试体的黏聚性及保水性。黏聚性的检查方法是用捣棒在已坍落的混凝土锥体侧面轻轻敲打。此时,如果锥体逐渐下沉,则表示黏聚性良好,如果锥体倒塌、部分崩裂或出现离析现象,则表示黏聚性不好。保水性以混凝土拌和物中稀浆析出的程度来评定,坍落度筒提起后如有较多的稀浆从底部析出,锥体部分的混凝土也因失浆而骨料外露,则表明此混凝土拌和物的保水性不好,如无这种现象,则表明保水性良好。

（8）坍落度的调整。当测得拌和物的坍落度达不到要求或认为黏聚性、保水性不满意时,可保持水灰比不变,掺入水泥和水进行调整,掺量为原试拌用量的 5% 或 10%;当坍落度过大时,可酌情增加砂和石子,尽快拌和均匀,重做坍落度测定。

（9）当混凝土拌和物的坍落度大于 220 mm 时,用钢尺测量混凝土扩展后最终的最大直径和最小直径。

12.5.2.4　记录及结果计算

（1）混凝土拌和物坍落度和坍落度扩展度值以毫米为单位,测量精确至 1 mm,结果表达修约至 5 mm。

（2）混凝土拌和物和易性评定,应按试验测定值核试验目测情况综合评议。其中坍落度至少要测定两次,并以两次测定值之差不大于 20 mm 的测定值为依据,求算术平均值作为本次试验的测定结果。在混凝土拌和物扩展后最终的最大直径和最小直径之差小于 50 mm 的条件下(否则此次试验无效),用其算术平均值作为坍落度扩展度值测定结果。

（3）记录下调整前后拌和物的坍落度、保水性、黏聚性以及各材料实际用量,并以和易性符合要求后的各材料用量为依据,对混凝土配合比进行调整,求基准配合比。

12.5.3　混凝土拌和物和易性试验——维勃稠度法试验

12.5.3.1　试验目的

本试验目的是测定拌和物维勃稠度值,作为调整混凝土配合比和控制其质量的依据。

12.5.3.2　试验仪器设备

维勃稠度仪(振动台、容器、坍落度筒、旋转架)如图 12-7 所示,秒表等。

12.5.3.3　试验步骤

（1）配置混凝土拌和物约 15 L,备用。计算、配置方法等同于坍落度试验。

（2）将维勃稠度仪平放在坚实的基面上,用湿布把容器、坍落度筒及喂料斗内壁湿润。

（3）装料、插捣方法同坍落度筒法。

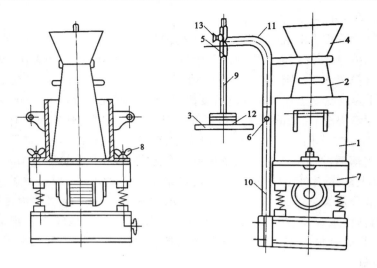

图 12-7 维勃稠度仪示意图

1-容器;2-坍落度筒;3-透明圆盘;4-喂料斗;5-套管;6-定位螺丝;7-振实台;

8-固定螺丝;9-测杆;10-支柱;11-旋转架;12-荷重块;13-测杆螺丝

（4）把圆盘喂料斗转离坍落度筒，垂直地提起坍落度筒，此时注意不使混凝土试体受到碰撞或震动。

（5）把透明圆盘转到锥体顶面，放松螺丝，降下圆盘，使其轻轻接触到混凝土顶面，防止坍落的混凝土倒下与容器壁相碰。

（6）拧紧定位螺丝，并检查测杆螺丝是否已经放松。开启振动台，同时以秒表计时。在振动的作用下，透明圆盘的底面被水泥浆布满的瞬时停表计时，并关闭振动台。

12.5.3.4 记录及结果

（1）记录秒表上的时间（精确至 1 s）。由秒表读出的时间数表示该混凝土拌和物的维勃稠度值。

（2）如果维勃稠度值小于 5 s 或大于 30 s，说明此种混凝土所具有的稠度仪超出本试验仪器的适用范围。

12.5.4 混凝土拌和物表观密度试验

12.5.4.1 试验目的

测定拌和物捣实后单位体积的质量，作为调整混凝土配合比的依据。

12.5.4.2 试验仪器

台称（称量 50 kg，感量 50 g），容量筒（金属制成的圆筒，两旁有提手。对骨料最大粒径不大于 40 mm 的拌和物采用容积为 5 L 的容量筒，其内径与内高均为 186 mm±2 mm，筒壁厚为 3 mm；骨料最大粒径大于 40 mm 时，容量筒的内径与内高均应大于骨料最大粒径的 4 倍。容量筒的上缘及内壁应光滑平整，顶面与底面平行并与圆柱体的轴垂直。对集料最大粒径为 50 mm、63.5 mm 的拌和物，分别采用容积为 10 L、5 L 的容量筒，容量筒容积应予以标定，标定方法可采用一块能覆盖住容量筒顶面的玻璃板，先称出玻璃板和空

桶的质量,然后向容量筒中灌入清水,当水接近上口时,一边不断加水,一边把玻璃板沿筒口徐徐推入盖严,应注意使玻璃板下不带入任何气泡,然后擦净玻璃板面及筒壁外的水分,将容量筒连同玻璃板放在台秤上称其质量;两次质量之差即为容量筒的容积),振动台,捣棒等。

12.5.4.3　试验步骤

(1)从满足混凝土和易性要求的拌和物中取样,及时连续试验。

(2)用湿布把容量筒内外擦干净,称出容量筒质量 m_1,精确至 50 g。

(3)混凝土的装料及捣实方法应根据拌和物的稠度而定。坍落度不大于 70 mm 的混凝土,用振动台振实为宜;大于 70 mm 的用捣棒捣实为宜。采用捣棒捣实时,应根据容量筒的大小决定分层与插捣次数:用 5 L 容量筒时,混凝土拌和物应分两层装入,每层的插捣次数应大于 25 次;用大于 5 L 的容量筒时,每层混凝土的高度不应大于 100 mm,每层的插捣次数应按每 10 000 mm² 截面不小于 12 次计算。各次插捣应由边缘向中心均匀地插捣,插捣底层时捣棒应贯穿整个深度,插捣第二层时,捣棒应插透本层至下层的表面;每一层捣完后用橡皮锤轻轻沿容器外壁敲打 5~10 次,进行振实,直至拌和物表面插捣孔消失并不见大气泡为止。

采用振动台振实时,应一次将混凝土拌和物灌到高出容量筒口。装料时可用捣棒稍加插捣,振动过程中如混凝土低于筒口,应随时添加混凝土,振动直至表面出浆为止。

(4)用刮尺将筒口多余的混凝土拌和物刮去,表面如有凹陷应填平;将容量筒外壁擦净,称出混凝土试样与容量筒总质量 m_2,精确至 50 g。

12.5.4.4　记录及结果计算

混凝土拌和物的实测表观密度 $\rho_{b,c}$,按下式计算,即

$$\rho_{b \cdot c} = \frac{m_2 - m_1}{V_0} \tag{12-14}$$

12.5.5　混凝土立方体抗压强度试验

12.5.5.1　试验目的

测定混凝土立方体抗压强度,作为确定混凝土强度等级和调整配合比的依据。

12.5.5.2　试验仪器

压力机或万能试验机(试验时由试件最大荷载选择压力机的量程,使试件破坏的荷载位于全量程的 20%~80%,其测量精度为 ±1%),钢制垫板(其尺寸比试件承压面稍大,平整度误差不大于边长的 0.02%),试模(规格视骨料最大粒径按表 12-8 确定)。

表 12-8　骨料最大粒径与试模规格表

骨料最大粒径/mm	试模规格/mm
30	100×100×100
40	150×150×150
80	300×300×300
150	500×500×500

12.5.5.3　试验步骤

（1）按本规程《混凝土拌和物室内拌和方法》及《混凝土的成型与养护方法》的有关规定制作试件。

（2）到达试验龄期时，从养护室取出试件，并尽快试验。试验前需用湿布覆盖试件，防止试件干燥。

（3）试验前将试件擦拭干净，测量尺寸，并检查其外观，当试件有严重缺陷时，应废弃。试件尺寸测量精确至1 mm，并据此计算试件的承压面积。如实测尺寸与公称尺寸之差不超过1 mm，可按公称尺寸进行计算。试件承压面的不平整度误差不得超过边长的0.05%，承压面与相邻面的不垂直度不应超过±1°。

（4）将试件放在试验机下压板正中间，上下压板与试件之间宜垫以垫板，试件的承压面应与成型时的顶面垂直。开动试验机，当上垫板与上压板即将接触时如有明显偏斜，应调整球座，使试件受压均匀。

（5）以每秒0.3～0.5 MPa的速度连续而均匀地加荷。当试件接近破坏而开始迅速变形时，停止调整试验机油门，直至试件破坏，并记录破坏荷载。

12.5.5.4　记录及结果计算

（1）混凝土立方体抗压强度按下式计算（准确至0.1 MPa），即

$$R = \frac{P}{A} \tag{12-15}$$

式中：R——试验龄期的混凝土立方体抗压强度，MPa；

　　　P——破坏荷载，N；

　　　A——试件承压面积，mm^2。

（2）以三个试件测值的平均值作为该组试件的抗压强度试验结果。当三个试件强度的最大值或最小值之一，与中间值之差超过中间值的15%时，取中间值。当三个试件强度中的最大值和最小值，与中间值之差均超过中间值15%时，该组试验应重做。

（3）混凝土的立方体抗压强度以边长为150 mm的立方体试件的试验结果为标准，其他尺寸试件的试验结果均应换算成标准值。对边长为100 mm的立方体试件，试验结果应乘以换算系数0.95；边长为300 mm、500 mm的立方体试件，试验结果应分别乘以换算系数。

12.5.6　混凝土抗折强度试验

12.5.6.1　试验目的

测定混凝土抗折强度，为道路混凝土强度设计提供依据。

12.5.6.2　试验仪器

试验机（万能试验机或带有抗弯试验架的压力试验机，其要求与《混凝土立方体抗压强度试验》有关规定相同），试验加荷装置（双点加荷的钢制加压头，其要求应使两个相等的荷载同时作用在小梁的两个三分点处；与试件接触的两个支座头和两个加压头应具有直径约15 mm的弧形端面，其中的一个支座头及两个加压头宜做成既能滚动又能前后倾斜）。试件受力情况如抗弯试验示意如图12-8所示。

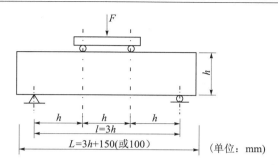

图 12-8　抗弯试验示意图

试模:混凝土抗弯强度试验应采用 150 mm×150 mm×600 mm 或 550 mm 小梁作为标准试件。制作标准试件所用混凝土骨料最大粒径不应大于 40 mm,必要时可采用 100 mm×100 mm×400 mm(或 515 mm)试件,此时,混凝土中骨料最大粒径不应大于 30 mm。

12.5.6.3　试验步骤

(1)按本规程《混凝土拌和物室内拌和方法》及《混凝土的成型与养护方法》的有关规定制作试件。

(2)到达试验龄期时,从养护室取出试件,并尽快试验。试验前须用湿布覆盖试件,防止试件干燥。

(3)试验前将试件擦拭干净,检查外观,试件不得有明显缺陷,在试件侧面划出加荷点位置。

(4)将试件在试验机的支座上放稳对中,承压面应选择试件成型时的侧面,开动试验机,当加荷压头与试件快接近时,调整加压头及支座,使接触均衡。如加压头及支座不能接触均衡,则接触不良处应予以垫平。

(5)开动试验机,以 250 N/s 的速度连续而均匀地加荷(不得冲击)。当试件接近破坏时应停止调整试验机油门直至试件破坏,并记录破坏荷载。

12.5.6.4　记录及结果计算

(1)混凝土抗弯强度按下式计算(准确至 0.01 MPa),即

$$R_w = \frac{PL}{bh^2} \tag{12-16}$$

式中:R_w——混凝土抗弯强度,MPa;

　　P——破坏荷载,N;

　　L——支座间距即跨度,mm;

　　b——试件截面宽度,mm;

　　h——试件截面高度,mm。

(2)抗弯强度以三个试件抗弯强度中的最大值或最小值之一,与中间值之差超过 15% 时,取中间值;当三个试件抗弯强度中的最大值和最小值,与中间值之差均超过中间值 15% 时,该组试验应重做。

(3)采用 100 mm×100 mm×400 mm 试件时,抗弯强度试验结果需乘以换算系数 0.85。

12.5.7 混凝土劈裂抗拉强度试验

12.5.7.1 试验目的

测定混凝土劈裂抗拉强度,确定混凝土的抗裂度,间接衡量混凝土的抗冲击强度以及混凝土与钢筋的黏结强度。

12.5.7.2 试验仪器

试验机(与"混凝土立方体抗压强度试验"相同),试模(劈裂抗拉强度试验应采用 150 mm×150 mm×150 mm 的立方体试模作为标准试模,制作标准试件所用混凝土骨料的最大粒径不应大于 40 mm。必要时可采用非标准尺寸的立方体试件,非标准试件混凝土的试模规格视骨料最大粒径按"混凝土立方体抗压强度试验"中"骨料粒径与试模规格表"选用),垫条:采用直径为 150 mm 的钢制弧形垫条;垫层:用于垫条与试件之间,系木质三合板或硬质纤维板。宽 15~20 mm,厚 3~4 mm,长度不应小于试件边长。垫层不得重复使用。

12.5.7.3 试验步骤

(1)按《混凝土拌和物室内拌和方法》和《混凝土的成型与养护方法》的有关规定制作试件。

(2)到达试验龄期时,从养护室取出试件,并尽快试验。试验前需用湿布覆盖试件,防止试件干燥。

(3)试验前将试件擦拭干净,检查外观,并在试件成型时的顶面和底面中部划出相互平行的直线,准确定出劈裂面的位置。

(4)将试件放在压力试验机下压板的中心位置。在上、下压板与试件之间垫以圆弧形垫条及垫层各一条,垫条方向应与成型时的顶面垂直。为保证上、下垫条对准及提高工作效率,可以把垫条安装在定位架上使用。开动试验机,当上压板与试件接近时,调整球座,使接触均衡。

(5)以 0.04~0.06 MPa/s 速度连续而均匀地加载。当试件接近破坏时,应停止调整油门,直至试件破坏,记录破坏荷载。

12.5.7.4 记录及结果计算

(1)混凝土劈裂抗拉强度按下式计算(准确至 0.1 MPa),即

$$R_{pl} = \frac{2PL}{\pi A} = 0.637 \frac{P}{A} \qquad (12-17)$$

式中:R_{pl}——试验龄期的混凝土劈裂抗拉强度,MPa;

$\quad\quad P$——破坏荷载,N;

$\quad\quad A$——试件劈裂面面积,mm^2。

(2)以三个试件测值的平均值作为该组试件劈裂抗拉强度的试验结果。当三个试件强度中的最大值或最小值之一,与中间值之差超过中间值的 15% 时,取中间值;当三个试件测值中的最大值和最小值,与中间值之差均超过中间值 15% 时,该组试验应重做。

12.5.8　混凝土综合试验设计

12.5.8.1　混凝土综合试验设计目的

了解普通混凝土配合比设计的全过程,培养综合设计试验能力;熟悉混凝土拌和物的和易性和混凝土强度试验方法。根据提供的工程条件和材料,结合试验设计出符合工程要求的普通混凝土配合比。

12.5.8.2　混凝土综合试验设计题目

某工程的预制钢筋混凝土梁用混凝土(不受风雪影响)配合比设计。

12.5.8.3　混凝土综合试验设计工程和原料条件

工程条件:混凝土设计强度等级为 C25,要求强度保证率 95%。该施工单位无历史统计资料。施工要求坍落度为 30~50 mm。施工现场混凝土由机械搅拌,机械振捣。

原材料:①普通水泥,强度等级 32.5,表观密度 $\rho_c = 3.1$ g/m³;②中砂;③碎石;④自来水。

12.5.8.4　混凝土综合试验设计任务

(1)拟订水泥混凝土配合比设计方案。
(2)计算水泥混凝土初步配合比。
(3)确定水泥混凝土试验室配合比。
(4)折算水泥混凝土施工配合比。

问题与思考

1.混凝土拌和物坍落度不符合要求时,应如何调整? 在实际调整时应注意什么?

2.从混凝土的立方体强度试件的制作到压力试验,为什么规定试件尺寸大小,养护条件(主要指温、湿度)及加荷速度?

3.混凝土轴心抗压强度试件的制作,为什么规定高度是宽度尺寸的 2~3 倍?

4.在混凝土抗拉试验中,为什么要规定使用一定宽厚度的木质三合板或硬质纤维板的垫层? 能用其他材料作垫层吗?

5.为什么在混凝土抗渗试件的周边(试件的顶面和底面不允许)要涂刷一层融化的石蜡?

12.6　建筑砂浆试验

12.6.1　试样制备

12.6.1.1　试验目的

拌制砂浆,为普通砂浆的后续试验做好准备。

一般规定:①拌制砂浆所用的材料,应符合质量标准,并要求提前运入试验室内,拌和时试验室温度应保持在 20 ℃±5 ℃;②水泥如有结块应充分混合均匀,以 0.9 mm 筛过筛,砂也应以 5 mm 筛过筛;③拌制砂浆时,材料称量精度:水泥、外加剂等为 0.5%;砂、石灰

膏、黏土膏等为1%;④拌制前应将搅拌机、拌和铁板、拌铲、抹刀等工具表面湿润,注意拌和铁板上不得有积水。

12.6.1.2　试验仪器

砂浆搅拌机,拌和铁板,磅秤(称量50 kg,感量50 g),台秤(称量10 kg,感量5 g),拌铲,抹刀,量筒,盛器等。

12.6.1.3　试验步骤

(1)人工拌和

1)按配合比称取各材料用量,将称好的砂子倒在拌板上,然后加入水泥,用拌铲拌和至混合物颜色均匀为止。

2)将混合物堆成堆,在中间做一凹坑,将称好的石灰膏(或黏土膏)倒入凹坑中,再倒入部分水将其调稀,然后与水泥、砂共同拌和,并逐渐加水,直至拌和物色泽一致,观察其和易性符合要求为止,一般需拌和5 min。

(2)机械拌和

1)按配合比先拌适量砂浆,使搅拌机内壁黏附一薄层砂浆,使正式拌和时的砂浆配合比成分准确。

2)称出各材料用量,将砂、水泥装入搅拌机内。

3)开动搅拌机,将水徐徐加入(混合砂浆须将石灰膏或黏土膏用水稀释至浆状),搅拌约3 min。

4)将砂浆拌和物倒置铁板上,用铲翻拌几次,使之均匀。

12.6.2　砂浆的稠度试验

12.6.2.1　试验目的

测得达到设计稠度时的加水量,或在施工期间控制稠度以保证施工质量。

12.6.2.2　试验仪器

砂浆稠度仪如图12-9所示,捣棒,台秤,拌锅,拌和钢板,秒表等。

12.6.2.3　试验步骤

(1)将拌好的砂浆装入圆锥筒内,装至筒口下约10 mm,用捣棒插捣25次,前12次需插到筒底,然后将砂浆筒在桌上轻轻振动5~6下,使之表面平整,再移置于砂浆稠度仪台座上。

(2)放松固定螺钉,使圆锥体的尖端和砂浆表面接触,并对准中心,拧紧固定螺钉,读出标尺读数,然后突然放开固定螺钉,使圆锥体自由沉入砂浆中10 s后,读出下沉的距离(以mm计),即为砂浆的稠度值。

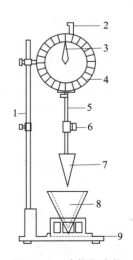

图12-9　砂浆稠度仪

1-支架;2-齿条测杆;3-指针;
4-刻度盘;5-滑竿;6-制动螺丝;7
-试锥;8-盛浆容器;9-底座

12.6.2.4　记录及结果

以两次试验的结果的算术平均值作为该砂浆的稠度测定结果。如两次分测定值之差大于 20 mm 时,应另取砂浆搅拌后重新测定。

12.6.3　砂浆的分层度试验

12.6.3.1　试验目的

测定砂浆拌和物在运输、停放、使用过程中的离析、沁水等内部组分的安定性。

12.6.3.2　试验仪器

砂浆分层度仪如图 12-10 所示,水泥胶砂振实台,砂浆稠度仪,捣棒,台秤,拌锅,拌和钢板,量筒,秒表等。

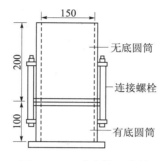

图 12-10　砂浆分层度筒

12.6.3.3　试验步骤

(1)将拌和好的砂浆,经稠度试验后重新拌和均匀,一次装满分层度仪内,用木槌在容器周围距离大致相等的四个不同地方轻敲 1~2 次,并随时添加,然后用抹刀抹平。

(2)静置 30 min,去掉上层 200 mm 砂浆,然后取出底层 100 mm 砂浆重新拌和均匀,再测定砂浆稠度。前后测得的稠度之差即为该砂浆的分层度值。

12.6.3.4　记录及结果计算

以两次试验的结果的算术平均值作为该砂浆的分层度值。如两次分层度试验值之差大于 20 mm 时,应重做试验。

12.6.4　砂浆的抗压强度试验

12.6.4.1　试验目的

检验砂浆的强度是检测砂浆性能的基本要求。

12.6.4.2　试验仪器

压力试验机,试模内壁边长 70.7 mm 的立方体金属试摸,捣棒,刮刀等。

12.6.4.3　试验步骤

(1)试件的制作及养护

1)用于吸水基底的砂浆,采用无底试模。将试模置于铺有一层吸水性较好的湿纸的普通黏土砖上(砖的吸收率不大于 10%,含水率不大于 2%)。试模内壁涂一层机油或脱

模剂,将拌好的砂浆一次装满试模,并用捣棒均匀由外向内按螺旋方向插捣 25 次。然后在四侧用刮刀沿试模内壁插捣数次,砂浆应高出模口 6~8 mm。待砂浆表面出现麻斑时(15~30 min),将高出模口的砂浆沿试模顶面刮去并抹平。

用于不吸水基底的砂浆,采用有底试模,不使水分流失。砂浆分两层装入,每层用捣棒插捣 12 次。然后用刮刀沿试模内壁插捣数次,静停 15~20 min,刮去多余砂浆并抹平。

2)试件制作后应在 20 ℃±5 ℃环境下静置 24 h±2 h,气温较低时,可适当延长时间,但不得超过两天。然后进行编号拆模,并在标准养护条件下(混合砂浆为 20 ℃±3 ℃,相对湿度 60%~80%;水泥砂浆为 20 ℃±3 ℃,相对湿度 90%以上)继续养护至28 d,然后进行试压。如无标准养护条件时,可采用自然养护(混合砂浆为正温度,相对湿度 60%~80%的室内;水泥砂浆为正温度并保持试件表面湿润,如湿砂堆中)。

(2)抗压强度测定

1)试件从养护地点取出后,应尽快进行试验,以免内部温、湿度发生显著变化。先将试件擦干净,测量尺寸,并检查其外观。试件尺寸测量精确至 1 mm,并据此计算试件的受压面积 $A(mm^2)$。若测量尺寸与公称尺寸之差不超过 1 mm,可按公称尺寸进行计算。

2)将试件置于压力机的下压板上,试件的承压面应与成型时的顶面垂直,试件中心应与下压板中心对准。

3)开动压力机,当上压板与试件接近时,调整球座,使接触面均衡受压。加荷应均匀而连续,加荷速度为 0.5~1.5 kN/s(砂浆强度不应大于 5 MPa 时,取下限为宜;大于 5 MPa 时,取上限为宜),当试件接近破坏而开始迅速变形时,停止调整压力机油门,直至试件破坏,记录破坏荷载(P)。

12.6.4.4　记录及结果计算

每组试件取 6 个,取 6 个试件的算术平均值为该组试件的抗压强度值,平均值计算精确至 0.1 MPa。当 6 个试件的最大值或最小值与平均值的差超过20%时,以中间 4 个试件的平均值作为该组试件的抗压强度值。

问题与思考

1.砂浆稠度测定时如何保证试验数据的准确性?

2.砂浆立方体试件抗压强度计算为何要换算系数?

12.7　钢筋试验

12.7.1　试验目的

建筑钢材是指钢筋混凝土结构的钢筋、钢丝和用于钢结构的各种型钢,以及用于维护结构的装修工程的各种深加工钢板和复合板等。由于建筑钢材主要用作结构材料,钢材的性能往往对结构的安全起着决定性的作用,因此,我们应对各种钢材的性能有充分的了解,以便在设计和施工中合理地选择和使用。

抗拉强度是建筑钢材最重要的性能之一。由拉力试验测定的屈服点、抗拉强度和伸长率是钢材抗拉性能的主要技术指标。钢材的受拉性能可通过低碳钢受拉时的应力-应变图阐明。低碳钢在常温和静载条件下,要经历四个过程,即弹性阶段、塑性阶段、应变强化阶段和颈缩断裂。钢材的抗拉性能通过伸长率等指标来反应。

冷弯性能是指钢材在常温下承受弯曲变形的能力,是建筑钢材的重要工艺性能。钢材的冷弯性能指标用试件在常温下所能承受的弯曲程度表示。按规定的弯曲角和弯心直径进行试验时,试件的弯曲处不发生裂缝、裂断或起层,即认为冷弯性能合格。

通过钢筋试验可以加深对钢筋受拉的应力-应变特性的认识;加深对屈服强度、抗拉强度和伸长率的认识;确定试验钢筋的钢号。

12.7.2 试验仪器

万能试验机,游标卡尺,支承辊,虎钳式弯曲装置等。

12.7.3 试验步骤

(1)拉伸试验

1)试件制作和准备 抗拉试验用钢筋试件不得进行车削加工,可以用两个或一系列等分小冲点或细划线标出原始标距(标记不应影响试样断裂),测量标距长度 L_0(精确至 0.1 mm),如图 12-11 所示。计算钢筋强度用横截面积采用表 12-9 所列公称横截面积。

表 12-9 钢筋的公称横截面积

公称直径/mm	公称横截面面积/mm²	公称直径/mm	公称横截面面积/mm²
8	50.27	22	380.1
10	78.54	25	490.9
12	113.1	28	615.8
14	153.9	32	804.2
16	201.1	36	1 018
18	254.5	40	1 257
20	314.2	50	1 964

2)屈服点 σ_s 和抗拉强度 σ_b 测定

① 调整试验机测力度盘的指针,使其对准零点,并拨动副指针,使之与主指针重叠。

② 将试件固定在试验机夹头内,开动试验机进行拉伸。测屈服点时,屈服前的应力增加速率按表 12-10 规定,并保持试验机控制器固定于这一速率位置上,直至该性能测出为止。屈服后或只需测定抗拉强度时,试验机活动夹头在荷载下的移动速度为不大于 $0.5 L_c$/min,L_c 为试件两夹头之间的距离。

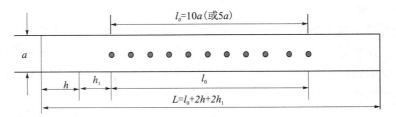

图 12-11 钢筋拉伸试件

a-试样原始直径；l_0-标距长度；h-夹头长度；L-试样平行长度[不小于 l_0+a]

表 12-10 屈服前的加荷速率

金属材料的弹性模量/（N/mm²）	应力速率/（N/mm²·s⁻¹）	
	最小	最大
<150 000	2	20
≥150 000	6	60

③拉伸中，测力度盘的指针停止转动时的恒定荷载，或第一次回转时的最小荷载，即为所求的屈服点荷载 F_s(N)。按下式计算试件的屈服点，即

$$\sigma_s = \frac{F_s}{A} \qquad (12-18)$$

式中：σ_s——屈服点，MPa，应计算至 10 MPa；

$\quad\quad F_s$——屈服点荷载，N；

$\quad\quad A$——试件的公称横截面积，mm²。

④向试件连续施荷直至拉断，由测力度盘读出最大荷载 F_b(N)。按下式计算试件的抗拉强度，即

$$\sigma_b = \frac{F_b}{A} \qquad (12-19)$$

式中：σ_b——抗拉强度，MPa；

$\quad\quad F_b$——最大荷载，N；

$\quad\quad A$——试件的公称横截面积，mm²。

σ_b 计算精度的要求同 σ_s。

3）伸长率测定

① 将已拉断试件的两段在断裂处对齐，尽量使其轴线位于一条直线上。如拉断处由于各种原因形成缝隙，则此缝隙应计入试件拉断后的标距部分长度内。

②如拉断处到邻近标距端点的距离大于 $1/3 L_0$ 时，可用卡尺直接量出已被拉长的标距长度 L_1(mm)。

③ 如拉断处到邻近的标距端点距离小于等于 $1/3 L_0$ 时，可按下述移位法确定 L_1：在长段上，从拉断处 O 取基本等于短段格数，得 B 点，接着取等于长段所余格数[偶数，图 12-12(a)]

之半,得 C 点;或者取所余格数[奇数,图 12-12 (b)]减 1 与加 1 之半,得 C 与 C_1 点。移位后的 L_1 分别为 $AO+OB+2BC$ 或者 $AO+OB+BC+BC_1$。

如用直接量测所求得的伸长率能达到技术条件的规定值,则可不采用移位法。

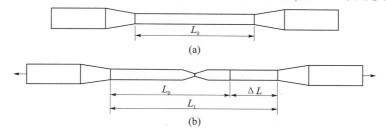

图 12-12　用移位法测量断后标距 L_1

④伸长率按下式计算(精确至 1%),即

$$\delta_{10}(\delta_5) = \frac{L_1 - L_0}{L_0} \qquad (12-20)$$

式中:δ_{10}、δ_5——分别表示 $L_0 = 10a$ 和 $L_0 = 5a$ 时的伸长率(a 为试件原始直径);

　　　　L_0——原标距长度 $10a(5a)$,mm;

　　　　L_1——试件拉断后直接量出或按移位法确定的标距部分的长度,mm(测量精确至 0.1 mm)。

⑤如试件在标距端点上或标距外断裂,则试验结果无效,应重作试验。

(2)冷弯试验

1)钢筋冷弯试件不得进行车削加工,试样长度通常按下式确定

$$L \approx 5a + 150 \text{ mm}(a \text{ 为试件原始直径})$$

2)半导向弯曲　试样一端固定,绕弯心直径进行弯曲,如图 12-13(a)所示。试样弯曲到规定的弯曲角度或出现裂纹、裂缝或断裂为止。

3)导向弯曲

① 试样放置于两个支点上,将一定直径的弯心在试样两个支点中间施加压力,使试样弯曲到规定的角度[图 12-13 (b)]或出现裂纹、裂缝、裂断为止。

② 试样在两个支点上按一定弯心直径弯曲至两臂平行时,可一次完成试验,亦可先弯曲到图 12-13(b)所示的状态,然后放置在试验机平板之间继续施加压力,压至试样两臂平行。此时可以加与弯心直径相同尺寸的衬垫进行试验[图 12-13(c)]。当试样需要弯曲至两臂接触时,首先将试样弯曲到 图 12-13(b)所示的状态,然后放置在两平板间继续施加压力,直至两臂接触[图 12-13(d)]。

③试验应在平稳压力作用下,缓慢施加试验力。两支辊间距离为 $(d+2.5\ a) \pm 0.5\ a$,并且在过程中不允许有变化。

④ 试验应在 10~35 ℃或控制条件下 23 ℃±5 ℃进行。

4)结果评定:弯曲后,按有关标准规定检查试样弯曲外表面,进行结果评定。若无裂纹、裂缝或裂断,则评定试样合格。

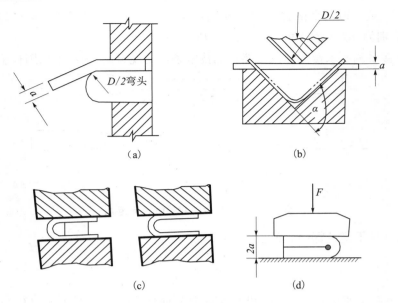

图 12-13 弯曲试验示意图

12.7.4 记录及结果

根据 σ_s、σ_b、δ 确定所检钢材的牌号。

问题与思考

1.在进行钢材拉伸试验时,如何控制加荷速度? 加荷速度对试验结果有何影响?

2.在测定伸长率时,如断裂点非常不在中间位置断裂时,对试验结果有怎样的影响?

3.进行弯曲试验时,若试件不光滑(有横向毛刺、伤痕或刻痕)对试验结果有何影响? 为什么?

4.进行钢材试验时,对试验温度有何要求?

12.8 烧结普通砖试验

12.8.1 试验目的

测定砖的尺寸偏差、抗压强度检测。

12.8.2 试验仪器

砖用卡尺,钢直尺,压力机,镘刀等。

12.8.3　试验步骤

（1）砖的尺寸偏差测量：用砖用卡尺分别对砖的长度、高度和宽度进行测量；长度应在砖的两个大面的中间处分别测量两个尺寸，宽度应在砖的两个大面的中间处分别测量两个尺寸，高度应在两个条面的中间处分别测量两个尺寸；当被测处有缺损或凸出时，可在其旁边测量，但应选择不利的一侧。

（2）砖的抗压强度试验：

1）试件的制备

①烧结普通砖

a.将试样切断或锯成两个半截砖，断开的半截砖长不得小于 100 mm，如图 12-14 所示。如果不足 100 mm，应另取备用试样补足。

b.在试样制备平台上，将已断开的半截砖放入室温的净水中浸 10~20 min 后取出，并以断口相反方向叠放，两者中间抹以厚度不超过 5 mm 的用 32.5 级普通硅酸盐水泥调制成稠度适宜的水泥净浆黏结，上下两面用厚度不超过 3 mm 的同种水泥浆抹平。制成的试件上下两面须相互平行，并垂直于侧面，如图 12-15 所示。

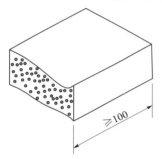

图 12-14　半截砖长度示意图

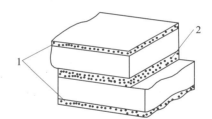

图 12-15　水泥净浆层厚度示意图

1-上下层净浆层厚度 3 mm；2-中间层净浆厚 5 mm

②多孔砖、空心砖

a.多孔砖以单块整砖沿竖孔方向加压，空心砖以单块整砖沿大面和条面方向分别加压。

b.试件制作采用坐浆法操作。即将玻璃板置于试件制备平台上，其上铺一张湿的垫纸，纸上铺一层厚度不超过 5 mm 的用 325 或 425 普通硅酸盐水泥制成稠度适宜的水泥净浆，再将在水中浸泡 10~20 min 的试样平稳地将受压面坐放在水泥浆上，在另一受压面上稍加压力，使整个水泥层与砖受压面相互黏结，砖的侧面应垂直于玻璃板。待水泥浆适当凝固后，连同玻璃板翻放在另一铺纸放浆的玻璃板上，再进行坐浆，用水平尺校正好玻璃板的水平。

③非烧结砖　将同一块试样的两半截砖断口相反叠放，叠合部分不得小于 100 mm，如图 12-16 所示，即为抗压强度试件。如果不足 100 mm 时，则应剔除另取备用试样补足。

2）试件养护，制成的抹面试件应置于不低于 10 ℃的不通风室内养护 3 d，再进行试验。

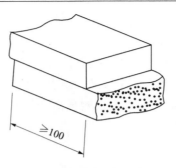

图 12-16 半砖叠合示意图

3) 试验步骤

①测量每个试件连接面或受压面的长 L(mm)、宽 b(mm)尺寸各两个,分别取其平均值,精确至 1 mm。

②将试件平放在加压板的中央,垂直于受压面加荷,应均匀平稳,不得发生冲击或振动。加荷速度以 2~6 kN/s 为宜,直至试件破坏为止,记录最大破坏荷载 P(N)。

12.8.4 记录及结果计算

每个试件的抗压强度按下式计算(精确至 0.1 MPa),即

$$f_{cu,i} = \frac{P}{Lb} \tag{12-21}$$

式中:$f_{cu,i}$——试中的抗压强度,MPa;

　P——最大破坏荷载,N;

　$L、b$——分别段压面的长和宽,mm。

问题与思考

1. 烧结普通砖的抗压试件是怎样制作?为什么要在折断后再重叠?

2. 烧结普通砖的强度等级是如何确定的?

12.9 沥青试验

12.9.1 沥青针入度

12.9.1.1 试验目的

测定沥青在规定温度和时间内,附加一定重量的标准针垂直贯入沥青试样的深度。

12.9.1.2 试验仪器

针入度仪,标准针,盛样皿,盛样皿盖,秒表,恒温水浴,平底玻璃皿,温度计,电炉或沙浴,石棉网,金属锅或瓷把坩埚等。

12.9.1.3　试验步骤

（1）准备工作

1）将预先除去水分的沥青试样在沙浴或密闭电炉上小心加热，不断搅拌，加热温度不得超过估计软化点 100 ℃，加热时间不得超过 30 min，用筛过滤除去杂质。

2）将试样注入盛样皿中，试样高度应超过预计针入度值 10 mm，并盖上盛样皿。

3）盛有试样的带盖盛样皿在 15~30 ℃室温中冷却 1~1.5 h（小盛样皿）、1.5~2 h（大盛样皿）或 2~2.5 h（特殊盛样皿）后，移入保持规定试验温度±0.1 ℃的恒温水浴中 1~1.5 h（小盛样皿）、1.5~2 h（大试样皿）或 2~2.5 h（特殊盛样皿）。

（2）试验步骤

1）调整针入度仪使之水平。检查针连杆和导轨，以确认无水和其他外来物，无明显摩擦。用三氯乙烯或其他溶剂清洗标准针，并拭干。将标准针插入针连杆，用螺丝固紧。按试验条件，加上附加砝码。

2）取出达到恒温的盛样皿，并移入水温控制在试验温度±0.1 ℃（可用恒温水浴中的水）的平底玻璃皿中的三脚支架上，试样表面以上的水层深度不少于 10 mm。

3）将盛有试样的平底玻璃皿置于针入度仪的平台上。慢慢放下针连杆，用适当位置的反光镜或灯光反射观察，使针尖恰好与试样表面接触。拉下刻度盘的拉杆，使与针连杆顶端轻轻接触，调节刻度盘或深度指示器的指针指示为零。

4）开动秒表，在指针正指 5 s 的瞬间，用手紧压按钮，使标准针自动下落贯入试样，经规定时间，停压按钮使针停止移动。

注：当采用自动针入度仪时，计时与标准针落下贯入试样同时开始，至 5 s 时自动停止。

5）拉下刻度盘拉杆与针连杆顶端接触，读取刻度盘指针或深度指示器的读数，精确至 0.5。

6）同一试样平行试验至少 3 次，各测试点之间及与盛样皿边缘的距离不应少于 10 mm。每次试验后，应将盛有盛样皿的平底玻璃皿放入恒温水浴，使平底玻璃皿中水温保持试验温度。每次试验应换一根干净标准针或将标准针取下，用蘸有三氯乙烯溶剂的棉花或布揩净，再用干棉花或布擦干。

7）测定针入度大于 200 的沥青试样时，至少用 3 支标准针，每次试验后将针留在试样中，直至 3 次平行试验完成后，才能将标准针取出。

12.9.1.4　记录及结果计算

同一试样 3 次平行试验，结果的最大值和最小值之差在下列允许偏差范围内时见表 12-11，计算 3 次试验结果的平均值，取至整数作为针入度试验结果，以 0.1mm 为单位。若差值超过表 12-11 的数值，试验应重做。

表 12-11　针入度测定允许最大误差表

针入度（0.1 mm）	0~49	50~149	150~249	250~350	>350
允许差值（0.1 mm）	2	4	6	10	14

12.9.2　沥青延伸度

12.9.2.1　试验目的

测定沥青在规定形状的试样在规定温度下,以一定速度受拉伸至断开时的长度。

12.9.2.2　试验仪器

延度仪,8字试模;恒温水浴,温度计,瓷皿或金属皿,可控制温度的密闭电炉,甘油滑石粉隔离剂(甘油与滑石粉的质量比2∶1),平刮刀,石棉网,酒精,食盐等。

12.9.2.3　试验步骤

(1)准备工作

1)将预先除去水分的沥青试样在沙浴或密闭电炉上小心加热,不断搅拌,加热温度不得超过估计软化点100 ℃。加热时间不得超过30 min,用筛过滤除去杂质。

2)试件在室温中冷却30~40 min,然后置于规定试验温度±0.1 ℃的恒温水浴中,保持30 min后取出,用热刮刀刮除高出试模的沥青,使沥青面与试模面齐干。沥青的刮法应自试模的中间刮向两端,且表面应刮得平滑。将试模连同底板再浸入规定试验温度的水浴中1~1.5 h。

3)检查延度仪延伸速度是否符合规定要求,然后移动滑板使其指针正对标尺的零点。将延度仪注水,并保温达试验温度±0.5 ℃。

(2)试验步骤

1)将保温后的试件连同底板移入延度仪的水槽中,然后将盛有试样的试模自玻璃板或不锈钢板上取下,将试模两端的孔分别套在滑板及槽端固定板的金属柱上,并取下侧模。水面距试件表面应不小于25 mm。

2)开动延度仪,并注意观察试样的延伸情况。此时应注意,在试验过程中,水温应始终保持在试验温度规定范围内,且仪器不得有振动,水面不得有晃动,当水槽采用循环水时,应暂时中断循环,停止水流。

在试验中,如发现沥青细丝浮于水面或沉入槽底时,则应在水中加入酒精或食盐,调整水的密度至与试样相近后,重新试验。

3)试件拉断时,读取指针所指标尺上的读数,以厘米表示,在正常情况下,试件延伸时应成锥尖状,拉断时实际断面接近于零。如不能得到这种结果,则应在报告中注明。

12.9.2.4　记录及结果计算

以平行测定三个结果的平均值作为该沥青的延度。若三次测定值不在其平均值的5%以内,但其中两个较高值在平均值之内,则舍去最低值取两个较高值的平均值作为测定结果。

12.9.3　沥青软化点

12.9.3.1　试验目的

测定沥青试样在规定尺寸的金属环内,上置规定尺寸和重量的钢球,放于水(或甘

油)中,以(5±0.5)℃/min 的速度加热,至钢球下沉达规定距离(25.4 mm)时的温度,以℃表示。

12.9.3.2　试验仪器

钢球,试样环,钢球定位环,金属支架,耐热玻璃烧杯(容量 800~1 000 mL,直径不少于 86 mm,高不少于 120 mm),温度计(0~80 ℃,分度 0.5 ℃),环夹,装有温度调节器的电炉或其他加热炉具(液化石油气、天然气等),试样底板:金属板(表面粗糙度应达 R_a 0.8 μm)或玻璃板,恒温水槽,平直刮刀,甘油滑石粉隔离剂(甘油与滑石粉的比例为质量比2:1),新煮沸过的蒸馏水,石棉网等。

12.9.3.3　试验步骤

(1)准备工作

1)将试样环置于涂有甘油滑石粉隔离剂的试样底板上。将预先除去水分的沥青试样在沙浴或密闭电炉上小心加热,不断搅拌,加热温度不得超过估计软化点100 ℃。加热时间不得超过 30 min,用筛过滤除去杂质。将准备好的沥青试样徐徐注入试样环内至略高出环面为止。如估计试样软化点高于 120 ℃,则试样环和试样底板(不用玻璃板)均应预热至 80~100 ℃。

2)试样在室温冷却 30 min 后,用环夹夹着试样杯,并用热刮刀刮除环面上的试样,务使与环面齐平。

(2)试验步骤

1)试样软化点在 80 ℃ 以下者:

①将装有试样的试样环连同试样底板置于装有(5±0.5)℃的保温槽冷水中至少 15 min;同时将金属支架、钢球、钢球定位环等亦置于相同水槽中。

②烧杯内注入新煮沸并冷却至 5 ℃的蒸馏水,水面略低于立杆上的深度标记。

③从保温槽水中取出盛有试样的试样环放置在支架中层板的圆孔中,套上定位环;然后将整个环架放入烧杯中,调整水面至深度标记,并保持水温为(5±0.5)℃。注意:环架上任何部分不得附有气泡。将 0~80 ℃的温度计由上层板中心孔垂直插入,使端部测温头底部与试样环下面齐平。

④将盛有水和环架的烧杯移至放有石棉网的加热炉具上,然后将钢球放在定位环中间的试样中央,立即加热,使杯中水温在 3 min 内调节至维持每分钟上升(5±0.5)℃。注意:在加热过程中,如温度上升速度超出此范围时,则试验应重作。

⑤试样受热软化逐渐下坠,与下层底板表面接触时,立即读取温度,至 0.5 ℃。

2)试样软化点在 80 ℃ 以上者:

①将装有试样的试样环连同试样底板置于装有(32±1)℃甘油的保温槽中至少 15 min;同时将金属支架、钢球、钢球定位环等亦置于甘油中。

②在烧杯内注入预先加热至 32 ℃的甘油,其液面略低于立杆上的深度标记。

③从保温槽中取出装有试样的试样环按上述(1)的方法进行测定,读取温度至 1 ℃。

12.9.3.4　记录及结果计算

同一试样平行试验两次,当两次测定值的差值符合重复性试验精度要求时,取其平均值作为软化点试验结果,准确至 0.5 ℃。

12.10　沥青混合料

12.10.1　沥青混合料试件制作方法(击实法)

12.10.1.1　试验目的与适用范围

(1)本方法规定了用标准击实法制作沥青混合料试件,以供试验室进行沥青混合料的物理力学试验,如马歇尔试验、间接抗拉试验(劈裂法)等所适用的 ϕ101.6 mm× 63.5 mm圆柱体试件的成型。

(2)沥青混合料试件制作时的矿料规格及试件数量应符合如下规定:

1)试验室人工配制沥青混合料:试件直径大于最大集料粒径4倍,高度大于最大集料粒径1~1.5倍。对 ϕ101.6 mm试件:集料最大粒径26.5 mm(圆孔筛30 mm),大于26.5 mm(或30 mm)的粗粒式混合料中集料用等量的13.2~26.5 mm(或30 mm圆孔筛)集料代替。一组试件数量至少3个,必要时可增至5~6个。

2)拌和厂及施工现场采样作 ϕ101.6 mm试件:(采集沥青混合料成品试样)当最大集料粒径≤26.5 mm(或30 mm)时,可直接取样(直接法),一组试件数量通常为3个。

当最大集料粒径>26.5 mm(或30 mm),但≤31.5 mm(圆孔筛40 mm),宜将>26.5 mm(或30 mm)的集料筛除后使用(过筛法),一组试件3个。若用直接法,试件数量增至6个。当集料最大粒径>31.5 mm(或40 mm)时,必须采用过筛法,试件数量为3个。

(3)击实试验关应参照有关方法进行沥青混合料组成的初步设计,应参见《公路工程沥青及沥青混合料试验规程》(JTGE 20—2011)中的有关规定进行。

12.10.1.2　试验仪器

实仪与标准击实台,沥青混合料拌和机,脱模器,烘箱(大、小各一台),天平或电子秤(称量矿料感量≤0.5 g,称沥青≤0.1 g),沥青运动黏度测定设备(毛细管黏度计或塞波特重油黏度计),插刀,大螺丝刀,温度计(分度值≤1 ℃,测沥青混合料宜用金属杆温度计),其他(沥青制备仪具、拌和铲、标准筛、滤纸或普通纸、胶布、卡尺、秒表、粉笔、棉纱)等。

12.10.1.3　试验步骤

(1)准备工作

1)测定沥青运动黏度,绘制粘温曲线确定拌和温度和压实温度,如表12-12所示。

表 12-12　沥青混合料拌和及压实的沥青等粘温度

沥青结合料种类	黏度与测定方法	适宜于拌和的沥青结合料黏度	适宜于压实的沥青结合料黏度
石油沥青	表观黏度,T 0625	0.17 Pa·s±0.02 Pa·s	0.28 Pa·s±0.03 Pa·s

2)缺乏运动黏度测定条件时,也可由表12-13选用,并做适当调整,一般取中值,针入度小、稠度大的沥青取高限,反之取下限,如表12-13所示。

表 12-13　沥青混合料拌和及压实温度参考表

沥青种类	拌和温度/℃	压实温度/℃
石油沥青	140~160	120~150
改性沥青	160~175	140~170

（2）沥青混合料试件的制作条件

1）在拌和厂或施工现场采取沥青混合料制作试样时,按本规程《公路工程沥青及沥青混合料试验规程》(JTGE 20—2011)的方法取样,将试样置于烘箱中加热或保温,在混合料中插入温度计测量温度,待混合料温度符合要求后成型。需要拌和时可倒入已加热的室内沥青混合料拌和机中适当拌和,时间不超过 1 min。不得在电炉或明火上加热炒拌。

2）在试验室人工配制沥青混合料时,试件的制作按下列步骤进行：

①将各种规格的矿料置(105±5)℃的烘箱中烘干至恒重(一般不少于 4~6 h)。

②将烘干分级的粗、细集料,按每个试件设计级配要求称其质量,在一金属盘中混合均匀,矿粉单独放入小盆里;然后置烘箱中加热至沥青拌和温度以上约 15 ℃(采用石油沥青时通常为 163 ℃;采用改性沥青时通常需 180 ℃)备用。一般按一组试件(每组 4~6 个)备料,但进行配合比设计时宜对每个试件分别备料。常温沥青混合料的矿料不应加热。

③将按本规程 T0601 采取的沥青试样,用烘箱加热至规定的沥青混合料拌和温度,但不得超过 175 ℃。当不得已采用燃气炉或电炉直接加热进行脱水时,必须使用石棉垫隔开。

（3）拌制沥青混合料

1）黏稠石油沥青混合料：①用蘸有少许黄油的棉纱擦净试模、套筒及击实座等,置 100 ℃左右烘箱中加热 1 h 备用。常温沥青混合料用试模不加热。② 将沥青混合料拌和机提前预热至拌和温度 10 ℃左右。③将加热的粗细集料置于拌和机中,用小铲子适当混合;然后加入需要数量的沥青(如沥青已称量在一专用容器内时,可在倒掉沥青后用一部分热矿粉将粘在容器壁上的沥青擦拭掉并一起倒入拌和锅中),开动拌和机一边搅拌一边使拌和叶片插入混合料中拌和 1~1.5 min;暂停拌和,加入加热的矿粉,继续拌和至均匀为止,并使沥青混合料保持在要求的拌和温度范围内。标准的总拌和时间为 3 min。

2）液体石油沥青混合料：将每组(或每个)试件的矿料置已加热至 55~100 ℃的沥青混合料拌和机中,注入要求数量的液体沥青,并将混合料边加热边拌和,使液体沥青中的溶剂挥发至 50%以下。拌和时间应事先试拌决定。

3）乳化沥青混合料：将每个试件的粗细集料,置于沥青混合料拌和机(不加热,也可用人工炒拌)中;注入计算的用水量(阴离子乳化沥青不加水)后,拌和均匀并使矿料表面完全湿润;再注入设计的沥青乳液用量,在 1 min 内使混合料拌匀;然后加入矿粉后迅速拌和,使混合料拌成褐色为止。

（4）成型方法

1）击实法的成型步骤如下：

① 将拌好的沥青混合料,用小铲适当拌和均匀,称取一个试件所需的用量(标准马歇尔试件约 1 200 g,大型马歇尔试件约 4 050 g)。当已知沥青混合料的密度时,可根据试件的标准尺寸计算并乘以 1.03 得到要求的混合料数量。当一次拌和几个试件时,宜将其倒

入经预热的金属盘中,用小铲适当拌和均匀分成几份,分别取用。在试件制作过程中,为防止混合料温度下降,应连盘放在烘箱中保温。

②从烘箱中取出预热的试模及套筒,用蘸有少许黄油的棉纱擦拭套筒、底座及击实锤底面。将试模装在底座上,放一张圆形的吸油性小的纸,用小铲将混合料铲入试模中,用插刀或大螺丝刀沿周边插捣15次,中间捣10次。插捣后将沥青混合料表面整平。对大型击实法的试件,混合料分两次加入,每次插捣次数同上。

③插入温度计至混合料中心附近,检查混合料温度。

④待混合料温度符合要求的压实温度后,将试模连同底座一起放在击实台上固定。在装好的混合料上面垫一张吸油性小的圆纸,再将装有击实锤及导向棒的压实头放入试模中。开启电机,使击实锤从457 mm的高度自由落下到击实规定的次数(75次或50次)。对大型试件,击实次数为75次(相应于标准击实的50次)或112次(相应于标准击实75次)。

⑤试件击实一面后,取下套筒,将试模翻面,装上套筒;然后以同样的方法和次数击实另一面。乳化沥青混合料试件在两面击实后,将一组试件在室温下横向放置24 h;另一组试件置温度为105±5 ℃的烘箱中养生24 h。将养生试件取出后再立即两面锤击各25次。

⑥试件击实结束后,立即用镊子取掉上下面的纸,用卡尺量取试件离试模上口的高度并由此计算试件高度。高度不符合要求时,试件应作废,并按式(12-22)调整试件的混合料质量,以保证高度符合(63.5±1.3)mm(标准试件)或(95.3±2.5)mm(大型试件)的要求。

$$调整后混合料质量 = \frac{要求试件高度×原用混合料质量}{所得试件的高度} \tag{12-22}$$

2)卸去套筒和底座,将装有试件的试模横向放置冷却至室温后(不少于12 h),置脱模机上脱出试件。用于本规程T0709现场马歇尔指标检验的试件,在施工质量检验过程中如急需试验,允许采用电风扇吹冷1 h或浸水冷却3 min以上的方法脱模;但浸水脱模法不能用于测量密度、空隙率等各项物理指标。

3)将试件仔细置于干燥洁净的平面上,供试验用。

12.10.1.4 记录及结果计算

本试验是为沥青混合料物理力学试验提供符合要求和足够数量的试件。

本试验用到的主要设备如沥青混合料拌和机、马歇尔击实仪、电动脱模机等详细操作规程及使用方法见设备说明书,注意必须按设计说明书操作使用方法操作机器。

本试验材料准备由矿料计算所得配比并符合有关组成要求,并得到矿料与沥青的组成比例。

12.10.2 压实沥青混合料密度试验(水中重法)

12.10.2.1 试验目的与适用范围

(1)水中重法适用于测定吸水率小于0.5%的密实沥青混合料试件的表观相对密度或表观密度。标准温度为25 ℃±0.5 ℃。

(2)当试件很密实,几乎不存在与外界连通的开口孔隙时,可采用本方法测定的表观相对密度代替按T 0705表干法测定的毛体积相对密度,并据此计算沥青混合料试件的空

隙率、矿料间隙率等各项体积指标。

12.10.2.2　试验仪器

浸水天平或电子天平(当最大称量在 3 kg 以下时,感量不大于 0.1 g;最大称量 3 kg 上时,感量不大于 0.5 g。应有测量水中重的挂钩),网篮,溢流水箱(使用洁净水,有水位溢流装置,保持试件和网篮浸入水中后的水位一定。调整水温并保持在 25 ℃±0.5 ℃ 内),试件悬吊装置(天平下方悬吊网篮及试件的装置,吊线应采用不吸水的细尼龙线绳,并有足够的长度,对轮碾成型机成型的板块状试件可用铁丝悬挂),秒表,电风扇或烘箱。

12.10.2.3　试验步骤

(1)选择适宜的浸水天平或电子天平,最大称量应满足试件质量的要求。

(2)除去试件表面的浮粒,称取干燥试件的空中质量(m_a),根据选择的天平的感量读数,准确至 0.1 g 或 0.5 g。

(3)挂上网篮,浸入溢流水箱的水中,调节水位,将天平调平并复零,把试件置于网篮中(注意不要使水晃动),待天平稳定后立即读数,称取水中质量(m_w)。若天平读数持续变化,不能在数秒钟内达到稳定,则说明试件有吸水情况,不适用于此法测定,应按照《公路工程沥青及沥青混合料试验规程》(JTGE 20—2011)方法测定。

(4)对从施工现场钻取的非干燥试件,可先称取水中质量(m_w),然后用电风扇将试件吹干至恒重(一般不少于 12 h,当不需进行其他试验时,也可用 60 ℃±5 ℃ 烘箱烘干至恒重),再称取空中质量(m_a)。

12.10.2.4　记录及结果计算

(1)按式(12-23)及式(12-24)计算用水中重法测定的沥青混合料试件的表观相对密度及表观密度,取 3 位小数。

$$\gamma_a = \frac{m_a}{m_a - m_w} \qquad (12\text{-}23)$$

$$\rho_a = \frac{m_a}{m_a - m_w} \times \rho_w \qquad (12\text{-}24)$$

式中:γ_a——在 25 ℃ 温度条件下试件的表观相对密度,无量纲;

ρ_a——在 25 ℃ 温度条件下试件的表观密度,g/cm³;

m_a——干燥试件的空中质量,g;

m_w——试件的水中质量,g;

ρ_w——在 25 ℃ 温度条件下水的密度,取 0.997 1 g/cm³。

(2)当试件的吸水率小于 0.5%时,以表观相对密度代替毛体积相对密度,按本规程 T 0705 的方法计算试件的理论最大相对密度及空隙率、沥青的体积百分率、矿料间隙率、粗集料骨架间隙率、沥青饱和度等各项体积指标。

在试验报告中注明沥青混合料的类型及测定密度的方法。

12.10.3　沥青混合料马歇尔稳定度试验

12.10.3.1　试验目的与适用范围

(1)本方法适用于马歇尔稳定度试验和浸水马歇尔稳定度试验,以进行沥青混合料

的配合比设计或沥青路面施工质量检验。浸水马歇尔稳定度试验(根据需要,也可进行真空饱水马歇尔试验)供检验沥青混合料受水损害时抵抗剥落的能力时使用,通过测试其水稳定性检验配合比设计的可行性。

(2)本方法适用于按规程《公路工程沥青及沥青混合料试验规程》(JTGE 20—2011)成型的标准马歇尔试件圆柱体和大型马歇尔试件圆柱体。

12.10.3.2　试验仪器

(1)沥青混合料马歇尔试验仪:分为自动式和手动式。自动马歇尔试验仪应具备控制装置、记录荷载–位移曲线、自动测定荷载与试件的垂直变形,能自动显示和存储或打印试验结果等功能。手动式由人工操作,试验数据通过操作者目测后读取数据。

对用于高速公路和一级公路的沥青混合料宜采用自动马歇尔试验仪。

当集料公称最大粒径小于或等于 26.5 mm 时,宜采用 ϕ101.66 mm×63.5 mm 的标准马歇尔试件,试验仪最大荷载不得小于 251 kN,读数准确至 0.1 kN,加载速率应能保持 50 mm/min±5 mm/min。钢球直径 16 mm±0.05 mm,上下压头曲率半径为 50.8 mm±0.08 mm。

当集料公称最大粒径大于 26.5 mm 时,宜采用 ϕ152.4 mm×95.3 mm 大型马歇尔件,试验仪最大荷载不得小于 50 kN,读数准确至 0.1 kN。上下压头的曲率内径为 ϕ152.4 mm ±0.2 mm,上下压头间距 19.05 mm±0.1 mm。

(2)恒温水槽:控温准确至 1 ℃,深度不小于 150 mm。

(3)真空饱水容器:包括真空泵及真空干燥器。

(4)烘箱。

(5)天平:感量不大于 0.1 g。

(6)温度计:分度值 1 ℃。

(7)卡尺。

(8)其他:棉纱、黄油。

12.10.3.3　试验步骤

(1)准备工作

1)按 T0702 标准击实法成型马歇尔试件,标准马歇尔试件尺寸应符合直径 101.6 mm±0.2 mm、高 63.5 mm±1.3 mm 的要求。对大型马歇尔试件,尺寸应符合直径 152.4 mm±0.2 mm、高 95.3 mm±2.5 mm 的要求。一组试件的数量不得少于 4 个,并符合 T0702 的规定。

2)量测试件的直径及高度:用卡尺测量试件中部的直径,用马歇尔试件高度测定器或用卡尺在十字对称的 4 个方向量测离试件边缘 10 mm 处的高度,准确至 0.1 mm,并以其平均值作为试件的高度。如试件高度不符合 63.5 mm±1.3 mm 或 95.3 mm±2.5 mm 要求或两侧高度差大于 2 mm,此试件应作废。

3)按本规程规定的方法测定试件的密度,并计算空隙率、沥青体积百分率、沥青饱和度、矿料间隙率等体积指标。

4)将恒温水槽调节至要求的试验温度,对黏稠石油沥青或烘箱养生过的乳化沥青混合料为 60 ℃±1 ℃,对煤沥青混合料为 33.8 ℃±1 ℃,对空气养生的乳化沥青或液体沥青混合料为 25 ℃±1 ℃。

（2）试验步骤

1）将试件置于已达规定温度的恒温水槽中保温，保温时间对标准马歇尔试件需 30 ~ 40 min，对大型马歇尔试件需 45 ~ 60 min 试件之间应有间隔，底下应垫起，距水槽底部不小于 5 cm。

2）将马歇尔试验仪的上下压头放入水槽或供箱中达到同样温度。将上下压头从水槽或供箱中取出擦拭干净内面。为使上下压头滑动自如，可在下压头的导棒上涂少量黄油。再将试件取出置于下压头上，盖上上压头，然后装在加载设备上。

3）在上压头的球座上放妥钢球，并对准荷载测定装置的压头。

4）当采用自动马歇尔试验仪时，将自动马歇尔试验仪的压力传感器、位移传感器与计算机或 X-Y 记录仪正确连接，调整好适宜的放大比例，压力和位移传感器调零。

5）当采用压力环和流值计时，将流值计安装在导棒上，使导向套管轻轻地压住上压头，同时将流值计读数调零。调整压力环中百分表，对零。

6）启动加载设备，使试件承受荷载，加载速度为 50 mm/min ± 5 mm/min。计算机或 X-Y 记录仪自动记录传感器压力和试件变形曲线并将数据自动存入计算机。

7）当试验荷载达到最大值的瞬间，取下流值计，同时读取压力环中百分表读数及流值计的流值读数。

8）从恒温水槽中取出试件至测出最大荷载值的时间，不得超过 30s。

12.10.3.4　浸水马歇尔试验方法

浸水马歇尔试验方法与标准马歇尔试验方法的不同之处在于，试件在已达规定温度恒温水槽中的保温时间为 48 h，其余步骤均与标准马歇尔试验方法相同。

12.10.3.5　真空饱水马歇尔试验方法

试件先放入真空干燥器中，关闭进水胶管，开动真空泵，使干燥器的真空度达到 97.3 kPa（730 mmHg）以上，维持 15 min；然后打开进水胶管，靠负压进入冷水流使试件全部浸入水中，浸水 15 min 后恢复常压，取出试件再放入已达规定温度的恒温水槽中保温 48 h。其余均与标准马歇尔试验方法相同。

12.10.3.6　记录及结果计算

（1）试件的稳定度及流值

1）当采用自动马歇尔试验仪时，将计算机采集的数据绘制成压力和试件变形曲线，或由 X-Y 记录仪自动记录的荷载-变形曲线，以 mm 计，准确至 0.1 mm。最大荷载即为稳定度（MS），以 kN 计，准确至 0.01 kN。

2）采用压力环和流值计测定时，根据压力环标定曲线，将压力环中百分表的读数换算为荷载值，或者由荷载测定装置读取的最大值即为试样的稳定度（MS），以 kN 计，准确至 0.01 kN。由流值计及位移传感器测定装置读取的试件垂直变形，即为试件的流值（FL），以 mm 计，准确至 0.1 mm。

（2）试件的马歇尔模数按式（12-25）计算，即

$$T = \frac{MS}{FL} \tag{12-25}$$

式中：T——试件的马歇尔模数，kN/mm；

MS——试件的稳定度,kN;

FL——试件的流值,mm。

(3)试件的浸水残留稳定度按式(12-26)计算,即

$$MS_0 = \frac{MS_1}{MS} \times 100\% \qquad\qquad (12-26)$$

式中:MS_0——试件的浸水残留稳定度,%;

MS_1——试件浸水 48 h 后的稳定度,kN。

(4)试件的真空饱水残留稳定度按式(12-27)计算,即

$$MS_0' = \frac{MS_2}{MS} \times 100\% \qquad\qquad (12-27)$$

式中:MS_0'——试件的真空饱水残留稳定度,%;

MS_2——试件真空饱水后浸水 48 h 后的稳定度,kN。

(5)报告

1)当一组测定值中某个测定值与平均值之差大于标准差的 k 倍时,该测定值应予舍弃,并以其余测定值的平均值作为试验结果。当试件数目 n 为 3、4、5、6 个时,k 值分别为1.15、1.46、1.67、1.82。

2)报告中需列出马歇尔稳定度、流值、马歇尔模数,以及试件尺寸、密度、空隙率、沥青用量、沥青体积百分率、沥青饱和度、矿料间隙率等各项物理指标。当采用自动马歇尔试验时,试验结果应附上荷载-变形曲线原件或自动打印结果。

12.10.4 沥青混合料车辙试验

12.10.4.1 试验目的与适用范围

(1)本方法适用于测定沥青混合料的高温抗车辙能力,供沥青混合料配合比设计时的高温稳定性检验使用,也可用于现场沥青混合料的高温稳定性检验。

(2)车辙试验的温度与轮压(试验轮与试件的接触压强)可根据有关规定和需要选用,非经注明,试验温度为 60 ℃ 轮压为 0.7 MPa。根据需要,如在寒冷地区也可采用45 ℃,在高温条件下试验温度可采用 70 ℃ 等,对重载交通的轮压可增加至 1.4 MPa,但应在报告中注明。计算动稳定度的时间原则上为试验开始后 45~60 min。

(3)本方法适用于按 T 0703 用轮碾成型机碾压成型的长 300 mm、宽 300 mm、厚 50~100 mm 的板块状试件。根据工程需要也可采用其他尺寸的试件。本方法也适用于现场切割板块状试件,切割试件的尺寸根据现场面层的实际情况由试验确定。

12.10.4.2 试验仪器

(1)车辙试验机主要由下列部分组成。

1)试件台:可牢固地安装两种宽度(300 mm 及 150 mm)规定尺寸试件的试模。

2)试验轮:橡胶制的实心轮胎,外径 200 mm,轮宽 50 mm,橡胶层厚 15 mm。橡胶硬度(国际标准硬度)20 ℃时为 84±4,60 ℃时为 78±2。试验轮行走距离为 230 mm±10 mm,往返碾压速度为 42 次/min±1 次 min(21 次往返/min)。采用曲柄连杆驱动加载轮往返运行方式。

注意:轮胎橡胶硬度应注意检验,不符合要求者应及时更换。

3)加载装置:通常情况下试验轮与试件的接触压强在 60 ℃时为 0.7 MPa±0.05 MPa,施加的总荷载为 780 N 左右,根据需要可以调整接触压强大小。

4)试模:钢板制成,由底板及侧板组成,试模内侧尺寸宜采用长为 300 mm,宽为 300 mm,厚为 50~100 mm,也可根据需要对厚度进行调整。

5)试件变形测量装置:自动采集车辙变形并记录曲线的装置,通常用位移传感器 LVDT 或非接触位移计。位移测量范围 0~130 mm,精度±0.01 mm。

6)温度检测装置:自动检测并记录试件表面及恒温室内温度的温度传感器,精度 ±0.5 ℃。温度应能自动连续记录。

(2)恒温室:恒温室应具有足够的空间。车辙试验机必须整机安放在恒温室内,装有加热器、气流循环装置及装有自动温度控制设备,同时恒温室还应有至少能保温 3 块试件并进行试验的条件。保持恒温室温度 60 ℃±1 ℃(试件内部温度 60 ℃±0.5 ℃),根据需要也可采用其他试验温度。

(3)台秤:称量 15 kg,感量不大于 5 g。

12.10.4.3　试验步骤

(1)准备工作

1)试验轮接地压强测定:测定在 60 ℃时进行,在试验台上放置一块 50 mm 厚的钢板,其上铺一张毫米方格纸,上铺一张新的复写纸,以规定的 70 N 荷载后试验轮静压复写纸,即可在方格纸上得出轮压面积,并由此求得接地压强。当压强不符合 0.7 MPa±0.05 MPa 时,荷载应予适当调整。

2)按本规程 T0703 用轮碾成型法制作车辙试验试块。在试验室或工地制备成型的车辙试件,板块状试件尺寸为长 300 mm×宽 300 mm×厚(50~100)mm(厚度根据需要确定)。也可从路面切割得到需要尺寸的试件。

3)当直接在拌和厂取拌和好的沥青混合料样品制作车辙试验试件检验生产配合比设计或混合料生产质量时,必须将混合料装入保温桶中,在温度下降至成型温度之前迅速送达试验室制作试件。如果温度稍有不足,可放在烘箱中稍事加热(时间不超过 30 min)后成型,但不得将混合料放冷却后二次加热重塑制作试件。重塑制件的试验结果仅供参考,不得用于评定配合比设计检验是否合格的标准。

4)如需要,将试件脱模按本规程规定的方法测定密度及空隙率等各项物理指标。

5)试件成型后,连同试模一起在常温条件下放置的时间不得少于 12 h。对聚合物改性沥青混合料,放置的时间以 48 h 为宜,使聚合物改性沥青充分固化后方可进行车辙试验,室温放置时间不得长于一周。

(2)试验步骤

1)将试件连同试模一起,置于已达到试验温度 60 ℃±1 ℃的恒温室中,保温不少于 5 h,也不得超过 12 h。在试件的试验轮不行走的部位上,粘贴一个热电偶温度计(也可在试件制作时预先将热电偶导线埋入试件一角),控制试件温度稳定在 60 ℃±0.5 ℃。

2)将试件连同试模移置于轮辙试验机的试验台上,试验轮在试件的中央部位,其行走方向须与试件碾压或行车方向一致。开动车辙变形自动记录仪,然后启动试验机,使试

验轮往返行走,时间约 1 h,或最大变形达到 25 mm 时为止。试验时,记录仪自动记录变形曲线及试件温度。

注:对试验变形较小的试件,也可对一块试件在两侧 1/3 位置上进行两次试验,然后取平均值。

12.10.4.4　记录及结果计算

(1)当变形过大,在未到 60 min 变形已达 25 mm 时,则以达到 25 mm(d_2)的时间为 t_2,将其前 15 min 为 t_1,此时的变形量为 d_1。

(2)沥青混合料试件的动稳定度按式(12-28)计算,即

$$DS = \frac{(t_2 - t_1) \times N}{d_2 - d_1} \times C_1 \times C_2 \qquad (12-28)$$

式中:DS——沥青混合料的动稳定度,次/min;

　　d_1——对应于 t_1 的变形量,mm;

　　d_2——对应于 t_2 的变形量,mm;

　　C_1——试验机类型系数,曲柄连杆驱动加载轮往返运行方式为 1.0;

　　C_2——试件系数,试验室制备宽 300 mm 的试件为 1.0,从路面切割的宽150 mm 的试件为 0.80;

　　N——试验轮往返碾压速度,通常为 42 次/min。

(3)报告

1)同一沥青混合料或同一路段路面,至少平行试验 3 个试件。当 3 个试件动稳定度变异系数不大于 20% 时,取其平均值作为试验结果;变异系数大于 20% 时应分析原因,并追加试验。如计算动稳定度值大于 6 000 次/mm,记作:>6 000 次/mm。

2)试验报告应注明试验温度、试验轮接地压强、试件密度、空隙率及试件制作方法等。

3)允许误差:重复性试验动稳定度变异系数不大于 20%。

问题与思考

1.沥青的针入度说明沥青的什么性质? 每一度代表标准针插入的深度若干?

2.沥青延度试验用的水温为多少度? 对水的密度有无要求?

3.测定沥青软化点在于了解沥青的什么性质?

4.为什么沥青软化点预计在 80 ℃ 以上时,烧杯中应装入甘油?

5.试分析在沥青混合料配合比设计时,沥青最佳用量是怎样确定的?

6.分析试验过程中有哪些因素可能影响试验结果?

参考文献

[1]苏达根.土木工程材料[M].北京:高等教育出版社,2015.

[2]陈海滨,徐国强.土木工程材料[M].北京:清华大学出版社,2014.

[3]邢振贤.土木工程材料[M].郑州:郑州大学出版社,2013.

[4]郑毅.土木工程材料[M].武汉:武汉大学出版社.2014.

[5]李迁.土木工程材料[M].北京:清华大学出版社,2015.

[6]王春阳.土木工程材料[M].北京:北京大学出版社,2013.

[7]柳俊哲.土木工程材料[M].北京:科学出版社,2014.

[8]王建伟.造园材料[M].北京:中国水利水电出版社,2014.

[9]张德思.土木工程材料典型题解析及自测试题[M].西安:西北工业大学出版社,2002.

[10]李书进.建筑材料[M].重庆:重庆大学出版社,2012.

[11]高洪刚,刘明辉,栾天阳.本钢400 MPa热镀锌烘烤硬化高强钢研制开发[J].金属世界,2015,3:63-65.

[12]阎西康.土木工程材料[M].天津:天津大学出版,2004.

[13]涂征.基于玻璃纤维增强隔音复合材料的层合板的隔音性能[J].现代纺织技术,2015,2:27-30.

[14]符芳.建筑材料[M].2版.南京:东南大学出版社,2001.

[15]柯国军.建筑材料质量控制监理[M].北京:中国建筑工业出版社,2003.

[16]黄晓明,潘钢华,赵永利.土木工程材料[M].南京:东南大学出版社,2001.

[17]湖南大学,天津大学,同济大学,等.土木工程材料[M].北京:中国建筑工业出版社,2002.

[18]陈志源,李启令.土木工程材料[M].2版.武汉:武汉理工大学出版社,2003.

[19]黄晓明,吴少鹏,赵永利.沥青及沥青混合料[M].南京:东南大学出版社,2002.

[20]黄国兴.水工混凝土建筑物修补技术及应用[M].北京:中国水利水电出版社,1999.

[21]沈春林.建筑防水密封材料[M].北京:化学工业出版社,2003.

[22]赵仁杰,喻仁水.木质材料学[M].北京:中国林业出版社,2003.

[23]高俊刚.高分子材料[M].北京:化学工业出版社,2002.

[24]饶厚曾.建筑用胶粘剂[M].北京:化学工业出版社,2002.

[25]姚燕.新型高性能混凝土耐久性的研究与工程应用[M].北京:中国建材工业出版社,2004.

[26]张誉.混凝土结构耐久性概论[M].上海:上海科学技术出版社,2003.

[27]向才旺.建筑装饰材料[M].北京:中国建筑工业出版社,2004.